"十三五"国家重点出版物出版规划项目

SAFETY SCIENCE AND
ENGINEERING

火灾风险评估与控制方法学

◎主　编　孙金华　王青松

◎副主编　段强领

◎参　编　肖华华　姜　林　姜学鹏

机械工业出版社
CHINA MACHINE PRESS

本书在充分吸收和借鉴当前火灾风险评估与控制理论的研究及工程实践最新成果的基础上编写而成。全书分为 8 章，包括绪论、火灾学概论、火灾危险源辨识、火灾风险评估、火灾损失定量评估方法、火灾风险控制技术、基于火灾保险的火灾风险控制、火灾风险管理与火灾事故应急管理。

本书主要作为高等学校安全科学与工程、消防工程等专业高年级本科生和研究生的教材，也可作为从事火灾风险评估、消防安全检查与管理、防灭火科研及工程技术等工作的相关人员的业务参考书。

图书在版编目（CIP）数据

火灾风险评估与控制方法学/孙金华，王青松主编. —北京：机械工业出版社，2020.5（2025.1 重印）

"十三五"国家重点出版物出版规划项目

ISBN 978-7-111-64894-9

Ⅰ.①火… Ⅱ.①孙…②王… Ⅲ.①火灾–风险评价②火灾–灾害防治 Ⅳ.①X928.7

中国版本图书馆 CIP 数据核字（2020）第 036038 号

机械工业出版社（北京市百万庄大街 22 号　邮政编码 100037）
策划编辑：冷　彬　责任编辑：冷　彬　于伟蓉　舒　宜
责任校对：王　延　封面设计：张　静
责任印制：张　博
北京建宏印刷有限公司印刷
2025 年 1 月第 1 版第 3 次印刷
184mm×260mm · 20.25 印张 · 499 千字
标准书号：ISBN 978-7-111-64894-9
定价：55.00 元

电话服务　　　　　　　　　　　网络服务
客服电话：010-88361066　　　机　工　官　网：www.cmpbook.com
　　　　　010-88379833　　　机　工　官　博：weibo.com/cmp1952
　　　　　010-68326294　　　金　书　网：www.golden-book.com
封底无防伪标均为盗版　机工教育服务网：www.cmpedu.com

前　言

　　近年来，我国经济迅速发展，人民的生活水平不断提高。随之而来的是，诱发火灾的因素也大量增加，火灾形势仍相当严峻，特别是重特大火灾事故时有发生。火灾风险评估以火灾安全工程学的思想为指导，可实现对火灾危险性的定量分析，从而为人们预防火灾、控制火灾和扑灭火灾提供依据和支持。同时，基于火灾风险评估的结果，从减小火灾发生可能性以及降低火灾事故后果严重性两个维度出发，发展相应的火灾风险控制方法，这对于防治火灾发生、发展，保障人民生命财产安全具有重要意义。

　　中国科学技术大学火灾科学国家重点实验室是我国火灾科学基础研究领域的国家级研究机构，实验室成立 30 年来，在火灾动力学演化、火灾防治关键技术和火灾安全工程理论及方法学等方面取得了一系列重要研究成果。本书的作者也是该实验室的科研骨干人员，他们在编写过程中，充分吸收了火灾科学国家重点实验室的大量研究资料、国内外同行的研究结果以及同类教材的优点，从火灾科学应用基础理论出发，对火灾风险评估方法、火灾风险控制方法进行了系统而详细的阐述。

　　本书突出体现系统性、完整性、实用性和先进性。在内容上既重视理论阐述，又编入大量工程应用实例；既介绍典型的火灾风险评估方法和火灾风险防控技术，又介绍新近相关的科技成果。

　　本书分为 8 章，由孙金华和王青松担任主编，孙金华负责全书的统稿工作。

　　各章主要内容及编者编写分工见下表。

章　节	主要内容	编　者
第1章	主要介绍火灾现象及其危害性、火灾科学与火灾风险基本概念以及火灾风险评估及控制的背景、目的和意义	孙金华、姜学鹏
第2章	介绍火灾学基础知识，包括燃烧基础、火灾动力学基础、火灾数值模拟方法等	肖华华
第3章	重点介绍危险源辨识定义、方法、分类，特别对危险源辨识在火灾风险评估中的应用进行阐述	王青松
第4、5章	主要对火灾风险评估方法和火灾损失定量评估方法进行详细叙述，并重点介绍一些典型工程应用实例	段强领
第6章	介绍火灾风险控制的基本原则、常用的火灾风险控制技术	王青松
第7章	主要介绍基于火灾保险的火灾风险控制，涵盖火灾保险定义、保险费率厘定方法等内容	孙金华
第8章	从安全管理角度出发，对火灾风险管控以及火灾事故应急管理基本内容进行介绍	姜林

在本书编写过程中，编者参考了大量国内外已有科技成果以及同类著作、教材的优秀内容，火灾科学国家重点实验室工业火灾研究室柴华、杜永健、戚凯旋、马迷娜、刘家龙、陆伟、姜丽华、曹会琦、刘禄、李宓、梅文昕、张丹枫、刘同宇、曾倩、勾福海、李晓曦、张林、梁晨、许佳佳、黄宗侯、彭庆魁等研究生参与了部分章节的资料收集与整理等工作，在此一并表示感谢。

虽然竭尽全力，但由于作者水平有限且时间仓促，书中难免存在疏漏或不足之处，敬请广大读者批评指正。

编者

目 录

1

第 1 章
绪　论

■ **本章概要·学习目标**

　　本章主要讲述火灾现象和火灾风险的研究背景、目的和意义，要求学生了解火灾的危害性，理解火灾科学的研究任务和研究内容，掌握火灾风险评估及控制研究的背景、目的和意义，为后面章节的理论学习奠定基础。

1.1 火灾概述

1.1.1　火灾及其危害

　　火的发明和使用对人类创造出璀璨的物质文明和精神文明，具有非常重要的意义。人类对火的使用可以追溯到远古时期，对火的使用经历了一个漫长的过程，刀耕火种、取暖烤食、防御野兽是人类对火最初的利用方式，后来逐渐发展到利用火来制作生活、生产工具和武器等。自然取火是早期人类获得火的唯一方式，后来发展到人工钻木取火。火的使用不仅改善了人类的生存环境，而且不断促进社会生产力的发展，帮助人类创造出了大量的社会财富。因此，火在人类文明和社会发展中起着极其重要的作用。

　　然而，火促进人类的发展建立在正确安全用火的基础上，火在使用过程中一旦失去控制，火焰不受限制向外扩张，吞噬周围各种可燃烧的物质，便会形成火灾。火灾是指失去控制的火在其蔓延发展过程中给人类的生命和财产造成损害的一种灾难性燃烧现象。

　　火是燃烧反应的一种形式，是可燃物与氧化剂之间的一种化学反应，在燃烧过程中往往伴随着发光和发热现象。火灾是在时间或空间上失去控制的灾害性燃烧现象，凡是具备燃烧条件的地方，如果用火不当，或者由于某种事故或其他因素，造成了火焰不受限制地向外扩张，就可能形成火灾。

　　火灾是当今世界各国人民所面临的一个共同的灾难性问题，它给人类社会的生命、财产

1

造成了严重损失。随着社会生产力的发展，社会财富日益增加，火灾损失上升及火灾危害范围扩大的总趋势是客观规律，对火灾的研究和防治是一项长期且艰巨的任务。无数的事例证明，火灾是现代文明社会中最具有破坏力的灾害现象之一。例如 2015 年 8 月 12 日我国天津港火灾爆炸事故，造成 165 人遇难，其中多数是消防人员及民警，直接经济损失 68.66 亿元；2017 年 6 月 14 日，英国伦敦西部"格兰菲尔塔"公寓发生的大火，火势猛烈，蔓延整个大楼，造成 79 人死亡，经济损失数千万英镑；2018 年 11 月 11 日美国加州大火，山火蔓延迅速，造成 81 人死亡，900 余人失踪。根据世界火灾统计中心的统计，大多发达国家每年火灾损失占国民生产总值 0.2% 左右。全球每年有数以万计的人因火灾而丧命，据统计，每年在火灾中死亡人数较多的国家是：印度年均 2 万人，俄罗斯年均 1 万人，美国年均 0.32 万人，乌克兰年均 0.22 万人，中国年均 0.16 万人，日本年均 0.16 万人。由此可见，火灾防治是人类社会的一项长期的重要任务。

火灾不仅会带来巨大的经济损失，还会对环境和生态系统造成不同程度的破坏。燃烧产生大量的烟雾颗粒、二氧化碳、一氧化碳、碳氢化合物、氮氧化物等有害气体，扩散在大气中会造成环境污染，生态系统恶化。比如森林大火，烧死大量的植物，同时造成受伤树木生命力下降，短时间内生态难以恢复。海面上的油轮火灾，伴随原油泄漏，对海洋环境和生态也造成不良的影响。而且，火灾还会给社会带来不安定因素。

此外，火灾还与爆炸灾害密切相关。在存放与使用爆炸物品较多的场合或某些生产过程中，火灾与爆炸经常是相伴而生的。例如，在化工生产过程中，可能导致油罐、天然气等易爆物品爆炸，随后引发大火。也有可能先发生火灾而后爆炸。例如，存放易爆物品的场所发生火灾，随后高温作用可能导致易燃易爆物质爆炸。因此，在一些特殊场合火灾与爆炸的预防控制要结合在一起。

只有认识火灾的基本现象和危害性，掌握火灾发生、发展和蔓延的基本规律，以火灾安全工程学为理论基础，依靠科技进步，才能在有限的防火安全投入下，采取切实可行、有效的火灾防范措施，降低火灾发生概率及火灾发生后的损失程度。

1.1.2　火灾的分类及特点

火灾是火在时间上和空间上失去控制而造成的一种灾害性燃烧现象。火灾可以从不同的角度进行分类，如根据燃烧对象、火灾发生的地点、损失程度等进行分类。

1. 按物质燃烧特性分类

根据《火灾分类》（GB/T 4968—2008）的规定，火灾分为 A、B、C、D、E、F 六类。

（1）A 类火灾　指固体物质火灾。

（2）B 类火灾　指液体火灾和可融化固体物质火灾。

（3）C 类火灾　指气体火灾。

（4）D 类火灾　指金属火灾。

（5）E 类火灾　指带电物体的火灾。

（6）F 类火灾　指烹饪器具内的烹饪物（如动植物油脂）火灾。

2. 按火灾发生的地点分类

根据火灾发生的场合，火灾主要可分为建筑火灾、森林火灾、工矿火灾及交通工具火灾等类型。

（1）建筑火灾　在各类火灾类型中，以建筑火灾对人们的危害最严重、最直接，因为各种类型的建筑物是人们生产和生活的主要场所，也是财富高度集中的场所。可以说，建筑火灾一直是火灾防治的主要方面。造成当前建筑火灾比较突出的因素是多方面的，应当注意，其中有不少因素与目前我国经济快速发展的状况有着密切关系。随着我国城市化水平的迅速提高，建筑业得到了突飞猛进的发展，不仅各种建筑物的数量大大增加，而且出现了许多新型、大型、高层的特殊类型建筑，如高层建筑、地下建筑、大型体育场馆及大型商场、剧场、仓库、车间、候车厅等。这些建筑的使用功能和所使用的建筑材料也发生了巨大的变化，建筑物内使用的电力、热力设施大大增加，从而使火灾危险程度发生了很大变化。

（2）森林火灾　对于森林而言，林火是经常发生的现象，微小的火并不会给森林造成明显的损失，有时甚至益大于弊。因此，所谓森林火灾确切地说是指森林大火造成的灾害，其有如下特点：

1）延烧时间长，火烧面积大，大多为数百、数千公顷、数十万公顷或更大。

2）火强度大，有明显的对流柱。当有飞火和火旋风出现时，那就更容易跳跃和飞越各种障碍（防火线、道路、河流等）。

3）受可燃物种类、环境、地形、气象等条件影响大。在长期干旱的末期，森林含水量约在15%以下，有大风时发生的森林火灾是一种十分复杂而异常可怕的灾害现象。

4）对林木的危害严重，可使70%以上甚至100%林木被烧死，同时对生态和环境也构成不同程度的破坏。

（3）工矿火灾　在我国，工矿火灾非常严重，屡有发生。矿井空间结构复杂，受定向风流的作用，火灾及烟气蔓延速度相对较快，救援难度大。

（4）交通工具火灾　随着汽车工业和交通运输业的迅猛发展，众多可燃物的流通和调配，大量人员的转移，使交通工具火灾明显增多。

3. 按火灾损失严重程度分类

（1）特别重大火灾　造成30人以上死亡，或者100人以上重伤，或者1亿元以上的直接财产损失的火灾。

（2）重大火灾　造成10人以上30人以下死亡，或者50人以上100人以下重伤，或者5000万元以上1亿元以下的直接财产损失的火灾。

（3）较大火灾　造成3人以上10人以下死亡，或者10人以上50人以下重伤，或者1000万元以上5000万元以下的直接财产损失的火灾。

（4）一般火灾　造成3人以下死亡，或者10人以下重伤，或者1000万元以下的直接财产损失的火灾。

1.1.3　我国目前的火灾形势

近年来，我国的经济迅速发展，人民的生活水平提高。但是伴随着这一过程，导致火灾的因素也大量地增加，火灾的次数和损失均呈上升趋势，特别是发生了多起重特大火灾，火灾形势日趋严峻。应急管理部和其他相关部门的2007—2016年度公报中有关全国火灾情况见表1-1和图1-1所示。2007—2012年火灾发生数量、直接经济损失和死亡人数三个指标均与2013—2016年存在较大的差异，因此2012年可以作为一个分界线。在2013年相关数据出现了显著增长变化：火灾数量为38.9万起，比2012年增长了155.92%；死亡人数为

2113 人，比 2012 年增长了 105.54%；直接经济损失为 48.5 亿元，比 2012 年增长了 122.48%（以上统计数字均不包括港、澳、台地区和森林、草原、军队、矿井地下发生的火灾，下同）。虽然 2013 年至 2016 年火灾总体呈现一个下降态势，但是我国的火灾发生数量和死亡人数仍处于全球的高位水平。

表 1-1　我国 2007—2016 年火灾情况

年　份	火灾次数/万次	死亡人数/人	直接经济损失/亿元
2007	9.9	1035	5.9
2008	13.7	1521	18.2
2009	12.9	1236	16.2
2010	13.2	1205	19.6
2011	12.5	1108	20.6
2012	15.2	1028	21.8
2013	38.9	2113	48.5
2014	39.5	1815	47
2015	34.7	1899	43.6
2016	31.2	1582	37.2

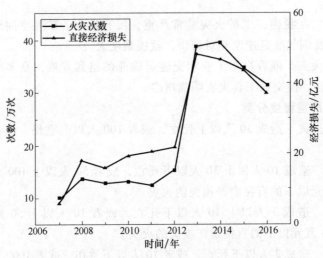

图 1-1　2007—2016 年我国火灾损失及火灾次数曲线图

近 10 年来我国火灾主要有以下特点：

（1）较大火灾多发生在公众聚集场所，重特大火灾时有发生　近年来每年发生较大火灾 100 余起，死亡人数 500 多人。其中多分布在商场、厂房、KTV 等公众聚集场所。2015 年发生特别重大火灾 1 起，即天津港“8.12”特别重大火灾爆炸事故，该事故造成 165 人死亡，798 人受伤，直接财产损失 68.66 亿元；同年还发生云南昆明“3.4”东盟联丰农产品商贸中心工业酒精爆燃、山东东营“8.31”化工厂爆炸、安徽芜湖“10.10”小吃店燃气爆炸等多起有较大影响的事故，导致了重大人员伤亡和财产损失。重特大火灾的发生不仅对人民的生命财产造成巨大损失，而且影响到国家经济建设和人民群众安居乐业。多年来，我国消防工作者积极致力于预防和减少重特大火灾的发生。另外尽管近几年来我国各级人民政府加大了对商场市场、宾馆饭店、歌厅舞厅、医院学校等公众聚集场所消防安全治理力度，但这类场所的火灾仍然比较突出。

（2）东部经济发达省份火灾总量较大　2015年，火灾总起数超过1.5万起的有9个省份，分别是：浙江3.5万起、江苏2.9万起、辽宁2.8万起、山东2.5万起、河南2万起、四川2万起、广东1.8万起、陕西1.6万起、湖南1.5万起。其中，除四川、河南、湖南3个人口大省和陕西外，其余5个省份均位于东部地区。可以看出，火灾问题与经济发展的速度也有着密切的关系。

（3）电气仍是引发火灾的最主要原因　2016年因违反电气安装使用规定等引发的火灾占火灾总量的30.4%，是引发火灾的最主要原因。从较大火灾的起火原因看，电气29起，放火11起，用火不慎7起，吸烟2起，玩火、生产作业、原因不明确各起1起，其他原因6起。除电气原因外，用火不慎引发的占17.5%，吸烟占5.2%，玩火占3.3%，生产作业占2.9%，自燃占2.9%，放火占1.7%，雷击静电占0.1%，原因不明确占6.7%，其他原因占29.3%。用火不慎成为引发火灾的第二重要原因，这主要与人们的安全素质有关。现在很多人的安全意识淡薄，在他们生产、生活和工作的场所，往往存在相当严重的火灾危险。从每月火灾的原因比例分析，夏秋电气引发火灾的比例明显高于冬春，冬春用火不慎引发火灾的比例高于夏秋，玩火（主要为燃放烟花）引发的火灾多集中于春节所在的2月份。

（4）县城集镇火灾比例呈增大趋势　2016年城市发生火灾9.4万起，比2015年下降11.5%；县城集镇发生火灾9.69万起，下降6%；农村发生火灾9.72万起，下降14.7%；其他区域发生火灾2.4万起，与2015年基本持平。从城乡火灾比例变化看，县城集镇作为介于城市与农村之间的半城市化区，近年来比例有增大趋势，所占比重由2015年的29.7%增加到31%，比前5年（平均占28.9%）增加了2.1个百分点，特别是县城集镇共发生26起较大火灾，占较大火灾总量的40.6%；而城市和农村所占的比重则相对有所缩小。

（5）冬春季火灾多发　由于2016年的春节在2月，受节日期间用火用电多、燃放烟花集中等影响，该月为全年火灾最多的一个月，共4.3万起，其后基本呈逐月下降态势；9月为全年火灾最少的一个月，接近2万起，不到2月份的二分之一；10月后，随着气温降低、风干物燥等气候变化及用火用电用油用气增多，火灾发生率逐渐增加，12月达到2.2万起。从分阶段数据看，冬春季节（1—5月和12月）共发生火灾16万起，平均每天879起，夏秋季节（6—11月）共发生火灾12.9万起，平均每天706起，冬春季节的火灾发生率比夏秋季节高24.03%。

（6）住宅火灾伤亡多，厂房仓储场所损失大　2016年从人员伤亡分布看，住宅火灾亡1269人，伤713人；人员密集场所火灾亡107人，伤134人；厂房火灾亡41人，伤55人；交通工具火灾亡17人，伤30人；仓储场所火灾亡12人，伤22人。从损失分布看，住宅火灾直接财产损失7.5亿元，占损失总额的20.1%；厂房火灾损失7亿余元；仓储场所火灾损失近6亿元；交通工具火灾损失5.8亿元；人员密集场所火灾损失5.2亿元；特别是仓储场所火灾起均损失达到10.2万元，厂房火灾起均损失6.6万元，远超住宅火灾的起均损失5960元。

（7）夜间火灾伤亡率大，窒息烧灼致死人多　白天火灾发生概率较高，全天火灾最多的时段为14时至16时，占总量的12.1%；夜间至凌晨火灾较少，4时至6时发生的火灾，只占总量的3.7%。夜间的火灾发生概率虽然低于白天，但致死比例较高，22时至凌晨6时发生的火灾占 20.6% ，造成的死亡人数占总数的 49.1% 。从致死的直接原因看，因窒息致死的占总数的 49.8% ，烧灼致死的占 29.8% ，中毒致死的占 3.4% ，摔伤致死的占 1% ，爆炸致死的占 0.4% ，砸伤致死的占 0.2% ，其他原因致死的占 15.4% 。

1.1.4 未来我国火灾的发展趋势

现阶段，我国正处于经济迅速发展的时期，通过对世界发达国家（包括美国、日本等）起飞阶段火灾规律的认识，可以预见在我国经济发展的进程中，未来我国火灾将呈现以下趋势：

（1）火灾造成财产损失增加 由于火灾具有与社会环境条件和人类行为密切相关的特性，随着社会生产规模的扩大、财富积累的增加，生活水平的提高，由此而带来的致灾因素的增多和安全因素的递减，即使采取了一些常规性的或应急的防灾措施，也难以杜绝火灾发生，火灾造成的财产损失仍可能出现相应的增长。我国近年来的火灾造成的直接经济损失以及发达国家的经验教训已经印证了此趋势。

（2）建筑火灾更加复杂，扑救困难 由于生产或经营的需要，修建了许多新型建筑物，主要表现在高层建筑、地下建筑及大型商场、剧场、仓库、车间、候车厅等。与普通建筑相比，这些建筑物的火灾危险性具有很多新特点，不仅容易造成火灾蔓延，而且灭火难度增大。人们还缺少有效地预防与扑救的措施和经验。例如对于高层建筑，其周围遍布裙房，消防车无法靠近高层建筑，而且还需在热辐射强、烟雾浓的环境下工作，灭火难度被进一步增加。且国内灭火的云梯最高 100m 左右，数量极少，基本都是分布在一线二线城市。这些消防云梯加上水雾的喷射高度，最多可以控制 50 层的火灾，这已经是极限了。对于高层建筑火灾仍需寻找有效的灭火手段。

（3）起火因素增加，火灾频发 生产和交换的发展还带动交通运输事业的迅速发展。大量可燃物的运输，众多人员的转移，都引起转运过程中火灾危险性增大；商业、服务行业等第三产业的迅速崛起也使人员与可燃物非常集中，增加了起火因素。另外经济的发展使热力、电力的使用大大增加，在生产过程中，多种易燃、可燃的新物品新材料得到了大量使用，多种电气产品、塑料与化纤产品、燃油与燃气在各行各业中的使用范围越来越广。这都造成火灾危险性大大增加，不仅容易失火，而且容易演化为大火或爆炸。同时在经济飞速发展期间，人们容易滋生片面追求利润而忽视安全的思想，尤其是那些基础较差而又急于快速发展的企业。这类企业的建筑和设备差，还往往因资金缺乏而使用一些质量较差的材料，从而埋下了较多的火灾隐患。保证正常生产与生活的安全设施不足，加上人们的安全意识薄弱，这便为火灾的发生开了方便之门。

（4）城镇火灾比例继续增大 在城市（镇）迅速膨胀的过程中，容易出现规划上的缺陷，这主要表现在城市的市政工程、安全防灾设计和设施、环境保护等方面存在先天不足，或严重滞后于城市的扩展。因此，火灾必将成为一种不容忽视的灾害。

1.2 火灾科学与火灾风险

1.2.1 火灾科学的研究任务和研究内容

火灾科学是研究火灾发生、发展和防治的机理和规律的应用基础科学，诞生于 20 世纪

70 年代后期，是一门新兴交叉性科学。火灾的发生除受到气候和自然环境影响之外，也受到社会科学和人类行为的影响。研究火灾前必须要具备基础的相关知识，进而才能掌握并预防火灾侵害的发生，所以"火灾科学"是一门应用科学。火灾既可以是原发灾害，也可以是次生灾害，具有确定与随机、自然与社会的双重性规律，与城市安全、生产安全、社会安全、森林安全、核安全、交通安全、航空航天安全等公共安全领域有着密切的关系，与建筑、气候、环境、人等因素相互耦合，构成复杂系统。不同于以统计分析为主要手段的传统"灾害学"，也不同于以模拟研究为主要手段的传统的"工程科学"，火灾的规律具有确定性和随机性的双重特性，研究手段是模型研究和统计分析及两者的结合。因此火灾科学具有多学科交叉性，主要涉及以下几类学科：

1）数理学科：微分方程定性理论和数值方法、概率与统计、非线性动力学、流体力学、固体力学、爆炸力学、燃烧学。

2）化学学科：化学动力学和热化学。

3）生命科学：生物质的热解与燃烧、生物体受热、烟、毒的损伤、心理学。

4）工程技术学科：安全工程、工程热物理、材料科学、信息科技、资源的优化配置与调度。

科学地认识火灾系统的复杂行为，并发展相应的技术原理以对这种复杂性行为加以合理的控制与利用，就是火灾安全科学的研究任务。火灾科学的研究内容主要包括火灾物理、火灾化学、烟气的毒性、统计和火灾危险性、人和火灾的相互作用、火灾探测、火灾对结构的破坏、火灾的特殊现象以及扑救技术和工程应用等。对以上研究内容进行分类后，火灾科学形成了火灾基础研究和应用研究两大分支。

1. 火灾科学的基础研究

火灾科学基础研究的任务是探索和认识火灾的基本现象及其过程的机理和规律。其研究手段通常包括实验和理论模型的建立。

（1）火灾中热辐射、热对流以及热传导的传热方式　火灾发生的过程中，热量的传递方式主要包括热辐射、热对流和热传导。在不同种类火灾中，这三种传热方式所占总热量传递量的比例也各有不同。对于某种特定的火灾过程中的主要传热方式的研究和确定有助于对火灾发展进行有效的控制。

（2）液固相火蔓延和烟气运动的动力学演化　研究典型的固液可燃物表面（油品、森林、草原）火蔓延过程的机理和规律，以及大坡度、峡谷地形和地理气象环境因素对火蔓延过程的影响，建立在这种影响下的火行为模型；研究火灾烟气在开放、受限和网络空间中的运动规律；发展描述烟气运动的理论和数值计算方法。

（3）轰燃、回燃和阴燃等特殊燃烧形式　轰燃是指由于热辐射的反馈，一个房间或一个区域从地面到顶棚突然卷入燃烧的现象（在室内火灾中，室内所有可燃物表面全部卷入燃烧的瞬变状态）。轰燃标志着火灾进入了全面发展（猛烈燃烧）阶段。回燃是一种烟气爆炸，当多余的空气进入阴燃火灾空间，可燃气体达到可燃浓度，以爆炸的形式被点燃（一个充满不完全燃烧产物的房间内流入氧气时发生的快速的爆燃过程）。回燃是空气驱动（通风控制燃烧）现象，和轰燃不同，轰燃是温度驱动（燃料控制燃烧）。阴燃是指固体材料与气相氧气在接触面上发生异相表面氧化反应，依靠其反应放出的热量推动反应持续的向未燃材料缓慢扩展的燃烧过程。阴燃一般发生于疏松多孔的物质，以固体表面反应为主，典型的如香烟的燃烧，与以气相氧化反应为主的有焰燃烧（明火）相对应相区别。阴燃过程主要有三种反应，热解反应、氧化降解反应、碳氧化反应；根据过程的不同，会包含其中的一种或多种。

（4）热解研究与热分析技术　热解是物质受热发生分解的反应过程。许多无机物质和有机物质被加热到一定程度时都会发生分解反应。热解过程不涉及外部催化剂，以及其他能量，如紫外线辐射所引起的反应。对热解行为和规律的深入理解，在某种意义上是对随后发生的着火过程和火蔓延过程进行模拟的关键。热分析是指在程序控制温度条件下，测量物质的物理性质随温度变化的函数关系的技术。通俗来说，热分析是通过测定物质加热或冷却过程中物理性质（目前主要是重量和能量）的变化来研究物质性质及其变化，或者对物质进行分析鉴别的一种技术。目前应用最广泛的方法是热重分析（TG）、差热分析（DTA）和差示扫描量热法（DSC），这三者构成了热分析的三大支柱，占到热分析总的应用的75%以上。

2. 火灾科学的应用研究

火灾科学的应用研究目前已经成为火灾科学体系的一个重要领域，它包括火灾防治技术学和火灾安全工程学两个方面的内容。

（1）火灾防治技术学　火灾防治技术学是研究如何将火灾科学基础理论与现代技术科学完美结合，达到有效防治火灾的目的。具体分解目标是：如何有效防止火灾的发生；如何早期发现并及时有效控制火灾；如何有效扑灭火灾。火灾防治技术学研究有两个终极目标：火灾的智能探测与扑救和洁净化灭火。

（2）火灾安全工程学　火灾安全工程学最早是由国际消防安全科学协会（International Association for Fire Safety Science）提出的，是一门以火灾发生与发展规律和火灾预防与扑救技术为研究对象的新兴综合性学科，是综合反映火灾防治科学技术的知识体系。它包括火灾安全工程设计、火灾系统科学管理和火灾防治方案决策。

1.2.2　火灾科学研究现状

1. 火灾安全科学基础研究现状

火灾的规律既有确定性的一面，又有随机性的一面。例如，给定环境和火源条件的室内火灾烟气的运动规律是确定的，这个规律可以通过模拟研究逐步认识，但是在实际的火灾过程中，众多因素（如风向与风速等环境因素）常常变化，而且这种变化往往带有随机性，从而导致了实际火灾发展过程的随机性。起火过程也是如此，人们不可能预测在一片森林的何处何时一定起火，因此起火研究的目标只能是给出起火的概率随可燃物和气象等条件的变化趋势，而不是试图预报在一片森林或一个城市起火的确切地点和时间。在火灾系统这个时空范围内，众多影响火灾过程的因素的变化都不可避免地带有随机性，这就决定了火灾发生和发展规律的随机性。火灾具有确定性和随机性这双重规律性，决定了火灾安全科学在随机性研究和确定性研究彼此分立很长时期以后，必定要走向统一。而今，火灾安全科学的研究已经逐渐步入这个阶段，这方面研究的深度和广度正在不断扩大。

2. 火灾防治技术层面研究现状

（1）智能火灾探测原理与技术　研究早期火灾的特征（声、光、热），建立基于光谱、声学和电磁辐射的火灾识别模型的方法；研究火灾安全监控系统新型拓扑结构，发展智能稳健早期火灾识别原理和技术。

（2）细水雾清洁高效灭火原理与方法　研究细水雾产生的方法及细水雾的特性表征；研究细水雾与火焰相互作用的动力学过程及对烟气传输的影响；研究添加剂对水雾物理化学性能和灭火效能的影响。建立定量描述细水雾特性参数与火焰临界熄灭特性之间的关系，在实验基础上发展清洁高效水系灭火技术。

（3）阻燃机理及技术　研究聚烯烃新材料低烟、低毒、无卤阻燃机理；通过对固化的球形超支化高分子型无卤阻燃材料的形态结构、物理化学性能及影响因素等问题的研究，掌握新型无卤阻燃涂料体系辐射固化的规律及阻燃机理；研究纳米无机阻燃剂在聚合物复合材料中的阻燃机理与其结构的关系；研究新型纳米阻燃聚合物复合材料。

1.2.3　火灾风险研究发展历程

由于火灾过程的复杂性，火灾作为灾害事件的偶发性，以及现有信息资料和理论知识的不完备性，使得火灾风险研究不能期望建立在对灾害自身确定性规律的完备认识的基础上，风险本身既涉及确定性又涉及不确定性，而其不确定性既包含随机不确定性又包含模糊不确定性。火灾风险研究已成为火灾科学基础研究的重要课题，其研究内容已经同时涉及灾害的自然属性和社会属性两个方面。

1.3　火灾风险评估及控制的研究背景、现状、目的和意义

1.3.1　研究背景

随着社会经济的发展，可燃物类型的复杂性、新型建筑的涌现、生命线系统的复杂性和脆弱性、人口密度的增加促使现代火灾形势日趋严峻。

火灾风险评估是通过分析影响火灾发生和发展中的各种因素，充分利用历史数据，对系统发生事故的危险性进行定性或定量的分析，评价系统发生危险时的可能性和严重性，以合理量化火灾风险的方法。通常在进行火灾风险评估时主要考虑人员风险、财产风险（包括营运中断，常以经济损失度量）和环境风险。不同分析目的需要考虑不同的风险类型，同时应采用相应的风险度量单位；一项研究中可能需要同时对几种风险进行分析。人员风险一般可以拆解为个体风险和社会风险。个体风险定义为火灾发生时个体受到既定伤害程度的频率，通常指的是死亡风险。社会风险是指火灾发生后对社会整体的影响，同时要考虑人员数目。财产风险是指火灾导致的物资损坏、营运延误或中断。环境风险主要由火灾产生的有毒物质以及火灾扑救过程中产生或带来的污染物导致。

火灾风险控制研究如何将火灾学基础理论与现代科学技术相结合，减小火灾发生的可能性、尽可能减小火灾可能造成的人员伤亡和财产损失，并将其控制在一定范围内。大致可以分解为以下几个部分：采用何种阻燃技术有效防止火灾的发生；借助何种火灾监测监控系统以便在早期发现火灾时能及时采取措施；采取何种灭火技术与应急救援技术有效扑灭或控制火情；通过何种方式保障人员疏散安全。

材料阻燃包括两个部分，一是高分子的阻燃，是指材料离火自熄或延缓燃烧速率及减少热释放量；二是结构材料的阻燃，即通过材料防护层减少材料温升，阻止材料变形或燃烧。

阻燃方法依据阻隔降温、终止燃烧链锁反应、切断热源三个原理可分为：添加不燃、高比热的化合物；添加热解吸热大、释放出不燃性挥发性产物、热解释放消除燃烧反应关键自由基的化学物质；吸热熔融滴落，促进燃烧物表面热量和材料的散失；表面产生绝缘碳层限制传热传质过程；从聚合物本身化学结构出发，改进聚合物热解机理或速率以降低挥发物的可燃性。当前社会对阻燃技术发展的要求是，在不断完善已有阻燃技术的同时，结合社会与环境的新要求，借鉴国内外研究成果和技术手段，在满足材料加工、性能要求的前提下，发展无毒或低毒、低烟、环境友好的阻燃材料。

火灾监测监控是指利用火灾过程及产物如烟雾、生成气体、火焰、温度等参量的特征规律，采用传感技术、信息处理等手段，对火灾产物及现象进行及时有效的识别响应，并由报警联动控制设备实现早期报警及扑救。根据工作原理，火灾探测器可分为感烟型、感温型、感光型、气体型、图像型和复合型。自动报警系统的信号模块接收到探测器的火灾报警信号，控制模块将输出信号传到指定终端，完成联动控制。目前火灾监测监控不断朝着智能化方向发展，其中心思想是将火灾科学理论和信息科学、当代计算机技术、遥感技术等高新技术完善地结合起来，依据传感技术获得的火灾信息，运用体现火灾规律性的智能识别手段，判断火灾的类型、规模和发展趋势，及时自动地做出相应决策，从而最终实现无污染的智能灭火的目的。

根据热理论和链锁反应理论，灭火的基本原理主要分为冷却、窒息、隔离和化学抑制四种。当灭火剂被喷射到燃烧物体表面或燃烧区域后，通过一系列物理、化学作用降低燃烧物的温度、隔绝燃烧物与空气、降低燃烧区内氧浓度、中断燃烧链锁反应，最终破坏燃烧条件从而达到灭火目的。目前市面上的灭火剂品种可分为气体灭火剂、水系灭火剂、泡沫灭火剂、固体灭火剂、金属灭火剂及森林、煤矿等特殊场所的灭火剂，并逐步朝着高效、低毒、通用的方向发展。

火灾发生时，安全疏散是人员生命安全的重要保障手段。合理设计的安全疏散出口和疏散路线能保障人员在较短时间内离开危险区域及消防人员进入指定区域；合理设计的指引指示设施、照明系统和通信手段能帮助人员在紧急情况下快速找到疏散路线，从而进一步缩短疏散时间。火灾发生时人员的运动规律，安全出口的数量、宽度、布置方式，应急照明的设置位置、照度等，均需要研究人员不断进行研究探索。由于火灾等突发事件发生时人员心理和行为特征的复杂性，环境因素如火灾、建筑结构等，人群因素如年龄、性别、生理条件、对现场的熟悉程度、恐慌等，状态因素如睡眠、饮酒等，均会影响安全疏散结果，加上个体的差异性，使得火灾环境下的人员疏散行为规律成为研究热点。

1.3.2 国内外关于火灾风险评估及控制方法的研究现状

国外关于火灾风险评估方法的研究主要从20世纪70年代开始，以一些发达国家研究性能化防火设计为背景开展的。我国关于火灾风险评估的研究相对一些发达国家起步较晚，但也取得了不少的成果。火灾风险评估是采用系统科学的理论和方法，对系统安全性进行预测、分析、认识，以寻求系统安全最佳决策的过程。火灾风险评估方法大体可分为三大类：定性分析方法、半定量分析方法和定量分析方法。

定性分析方法是对分析对象的火灾危险状况进行系统、细致的检查，根据检查结果对其火灾危险性做出大致的评价。如安全检查表（Safety Check List）、预先危险分析法，用于建筑火灾风险的定性评估；对于化学工业火灾还有 HAZOP，What-if 等方法。定性分析方法主要用于识别最危险的火灾事件，但难以给出火灾危险等级。

半定量分析方法以火灾风险分级系统为基础，通过对火灾危险源以及其他风险参数按照一定的原则赋值，然后通过数学方法综合得到系统值，从而估算出系统的相对火灾风险等级。适用于建筑火灾风险评估的半定量分析方法主要有 NFPA101M 火灾安全评估系统、SIA81 法（Gretener 法）、火灾风险指数（Fire risk index）法、古斯塔夫法、模糊数学分析法、层次分析法等。该方法具有快捷简便的优点，其不足在于：该方法是按特定类型建筑进行分级的，方法不具有普适性，且评价结果与研究者知识水平、以往经验和历史数据积累有关。

定量分析综合考虑建筑物发生火灾事故的概率以及火灾产生的后果，以风险大小衡量系统的火灾安全程度。主要的定量分析方法有：建筑火灾安全工程法（BFSEM，L 曲线法）、Crisp Ⅱ、FiRECAMTM、CESARE-Risk、事件树方法、事故树评估方法等。定量分析需要依据大量数据资料和数学模型，所以只有当数据较充足时，才可采用定量评估方法进行火灾风险评估。

火灾风险控制技术主要包括阻燃技术、火灾监测监控技术、灭火技术、人员安全疏散的技术。

1. 阻燃技术

卤系阻燃剂的阻燃机理是阻隔降温、终止燃烧链锁反应、切断热源三者的结合，少量使用就能达到很好的阻燃效果，使之成为目前应用最多、最广泛，而且是最有效的阻燃剂。但其在高温下会产生大量浓烟及有毒、有害气体，并且其中的卤化氢遇水后极易形成酸性物，腐蚀物品，造成酸雨。随着人们保护生态环境意识的增强，阻燃材料逐渐往无卤化方向发展。

2. 火灾监测监控技术

火灾发生时，火灾监测监控系统首先将火灾中出现的可燃气体、燃烧气体、烟颗粒、气溶胶、火焰、燃烧声音等物理特征信号利用各种传感元件转换为电信号，通过各种相应火灾识别算法判断火情，相应给出报警信号，从而联动灭火控制设备实现早期扑救。可以说，火灾探测是火灾监测监控中最重要的一环。

气体型火灾探测器包括半导体可燃气体探测器、红外吸收式可燃气体探测器、接触燃烧式可燃气体探测器等，通过半导体器件检测的电气方法、气体对光吸收特性的光学法和电极检测的电化学方法等检测可燃气体或燃烧气体产物。

感温型探测器由于是对温度信号进行检测，存在灵敏度较低、探测速度较慢、难以发现阴燃等特点，无法实现火灾的早期探测，且会受到高温热源的干扰导致误报。

感烟型探测器包括离子感烟探测器、光电感烟探测器、红外光束感烟探测器等，探测原理有点电荷电流、减光效应、散射效应、离子电流等。离子感烟探测器最早出现，但存在内部含有放射性元素的缺点；光电感烟探测器利用火灾烟雾对光产生的吸收和散射作用进行火灾探测，主要由发射器、接收器及相关器件组成，相比离子感烟探测器结构更简单、成本更低。

感光型火灾探测器通过感应火焰辐射的电磁波进行火灾探测，因为需要排除太阳光、灯光等可见光的干扰，所以感光型火灾探测器采用的光谱主要为波长低于 400nm 的紫外光和波长高于 700nm 的红外光两种。紫外火焰探测器对火焰响应速度快，干扰较少，可靠性较高，常常与灭火系统联动，对危险系数较高的场所可以实现快速报警和快速灭火。红外火焰探测器的优势在于火焰红外辐射强度比紫外辐射强度高，所以红外火焰探测器的探测范围更大。

视频火灾探测主要起源于 20 世纪 90 年代，它通过对拍摄到的视频图像的分析处理来识别其中的火焰或烟雾，相比传统接触式探测设备具有响应快的优势，为人员疏散争取时间，且可应用于大空间建筑、户外等传统接触式探测器难以获取火灾信号的场所。传统的视频火灾探测技术基于模式识别技术，根据火焰或烟雾的静态或动态特征进行研究。随着深度学习在计算机视觉领域的兴起，基于深度学习的火灾视频探测算法被越来越多的学者提出，取得了不错的效果。

3. 灭火技术

二氧化碳灭火剂主要依靠窒息作用达到灭火效果。二氧化碳平时以液态的形式储存在灭火器或压力容器中，灭火时从灭火器或设备中喷出，降低空气中氧的含量，且汽化过程吸收热量对燃烧物有一定冷却作用。二氧化碳来源广，无腐蚀，灭火时不会对火场环境造成污染，灭火后能很快逸散，不导电，适用于扑救各种液体火灾、一些怕污染损坏的固体火灾以及电气火灾。但存在依赖喷射压力、对人存在窒息作用等缺陷。七氟丙烷灭火剂低毒、灭火效率高，但由于温室效应及灭火时高温下会产生氢氟酸等有毒物质，已被欧美发达国家禁用或受限使用，面临淘汰。惰性气体灭火系统应用最广的是 IG541，它具有无毒、无污染、无腐蚀、绝缘性好的优势，且臭氧耗损潜能值和温室效应潜能值均为零，是目前国际上公认的可替代卤代烷的"绿色"环保灭火剂，但仍需克服建造成本高的缺陷。目前美国 3M 公司研制出的 NOVEC 1230 新型气体灭火剂，灭火效率高，无色无味无毒，常温下为液体，大气中的存在寿命短，是未来气体灭火技术的发展趋势。

水的气化吸热冷却能力强，且水蒸气也具有降低燃烧区氧气浓度的作用，此外，水还具有廉价、来源广、无污染的优势，但也存在着喷射后流失、未达到燃烧区已汽化等缺陷。目前一般通过改变水的物理特性，如细水雾、超细水雾等，或在水中添加化学试剂改变水的汽化潜热、黏度、润湿力、附着力，如强化水、乳化水、润湿水、黏性水等，来改善水系灭火剂灭火效率。（超）细水雾使用特殊的喷嘴，通过水与空气的速度差、水流与固定平面的碰撞、水流之间的碰撞等原理产生水微粒，其比表面积大，汽化时吸热效率高，接触面积大，能极大提高灭火效率，是国内外研究的热点。

泡沫灭火剂可以按发泡方式、发泡倍数、用途、发泡基料等进行分类。根据发泡机理可分为化学泡沫灭火剂和空气泡沫灭火剂；根据发泡倍数可分为低倍数泡沫灭火剂、中倍数泡沫灭火剂、高倍数泡沫灭火剂；根据用途可分为普通型和多功能型；根据发泡基料不同可分为蛋白型和合成型。泡沫灭火剂主要通过泡沫结构中水的冷却作用、泡沫隔绝空气的窒息作用、泡沫对火焰辐射的遮断作用达到灭火效果。目前国内外研究人员致力于研究更高效环保低成本的泡沫灭火剂，如利用工业废料等提取水解蛋白、研究氟表面活性剂的降解方法、改进表面活性剂的结构和复配方法、寻找替代氟表面活性剂的新型表面活性剂、研究新型无触变性抗溶剂等。

气溶胶灭火剂属于烟火药的一种，它由氧化剂、还原剂及胶粘剂构成，通过燃烧反应产生大量的灭火介质，使之均匀地分布在被保护空间，通过物理、化学的双重协同作用来熄灭火灾。气溶胶由于比表面积大，易从火焰中吸收热量，达到一定温度后熔化或气化吸热，且具有良好悬浮和绕障能力，保留时间长。气溶胶的化学抑制分为固体颗粒解离并通过链式反应消耗活性基团的均相化学抑制作用和吸附并催化活性基团组成稳定分子的非均相化学抑制。根据产生气溶胶的温度的不同可分为热气溶胶和冷气溶胶。现在使用的气溶胶灭火剂仍然有气溶胶浓度高、相对效率低、价格昂贵以及对保护对象和人有腐蚀作用等缺陷，因此研究重点主要放在改性冷气溶胶灭火剂（如将碳酸氢钠制成超细粉，通过改性处理后，其比表面积大，活性高，在空气中能形成相对稳定的气溶胶）和复合型气溶胶灭火剂（如水蒸气喷雾式气溶胶干粉灭火系统，利用水蒸气与气溶胶干粉之间的协同作用）上。

4. 人员安全疏散的技术

常见的人员疏散模型有两种：一是将人员疏散作为连续运动的连续型模型，二是将人员疏散过程划分为离散区域的离散型模型。连续型模型主要包括社会力模型、磁力场模型，离散型模型主要包括格子气模型及元胞自动机模型，近年来也有学者运用 Agent 技术、动物实验、引导员和博弈论等相关理论知识来研究人员疏散模型。由于火灾环境下人员的运动行为十分复杂且具有不确定性，目前还没有一个模型能完全模拟人在疏散中的各种行为，研究人员的工作主要集中在使用多种模型融合研究群体疏散行为，而对引导作用、建筑物结构、火灾环境与人的行为之间的复杂关系，及其与理论模型相结合方面的研究相对较少。

疏散路径规划优化算法主要分为传统算法和智能优化算法两大类，其中传统算法有 Dijkstra 算法、A* 算法、Floyd 算法、规划算法等，智能优化算法有蚁群算法、粒子群算法、新型启发式算法等。一般疏散路径规划主要根据二维静态图建立路径搜索算法，得出最优路径，以最短路径作为最优路径，没有考虑到烟雾、路径堵塞、火灾蔓延等场景对疏散路径的影响。在火灾环境下，考虑疏散路径可达性、疏散人员位置和火灾蔓延的动态过程等因素以做出相应的调整，实现火灾疏散路径的动态优化，是研究人员的重点研究内容。

1.3.3 火灾风险评估及控制的研究目的及意义

由本章 1.1 节提到的内容可知，随着我国经济的迅速发展，人民生活水平的提高，导致火灾的因素也大量增加，火灾的次数和损失均呈上升趋势，火灾形势日趋严峻，且可能朝着火灾造成的财产损失进一步增加、火灾扑救过程复杂化困难化、火灾发生频率进一步增加、城镇火灾比例持续增大等趋势发展。因此，依托科学技术的不断进步，不断研究新的火灾风险评估方法及火灾风险控制理论与实践方法刻不容缓。

火灾风险评估可以更加客观、准确地认识火灾的危险性，从而为人们预防火灾、控制火灾和扑灭火灾提供依据和支持，具体可以体现在为建筑物的性能化防火提供依据、为保险行业制定合理的保险费率提供依据、为性能化设计规范和相关安全法规制度的制定提供依据。火灾风险评估作为火灾科学与消防工程的重要组成部分，对完善火灾科学和消防工程学科体系有重要作用。从目前来看，火灾风险评估方法学已成为火灾科学基础研究中的另一重要课题，其研究内容同时涉及灾害的自然属性和社会属性两个方面。在火灾机理和规律已有知识的基础上，运用数值模拟技术、统计理论、随机过程理论和模糊数学理论的火灾风险评估方法已经开始受到学术界的广泛重视，其基础理论方面的研究方兴未艾。

从风险的定义可知，风险是事件发生的概率与后果的函数。故火灾风险控制的目的一方面在于采取各种措施减小火灾发生的可能性，比如采用阻燃技术减少热引燃出现概率，延缓、抑制燃烧传播。另一方面在于尽可能减小火灾可能造成的人员伤亡和财产损失，并将其控制在一定范围内，比如在火灾发生初期由火灾探测系统探测到火情，火灾信号转化为电信号，自动报警系统联动，通过灭火措施、消防卷帘、排烟阀等应急救援手段减小、扑灭火灾、控制火势的进一步扩大，通过合理设计的安全疏散系统和装备保障人员的安全撤离。随着社会的发展，科学的进步，火灾风险控制方法的研究成果层出不穷，但仍存在诸多尚未解决的难题，尤其是面对日趋危险和复杂的火灾形势，以及人们对社会环境安全稳定的需求，它们对各类火灾风险控制技术不断提出更高的要求。因此，大力发展火灾风险控制各方面的研究，有效预防和控制火灾，是社会进步与科技发展的客观要求。

复 习 题

1. 简述火灾的分类及其特点。
2. 针对我国目前的火灾形势，请提出一些防止火灾发生的建议。
3. 简述火灾科学研究的任务和研究内容。
4. 简述几类火灾风险评估方法。
5. 简述火灾风险控制的目的和意义。
6. 火灾风险控制大致可以分解为哪几个部分？

第 2 章
火灾学概论

■ **本章概要·学习目标**

　　本章分为三节。第一节介绍燃烧的基础知识，要求学生掌握燃烧的基本条件，了解几种着火过程，并在此基础上掌握燃烧的化学反应动力学基础，简单了解几种燃烧的基本类型。第二节介绍火灾动力学的基础知识，要求学生了解火灾发生、发展的基本过程，掌握两种火蔓延行为的特征，了解火灾中烟气的成因与流动规律，熟练地掌握火灾中三种热量传递形式的机理及其危害。第三节主要介绍火灾数值模拟方法及其应用，要求学生了解火灾数值模拟的主要方法，理解计算流体动力学（CFD）的基本思想，掌握火灾 CFD 方法和模型。

2.1 燃烧基础

2.1.1 燃烧的基本条件

　　燃烧是指可燃物与氧化剂作用发生的剧烈放热反应，通常伴有火焰、发光或发烟的现象。可燃物中存在一种或多种可以发生氧化反应的组分，助燃物中存在一种或多种可以发生还原反应的物质，它们的存在是发生燃烧的基本条件。通常情况下，为了促使可燃物与助燃物之间发生燃烧反应，还需要一定的热源作用。可燃物、助燃物和点火源是燃烧的基本条件。

　　1. 可燃物

　　无论是气体、液体还是固体，无论是金属还是非金属，无论是无机物还是有机物，凡是能与空气（氧气）或者其他氧化剂起燃烧反应的物质均可以称为可燃物。

　　多年来人们研究可燃物的燃烧特性大多是围绕工程燃烧的需要进行的。在工程燃烧中可以使用的可燃物一般称为燃料。进行工程燃烧的目的是通过燃烧获得热能并加以利用，因此，燃烧所用的燃料必须来源广、价格低，这便决定了燃料基本上是天然物质及其加工产品。按照燃料的形态可将其分为气体燃料、液体燃料和固体燃料三类。

（1）传统固体燃料　常用的固体燃料主要有木质燃料、秸秆燃料和煤三种。木质燃料一般是指木柴和树木等的茎秆皮壳及其加工副产品等。木质燃料多用于日常取暖、生活灶等燃料。秸秆是成熟农作物茎叶部分的总称，通常是指小麦、水稻、玉米、棉花和其他农作物在收获果实后的剩余部分。秸秆作为固体燃料，一些物理特性如孔隙率、粒度、粒度分布、颗粒形状、密度、流动性能等物理特性对其热化学转换程度也有较大影响。煤是由古代植物在地下经过长期堆积，受到地质变化作用而碳化形成的。根据碳化程度的深浅，煤可以分为泥煤、褐煤、烟煤和无烟煤四类。碳化程度越深，煤中的水分和挥发分越少，碳的含量越多。

（2）聚合物　在生产生活中，聚合物的种类非常广泛，其中一些是天然存在的，而另一些是人造的。表 2-1 列出了常见固体聚合物燃料的性质。聚合物的使用越来越广泛，同时聚合物的广泛使用也带来了很大的火灾危险性。

表 2-1　常见固体聚合物燃料的性质

名　　称	密度/ (kg/m^3)	热容量/ $(kJ/(kg \cdot K))$	导热系数/ $(W/(m \cdot K))$	燃烧热/ (W/g)	熔点/℃
天然聚合物					
纤维素	可变因素	≤1.3	可变因素	16.1	烧焦物
热塑性聚合物					
低密度聚乙烯	940	1.9	0.35		
高密度聚乙烯	970	2.3	0.44	46.5	130 ~ 135
等规聚丙烯	940	1.9	0.24	46.0	186
间规聚丙烯					138
聚甲基丙烯酸甲酯	1190	1.42	0.19	26.2	≤160
聚苯乙烯	1100	1.2	0.11	41.6	240
聚甲醛	1430	1.4	0.29	15.5	181
聚氯乙烯	1400	1.05	0.16	19.9	—
聚丙烯腈	1160 ~ 1180	—	—	—	317
尼龙 66	≤1200	1.4	0.4	31.9	250 ~ 260
热固性聚合物					
聚氨酯泡沫	可变因素	≤1.4	可变因素	24.4	
酚醛泡沫	可变因素		可变因素	17.9	烧焦物
聚异氰脲酸酯泡沫	可变因素		可变因素	24.4	烧焦物

燃烧固体表面释放的挥发物的组成极其复杂，在考虑固体的化学性质时，可以理解这一点。在两种基本类型的聚合物（加成和缩合）中，加成聚合物更简单，因为它是通过将单体单元直接加入到增长的聚合物链的末端而形成的。

应该注意的是，纤维素是在所有高等植物中出现的最普遍的天然聚合物，是单糖 D-葡萄糖的缩聚物。聚合物的基本结构如图 2-1 所示。

任何单体的基本特征是它必须含有两个反应基团或中心，以使其能够与相邻单元结合形成直链（图 2-1a）。链的长度（即 n 的值）将取决于聚合过程中存在的条件，选择这些条件以产生具有所需性质的聚合物。还可以通过将支链引入聚合物"主链"来改善其性质，这可以通过以某种方式改变条件来实现，这种方式会引起分支发生自发聚合反应（图 2-1b）或引入少量具有三个活性基团的单体（图 2-1c 中的单元 B）。这可以产生交联结构的效果，所得到交联结构的物理和化学性质将与等效的无支链或仅略微支化的结构非常不同。例如，考虑扩展的聚氨酯，在大多数柔性泡沫中，交联度非常低，但是基本上通过增加它的支链（例如通过增加三官能单体的比例，图 2-1c 中的 B），以生产适用于硬质泡沫的聚氨酯。

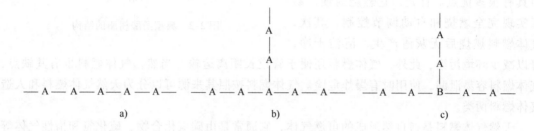

图 2-1 聚合物的基本结构

a）直链（例如聚亚甲基，A = CH₂）

b）支链，具有随机分支点（例如聚乙烯，A = CH₂ = CH₂）

c）支链，涉及三官能中心（例如聚氨酯泡沫，其中直链（—A—A—等）对应于甲苯二异氰酸酯和聚合物二醇的共聚物，B 是三元醇）

关于可燃性，由于大部分材料形成不挥发的炭，聚合物的热分解产生的挥发物的产率对于高度交联的结构要小得多，因此有效地减少了气体燃料向火焰的潜在供应。这种情况的例子可以在酚醛树脂中找到，其在加热到超过 500℃ 的温度时可以产生高达 60% 的焦炭。典型酚醛树脂的结构如图 2-2 所示。表现出高度交联的天然聚合物是木质素，它如同"水泥"一样在高等植物中将纤维素结构结合在一起，从而赋予细胞壁更大的强度和刚性。

合成聚合物可分为两大类，即热塑性聚合物和热固性聚合物（表 2-1）。从耐火性能的观点来看，热塑性塑料和热固性聚合物之间的主要区别在于后者是交联结构，其在加热时不会熔化。相反，在足够高的温度下，许多分解产生直接来自固体的挥发物，留下碳质残余物（参见酚醛树脂，图 2-2），聚氨酯的初始分解产物是液体。另一方面，热塑性塑料在加热时会软化并熔化，这会改变它们在着火条件下的性能。下落的液滴或熔融聚合物燃烧池的扩散可以增强火蔓延程度，用柔性聚氨酯泡沫也观察到这种情况。

（3）**液体燃料** 液体燃料按照其来源可以分为天然液体燃料（如石油）和人造液体燃料（如生物质燃料）两类。石油是唯一的天然液体燃料，工农业上所使用的大多数液体燃料是由石油炼制而成的。从煤和页岩油中利用化学方法也可以提取人造液体燃料。

石油是非常珍贵的资源，它既是重要的能源，又是宝贵的工农业原料，同时还是国防必需的战略物资。关于石油的形成机理，不同的学者有不同的观点，普遍观点认为石油是古代动植物死亡后的有机残骸被带到地下，并被砂石、泥土覆盖，在与外界空气隔绝的情况下，长期受地质高温高压和细菌作用逐渐分解而形成的。直接从地层开采出来而未经炼制的石油被称为原油，原油一般需进行炼制才能使用。

生物质液体燃料主要包括燃料乙醇、生物柴油、生物油（由生物质直接裂解液化得到）、烃燃料和含氧燃料（由生物质间接液化得到）等。

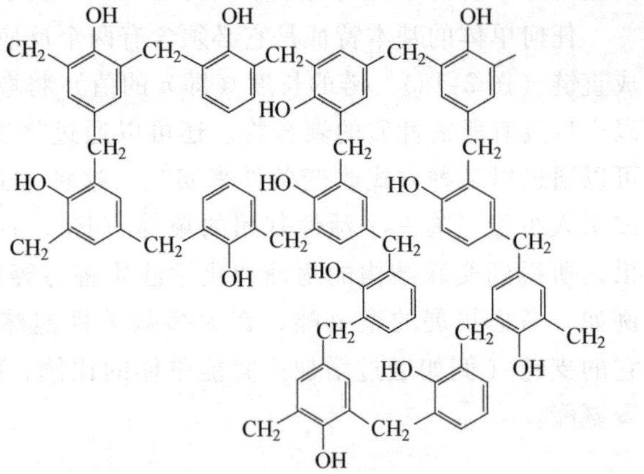

（4）气体燃料　气体燃料是一种比较理想的燃料，与固体和液体相比，气体燃料具有很多优点。首先，它燃烧简便，易于实现完全燃烧和自动调节控制；其次，气体燃料燃烧后无灰渣产生，清洁干净，

图 2-2　典型酚醛树脂的结构

可以减少环境污染；此外，气体燃料还便于管道长距离运输。当然，气体燃料也有其缺点：气体燃料容易泄漏，使用时有爆炸危险。气体燃料按照其来源可以分为天然气体燃料和人造气体燃料两类。

天然气体燃料是指自然形成的可燃气体，它通常是由碳氢化合物、硫化氢和惰性气体等混合气体组成，可从地下直接获取。天然气具有较高的发热量，是一种优质燃料，具有很高的工业经济价值。天然气主要分为气田天然气和油田天然气。气田天然气是一种稍带腐烂臭味的无色气体，主要成分是甲烷，易于燃烧，火焰明亮。油田天然气主要产于油田附近，它是伴随石油产生的，故又被称为石油伴生气，主要成分除了甲烷，还有重碳氢化合物，这是与气田天然气的不同之处。

人造气体燃料是指由固体或液体经热加工转化而成的可燃气体。大多数人造气体燃料中的不可燃成分较多，尤其是氮，可高达约 60%，此外还有水蒸气、煤粒和灰粒等。人造气体燃料主要有焦炉煤气、高炉煤气、发生炉煤气、液化石油气、地下气化煤气、生物质气化燃气、生物质热解燃气和人工沼气等。

2. 助燃物

凡是与可燃物结合能导致和支持燃烧的物质，都称为助燃物。助燃物通常是氧气或者其他氧化性较强的物质。火灾过程中常见的助燃物主要由空气（氧气）、危险物品氧化剂和未列入危险物品氧化剂的助燃物。

空气是在火灾和爆炸事故中最常见的助燃物，在对可燃物的燃烧特性进行研究时，如果没有特别说明，助燃物是指空气。除了空气以外，危险物品氧化剂在火灾中也是助燃物。危险物品氧化剂主要包括过氧化物类，如过氧化钠；高锰酸盐类，如高锰酸钾；还有其他的具有较强氧化性的物质。有一些物质虽然不是危险物品氧化剂，但是在燃烧反应或者火灾事故中也会充当助燃物，如高浓度的过氧化氢、氯、溴等物质。

3. 点火源

凡是能够引起物质燃烧的点燃能量，统称为点火源，如明火、高温表面、摩擦与冲击、自然发热、化学反应热、电火花、光热射线等。

上述三个燃烧基本条件通常被称为燃烧三要素，但是即使具备了可燃物、助燃物和点火

源，并且三者相互作用，燃烧也不一定发生。要发生燃烧反应还
必须满足一些其他的条件，比如可燃物和助燃物有一定的浓度和
数量，点火源有一定的温度和足够的热量等。燃烧能够发生时，
燃烧的三个基本条件可以表示为封闭的三角形，通常称之为着火
三角形，如图 2-3 所示。

图 2-3　着火三角形

2.1.2　着火过程

着火是指从无化学反应向稳定的强烈放热反应的过渡过程，是可燃物发生燃烧的起始阶
段。任何可燃物质的燃烧都必须进行着火阶段才能进行下一步的燃烧。对于火灾防治来说，
在火灾过程中最容易采取灭火措施的阶段就是着火阶段。研究着火过程对防止起火具有非常
重要的意义。可燃物的着火主要有自燃和点燃两种类型。

1. 自燃着火与热自燃理论

自燃是物质在一定的条件下由于本身温度升高超过一定温度而发生的着火。自燃现象可
以分为热自燃和化学自燃两种情况。热自燃是可燃物在一定条件下由于热的不平衡导致温度
升高，当超过一定温度而发生的着火。这类着火不需要由外界加热，而是依靠自身热量的积
累而引发的。长期堆积且通风不良的煤、柴草的自燃就是热自燃。化学自燃是在常温下依靠
自身的化学反应而引发的燃烧现象。这类自燃也不需要外界的加热，如金属钠在空气中的自
燃、火柴受摩擦而着火。

热自燃理论是关于物质的放热反应和该物质所组成的系统的"自动点火"理论。主要
的热自燃理论有 Semenov 热自燃理论、Frank-Kamenetskii 热自燃理论和 Thomas 热自燃理论。
这里主要对热自燃理论中的 Semenov 模型进行简单介绍。

Semenov 模型是一个理想化的热自燃模型，该模型的假设
是：体系内的温度分布均匀，不具有任何温度梯度，各处的温
度均为 T，且体系的温度大于环境的温度 T_0；体系和环境的温
度是不连续的，有温度突跃；体系与环境的热交换全部集中在
体系的表面。Semenov 模型下体系的温度分布可用图 2-4 表示。
虽然要达到 Semenov 模型所假设的温度分布是很难实现的，但
是由于 Semenov 模型处理问题比较简单，所以较易被接受。
Semenov模型主要适用于气体反应物、具有流动性的液体反应物
或是导热性非常好的固体反应物。

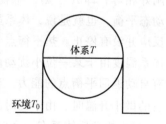

图 2-4　Semenov 模型
温度分布示意图

在实际生活和工程中的任何热自燃体系中，可燃物能够氧化而放出热量，使得体系的温
度升高；同时体系会通过容器的壁面向外散热，使得体系温度下降。

如果一个由质量为 M 的反应物与环境组成的一个体系，内部的温度为 T 的体系在温度
为 T_0 的环境中的质量反应速率表达式如下：

$$-\frac{\mathrm{d}M}{\mathrm{d}t} = M^n A \exp\left(-\frac{E}{RT}\right) \tag{2-1}$$

式中，M 是反应物的质量；A 是指前因子；E 是活化能；R 是摩尔气体常数；T 是体系热力
学温度；n 为反应级数。

如果单位质量反应物的反应发热量为 ΔH，则体系的反应放热速率表达式如下：

$$Q_{\mathrm{G}} = \frac{\mathrm{d}H}{\mathrm{d}t} = \Delta H M^n A \exp\left(-\frac{E}{RT}\right) \tag{2-2}$$

根据 Semenov 模型所描述的体系温度分布，体系内的温度均一，体系与环境的热交换全部集中在表面，体系向环境的散热速率表达式如下：

$$Q_{\mathrm{L}} = US(T - T_0) \tag{2-3}$$

式中，U 为表面传热系数；S 为表面积；T_0 为环境温度。

这样，得到系统的能量方程如下：

$$M_0 c_P \frac{\mathrm{d}T}{\mathrm{d}t} = \Delta H M^n A \exp\left(-\frac{E}{RT}\right) - US(T - T_0) \tag{2-4}$$

式中，c_P 为反应性化学物质的定压比热容。

根据式（2-2）和式（2-3），对温度作图可以得到如图 2-5 所示的 Semenov 模型下体系放热与散热曲线图。图 2-5 中，曲线 Q_{G} 代表体系的放热速率，三条直线 Q_{L} 对应于体系在不同环境温度（T_{01}、T_{02}、T_{03}）下的散热速率。

着火是反应放热因素与散热因素相互作用的结果。如果反应放热占优势，体系就会出现热量积累，温度升高，反应加速，发生自燃；相反，如果散热因素占优势，体系温度下降，不会发生自燃。

如图 2-5 所示，当环境温度 $T_0 = T_{03}$ 时，发热曲线和散热曲线有两个交点 a 和 b，体系间处于稳定状态。此时，热生成速率曲线和热损失速率曲线的每一个交点，都表示放热体系的热生成速率和热损失速率刚好相等，即处于热"平衡"状态。但这种平衡是动态平衡，也就是说，体系虽处于平衡状态，但化学反应并没有停止。热平衡点 a 具有这样的性质：一旦体系温度由于某一位小扰动而偏离平衡点，体系将具有自动返回平衡点的能力。当小扰动后体系有一个偏右的微小升温时，

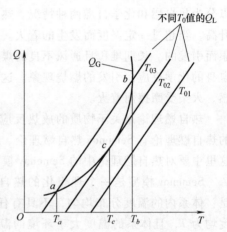

图 2-5　Semenov 模型放热与散热曲线图

由于此时的热损失率曲线处于热产生率曲线之上，热量损失使体系回到点 a；当小扰动后体系有一个偏左的微小降温时，由于此时热生成速率曲线在热损失率曲线上面，热量积累又使体系回到点 a。因此，平衡点 a 称为稳定热平衡点。用同样的分析，知道点 b 是不稳定平衡点，也就是说，即使体系在 b 点建立了平衡，只要有一个微小的扰动，体系的平衡将被打破。实际上 b 点不对应于实际情况。

当环境温度升高至 $T_0 = T_{02}$ 时，发热曲线和散热曲线有一个切点 c，该切点所对应的温度 T_{NR} 为不归还温度（Temperature of No Return）。此时散热曲线与温度轴的交点所对应的环境温度 T_{02} 即为体系发生热自燃的最低环境温度。此时的体系处于自发着火的临界状态。也就是说，只要当环境温度略小于 T_{02}，体系将处于稳定状态，只要当环境温度略大于 T_{02}，体系将不断升温直至发生热自燃火热爆炸。当环境温度 $T_0 = T_{01} > T_{02}$ 时，永远有 $Q_{\mathrm{G}} > Q_{\mathrm{L}}$，体系将不断升温直至发生热自燃或热爆炸。

2. 点燃着火与链锁反应理论

将火焰、电火花、电弧、热物体等点火源作用于可燃物的局部表面，可引起该区首先着

火，随后，发生燃烧部分的火焰向体系的其他部分传播，这样的着火过程被称为点燃着火，也称为强迫点燃着火。从本质上说，可燃物着火是其氧化反应由慢速加速到一定程度的现象。点燃着火就是由于外界对体系施加能量，使其温度升高，从而使氧化反应加速，进而发生燃烧反应。点燃着火过程可以用链反应理论来解释，下面简要介绍点燃着火过程的链反应理论。

对于大多数的化合物与空气中氧气的反应来说，热着火理论可以很好地解释反应速率的自动加速。但也有一些现象则解释不清，而链锁反应理论却能给出合理解释。

链锁反应理论认为，在反应体系中出现某些活性基团，只要这种活性基团不消失，燃烧反应就可以一直进行下去，直到反应完成。

链锁反应一般由链的引发、链的传递和链的终止三个步骤组成。反应中产生自由基的过程被称为链的引发。稳定分子分解产生自由基，就是这些分子的化学链断裂过程。这个过程需要很大的能级，因此链的引发是一个比较困难的过程。常用的引发方法有热引发、光引发等。

当活性基团与普通分子反应时，能够生成新的活性基团，因而可以使这种链锁反应不断进行下去。链的传递是链锁反应理论下燃烧反应的主体阶段，活性基团是链的传递载体。如果活性基团与器壁碰撞进而生成稳定的分子；或者两个活性基团与第三个惰性分子相撞后失去能量而成为稳定分子，链的反应就会被终止。

链锁反应一般分为直链反应和支链反应。在直链反应过程中，每消耗一个自由基的同时又生成一个自由基，直到链终止。就是说反应过程中，活性基团的数目保持不变。由于链传递的速度非常快，因此直链反应速度也是非常快的。而在支链反应过程中，由一个自由基生成最终产物的同时，还可产生两个或两个以上的活性基团，就是说在反应过程中活性基团的数目是随时间增加的。因此支链反应速率是逐渐加大的。

链锁反应理论认为，反应自动加速是通过反应过程中自由基的逐渐积累来达到反应加速的。系统中自由基数目能否发生积累是链锁反应过程中自由基增长因素与自由基销毁因素相互作用的结果。自由基增长因素占优势，系统就会发生自由基积累。

3. 影响着火的主要因素

可燃物的着火受到很多种因素的影响，包括可燃物的性质、组成、形态等。此外，可燃性气体的浓度、初温和压力等都对可燃性气体的着火产生一定的影响。

（1）可燃物的物理形态　不同物理形态的可燃物的着火性能存在很大差异。一般说，可燃气体的点燃能较小，最容易被点燃，可燃液体的次之，可燃固体的点燃能较大，最难被点燃。这主要是因为液体变成蒸汽过程或固体发生热解过程中吸收热量，需要外界提供一定的能量，造成点火需要的能量变高。

（2）可燃物的结构组成　可燃单质的化学结构与着火能量之间通常有如下规律：在脂肪族有机化合物中，烷烃类的最小点火能最大，烯烃类次之，炔烃类较小；碳链长，支链多的物质，最小点火能较大。

（3）气体可燃物的浓度　在可燃气体与空气的混合气中，气体可燃物所占的比例是影响着火的重要因素。一般当气体可燃物浓度稍高于其反应的化学当量比浓度时，所需的最小点火能比其他当量比浓度小。

（4）可燃混合气体的初始温度和压力　通常，可燃混合气体的初始温度增加，最小点火能减少；而其压力降低，则最小点火能增大，当压力降到某一临界压力时，可燃混合气体就很难着火。

（5）点火源的能量与性质　点火源是促使可燃物与助燃物发生燃烧反应的初始能量来源。点火源可以是明火、电火花，也可以是高温物体。点火源的能量和能级存在很大差别，若点火源的能量小于某一最小能量，就不能点燃。引起一定浓度可燃物燃烧所需要的最小能量称为最小点火能，这是衡量可燃物着火危险性的一个重要参数。

2.1.3　燃烧化学反应动力学基础

化学动力学也称反应动力学，是物理化学的一个分支，是研究化学过程进行的速率和反应机理的物理化学分支学科。它的研究对象是物质随时间而变化的非平衡的动态体系。而燃烧化学动力学又是化学动力学的一个分支，其主要研究领域包括总包反应、基元反应、链式反应。

用燃烧化学反应动力学理论，可以研究燃烧机理、着火与熄火机理、燃烧有害物生成机理，从而提高燃烧效率、控制燃烧速率、预防燃烧有害物排放。

目前，用来阐明化学反应机理和确定化学反应速度的理论有分子热活化理论和链锁反应理论两种。因为前面已经介绍过链反应理论，所以这里主要介绍分子热活化理论。

1. 分子热活化理论

根据气体分子运动学说的理论，化学反应的发生是由于反应物质的分子互相碰撞而引起。但是我们知道，在单位时间内，例如 1s 内，每个分子与其他分子互相碰撞的机会是很多的，可以达到几十亿次。如果分子每一次碰撞均能发生反应的话，那么即使在低温情况下不论什么反应都会瞬间完成而形成爆炸。但事实上远非如此，化学反应是以有限的速度进行着，即不是所有的分子碰撞都会引起反应，而只有在所谓"活化了"的分子间的碰撞才会引起反应。这种活化了的分子也就是所谓的"活化分子"。在一定温度下，活化分子的能量 E 较其他分子所具有的平均能量大，正是这些超过一定数值的能量才能使原有分子内部的键得以削弱和破坏，使分子中的原子重新组合排列而形成新的生成物。所以如果撞击分子的能量小于这一能量 E 的话，则它们之间就不发生反应。能量 E 是破坏原有的键和产生新键所需要的最小能量，一般称之为"活化能"。不同的反应，活化能是不相同的。

确定活化能的值是极其复杂的。一般情况下，由实验测定，但也可按经验公式近似计算。对于双分子反应有：

$$A + B \rightarrow C + D + \cdots \tag{2-5}$$

其活化能可按下列经验公式估算：

$$E = 0.25(\varepsilon_A + \varepsilon_B) \tag{2-6}$$

式中，ε_A 和 ε_B 为破坏物质 A 和 B 的分子内部键所需消耗的能量。

一般破坏物质分子内部键所需的能量是相当大的。例如破坏 H_2 分子内部键的能值为431200J/mol 或 215620kJ/kg，而 1kg 汽油热值仅 41900 ~ 46100kJ/kg。

由气体分子运动学说可知，分子间能量的分配是极不均匀的，如图 2-6 所示，在每一温度瞬间时都有或多或少的等于或高于能量 E 的分子存在。因此，对某一反应来说，如果它所需的活化能 E 越大，则在每一温度瞬间能起作用的分子数就越少，它的反应速度也就越小。

根据麦克斯威尔—波尔茨曼的分子能量分布定律，具有能量等于或大于 E 的分子数可用下式表示：

$$N_E = N \exp\left(-\frac{E}{RT}\right) \qquad (2-7)$$

或

$$\frac{N_E}{N} = \exp\left(-\frac{E}{RT}\right) \qquad (2-8)$$

式中，N_E 为具有能量等于或大于 E 的分子数目；N 为气体的总分子数；R 为通用气体常数；T 为热力学温度。

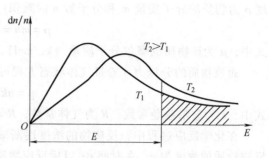

图 2-6　不同温度下的分子能量分布曲线图

反应的活化能是衡量反应物质化合能力的一个主要参数。活化能越小，物质的化合能力就越大。实验表明：当饱和的分子之间进行反应时，其活化能一般为十几万千焦每摩尔到几十万千焦每摩尔。例如，煤油与空气的反应的活化能约为 167500kJ/mol；饱和分子与根（化合价不饱和的原子和基，如 H 和 OH）或者分子与离子间进行反应，其活化能一般不超过 41900kJ/mol；根与离子间进行反应，其活化能几乎接近于零，也即分子间每次碰撞都可能有效，所以其反应速度非常快。

此外，从式（2-7）和式（2-8）还可看出，不同温度时具有能量在 E 以上的分子数是不同的，因而反应速度也不相同。温度升高，分子间能量将重新分配，具有高能量的分子数目大大增加（图2-6），这就有利于分子的活化，从而提高了化学反应的速度。

按照分子热活化理论，在任何反应系统中，反应物质不能全部参与化学反应，只有其中一部分活化分子才能参与反应。为了使反应物质尽可能多地参与反应，必须对反应系统提供能量使非活化分子活化。提供分子活化能量的方法很多，如对系统加热，使高能分子数增多（即所谓热活化）；或者吸收光能，利用光量子的辐射激发分子，把分子分解成原子（即所谓光分解）；或者受电离作用，使分子电离成自由离子，即带电荷的原子或原子团（或称为基）。

2. 燃烧化学反应速度

（1）基本概念　燃烧是一种剧烈的化学反应，自然遵循有关化学反应速度的一些规律。

化学反应速度是在单位时间内由于化学反应而使反应物质（或燃烧产物）的浓度改变的速率，一般常用符号 W 来表示。燃烧反应速度一般用单位时间和单位体积内烧掉的燃料量或消耗掉的氧量来表示。

反应物质（或燃烧产物）的浓度可用该物质在单位体积中的摩尔数来表示：

$$c = M/V \qquad (2-9)$$

式中，c 为反应物质（或燃烧产物）的浓度（mol/m^3）；M 为反应物质（或燃烧产物）的摩尔数（mol）；V 为 M 摩尔数反应物质（或燃烧产物）所占体积（m^3）。

该物质在单位体积中的分子数 n 计算如下：

$$n = cN_A \qquad (2-10)$$

式中，N_A 为阿伏伽德罗常数，$N_A = 6.02 \times 10^{23} mol^{-1}$。

有时也有用反应物质（或燃烧产物）在单位体积中的重量来表示其浓度，该物质的密

度 ρ 为物质的分子质量 m 和分子数 n 的乘积：

$$\rho = mn = mcN_A = c\mu \tag{2-11}$$

式中，μ 为该物质的摩尔分子质量（kg/mol），$\mu = mN_A$。

而该物质的分压力 p 通过气体状态方程可得出：

$$p = nkT = cRT \tag{2-12}$$

式中，k 为玻尔兹曼常数；R 为气体常数，$R = 8.3144\text{J}/(\text{mol} \cdot \text{K})$；$T$ 为该物质温度（K）。

在化学反应过程中，反应物的浓度逐渐减少，各瞬间的反应速度都不同。在时刻 τ 时，反应物质的浓度为 c，在时间 $d\tau$ 以后反应物质浓度由于化学反应减少到 $c - dc$，则反应速度定义如下：

$$W = -dc/d\tau \tag{2-13}$$

式中，负号表示反应物质的浓度随时间的增加而减少。

假如所有的反应物质共占有体积 $V(\text{m}^3)$，则在单位时间内，其反应物质浓度的变化称为总反应速度 $\overline{W}_{\text{all}}$，因此：

$$\overline{W}_{\text{all}} = -\int_V \frac{dc}{d\tau} dV \tag{2-14}$$

如果反应速度在整个体积 V 都相同，则：

$$\overline{W}_{\text{all}} = -\frac{dc}{d\tau}V \tag{2-15}$$

即：

$$\overline{W}_{\text{all}} = WV \tag{2-16}$$

化学反应速度既可用单位时间内反应物浓度的减少来表示，也可用单位时间内生成物（燃烧产物）浓度的增加来表示。在反应过程中反应物浓度不断降低，而生成物的浓度不断升高，所以反应速度也可以由下式表示：

$$W = +dc'/d\tau \tag{2-17}$$

式中，c' 为在某时刻 τ 的生成物的浓度（mol/m³）。

某一化学反应的反应物质为 A_1、A_2、$A_3\cdots$，而其生成物为 B_1、B_2、$B_3\cdots$，此反应的化学方程式有下列形式：

$$a_1A_1 + a_2A_2 + a_3A_3 + \cdots = b_1B_1 + b_2B_2 + b_3B_3 + \cdots \tag{2-18}$$

即：

$$\sum a_iA_i = \sum b_kB_k \tag{2-19}$$

式中，a_i 为某 i 反应物在反应过程中消耗的比例系数；b_k 为某 k 生成物在反应过程中生成的比例系数；A_i，B_k 为反应的比例系数。

式（2-19）给出了反应物摩尔数和生成物摩尔数的比例关系。

某 i 反应物的浓度降低速度与某 k 生成物的浓度增加速度之间的关系如下：

$$-\frac{dc_i}{d\tau} = \frac{a_i}{b_k}\frac{dc'_k}{d\tau} \tag{2-20}$$

式中，c_i 及 c'_k 表示某 i 种反应物及某 k 种生成物的浓度（mol/m³）。

式（2-20）表示化学反应的某反应物浓度的降低速度与某生成物形成速度之间的关系。

（2）质量作用定律和反应级数　1867 年，Guldberg 和 Wage 发现，在一定温度下，化学反应速度正比于参与反应的所有反应物浓度的乘积，这一关系被称为质量作用定律。例如，对于式（2-16）中所示的反应，按照反应物 A 计算得到的化学反应速度可用下式表示：

$$W_A = -\frac{\mathrm{d}c_A}{\mathrm{d}\tau} = kc_A^d c_B^e c_B^f \tag{2-21}$$

式中，k 为化学反应速度常数；d、e、f 为通过实验测定得到的幂指数，而幂指数之和 $n = d + e + f$ 称为反应级数，反应级数通过实验得到。

从燃烧学的角度，我们更关心化学反应速度与各反应物浓度之间的关系，因此常用反应级数 n 来进行化学动力学分析。反应级数就是这样定义的：如果化学反应速度与反应物浓度的一次方成正比，该反应就是一级反应；如果化学反应速度与一种反应物浓度的平方成正比，或者与两种物质浓度的一次方的乘积成正比，则为二级反应；以此类推。式（2-21）中的 $n = d + e + f$ 就是反应级数，该反应称为 n 级反应。

3. 影响燃烧化学反应速度的因素

（1）温度对化学反应速度的影响　在影响化学反应速度的诸因素中，温度对反应速度的影响最为显著。例如氢和氧的反应在室温条件下进行得异常缓慢，其速度小到无法测量，以至于经历几百万年的时间后才能觉察出它们的燃烧产物。然而温度一旦提高到一定数值后，例如 $600 \sim 700℃$，它们之间的反应可以成为爆炸反应，瞬间就可完成。

温度对反应速度影响的一般规律可从图 2-7 中看出。因反应速度常数表明了在已知温度下化学反应的比速度。从图 2-7 中可看出，随着温度的提高，化学反应速度在急剧地增大。反应速度常数和温度的关系可用下列两条规则来表示。

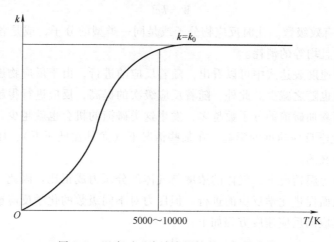

图 2-7　温度对反应速度影响的一般规律图

（2）活化能对化学反应速度的影响　活化能的统计意义是 $1\mathrm{mol}$ 的反应物质从初始状态经激发到活化状态时所需要的能量，用 E 来表示。活化能的大小代表了反应物要达到活化状态时所需的能量，该能量越大，反应越难进行，反应速率常数就越小，反之则相反。

对于具有较大数值活化能的化学反应来说，温度对反应速度常数的影响比具有较小数值活化能的反应更为显著，但这种影响的程度随着温度的提高逐渐减小。这一情况从表 2-2 具体数字中可以明显地看出来。

表 2-2　在不同 E 值下温度对反应速度常数的影响

温度 T/K	$E = 83700\text{kJ/mol}$			$E = 167500\text{kJ/mol}$		
	$k = k_0 e^{-E/RT}$			$k = k_0 e^{-E/RT}$		
	绝对值	倍　　数		绝对值	倍　　数	
500	2×10^{-9}	1		4×10^{-18}	1	
1000	4×10^{-5}	2×10^4	1	2×10^{-9}	5×10^8	1
2000	6×10^{-3}		1.5×10^2	4×10^{-5}		2×10^4

活化能是衡量物质反应能力的一个主要参数。活化能的大小对化学反应速度的影响十分显著。如表 2-2 中，在 $T = 500\text{K}$ 时，当 $E = 83700\text{kJ/mol}$ 时的反应速度常数将比同温度时 $E = 167500\text{kJ/mol}$ 时的大 5×10^8 倍。这是由于在活化能较小的反应中，反应物具有等于或大于活化能数值的活化分子数较多，因而反应速度常数就提高。

（3）反应物浓度对化学反应速度的影响　浓度对反应速度的影响可用质量作用定律来表示，即反应在等温下进行时，反应速度只是反应物浓度的函数。对于单分子反应：

$$W_1 = k_1 c_A \tag{2-22}$$

对于双分子反应：

$$W_2 = k_2 c_A c_B \tag{2-23}$$

对于三分子反应以及多分子反应：

$$W_3 = k_3 c_A c_B c_C \tag{2-24}$$

或

$$W = k c^\gamma \tag{2-25}$$

式中，γ 为反应的有效级数。此时反应物分子或是同一类型的分子，或是各反应物的分子具有相等的原始浓度且均等的消耗。

从上述各反应速度表达式中可以看出，随着反应的进行，由于反应物逐渐消耗，浓度减少，因而反应速度也随之减少。此外，随着反应级次的提高，反应进行得越慢。这是因为为了完成反应而必须参加碰撞的分子数越多，发生这类碰撞的机会也就越少。

（4）压力对化学反应速度的影响　在某些情况下（尤其在低压下），压力对化学反应速度的影响是很有意义的。

我们知道，在等温情况下，气体的浓度与气体的分压力成正比。因此，提高压力就能增大气体的浓度，从而促进化学反应的进行。但压力对不同级数的化学反应速度的影响是不同的。例如，一级反应的反应速度方程如下：

$$W = -\frac{dc_A}{d\tau} = k_1 c_A \tag{2-26}$$

考虑到 $c_i = \frac{p_i}{RT}$ 和 $p_i = x_i p$（这里 x_i 是气体的摩尔分数，$\frac{x_i M_i}{\sum M_i}$；p 是反应气体的总压力），则式（2-26）可写成如下形式：

$$W = k_1 \frac{p_A}{RT} = k_1 x_A \frac{p}{RT} \tag{2-27}$$

对于二级反应：

$$W = -\frac{dc_A}{d\tau} = k_2 x_A x_B \left(\frac{p}{RT}\right)^2 \qquad (2\text{-}28)$$

对于三级反应：

$$W = -\frac{dc_A}{d\tau} = k_3 x_A x_B x_C \left(\frac{p}{RT}\right)^3 \qquad (2\text{-}29)$$

对于 γ 级反应：

$$W = -\frac{dc_A}{d\tau} = k_\gamma \prod_i x_i \left(\frac{p}{RT}\right)^\gamma \qquad (2\text{-}30)$$

由此可以看出，在温度不变的情况下，压力对反应速度的影响与其反应级数成 γ 次方比。若在等温条件下测定了反应速度和反应气体的总压力，而以反应速度的对数值作为压力的对数值的函数作图，则能得出一条直线，如图 2-8 所示。该直线的斜率即为化学反应的级数 γ。

这里需要指出：提高压力虽然能促进化学反应速度，并且加速程度与反应级数成正比，但压力对整个燃烧过程的影响不能仅以化学反应速度的快慢来衡量。

（5）链锁反应对着火极限的影响 热着火理论主要观点认为热自燃的发生是由于在着火感应期内化学反应的结果使热量不断积累而造成反应的自动加速。这一理论可以解释很多现象，对大多数碳氢化合物与空气的作用都符合。但是也有很多实验结果是热着火理论所不能解释的。例如对氢和氧的混合气体，临界着火温度和临界着火压力之间的关系如图 2-9 所示，即氢氧反应有三个着火极限，现用链锁反应着火理论进行简单解释。

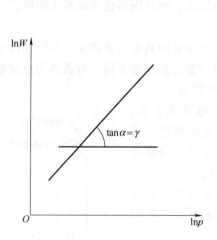

图 2-8　压力对 γ 级反应速度的影响

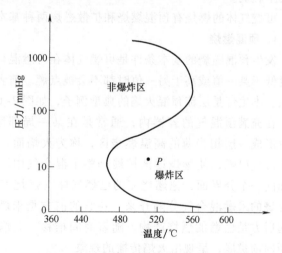

图 2-9　氢—氧化学计量混合物的爆炸极限

设第一、二极限之间的爆炸区内有一点 P，保持系统温度不变而降低系统压力，点 P 则向下垂直移动。此时因氢氧混合气体压力较低，自由基扩散较快，氢自由基很容易与器壁碰撞，自由基消毁主要发生在器壁。压力越低，自由基消毁速度越大，当压力下降到某一值后，自由基消毁速度 W_3 有可能大于链传递过程中由于链分支而产生的自由基增长速度 W_2，于是系统由爆炸转为不爆炸，爆炸区与非爆炸区之间就出现了第一极限。如果在混合气中加入惰性气体，则能阻止氢自由基向壁扩散，导致下限下移。

如果保持系统温度不变而升高系统压力，P 点则向上垂直移动。这时因氢氧混合气体压力较高，自由基在扩散过程中与气体内部大量稳定分子碰撞而消耗掉自己的能量，自由基结合成稳定分子，因此自由基主要消毁在气相中。混合气压力增加，自由基气相消毁速度增加。当混合气压力增加到某一值时，自由基消毁速度 W_3 可能大于链传递过程中因链分支而产生的自由基增长速度 W_2（即 $f-g<0$），于是系统由爆炸转为不能爆炸、爆炸区与非爆炸区之间就出现了第二个极限。

压力再增高，又会发生新的链锁反应，即 $H\cdot + O_2 + M \rightarrow HO_2\cdot + M$。

$HO_2\cdot$ 会在未扩散到器壁之前，又发生如下反应而生成 $OH\cdot$：

$HO_2\cdot + H_2 \rightarrow H_2O + OH\cdot$

导致自由基增长速度 W_2 增大，于是又能发生爆炸，这就是爆炸的第三限。

目前还提出了第三种着火理论，即链锁反应热爆炸理论。这种理论认为反应的初期可能是链锁反应，但随着反应的进行放出热量，并自动加热，最后变为纯粹的热爆炸。

2.1.4 燃烧基本类型

可燃气体与空气的燃烧是火灾燃烧的一种主要形式。由于两者均为气态，容易掺混，故容易着火并发生强烈燃烧。火灾中的可燃气体主要有两类：一类是燃烧前就在现场存在的可燃气体，如城市煤气、液化石油气等。正常使用时它们提供生产或生活所需的热量，但如果失去控制，它们就会成为火灾中的可燃物。另一类是燃烧过程中生成的可燃烟气。由于火灾燃烧很不完全，烟气中含有多种可燃组分，如 CO、CH_4 等，遇到适当的条件，这种烟气还可发生燃烧。

可燃气体的燃烧有预混燃烧和扩散燃烧两种基本形式，此外固体还可能发生阴燃。

1. 预混燃烧

发生预混燃烧的基本条件是可燃气体在可燃混合气中必须具有一定浓度。可燃气体在其浓度低于某一值或高于另一值时不会被点燃。前者称为点燃浓度下限，后者称为点燃浓度上限。本生灯是层流预混火焰的典型例子，如图 2-10 所示。

在充满预混气的容器内，通常是在某一局部区域首先着火，接着形成一层相当薄的高温燃烧区，称为火焰面。火焰面把临近的预混气引燃，使燃烧逐渐扩展到整个混合气中。这层高温燃烧区如同一个分界面，把燃烧完的已燃气体（燃烧产物）和尚未进行燃烧的未燃混合气分隔开来。在它的前方是未燃混合气，而在它的后方是已燃的燃烧产物。随着时间推移，火焰面在预混气中不断向前扩展，呈现出火焰传播的现象。

图 2-10　本生灯示意图

由可燃气体和氧气组成的可燃混合气在燃烧过程中不断流入火焰面，依靠向进入火焰面的未燃混合气传入活性中心和热量使燃烧反应持续进行，火焰面才能继续存在和向前发展。火焰面进入未燃混合气的快慢，称为火焰传播速度。预混火焰实际上是一种高温反应区的传播过程。随着气体流动状态的不同，预混火焰速度也可分为层流传播速度和湍流传播速度两种。层流火焰传播速度定义为火焰面向层流可燃混气中传播的法向速度，它是给定可燃混合气的基本性质参数。

2. 扩散燃烧

若可燃气体是从存储容器或输送管道中喷出，且立即被点燃，则将呈现射流扩散燃烧。若可燃气体喷出的速度较低，将形成层流火焰，图 2-11 所示为这种扩散火焰的示意图。层流火焰面大致呈锥形，从喷口平面到火焰锥尖的距离称为火焰长度。它是表示燃烧状况的一个重要参数。简化分析可得，层流火焰高度与可燃气体的体积流量成正比，与其扩散系数成反比：

$$L_c = K'_c \frac{V}{D} = K_c \frac{uR^2}{D} \qquad (2\text{-}31)$$

式中，V 为可燃气体的体积流量；D 为气体的扩散系数；u 为可燃气体的平均流速；R 为喷口的当量半径；K_c 为修正系数。

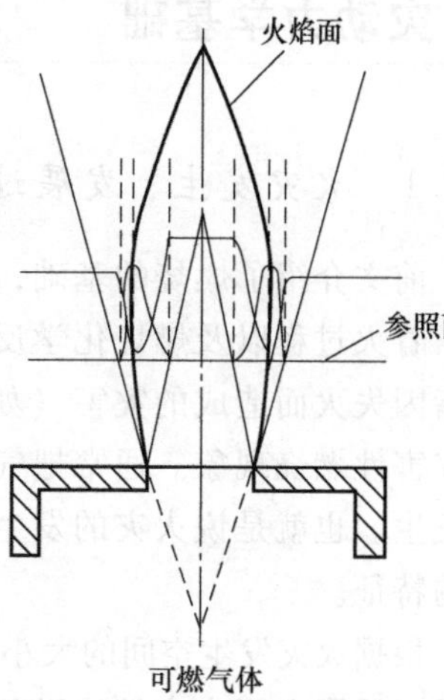

随着可燃气体流速的增大，火焰将逐渐由层流转变为湍流。湍流扩散火焰的高度也是一个重要的参数。实验表明，湍流火焰的高度大致与喷口的半径成正比，与燃料气的流速无关，通常表示如下：

$$L_T = K_T R \qquad (2\text{-}32)$$

式中，L_T 为湍流火焰的高度；K_T 为修正系数。

由于火焰部分的温度较高，可以对临近的物体或建筑造成严重破坏，因此在火灾防治中，需要关注火焰可能达到的高度。

图 2-11　可燃气体层流
扩散火焰的结构

3. 阴燃

阴燃是某些固体可燃物的一种没有气相火焰的燃烧现象。阴燃的温度较低，燃烧速度很慢，不容易发现，但阴燃有可能发展成明火燃烧。

阴燃过程如图 2-12 所示，其燃烧反应发生在固体可燃物表面。阴燃过程与化学反应、换热过程、气体流动、物质扩散、相变等因素有关，可以推测出阴燃机理是相当复杂的。作为阴燃燃烧的典型代表就是香烟燃烧。

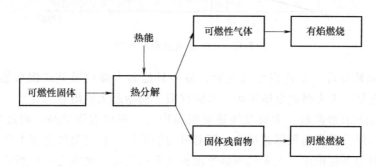

图 2-12　阴燃过程示意图

阴燃区周围的氧气浓度增大，有助于阴燃的蔓延，当氧气浓度达到某一值时，就可发生向有焰燃烧的转变，即在氧气浓度较高的情况下阴燃才能向明火燃烧转变。

阴燃反应后往往要形成一定的松散灰分层。它可以起到阻止氧气进入反应区的作用。如果灰分层脱落，将有利于氧气进入反应区，进而促使阴燃向明火燃烧转变。

阴燃反应区的最高温度和产物浓度是阴燃转变成有焰燃烧的关键参数。阴燃反应的产物浓度与氧气浓度有关，所以氧气浓度是其中最关键的参数。

2.2 火灾动力学基础

2.2.1 火灾发生、发展过程

前文介绍了燃烧的基础，实际上，火灾是一种特殊的燃烧行为，但是可以用燃烧基本条件、着火过程以及燃烧化学反应动力学基础来解释火灾的发生和发展过程。火灾顾名思义，是指因失火而造成的灾害（如房屋、城镇、森林等），实际上是指在时间或空间上失去控制的灾害性燃烧现象。通常把气体、液体和固体在一定外界条件下所形成的不可控火焰称为火灾发生。也就是说火灾的发生和燃烧的发生最本质的区别就是不可控性，这是火灾的一个显著的特征。

根据火灾发生空间的大小，可以把火灾划分为受限空间火灾和敞开空间火灾。如图 2-13 所示，受限空间火灾发展过程分为三个阶段：火灾起始阶段、火灾全面发展阶段、火灾熄灭阶段。

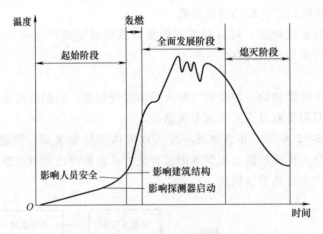

图 2-13　火灾发展过程示意图

（1）火灾起始阶段　室内发生火灾后，最初只是起火部位及其周围可燃物着火燃烧。起始阶段的特点是：火灾燃烧范围不大，火灾仅限于初始起火点附近。

（2）火灾全面发展阶段　火灾发展速度明显增大，室内温度升高，附近的可燃物被加热，气体对流增强，燃烧面积迅速扩大。随着时间的延长，燃烧温度急剧上升，燃烧速度不断加快，燃烧面积迅猛扩张，火灾包围整个设施或者建筑物，火灾进入猛烈阶段。在火灾作用下，设备机械强度降低，设备开始遭到破坏，变形塌陷，甚至出现连续爆炸。

房间内局部燃烧向全室性燃烧过渡的这种现象通常称为轰燃。轰燃发生后，室内一切可燃物表面都开始燃烧，室内温度继续上升，热烟气层厚度增加。此时，房间内大量氧气与可燃物发生反应，在很短时间内导致房间内氧浓度迅速下降，造成火场缺氧。火场内上千摄氏度的高温及热烟气使得被困人员在火场中生存的可能性几乎为零。轰燃的发生时，还会导致着火房间的火焰通过通风口向外喷出，将火势蔓延至其他楼层和邻近的房间，造成火灾的立体发展。

火源点燃以后，腔室的上部会逐渐形成一个由大量高温烟气组成的层面。这个烟气层和火源一起对腔室内的可燃物以辐射换热为主的方式进行加热，火源也在同样的辐射作用下加速燃烧。随后，烟气层变厚变浓，可燃物表面的热解越来越明显，进而发生着火。与此同时，烟气层内部充满了射流火焰，并向开口窜出，此时为轰燃发生。

前人众多室内火灾实验得出了轰燃发生的三个判据，即地面受到的热辐射通量大于 $20kW/m^2$；室内上部烟气层的温度高于 $600℃$；火焰从开口处涌出。

（3）火灾熄灭阶段　在火灾全面发展阶段后期，随着室内可燃物的挥发物质不断减少，火灾燃烧速度递减，温度逐渐下降直至火焰熄灭。

对于火灾的分类可以帮助更好地认识火灾的发生和蔓延的基本规律和现象，可以为火灾预防、火灾报警、灭火方法以及设备研制等奠定基础。

2.2.2　火蔓延行为特征

1. 火焰在固体可燃物表面上的蔓延

为了探讨固体表面火焰传播机理，前人已经做了大量基础理论和实验的研究，建立的简单传热模型可以用于描述很多火焰传播现象。可燃物的燃烧及火蔓延控制机理都与气相火焰和固相可燃物之间的传热与传质息息相关，该过程主要是火焰对热解区的热反馈、火焰对预热区的热传递以及材料表面受热后热解气扩散的过程。热解区及四周材料的传热过程主要包含固体内部的热传导、火焰对热解区的热反馈、火焰对预热区的热辐射及热对流，以及热解区高温材料对环境的辐射热损失。热塑性池火产生的火焰对材料本身有热反馈效应，会对材料进行传热，材料受热发生分解产生易燃的热解气，可燃气遇到明火立即被点燃。未燃的材料被热塑性池火火焰辐射及对流持续性地加热，使得火蔓延过程得以持续。

如上所述，固体表面火蔓延是一个耦合固相热解、气相燃烧和气固相交界处气体扩散等一系列物理化学变化的复杂过程。聚合物表面的火蔓延过程包括化学反应过程（固相热解和气相燃烧）和物理传输过程（热量传送和气相扩散）。在火蔓延模型中，通常认为相对于物理传输过程，化学反应过程速度要快得多，因此限制火蔓延向前传播的主要控制因素是固相内部及气固相之间的热量传递。基于此假设，学者们提出了一个理想简约化的模型——热输运模型。最早的热输运模型是 Williams 教授提出来的，该模型是基于未燃区与已燃区的传热分析建立的，认为火蔓延速度主要取决于通过交界面传输的热量，可以用下式表示：

$$q = \rho_s v_f \Delta h \tag{2-33}$$

式中，q、ρ_s、v_f、Δh 表示为通过交界面的传输的热量、材料的密度、火蔓延速度以及材料初温下和着火温度之间的热焓。该模型假设火蔓延过程中的固相热解和气相燃烧过程无穷快，因此不必考虑火蔓延过程中化学反应过程，限制火蔓延速度的影响因素只有火蔓延过程中的传热过程，通过对火蔓延过程中各项传热（热传导、热对流和热辐射）进行展开讨论，进一步阐述各种环境因素变量对火蔓延的影响，包括倾斜角度、竖直火蔓延、水平火蔓延、不同氧气浓度及不同环境压力等。

下面介绍两种典型的热固性固体表面火焰传播模型。对热固性材料火蔓延过程的分析需要先按照材料的性质和环境参数的不同将其分为热厚和热薄型两种。一般认为，热薄型固体就是没有体积或没有垂直火焰传播方向的固体，其内部温度差异为零，也就是材料的物理厚度必须要小于热穿透厚度。相应地热厚型固体就是指材料厚度大于或远远大于其热穿透深度的固体。值得注意的是，对热厚型固体进行传热和燃烧分析时，其竖直方向上固体内部的温度梯度一般不可忽略。下面采用 Quintiere 教授的模型代表热固性材料火蔓延模型进行介绍。

如图 2-14 所示，选择预热区长度 δ_f 和固体厚度 d 或热穿透厚度 δ_T 包围的区域作为控制体积，一般认为预热区的长度与火焰长度相关或近似等于火焰长度。为了简化分析过程，特进行如下两条假设：

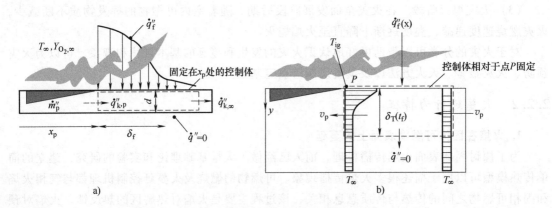

图 2-14　热薄型与热厚型固体火蔓延过程控制体积传热分析图

a）热薄型固体　b）热厚型固体

1）由 $\partial T/\partial x \approx 0$，可以得到固相热损失 $\dot{q}''_{k,\infty} \approx 0$。

2）对于热薄型固体材料，认为其热解区对预热区的固相传导热 $\dot{q}''_{k,p}$ 远远小于火焰热流 $\dot{q}''_f$。

于是对于热薄型固体材料，如图 2-14a 所示，由控制体积内的能量守恒可以得到：

$$\rho c_p d v_p (T_{ig} - T_s) = h\int_{x_p}^{\infty} \{\dot{q}''_f(x) - \sigma[T(x)^4 - T_\infty^4]\}\,dx \tag{2-34}$$

式中，ρ 是热薄型固体材料的密度；c_p 是热薄型固体材料的比热容；v_p 是火蔓延速度；T_{ig} 热薄型固体材料的的点燃温度；T_s 是材料表面温度；h 是对流换热系数；σ 是玻尔兹曼常数；T_∞ 是环境温度。

一般而言，可以认为火焰热流 $\dot{q}''_f$ 要远远大于材料表面辐射热损失 $\sigma(T^4 - T_\infty^4)$，另外为了简化方程式，为有效加热长度定义一个平均火焰热通量：

$$\dot{q}''_f \delta_f = \int_{x_p}^{\infty} \dot{q}''_f(x)\,dx \tag{2-35}$$

将式（2-35）代入式（2-34）中则可以得到热薄型固体火蔓延速度表达式：

$$v_p = \frac{\dot{q}''_f \delta_f}{\rho c_p d (T_{ig} - T_s)} \tag{2-36}$$

对热厚型固体材料进行分析，不同的是竖直方向上预热区的长度由试样厚度 d 改为试样的热穿透厚度 $\delta_T \approx \sqrt{\alpha t_{ig}}$，$\alpha$ 是热扩散系数，t_{ig} 是着火延迟时间，如图 2-14b 所示。同样，由控制体积内的能量守恒可以得到：

$$\rho c_{\mathrm{p}} v_{\mathrm{p}} \int_0^{\delta_{\mathrm{T}}} (T - T_\infty) \mathrm{d}y = \dot{q}_{\mathrm{f}}'' \delta_{\mathrm{f}} \tag{2-37}$$

温度分布：

$$\frac{T - T_\infty}{T_{\mathrm{ig}} - T_\infty} = \left(1 - \frac{y}{\delta_{\mathrm{T}}}\right)^2 \tag{2-38}$$

初始边界条件：

$$y = 0, T = T_{\mathrm{ig}}; y = \delta_{\mathrm{T}}, T = T_\infty; \frac{\partial T}{\partial y} = 0 \tag{2-39}$$

代入上述温度分布和初始边界条件后，可以得到以下积分：

$$\int_0^{\delta_{\mathrm{T}}} (T_{\mathrm{p}} - T_{\mathrm{s}}) \mathrm{d}y = (T_{\mathrm{p}} - T_{\mathrm{s}}) \delta_{\mathrm{T}}/3 \tag{2-40}$$

其中，$\delta_{\mathrm{T}} \approx 2.7\sqrt{\left(\dfrac{k}{\rho c_{\mathrm{p}}}\right)t}$，通过求解积分表达式可得热厚型固体的火蔓延速度：

$$v_{\mathrm{p}} \approx \frac{4\dot{q}_{\mathrm{f}}''^2 \delta_{\mathrm{f}}}{\pi k \rho c_{\mathrm{p}} (T_{\mathrm{ig}} - T_\infty)^2} \tag{2-41}$$

2. 火焰在液态深池燃料表面的蔓延

液态深池燃料表面的火焰传播取决于液体中的流动作用，主要包括：

1）表面张力引起的流动。表面张力随着温度的升高而降低。

2）表面下方浮力引起的流动。对于浅液池，黏性和液体与池底之间的传热是主要的影响因素。

图 2-15 所示解释了这个机理。为了使得液体着火，它的温度必须被升高到闪点。即具有能量输送作用的传播火焰必须将原始温度的液体加热到其闪点，只有这样火焰才能继续传播和蔓延。

从 20 世纪 60 年代开始，对于液体燃料火蔓延的研究主要集中在燃料初始温度对火蔓延的影响和油池宽度及油层厚度对火蔓延的影响两个方面：

1）Glassman 教授等在 1968 年研究燃料初始温度与火蔓延关系时，首次将液体燃料火蔓延划分为液相控制阶段火蔓延和气相控制阶段火蔓延。1973 年学者 Akita 对甲醇在不同初始温度下的火蔓延进行了研究，他根据燃料温度的不同提

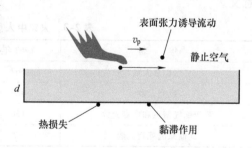

图 2-15　液体表面火焰蔓延机理

出了火蔓延的三种模式并研究了其火蔓延机理。1997 年，White 教授等研究了温度范围介于 10~90℃ 的航空燃料（JP-5、JP-8 和它们的混合物），发现燃料温度超过闭杯闪点 15℃ 以上，火蔓延将经历气相控制阶段，并且火蔓延速度位于 12~160cm/s。2005 年，Degroote 教授等对醇类不同初始温度下的火蔓延进行了进一步研究，与 Akita 的研究结果不同的，Degroote 等根据燃料初始温度不同提出了醇类火蔓延的五种模式：低速稳定火蔓延、脉动火蔓延、高速稳定火蔓延、加速稳定火蔓延和预混火焰火蔓延。

2）油池宽度及油层厚度对火蔓延影响也是学者们的研究热点之一。1970 年，Mackinven 教授和 Glassman 教授等研究了初始温度约为 23℃ 的正癸烷，对固定燃料厚度和固定油池高

度的条件下不同油池宽度下的火蔓延和固定油池尺寸下的不同燃料厚度的火蔓延分别进行了研究。发现在油池宽度小于60cm时，在有玻璃内层的铝制油池中，火蔓延速度要比没有玻璃内层的油池快，这说明随着油池宽度的增加，燃料在油池壁的热量损失越来越弱；他们还发现随着燃料厚度的增加，火蔓延速度逐渐增加，并且在燃料厚度小于一定值时，火蔓延不再发生。1985年，学者Murphy对厚度介于1.5~3mm的甲醇进行火蔓延研究，发现火蔓延速度不随燃料厚度变化而变化，并且被甲醇浸润过的沙床上的火蔓延速度与浅油层火蔓延速度相同。1992年，学者Miller对厚度为2.5~10mm的醇类进行了研究，发现燃料厚度对火蔓延脉动波长有很大影响。

2.2.3 火灾烟气流动

几乎在所有的火灾场景中，都会产生大量的烟气。但是对于不同的火灾场景，或者即使在同一火场中的不同时刻，烟气都可能有很大的差别。烟气的成分通常很复杂，一般而言，火灾中的烟气是具有较高温度的均匀混合物，其成分主要包含以下几类物质：①气相的燃烧产物；②燃烧不充分的液、固相分解物；③微小的冷凝物颗粒；④未发生燃烧的可燃蒸汽；⑤卷吸混入的大量空气。火灾中的烟气通常都具有很大的危害性，主要体现在以下两个方面：一是火灾烟气中往往含有众多的有毒、有害性气体或颗粒，吸入人体后将造成很大的伤害；二是烟气本身的高温特性，有时还含有腐蚀性成分，也将对人体和环境造成危害。在众多的火灾事故中，烟气都是造成大量人员伤亡的主要元凶。表2-3给出了1962年、1967年、1970年和1972年四个年份里火灾中人员死亡原因的分类和对比。由数据可见，火灾事故中烟气导致的死亡人数经常比烧死的人数还要多。此外，高温烟气的流动和蔓延，以及烟气中经常含有的可燃成分，会助长火势的迅速蔓延和扩大，极大加剧火灾事故的危害性。因此了解火灾中的烟气，特别是其流动和蔓延规律，对于研究火灾的风险与控制具有重要的意义。

表2-3 火灾中人员死亡原因的分类和对比 （单位：人）

年 份	1962年	1967年	1970年	1972年
死亡总人数	667	779	839	1078
烧死人数	480	322	358	459
死于烟气窒息和中毒人数	150	382	425	502
其他原因死亡人数	37	75	56	117

影响火灾烟气的产生和流动的因素主要有燃烧物性质、火场中的燃烧形势和建筑结构等，同时包含物理和化学两方面的因素。

烟气包含两部分：一部分是由燃烧或热解作用产生的悬浮的固相或液相微粒，称为烟粒子或烟；另一部分是烟中卷吸了环境中的气体，因此称为烟气。烟气的物理特性，主要指的是烟的物理特性。在阴燃和热解过程中，烟粒子主要是微小的液相颗粒，这时烟雾为浅色。而在明火燃烧中，烟粒子中经常含有大量炭黑，这时烟雾为黑深色。烟的物理特性主要由烟颗粒的尺寸分布和数目决定。

在许多实际应用中，常使用颗粒的平均直径和颗粒尺寸分布的宽度来描述颗粒的尺寸分布。颗粒平均直径描述的是烟粒子的大小，可用几何平均直径 d_{gn} 来表示，其定义如下：

$$\lg d_{gn} = \sum_{i=1}^{n} \frac{N_i \lg d_i}{N} \tag{2-42}$$

式中，N 为总的颗粒数目；N_i 为第 i 个颗粒直径间隔范围内颗粒的数量；d_i 为第 i 个颗粒的直径。

烟粒子的尺寸分布范围的宽度 σ_g 可采用标准差来描述，其定义如下：

$$\lg \sigma_g = \left[\sum_{i=1}^{n} \frac{(\lg d_i - \lg d_{gn})^2 N_i}{N} \right]^{\frac{1}{2}} \tag{2-43}$$

如果所有颗粒的直径都相同（称为严格单散分布），则 $\sigma_g = 1$。如果颗粒直径分布为对数正态分布，则直径符合 $\lg d_{gn} + \lg \sigma_g \leq \lg d_i \leq \lg d_{gn} + \lg \sigma_g$ 条件的颗粒数占总数的 68.8%。σ_g 值越大，表示颗粒直径的分布范围越广。

除了烟颗粒数目浓度，有时还采用颗粒体积浓度来描述颗粒的尺寸分布。颗粒直径间隔范围内烟颗粒的体积浓度定义如下：

$$V_i = \frac{1}{6} \pi d_i^3 N_i \tag{2-44}$$

由颗粒体积浓度表示的颗粒几何平均直径按下式计算：

$$\lg d_{gv} = \frac{\sum_{i=1}^{n} (V_i \lg d_i)}{V_T} \tag{2-45}$$

式中，V_T 为总的颗粒体积浓度。

对于对数正态分布，两种方法表示的颗粒几何平均直径有以下关系：

$$\lg d_{gv} = \lg d_{gn} + 6.9 \lg^2 \sigma_g \tag{2-46}$$

对于阴燃产生的烟，σ_g 的值一般较大（大于 2.4），这时将导致 d_{gv} 与 d_{gn} 有较大的差异，采用哪种方法表示颗粒几何平均直径，应视具体情况而定。

火区内可燃物燃烧产生大量的热量，形成高温环境，热的烟气与周围环境空气之间的温差，是导致烟气流动的主要因素。若火灾发生于建筑物内，则火灾的流动还会受到建筑内空间结构、通风、开口等因素的影响。受这两类因素的共同作用，建筑火灾中的烟气流动具有一些典型的现象，比如浮力羽流、顶棚射流、开口通风流动以及墙壁附近流动等。研究火区烟气的典型流动现象，是火灾探测与扑救的重点内容，对火灾的防治具有重要意义。

1. 火羽流

一般情况下，在所有的火灾中烟气都会发生这样一种流动，即火焰上方的热气流由于浮力作用持续上升，同时不断将周边温度较低的空气卷吸进来，这种由浮力驱动的流动通常都是湍流（除非火源很小时）。烟气流与火焰部分综合起来，即称为火羽流。

图 2-16 所示为火羽流示意图。可燃挥发分与周围环境空气混合形成扩散火焰，火焰高度为 L。火焰两边延伸向上的虚线为羽流边界，边界内是由燃烧产物和卷吸空气混合构成的羽流区，边界外是环境中空气，以涡流形式被快速卷吸进入羽流区。火羽流中心线上的速度在火焰平均高度处趋于最大，然后烟气上升的速率随着高度的增加而减小。因此火焰高度是一个十分重要的参数，下式是一个比较简单和通用的表达式，由实验数据拟合得到：

$$\frac{L}{D} = -1.02 + 15.6 N^{1/5} \tag{2-47}$$

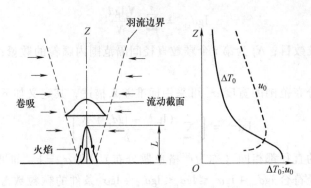

图 2-16　火羽流示意图

式中，D 为可燃物直径或非圆形可燃物的折算直径（即 $\frac{\pi D^2}{4}$ = 可燃物表面积）；N 为无量纲参数，其定义如下：

$$N = \frac{c_p T_\infty}{g \rho_\infty^2 \left(\dfrac{H_T}{k_a}\right)^3} \frac{Q_A^2}{D^5} \tag{2-48}$$

式中，c_p 为空气比热容；T_∞ 和 ρ_∞ 为环境温度和环境空气密度；g 为当地重力加速度；H_T 为可燃物燃烧热；k_a 为空气对燃料质量化学当量比；Q_A 为燃烧释放速率。注意上式不适用于 $N > 10^5$ 时的大动量射流的情况。

2. 顶棚射流

在建筑火灾中，火羽流上升遇到建筑顶棚后，即沿顶棚水平以下流动，如此形成顶棚射流。绝大多数建筑室内的火灾探测器和灭火装置都安装在顶棚，顶棚射流的作用使它们产生反应。图 2-17 所示为顶棚与静止环境空间之间热烟气流动的状况，在实际场景中这一现象只在火灾初期，热烟气尚未在室内上方形成静止的热烟气层时发生。热烟气透过顶棚或从边缘排出，可以减缓室内上层烟气层的聚集。在顶棚射流中，烟气层的温度高于下方空气，下方空气不断卷吸使热气层在运动中逐渐变厚，同时温度和流动速度逐渐降低。

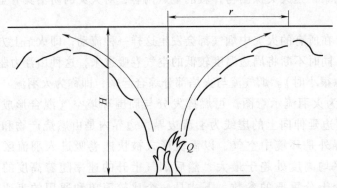

图 2-17　无限大顶棚下顶棚射流示意图

图 2-17 中顶棚高度 H 为顶棚距可燃物表面的距离。学者们通过研究发生，许多情况下顶棚射流的厚度为顶棚高度的 5% ~ 12%，顶棚射流中的最高温度和最快流动速度则一般出

现在顶棚以下顶棚高度的1%。因此，火灾探测器和水喷淋等设备都安装在此位置附近，以提高探测器的灵敏度。烟气顶棚射流中的最大温度和速度是用于估算火灾探测器和水喷淋设备响应的重要参数，以下是几个由实验数据拟合得到的公式：

$$T - T_\infty = \frac{16.9 Q_A^{\frac{2}{3}}}{H^{\frac{5}{3}}} \qquad \left(\frac{r}{H} \leqslant 0.18\right) \tag{2-49}$$

$$T - T_\infty = \frac{5.38 Q_A^{\frac{2}{3}}}{H} \qquad \left(\frac{r}{H} > 0.18\right) \tag{2-50}$$

$$U = 0.96 \left(\frac{Q_A}{H}\right)^{1/3} \qquad \left(\frac{r}{H} \leqslant 0.15\right) \tag{2-51}$$

$$U = \frac{0.195 Q_A^{1/3} H^{1/2}}{r^{5/6}} \qquad \left(\frac{r}{H} > 0.155\right) \tag{2-52}$$

式中，T 为最大温度（℃）；U 为最大速度（m/s）；H 和 r 代表顶棚高度和以羽流撞击点为中心的径向距离（m）；Q_A 为火源释热速率（kW）。

可以看到，以上表达式对应的是两种不同的区域。式（2-49）和式（2-51）对应的是顶棚撞击点附近的区域，此时流动速度与 r 无关。式（2-50）和式（2-52）对应的是烟气流转化为水平流之后的区域。注意这些公式只适用于刚着火后的一段时间，由于这时烟气层尚未形成，此时的顶棚射流是非受限的。不过，对于火灾探测器和水喷淋设备来说，它们正需要在着火后短时间内响应。

此外，式（2-49）~式（2-52）只适用于火源离周围墙壁的距离为顶棚高度1.8倍以上的情况，因为火源附近的墙壁会阻挡烟气的卷吸，进而影响顶棚射流中的最大温度和速度。如果根据对称性来考虑，对于墙边火和墙角火，可分别用 $2Q_A$ 和 $4Q_A$ 代替上述式中的 Q_A。但是如果燃料床边缘没有紧贴墙壁，这样的理想化考虑就会有失准则。例如实验表明对于圆形燃料床（只有一点紧贴墙壁），墙壁对其卷吸空气仅产生了3%的抑制作用，这时在式（2-49）~式（2-52）中就应采用 $1.05Q_A$ 来代替 Q_A，而不是 $2Q_A$。

3. 烟囱效应

除了顶棚射流和墙壁附近流动，建筑内还有一个重要的影响烟气流动的效应——烟囱效应。烟囱效应指的是在建筑物中诸如楼梯井、电梯井、垃圾井等竖井结构内，当外界温度较低时，竖井中的空气会自然向上运动。这一现象的成因是当外界温度较低时，建筑物内空气通常比外界空气温度较高、密度较低，浮力作用使得建筑内空气在竖井内上升。此外，当外界温度较低、竖井较低时，也会发生烟囱效应。反之，当外界环境温度较高时，则建筑内竖井中空气向下运动，这一现象称为逆向烟囱效应。在标准大气压下，由正、逆向烟囱效应所产生的压差按下式计算：

$$\Delta p = K_s \left(\frac{1}{T_0} - \frac{1}{T_i}\right) h \tag{2-53}$$

式中，Δp 为压差（Pa）；T_0 为外界空气温度（K）；T_i 为竖井内空气温度（K）；h 为距中性面的距离（m），高于中性面为正，低于中性面为负。中性面是指内、外静压相等的建筑横截面。常数 $K_s = 3460 \text{Pa} \cdot \text{K/m}$。

图2-18中给出了正逆向烟囱效应下建筑物内空气流动示意图。一般认为烟囱效应是发

生在建筑内部与外界环境之间，这时式（2-53）中所定义的压差实际是竖井内与外界环境之间的压差。有些电梯井设置在建筑外部，当建筑是密闭状态时，如果外界空气温度相对较低，也可观察到逆向烟囱效应。这是由于电梯井内空气温度低于建筑内部，于是电梯井内空气下沉。在烟囱效应中，中性面一般分布在电梯高度的中间位置，但是当建筑与外部空气交换的通道沿高度分布不够均匀时，中性面的位置将会偏离中间位置。

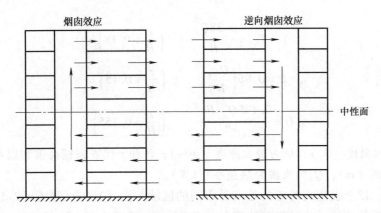

图 2-18　正、逆向烟囱效应引起的建筑内部空气流动示意图

　　建筑火灾中烟气的蔓延在一定程度上受到烟囱效应的影响。在发生正向烟囱效应的建筑中，火灾产生的烟气将随着烟囱内气流向上运动，同时热烟气的浮力会促进烟气流的上升运动。如果火灾发生在中性面以下，上升的烟气越过中性面以后，由于烟囱效应的影响会自竖井进入楼道，对上层人员的逃生造成影响。如果忽略楼层间的烟气流通，则中性面以下所有楼层（除了着火层）都相对无烟，直到火灾发烟量超过烟囱效应在中性面以上向外界排放烟气的速率。

　　发生逆向烟囱效应的建筑内烟气流动情景相对复杂。因为热烟气本身受到的浮力会使烟气向上流动，当逆向烟囱效应比较弱时，建筑内的烟气反而会向上流动。反之如果烟囱效应较强，则烟气向下流动，从中性面以下排出建筑，中性面以上的楼层相对无烟。

4. 浮力作用

　　火灾产生的热烟气密度较低，因此常受到浮力作用。着火房间与环境之间的压差可以用下式来计算：

$$\Delta p = K_s \left(\frac{1}{T_0} - \frac{1}{T_F} \right) h \qquad (2-54)$$

式中，Δp 为压差（Pa）；T_F、T_0 为着火房间及其周围环境的温度（K）；h 为中性面以上距离（m），系数 $K_s = 3560 \mathrm{Pa \cdot K/m}$。

　　对于高度较大的着火房间，由于中性面以上的高度 h 较大，由式（2-54）可知火灾发生时可能产生很大的压差。

　　如果着火房间顶棚上有开口，浮力作用会使烟气从顶棚开口进入上面的楼层。此外，浮力作用产生的压差还会使烟气从墙壁上的开口及门缝中泄漏。烟气离开着火区后，由于不断的热损失和冷空气的掺混，温度会逐渐降低，浮力的作用也会随着烟气离开着火区的距离不断减小。

5. 气体热膨胀作用

除浮力作用外，火区释放的能量还可以通过气体膨胀作用而使烟气运动。考虑一个仅有一个开口通向建筑内部的着火房间，由于火对氧气的消耗，建筑内的空气会流向该着火房间，同时热烟气也会从着火房间流向建筑内部。建筑内部与着火房间之间的空气流通全部通过一个开口，如果忽略燃烧热解过程产生的质量流率（它相对于空气流率很小），流出与流入空气的体积流量比可用温度之比来表示：

$$\frac{W_{out}}{W_{in}} = \frac{T_{out}}{T_{in}} \tag{2-55}$$

式中，W_{out}、W_{in}表示着火房间流出的烟气流量和流入着火房间的空气流量（m^3/s）；T_{out}、T_{in}为相应的流出烟气与流入空气的平均温度（K）。

当火灾发生时，如果着火房间有多个门、窗敞开，则气体膨胀作用产生的内、外压差可以忽略。但是当着火房间的密闭性比较好时，气体膨胀作用产生的压差可能非常重要。

6. 外部风作用

在许多情况下，外部风对建筑内烟气的流动都会产生明显的影响。某一表面上风作用的压力可按下式计算：

$$p_w = \frac{C_w \rho_\infty v^2}{2} \tag{2-56}$$

式中，C_w为无量纲压力系数；ρ_∞为环境空气密度；v为风速。

若环境空气密度取$1.20kg/m^3$，则上述表达式可改写成如下形式：

$$p_w = C_w K_w v^2 \tag{2-57}$$

式中，p_w为风压（Pa）；v为风速（m/s）；系数$K_w = 0.600 Pa \cdot s^2/m^2$。

无量纲压力系数的取值范围为$-0.8 \sim 0.8$，其值与建筑的几何形状有关，背风墙面值为负，此外其值还随墙表面上的位置不同而变化。

当建筑的密闭性较好时，风对其中空气流动的影响较小，但是当建筑的密闭性较差或窗户大量敞开时，外界风会对建筑内空气的流动产生较大的影响。当火灾发生时，常发生着火房间玻璃破裂的情况。当破裂玻璃的窗口位于建筑的背风面，外界风的作用有助于建筑内空气的排出。反之，如果破裂玻璃的窗口位于建筑的顺风面，外界风会抑制建筑内烟气的排出，烟气将会在着火层内积聚，如果楼层间空气可流通，烟气还将蔓延到其他楼层。这时，建筑内的烟气将产生较大的危害。

7. 供暖、通风和空调系统

在建筑火灾中，供暖、通风和空调系统能够快速传送烟气。在火灾初期，供暖、通风和空调系统对烟气的传送有助于火灾探测器迅速检测到火灾的发生。如果火灾发生在无人区，供暖、通风和空调系统可以将烟气传送到有人的地方，更早地引起人们的警觉。但是随着火灾的发展，供暖、通风和空调系统将会极大地助长烟气的蔓延，同时这些系统还将外界新鲜的空气大量吸入建筑内部，助长了火势。因此，建筑内火灾发生后，要在第一时间关闭所有的供暖、通风和空调系统。但是这些系统关闭之后，烟气仍可在其空出的管道内蔓延。

2.2.4　火灾热量传递及其危害

传热的方式有三种，即导热、对流和热辐射，它们同时存在于整个火灾过程中。然而，在火灾的某个特定阶段，或者某个区域中，却可能只有某一种方式起着决定性的作用。下面分别讨论这三种火灾中的传热方式。

1. 导热

导热过程分析的主要目的在于了解热流在固体内部传递的规律，其在固体着火、固体表面的火蔓延、墙壁热损失以及阻火等问题中的重要性尤为突出。在某些特定情况下，液体导热也须考虑。

如果一个物体内部存在温度梯度，热量就会从高温区向低温区转移，这种热量传递的方式被热传导，即导热。导热主要是发生在固体中的一种传热现象，虽然液体中也存在导热，但与浮力导致的热对流相比，可忽略不计。根据傅里叶导热定律，热量在固体内部从高温区向低温区的流动可表示为热流：

$$q''_x = -k \frac{\Delta T}{\Delta x} \tag{2-58}$$

式中，ΔT 为 Δx 距离上的温差，其微分形式如下：

$$q''_x = -k \frac{\mathrm{d}T}{\mathrm{d}x} \tag{2-59}$$

式中，$q''_x = \left(\frac{\mathrm{d}q_x}{\mathrm{d}t}\right)\Big/ A$，$A$ 为垂直于 x 方向的截面面积；常数 k 称为材料的导热系数，会随着温度变化而变化。但是对于许多固体材料，导热系数与温度的关系难以确定，所以有时候，为了简便计算，会将 k 假定为与温度无关。

固体以两种形式传导热能，即自由电子迁移和晶格振动。对于良好的导电体，有大量的自由电子在晶格结构间运动，可将热能由高温区快速传递向低温区；对于绝缘体，缺少自由电子，只能靠晶格的振动来传导热量，效率就比较低。所以一般情况下，良好的导电体都是良好的导热体。

导热问题有稳态和瞬态之分，与火灾有关的导热问题大多是瞬态的，需要对非稳态的偏微分方程进行求解。但非稳态的系统终将趋于平衡，即整个系统的温度都趋于一致，不再有热量的传递。

如图 2-19 所示，一个由三种材料叠成的无限大墙壁，三种材料的厚度分别为 L_1、L_2 和 L_3，导热系数分别为 k_1、k_2 和 k_3，墙壁内外温度分别为 T_1、T_6（$T_1 > T_6$），假设已知内外壁面的对流换热系数分别为 h_1、h_0，则热流可用下式表示：

$$q''_x = (T_1 - T_6)\Big/ \left(\frac{1}{h_1} + \frac{L_1}{k_1} + \frac{L_2}{k_2} + \frac{L_3}{k_3} + \frac{1}{h_0}\right) \tag{2-60}$$

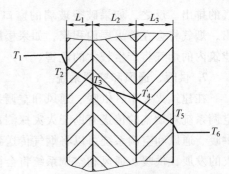

图 2-19 由不同材料组成的无限大墙壁热流示意图

从另一个角度观察上式，比照电学中的欧姆定律，温差（$T_1 - T_6$）可视为驱动热流的位势函数，$1/h_1$、L_i/k_i 可视为热流的阻力，分别称为对流热阻和导热热阻。因此，可以用电路模拟的方法来解决包括串联热阻和并联热阻的更为复杂的问题。但需要注意，当构成并联热阻的材料之间导热系数相差较大时，将可能出现二维热流，这种情况需要另外的方法来求解。

火灾是一种瞬变过程。对于火灾的分过程，如着火、火蔓延等以及火灾的总体过程，如建筑物对正在发展和充分发展的火灾的响应等，都必须用非稳态的方程来描述。考虑热流经过一个小体积微元 $dxdydz$，并对之应用热量平衡原理，可以得到直角坐标系中热扩散方程的普通形式：

$$\frac{\partial}{\partial x}\left(k\frac{\partial T}{\partial x}\right) + \frac{\partial}{\partial y}\left(k\frac{\partial T}{\partial y}\right) + \frac{\partial}{\partial z}\left(k\frac{\partial T}{\partial z}\right) = \rho c_p \frac{\partial T}{\partial t} + Q'' \tag{2-61}$$

式中，ρ、c_p 和 Q'' 为该体积元的密度、比热容和热释放速率；Q'' 的值为正时表示放热，为负时表示吸热。

这个方程通常又称为热方程。当导热系数为常量时，导热方程可写成：

$$\frac{\partial^2 T}{\partial x^2} + \frac{\partial^2 T}{\partial y^2} + \frac{\partial^2 T}{\partial z^2} = \frac{1}{\alpha}\frac{\partial T}{\partial t} + \frac{Q''}{k} \tag{2-62}$$

式中，$\alpha = k/(\rho c_p)$，称为热扩散系数。

对于一维问题，式（2-62）可简化成如下形式：

$$\frac{\partial^2 T}{\partial x^2} = \frac{1}{\alpha}\frac{\partial T}{\partial t} + \frac{Q''}{k} \tag{2-63}$$

式（2-63）可直接用于求解无限大平板和半限大固体的导热问题，存在理论解。对于一些几何对称的问题，可以通过几何变换（化为极坐标或柱坐标）转化为简单的一维问题进行求解。

如图2-20所示，考虑厚度为 $2L$、内部初始温度为 T_0 的无限大平板，该平板两面暴露于 $T = T_\infty$ 的环境之中，内部没有热量的产生和消耗，即 $Q'' = 0$。令 $\theta = T = T_\infty$，则式（2-63）可化为如下形式：

$$\frac{\partial^2 \theta}{\partial x^2} = \frac{1}{\alpha}\frac{\partial \theta}{\partial t} \tag{2-64}$$

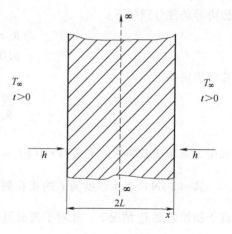

图 2-20 无限大平板的瞬态导热

初始条件和边界条件分别如下：

$$\left.\begin{array}{ll} \theta = \theta_0 = T_0 - T_\infty & (t = 0) \\ (\partial\theta/\partial x) = 0 & (x = 0) \\ (\partial\theta/\partial x) = h\theta/k & (x = \pm L, \text{对流边界条件}) \end{array}\right\} \tag{2-65}$$

这个方程可以得到解析解：

$$\frac{\theta}{\theta_0} = 2\sum_{n=1}^{\infty} \frac{\sin\lambda_n L}{\lambda_n L + (\sin\lambda_n L)(\cos\lambda_n L)}\exp(\lambda_n^2\alpha t)\cos(\lambda_n x) \tag{2-66}$$

式中，λ_n 是方程 $\cos\lambda_L = \lambda_L L/Bi$ 的解；Bi 是毕奥数（hL/k）。

从式（2-66）中可以看到，θ/θ_0 是毕奥数（Bi）、傅里叶数（$Fo = \alpha t/L^2$）和 x/L 三个无量纲数的函数。Bi 表示物体内部的传导热阻与物体表面的对流热阻之比；Fo 表示在给定时间 t 内，温度波近似穿透深度与物体特征尺寸之比；x/L 表示目标位置距中心线的距离之比。为了方便起见，通常将式（2-63）理论解的计算结果表示为曲线图，分别做出不同 x/L 情况下 θ/θ_0 随 Fo 和 Bi 的变化曲线，由此构成一系列计算图，可参考相关文献查到。

如果 Bi 很小，即对于导热系数很大而又很薄的板，与表面对流热阻相比，内部导热热阻可以忽略不计，即固体内部的温度趋于一致。一般在 $Bi < 0.1$ 时，固体内部温度梯度可以忽略，这时可以用极总热容法近似地分析其导热过程。dt 时间内的能量平衡关系式如下：

$$q = Ah(T_\infty - T)\mathrm{d}t = V\rho c\mathrm{d}T \tag{2-67}$$

根据这个公式，可得：

$$\frac{T_\infty - T}{T_\infty - T_0} = \exp\left(-\frac{2ht}{\rho cL}\right) \tag{2-68}$$

式中，$L = 2V/A$，表示平板厚度（平板两面都有对流换热）；A 为对流表面积；V 为与其相对应的体积。

对于厚板两边对称加热的问题，可以利用式（2-63）进行求解。然而在火灾中，更多的实际情况是，厚板只有一面被加热，而两边都有热损失。均匀热流的半无限大固体导热可以被认为是这种情形的极限情况。在火灾早期，背面热损失不是很大时，厚板的导热过程可以近似采取这种极限情况进行分析。考虑一个半无限大固体，初始温度为 T_0，固体表面温度突然升高，且保持为温度 T_∞，假设物性不变，并且令 $\theta = T - T_0$，式（2-49）的初始条件和边界条件分别如下：

$$\left.\begin{array}{l} \theta(x,0) = 0 \\ \theta(0,t) = \theta_\infty \quad t > 0 \end{array}\right\} \tag{2-69}$$

其解析解如下：

$$\frac{\theta}{\theta_\infty} = 1 - \mathrm{erf}\frac{x}{2\sqrt{\alpha t}} \tag{2-70}$$

式中，高斯误差函数的定义为 $\mathrm{erf}(\xi) = \dfrac{2}{\sqrt{\pi}}\displaystyle\int_0^\xi \mathrm{e}^{-\eta^2}\mathrm{d}\eta$，其值可以从相关表中查得。

式（2-69）表示厚度为 L 的板在侧面（$x = 0$）被加热、直至其背面（$x = L$）温度大大高于初始温度 T_0 情况下，相对于表面温度的温度分布。若假设 $\dfrac{\theta_L}{\theta_\infty} = 0.5\%$，即 $1 - \mathrm{erf}\dfrac{x}{2\sqrt{\alpha t}} = 5 \times 10^{-3}$，则得到 $\dfrac{L}{2\sqrt{\alpha t}} = 2$，将厚度为 L 的墙或者板作为半无限大固体时，所产生误差足够小的前提是 $L > 4\sqrt{\alpha t}$。在许多与瞬态加热有关的火灾工程问题中，一般都在 $L > 2\sqrt{\alpha t}$ 时采取半无限大平板假设，这对应于 $\dfrac{\theta_L}{\theta_\infty} = 15.7\%$。

在许多实际的瞬态导热问题中，固体表面具有对流边界条件，被火灾加热的热气流不断将热量传递向半无限大固体，设热气流温度为 T_∞，半无限大固体表面温度为 T_0，$\theta = T - T_0$，则式（2-64）的边界条件如下：

$$\left.\begin{array}{l} t = 0 \text{ 时}, \quad \theta = 0 \\ x = 0 \text{ 时}, \quad \dfrac{\partial\theta}{\partial x} = -\dfrac{h}{k}(\theta_\infty - \theta) \end{array}\right\} \tag{2-71}$$

其解如下：

$$\frac{\theta}{\theta_\infty} = \mathrm{erfc}\left(\frac{x}{2\sqrt{\alpha t}}\right) - \exp\left(\frac{xh}{k} + \frac{h^2\alpha t}{k^2}\right)\mathrm{erfc}\left(\frac{x}{2\sqrt{\alpha t}} + \frac{h\sqrt{\alpha t}}{k}\right) \tag{2-72}$$

式中，$\mathrm{erfc}(\xi) = 1 - \mathrm{erf}(\xi)$。令上式中 $x = 0$，即可求得在外加热流作用下，固体表面温度 T_s 随时间变化的值：

$$\frac{\theta_s}{\theta_\infty} = 1 - \exp\left(\frac{h^2 \alpha t}{k^2}\right) \mathrm{erfc}\left(\frac{h \sqrt{\alpha t}}{k}\right) \tag{2-73}$$

2. 对流

对流换热过程主要是指流动的气体、液体与固体之间的热量交换。热对流在热辐射作用较小的火灾初期，作用尤为重要。在没有强迫对流的火灾过程中，伴随着对流换热的气体运动由浮力决定，同时浮力还会影响扩散火焰的形状和行为。

牛顿首先给出了对流换热关系的公式：

$$q'' = h(T_s - T_\infty) \tag{2-74}$$

不论对流换热过程的具体特征如何，该式都成立，表示对流热密度 q''（单位：$\mathrm{W/m^2}$）与表面温度 T_s 和流体温度 T_∞ 之差成比，其中 h（单位：$\mathrm{W/(m^2 \cdot K)}$）称为对流换热系数。与导热系数不同，h 不是物性参数，而是与边界层中的条件有关，比如表面的几何形状、流体的运动特性及流体的众多热力学性质和输运性质。确定 h 的值是对流研究中的重点，根据前人的实验结果，可采用表 2-4 中的一些典型值。

表 2-4 典型对流系数值的范围

过　程	$h/(\mathrm{W}/(\mathrm{m^2 \cdot K}))$	过　程	$h/(\mathrm{W}/(\mathrm{m^2 \cdot K}))$
自然对流		受迫对流	
气体	$2 \sim 25$	气体	$25 \sim 250$
液体	$50 \sim 1000$	液体	$100 \sim 20000$
		伴随相变的对流沸腾或凝结	$2500 \sim 100000$

换热过程发生于靠近固壁表面的边界层内，其结构会决定 h 的大小。考虑这样一个等温系统，速度为 U_∞ 的不可压流体流过一个与其相平行的平板，如图 2-21a 所示，由于黏性的作用，在壁面上流体的流速 $U(0) = 0$，垂直方向上速度分布 $U(y)$ 如图中曲线所示，离壁面无穷远处速度 $U(\infty) = U_\infty$。在流体力学中，将从壁面到 $U(y) = 0.99 U_\infty$ 点的距离定义为边界层流动的厚度。在靠近壁面边缘处，即 x 的值较小时，边界层的流动为层流。随着 x 的增大，层流将充分发展为湍流。

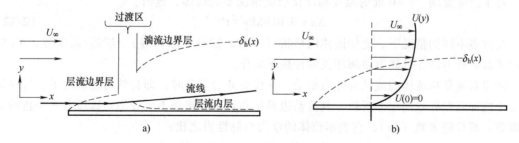

图 2-21 平板上的绝热流动边界层系统

图 2-21b 中给出了一个等温的层流边界层系统，流动边界层的厚度 δ_h 的值取决于当地 Re 数，对于层流可近似地表达如下：

$$\delta_{\mathrm{h}} = l\left(\frac{8}{Re_l}\right)^{1/2} \tag{2-75}$$

式中，l 是对应于 δ_{h} 位置的 x 值，Re_l 是 $x = l$ 的当地雷诺数。

如果流体和平板之间存在温差，就会形成"热边界层"。由于 $U(0) = 0$，所以固壁与 $y = 0$ 处液体间的换热方式是导热，因此：

$$q'' = -k\left(\frac{\partial T}{\partial y}\right)\Big|_{y=0} \tag{2-76}$$

式中，k 为流体的导热系数。

式（2-76）可进一步近似地表达如下：

$$q'' = \frac{k}{\delta_\theta}(T_\infty - T_s) \tag{2-77}$$

式中，δ_θ 为热边界层厚度，T_∞、T_s 为来流温度和固壁表面温度。

普朗特数 Pr 可用于表达热边界层与流动边界层的厚度之比，可近似地表示如下：

$$\frac{\delta_\theta}{\delta_{\mathrm{h}}} = Pr^{-1/3} \tag{2-78}$$

式中，$Pr = \nu/\alpha$，即流体的黏性系数与热扩散系数之比，二者分别决定着流动边界层和热边界层的厚度。

联立式（2-74）~ 式（2-78）可得：

$$h \approx k/\left[l(8/Re)^{1/2}Pr^{-1/3}\right] \tag{2-79}$$

这里引入另一个重要的无量纲参数，努塞尔数 Nu：

$$Nu = \frac{hl}{k} = 0.35 Re^{1/2} Pr^{1/3} \tag{2-80}$$

Nu 与 Bi 有着相同的形式，但其中 k 指的是流体的导热系数，Nu 中 l 为平板特征尺寸。通过利用 Nu 来表示对流换热系数，就将几何相似情况下的换热系数相互关联，于是可以利用小尺寸实验的结果来分析大尺寸的情况。

在一些传热学问题的著作中，上述问题的精确解如下：

$$Nu = 0.332 Re^{1/2} Pr^{1/3} \tag{2-81}$$

其结果与式（2-81）中相当吻合。在许多情况下，当 Pr 变化不大时，可将其假设为 1，这样可得到 $h \propto U^{1/2}$，在火灾探测器对火灾的热分析中常使用这一结论。

对于湍流流动，$y = 0$ 处的温度梯度比层流情况要大得多，这时：

$$Nu = 0.0296 Re^{1/2} Pr^{1/3} \tag{2-82}$$

在许多不同的情况下，比如固体的形状（平板、圆柱、球体等）、层流/湍流等，Nu 的表达式都有所不同，具体可参阅相关的传热学著作。

强迫对流是指流体的流动有外力驱动，在没有外力驱动时，即自然对流情况下，流体流动是由内部温差导致的浮力所致，其流动边界层和热边界层是不可分的。这里有一个新的无量纲数，葛拉晓夫数（Gr），它表示流体的浮力与黏性力之比：

$$Gr = \frac{gl^3(\rho_\infty - \rho)}{\rho\nu^2} = \frac{gl^3\Delta t}{\nu^2} \tag{2-83}$$

式中，g 为重力加速度，用于浮力项的计算。

对流换热系数可表示为 Pr 与 Gr 的函数。对于竖板，在层流条件（$10^4 < GrPr < 10^9$）下：

$$Nu = \frac{hl}{k} = 0.59(GrPr)^{1/4} \tag{2-84}$$

在湍流条件（$GrPr > 10^9$）下：

$$Nu = \frac{hl}{k} = 0.13(GrPr)^{1/3} \tag{2-85}$$

其中，Gr 和 Pr 的乘积又称为拉格利数 Ra，即：$Ra = GrPr$。

下面归纳给出对流换热问题的计算步骤，针对不同的情况，需要选择不同的对流换热系数：

1）首先弄清楚问题中的几何条件，即参与对流的是平板、圆柱，还是圆球。

2）选择问题中合适的参考温度，然后据此来确定流动过程中流体的特性参数。如果壁面和来流的条件有明显的变化，可以使用膜温度作为参考温度，即壁温与来流温度的算术平均值$\left(T_f = \dfrac{T_s + T_\infty}{2} \right)$。

3）计算 Re，以确定流动状态是层流还是湍流。

4）确定需要计算的是某点还是整个表面的平均对流换热系数。局部 Nu 用于确定表面上某点的热流，平均 Nu 则用于确定整个表面的对流换热速率。

3. 热辐射

与导热、对流不同，辐射传热不要求热源与受热体之间有中间介质，而是通过电磁波的形式传递能量（比如太阳光就是一种热辐射），它可以被物体表面吸收、反射等。热辐射会被不透明的物体遮挡而投出阴影，同时能部分穿过透明的物体。当燃料床直径超过 0.3m 时，热辐射将成为火灾中的主要传热方式，并决定着火灾的蔓延和发展。

一个物体在单位时间内，由单位面积上辐射出的能量称为辐射能。辐射能与其表面温度有关，Stefan-Boltzman 方程给出了物体辐射能的计算方法：

$$E = \varepsilon \sigma T^4 \tag{2-86}$$

式中，σ 为 Stefan-Boltzman 常数，其值为 $5.667 \times 10^{-8} \text{W}/(\text{m}^2 \cdot \text{K})$；温度 T 取开氏温度；ε 为辐射率。

辐射率是一个表征物体表面辐射性质的常数，定义为一个物体的辐射能与同样温度下的黑体辐射能之比，即 $\varepsilon = E/E_b$。黑体是一种理想化的物体，能够吸收外来的全部电磁辐射，并且不会有任何的反射与透射。黑体的辐射能仅与温度有关，$E_b = \sigma T^4$。克希霍夫（Kirchoff）定律指出物体的辐射率（ε）等于其吸收率（α），因此黑体的辐射能相比同温度下的其他物体最大，所以物体的辐射率一定是一个小于 1 的数。

材料的辐射率会随着辐射温度和波长而变化。单色辐射率是被定义为物体的单色辐射能与同样波长、同样温度下黑体的单色辐射能之比：

$$\varepsilon_\lambda = \frac{E_\lambda}{E_{b\lambda}} \tag{2-87}$$

满足单色辐射率 ε_λ 与波长无关的物体被定义为灰体。物体的总辐射率可以看作其所有波长下单色辐射率的和：

$$E = \int_0^\infty \varepsilon_\lambda E_{b\lambda} \mathrm{d}\lambda \tag{2-88}$$

又因为：

$$E_b = \int_0^\infty E_{b\lambda} d\lambda = \sigma T^4 \qquad (2\text{-}89)$$

所以：

$$\varepsilon = \frac{E}{E_b} = \frac{\int_0^\infty \varepsilon_\lambda E_{b\lambda} d\lambda}{\sigma T^4} \qquad (2\text{-}90)$$

式中，$E_{b\lambda}$ 是黑体单位波长的辐射能。

如果该物体为灰体，即 ε_λ 为常数，则：

$$\varepsilon = \varepsilon_\lambda \qquad (2\text{-}91)$$

各种材料的辐射率随波长、温度和表面状况的变化很大，表 2-5 中给出了一些常见的典型数据。

表 2-5　一些常见材料表面的总辐射率

材 料 表 面	温度/℃	辐射率
钢（抛光表面）	100	0.066
低碳钢		0.2 ~ 0.3
具有粗糙氧化层的黑钢板	24	0.8 ~ 0.9
石棉板	24	0.96
耐火砖	1000	0.75
水泥板	1000	0.63

为了能够计算物体在任意方向上的辐射能，引入法向辐射强度（I_n）的概念，即在法向方向上，单位时间、单位表面积、单位立体角上辐射的能量。利用 Lamber 余弦定律可以求出任意 θ 方向上的辐射强度：

$$I_\theta = I_n \cos\theta \qquad (2\text{-}92)$$

式（2-92）仅可适用于漫反射表面，即入射光被反射以后沿各个方向均匀分布，如图 2-22 所示，有：

$$dE = I_n \cos\theta d\omega \qquad (2\text{-}93)$$

式中，立体角微元 $d\omega = \dfrac{dA_2}{r^2}$，其中 $dA_2 = 2\pi(r\sin\theta)$ $(rd\theta)$，代入得到：

$$d\omega = 2\pi I_n \sin\theta\cos\theta d\theta \qquad (2\text{-}94)$$

将式（2-92）从 $\theta = 0$ 到 $\theta = \dfrac{\pi}{2}$ 积分得到 dA_1 上的辐射能：

$$E = 2\pi I_n \int_0^{\frac{\pi}{2}} \sin\theta\cos\theta d\theta = \pi I_n \qquad (2\text{-}95)$$

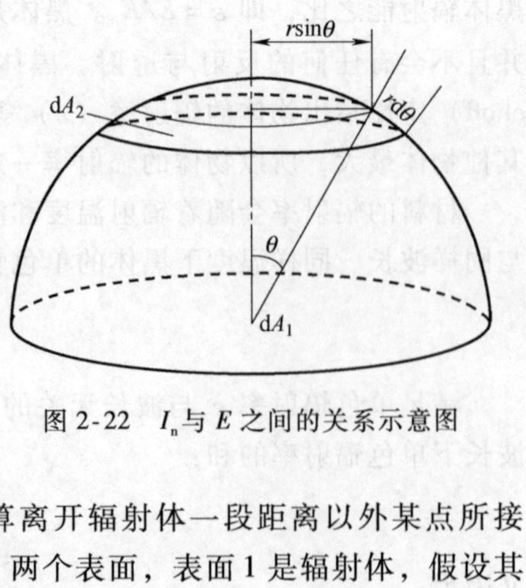

图 2-22　I_n 与 E 之间的关系示意图

式（2-95）给出了表面总辐射的总能量，为了计算离开辐射体一段距离以外某点所接收到的辐射热流，引入"角系数"的概念。考虑 1 和 2 两个表面，表面 1 是辐射体，假设其

辐射能为 E，计算表面 2 上一个小微元 dA_2 接收到的辐射能。先计算离开表面 1 上一个小微元 dA_1 而到达 dA_2 上的能量：

$$dq = I_n dA_1 \cos\theta_1 \frac{dA_2 \cos\theta_2}{r^2} \tag{2-96}$$

于是得到 dA_2 上的辐射热流：

$$dq'' = \frac{dq}{dA_2} = I_n \cos\theta_1 \cos\theta_2 \frac{dA_1}{r^2} \tag{2-97}$$

在 A_1 上将式（2-97）积分，并代入 $\frac{E}{\pi} = I_n$：

$$q'' = E \int_0^{A_1} \frac{\cos\theta_1 \cos\theta_2}{\pi r^2} dA_1 = \varphi E \tag{2-98}$$

式中，φ 是一个无量纲参数，其值如下：

$$\varphi = \int_0^{A_1} \frac{\cos\theta_1 \cos\theta_2}{\pi r^2} dA_1 \tag{2-99}$$

φ 称为角系数，不同情况下的角系数，可在相关的传热学专著中查到对应的值。

火灾中主要的热辐射来自于发光火焰与热烟气（非发光火焰的辐射率很低）。大多数固体和液体燃烧时形成黄色火焰，火焰呈黄色的原因是火焰内部反应区燃烧一侧产生了微小半无烟碳颗粒，其直径量极为 $10 \sim 100nm$。这些碳颗粒可能在通过火焰区的过程中被燃烧完全，也可能进一步反应和变化成为烟，与燃烧产物和空气混合形成热烟气，其辐射率的经验公式如下：

$$\varepsilon = 1 - \exp(K) \tag{2-100}$$

式中，K 为发射系数。

当炭颗粒直径大大小于辐射波长时（大多数情况辐射波长大于炭颗粒直径），发射系数的值正比于火焰（热烟气）中炭颗粒的体积分数和辐射温度：

$$K = 3.72 \frac{C_0}{C_2} f_v T_s \tag{2-101}$$

式中，C_0 是值为 $2 \sim 6$ 的常数；C_2 为 Plank 第二常数，其值为 $1.4388 \times 10^{-2} m \cdot K$；$f_v$ 为炭颗粒的体积分数，即整个体积中颗粒所占的份额，其值约为 10^{-6} 量级；T_s 为辐射温度。

在受限空间中，热辐射是促进火灾蔓延和发展的重要因素。在室内火灾发展过程中，聚积在顶棚下方的热烟气层，对下方有很强的热辐射，能加剧火灾的发展。

黑体会全部吸收投射到上面的辐射，因此计算黑体表面之间的辐射换热比较容易，只要能确定角系数。而现实中的物体大多是非黑体，计算非黑体表面间的辐射换热比较复杂，因为投射到非黑体表面的辐射不会被完全吸收，有一部分被反射到另一个非黑体表面，还有一部分反射到体系之外，甚至还有部分在两个非黑体表面间多次往复反射。为解决这类问题，做如下假设：问题中所考虑的非黑体表面都是漫反射表面，温度均匀，并且反射及辐射性质恒定。这里给出两个新概念，投射辐射（G）——单位时间投射在单位表面积上的总辐射能；有效辐射（J）——单位表面积在单位时间里辐射出去的总能量。此外，假设每一表面上的有效辐射和投射辐射是均匀的，如果没有透射的能量，则有效辐射为辐射和反射的能量之和：

$$J = \varepsilon E_{\mathrm{b}} + (1 - \varepsilon) G \tag{2-102}$$

式中，$1 - \varepsilon$ 为反射率。

于是离开表面的净能量是有效辐射与投射辐射之差：

$$\frac{q}{A} = J - G = \varepsilon (E_{\mathrm{b}} - G) \tag{2-103}$$

将式（2-102）和式（2-103）联立，得：

$$q = \frac{E_{\mathrm{b}} - J}{\dfrac{(1 - \varepsilon)}{\varepsilon A}} \tag{2-104}$$

如果将 $E_{\mathrm{b}} - J$ 视为位势差，$\dfrac{(1 - \varepsilon)}{\varepsilon A}$ 视为辐射热阻，式（2-104）与欧姆定律类似，因此可以在辐射问题中套用串并联电路中的一些计算公式。

2.3 火灾数值模拟方法及其应用

2.3.1 数值模拟方法概述

火灾建模分析包括随机性模型和确定性模型。本章所讨论的数值模拟属于确定性数值分析方法。随着计算机技术快速发展，数值模拟在火灾研究和工程应用中扮演着日益重要的作用。火灾数值模拟方法主要包括区域模拟和场模拟。

区域模型（Zone Model）是建筑火灾安全工程中使用最广泛的火灾模型，主要用于室内火灾模拟分析。这种模型的基本思想是：假设在浮力的热分层作用下，系统（室内空间）可以划分为上部高温区域和下部低温区域两个不同的气相区域或控制体，并且假设火焰只是一个提供能量和质量的羽流，区域之间质量交换通过气流卷吸完成，气流通过开口（如窗户）水平流出，然后分别对这两个控制体的质量和能量守恒方程进行求解，从而得到火灾的关键参数，如温度、烟气层高度、二氧化及氧气浓度等。区域模拟具有计算量小和实用性强的特点。但由于其自身的局限性使得区域模型一般适用于一些比较简单的火灾场景中。图 2-23 为火灾双层区域模型示意图。

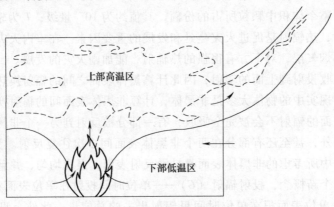

图 2-23　火灾双层区域模型示意图

注：图中箭头表示气流方向。

计算流体动力学方法，即 Computational Fluid Dynamics（CFD），在火灾领域通常又称为场模型（Flied Model）。相比于区域模型，CFD 能够提供更为全面的火灾数值分析，并且能够广泛应用于复杂的火灾场景中。CFD 所需要求解的方程包括三维的质量、动量、能量和组分守恒方程。在数值计算中，通过对这些方程离散、求解得到温度场、速度场、压力场、密度场、组分浓度分布等关键数据。与区域模型不同，CFD 计算需要将所求解的几何空间划分为数量众多的尺寸相对较小的控制体（网格），并且每个网格的解都符合守恒定律（有限体积法）。在 CFD 计算中，湍流因具有多尺度的复杂结构，对其直接数值求解计算量非常大而难以实现，通常需要进行湍流建模。本节将主要对 CFD 的基本理论和方法进行介绍。

2.3.2　火灾 CFD 数值模拟方法

1. 控制方程

控制方程也称 Navier-Stokes（NS）方程，是 CFD 的核心，包括质量守恒方程（连续方程）、动量守恒方程、能量守恒方程以及组分守恒方程。

（1）质量守恒方程

$$\frac{\partial \rho}{\partial t} + \frac{\partial}{\partial x_i}(\rho u_i) = 0 \tag{2-105}$$

质量守恒方程要求系统的质量既不会被创造出来也不会消失。换句话来说，在流场中一个给定控制体或计算节点的密度变化必须等于通过该控制体边界的净质量通量。

（2）动量守恒方程

$$\frac{\partial}{\partial t}(\rho u_i) + \frac{\partial}{\partial x_j}(\rho u_i u_j) = -\frac{\partial p}{\partial x_i} + \frac{\partial \sigma_{ij}}{\partial x_j} + \rho g_i + F_i \tag{2-106}$$

式中，σ_{ij} 为应力张量：

$$\sigma_{ij} = \mu\left(\frac{\partial u_i}{\partial x_j} + \frac{\partial u_j}{\partial x_i}\right) - \frac{2}{3}\mu\frac{\partial u_i}{\partial x_i}\delta_{ij}$$

动量方程是根据牛顿第二运动定律推导出来的，方程右边的各项力包括压力梯度、黏性摩擦力、体积力。在火灾模拟中，动量守恒方程一般是三维的。

（3）能量守恒方程

$$\frac{\partial}{\partial t}(\rho e) + \frac{\partial}{\partial x_i}\left[u_i(\rho e + p)\right] = \frac{\partial}{\partial x_i}\left(k\frac{\partial T}{\partial x_i} - \sum h_m J_m + u_j \sigma_{ij}\right) + \dot{Q}_c \tag{2-107}$$

能量方程的源项主要为燃烧放热。大部分情况下，火灾过程为等压过程，压力项可以忽略不计。

（4）组分守恒方程

$$\frac{\partial}{\partial t}(\rho Y_m) + \frac{\partial}{\partial x_i}(\rho u_i Y_m) = \frac{\partial}{\partial x_i}\left(\rho D_m \frac{\partial Y_m}{\partial x_i}\right) + \dot{\omega}_m \tag{2-108}$$

组分守恒方程实际为单个组分的质量守恒方程。在火灾模拟中，通常需要考虑各个不同反应组分或燃烧产物的分布情况，如燃料、氧气、二氧化碳等。因此，需要采用组分守恒方程对各组分气体进行求解。

上面各式中，ρ 为密度；t 为时间；u_i 为速度分量；p 为压力；μ 为黏性系数；k 为导热系数；T 为温度；F_i 为动量源项；g_i 为重力加速度；$e = h - p/\rho + u_i^2/2$ 为比内能；$\dot{Q}_c$ 为化学反应源项；Y_m、D_m、h_m、J_m 和 $\dot{\omega}_m$ 为组分 m 的质量分数、扩散系数、比焓、扩散通量和化学反应速率等。在本书层流模型中，氢气在空气中的化学反应通过采用增厚火焰模型直接求解。层流模型可以简化为二维模型。

在火灾数值计算中，已燃气体和未燃气体均可假设为理想气体，因此可以引入理想气体状态方程以使方程组封闭。

$$p = \rho RT \tag{2-109}$$

式中，R 为混合气体摩尔常数。

（5）关于守恒方程的一些假设　上面列出的守恒方程组为通用的方程形式，采用了理想气体状态方程的假设，可广泛用于不同情况下的 CFD 数值计算。对于火灾模拟，可以做进一步的假设或近似。实际上对于火灾驱动的流动来说，其流体速度明显小于声速。通过假设状态方程和能量方程中的压力恒定（或至多是随时间变化的平均值），可将未知数从六个减少到五个，此时密度仅依赖于温度。更重要的是，不再需要考虑到以声速传播的压力波动，这使得方程组的数值解更容易获得，因为这时模拟中的时间步长仅受流体速度的限制，而不再是声速。在不同的火灾场景模拟中，还可以根据具体情况做更多的近似。

2. 湍流模拟

在实际工程应用中，流动问题通常涉及湍流流动。对于湍流直接求解，需要耗费非常大的计算资源，而很多湍流模型相对于直接对流动求解对计算机计算能力要求低很多，因此被广泛应用于科研和工程应用之中。湍流模型可以分为六种：零方程模型、一方程模型、双方程模型、雷诺应力模型、大涡模型和直接数值模拟方法（DNS）。前面四种模型通常被称为雷诺平均模型（Reynolds Averaged Navier-Stokes Models，RANS 模型）。下面简单介绍三种常用的 CFD 湍流模型和方法。

（1）k-ε 模型　这个模型为典型双方程模型，k 为湍动能，ε 为湍动耗散率，即湍动能耗散成为热能的速率。该模型计算量小，是目前工程上应用最为广泛的 RANS 模型，也是火灾模拟中应用最为广泛的湍流模型。可分为标准 k-ε 模型、RNG k-ε 模型以及 Realizable k-ε 模型。其中标准 k-ε 模型最为稳定可靠。

（2）大涡模拟方法（Large Eddy Simulation，简称 LES）　流动系统中动量、质量、能量以及其他物理量的输运，主要受大尺度的湍流涡旋影响。在大涡模拟中大尺度湍流，可直接通过求解瞬态 Navier-Stokes 方程直接计算出来，只有小尺度湍流，需要建立模型模拟，相应的模型为亚格子模型（SGS 模型）。目前国内外学者发展了多种 SGS 方法，如 Smogorinsky 亚格子模型、RNG 亚格子模型等。大涡模拟是介于 RANS 方法和直接数值模拟方法之间的一种湍流数值模拟方法，对于火灾流程的描述更加准确（图 2-24），但其计算量依赖于网格密度，一般比 RANS 要大，但比 DNS 要小很多，是一种极具前景的湍流模拟方法。

（3）直接数值模拟方法（Direct Numerical Simulation，DNS）　DNS 所采用的网格尺寸要求足够精细，直至能够求解所有湍流结构尺度以及最大湍流速度脉动；同时要求时间步长足够小，只有在十分微小的空间和时间步长下，才能分辨出湍流中详细的空间结构及变化剧烈的时间特性。该方法不包含任何湍流模型，理论上可以得到准确的计算结果，但是计算量巨大，对内存空间和计算速度要求极高。因此，目前 DNS 只能用于小尺度的低雷诺数流动，无法用于真正意义上的工程计算，在火灾模拟中极少应用。

其他湍流模型有分离涡模拟（Detached Eddy Simulation，DES）及格子玻尔兹曼方法（Lattice-Boltzmann Method，LBM）。DES 模拟将 RANS 和 LES 两种方法结合起来，在边界层以及湍流长度尺度比网格尺度小的地方使用 RANS 模拟，而在其他计算区域采用大涡模拟。这种方法可以在减

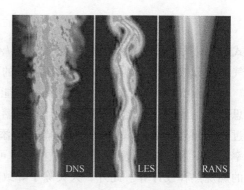

图 2-24　湍流射流直接数值模拟、大涡模拟和雷诺平均法模拟结果对比

少网格数量的同时获得对湍流较好的求解，但是网格生成比较困难。LBM 模拟则是一种从根本上来说与其他方法不同的模拟技术。这种方法不求解 Navier-Stokes 方程（N-S 方程），而是将流体当作粒子组合来处理，并求解离散的玻尔兹曼方程。LBM 方法在复杂几何空间和并行计算方面相比传统 CFD 方法具有优势，但是在火灾模拟方面尚未有应用。

3. 燃烧模型

燃料与氧气发生化学反应和热释放，以及所伴随的空气卷吸是火羽流的驱动源。模拟燃烧最简单的方法就是忽略化学反应同时假设热量被释放到指定的空间里。这种方法适用于某些可以定义合适的燃烧释热区域的场景，比如通风良好的火灾环境下的烟气运动。然而，对于燃烧区域不能事先定义或者化学反应比较重要的火灾场景，必须建立燃烧模型。而且，当氧气供应量是一个重要因素时或者气相组分需要在辐射模型中体现时，需要对化学反应组分进行计算。

大部分的工程燃烧模型均假设燃烧过程可以用一个单步的总包化学反应来表示。反应物为燃料和氧气，产物只表达为一个混合物。这个混合气体产物是对实际燃烧产物的模拟，所模拟的产物包括一些主要的组分，如二氧化碳、水分子，以及诸如炭黑和一氧化碳等比重小的组分。其表达式如下：

$$F + sO_2 \rightarrow P \tag{2-110}$$

式中，s 为氧气比例系数。

在详细化学动力学不重要并且产物已知的情况下，这种模型是比较合理的。如果需要预测某些占比小的组分，如一氧化碳，这种单步模型的假设不再适用，而是需要一个更加复杂的模型。

在火灾工程应用中，使用最广泛的燃烧模型包括 Spalding 教授所提出的涡旋破碎模型（Eddy Break-Up，EBU）和与之关系密切的涡旋耗散概念模型（Eddy Dissipation Concept，EDC）。EDC 模型由学者 Magnussen 和 Hjertager 提出。这类模型假设燃料燃烧速率由反应物分子混合速率所控制。在这种假设下，化学反应速率无限快，一经混合立即完成反应。反应物的混合速率与湍流涡旋耗散速率成正比，因此燃料燃烧速率可按下式计算：

$$\dot{\omega}_f = -\frac{C\rho}{\tau_{mix}}\min\left\{Y_f, \frac{Y_{O_2}}{s}\right\} \tag{2-111}$$

式中，C 为一个无量纲经验参数；$\tau_{mix} \approx k/\varepsilon$ 为湍流混合时间；Y_f 为燃料质量分数；Y_{O_2} 为氧气质量分数；s 为燃烧 1mol 燃料所需要的氧气摩尔数。

虽然 RANS 和 LES 模型处理湍流动能 k 和耗散率 ε 的方式有所不同，但是这两种模型的思路是一致的。燃烧热释放速率计算为燃料燃烧速率乘以有效燃烧热。式（2-111）可以通过添加额外项来考虑燃烧产物或者通过添加阿伦尼乌斯表达式来限制未燃区的化学反应速率。EBU 和 EDC 模型为简化燃烧模型，可以帮助实现由几何空间和氧含量所决定的分布式的燃烧热释放计算。此外，火灾除了导致高温灾害和降低能见度以外，还会产生氰化氢和一氧化碳等毒性气体。因此，在某些应用中需要对这些毒性气体的产生和运动进行预测。此时就需要在燃烧模型中考虑有限速率化学反应。

2.3.3 CFD 模拟在火灾中的应用

实现 CFD 模拟除了上面介绍的几个方面外，还包括空间离散、方程求解、模型验证等多个方面。在此不进行具体介绍。

CFD 在火灾中的一个典型应用是预测火焰高度。根据 Heskestad 关系式，火羽流可见湍流火焰高度可按下式计算：

$$L_f = D(3.7\dot{Q}^{*25} - 1.02) \tag{2-112}$$

式中，D 为火源底部当量直径；$\dot{Q}^*$ 为火灾弗洛德数。

式（2-112）可用于火灾弗洛德数在 0.1~10000 范围内的火焰高度计算。采用大涡模拟方法计算火焰高度，并与 Heskestad 关系式计算对比，结果如图 2-25 所示。计算中采用了三种不同的网格。这里网格分辨率用 $D^*/\delta x$ 来表征，其中 D^* 为根据热释放速率计算的有效火焰直径，δx 为网格尺寸。可以看出采用三种不同网格密度的大涡模拟均给出了合理的火焰高度预测。

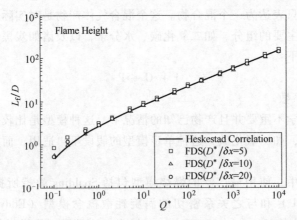

图 2-25　火焰高度 CFD 计算结果与 Heskestad 关系式预测结果对比

此外，大涡模拟对火焰脉动现象的预测也较为准确。图 2-26 为直径 1m 的甲烷池火实验观察到的单个火焰脉动的数值模拟结果。该实验由美国桑迪亚国家实验室开展。结果表明

CFD 模拟的火焰脉动频率与实验中观察到的 1.65Hz 火焰脉动频率吻合较好。

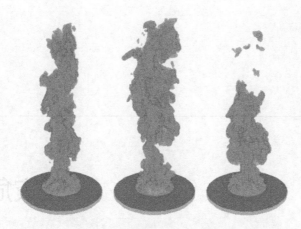

图 2-26　直径 1m 的甲烷池火外部形状 FDS 模拟结果

注：三幅图像展示了单个火焰脉动现象。模拟采用的网格分辨率为 1.5cm。

复 习 题

1. 简述聚合物的本质。
2. 从固体中产生气体燃料的模式有哪些？
3. 简述燃烧的基本条件。
4. 利用 Semenov 模型对生活中的某一自燃火灾事故进行分析。
5. 影响可燃物质着火的主要因素有哪些？
6. 分析影响燃烧反应速率的各种因素。在燃烧过程中应如何利用这些因素来强化燃烧过程？
7. 2008 年奥运火炬在珠穆朗玛峰上熊熊燃烧，请问，火炬在珠峰上的燃烧状况与在北京的燃烧状况是否相同？为什么？
8. 固体和液体表面火焰传播各有什么特点？
9. 建筑内影响烟气流动特征的因素主要有哪些？
10. 1.5m 直径圆盘中甲醇燃烧形成池火，其单位燃烧表面积上的释热速率为 500kW/m^2。求在标准大气条件下（101kPa、293K）的平均火焰高度。
11. 火灾中热量传递的方式有哪些？请列举各热量传递方式造成危害的事故情形。
12. 常用的 CFD 数值计算湍流模型可分为哪几类？各有什么特点？

3

第 3 章
火灾危险源辨识

■ **本章概要·学习目标**

　　本章主要讲述危险源及其辨识方法，尤其是火灾中的危险源以及火灾风险评估中危险源的辨识方法。要求学生了解危险源的概念和分类，以及火灾的主要危险源；理解火灾荷载和火灾危险度的概念，以及火灾类型和火灾场景的设定；掌握危险源的两种辨识方法、重大危险源的分级指标、火灾危险源的主要危害特征，以及火灾风险评估中的危险源辨识。

3.1 | 危险源的定义及分类

3.1.1　危险源的定义

　　危险源的英文为 Hazard，英文词典给出其词义为危险的源头（a source of danger）。威利·哈默（Willie Hammer）将危险源定义为：可能导致人员伤害或财务损失事故的、潜在的不安全因素。危险源具有"潜在"和"能导致事故"两个重要属性。学者李娟认为危险源是导致事故的根源或状态，可分为根源危险源和状态危险源，人的因素包含在状态危险源中；学者吴兵等认为危险源是危险的物质、危险的能量和危险的环境，而不包括人的因素；学者吴宗之认为，危险源是设备、设施、场所中存在或固有的危险物质或能量的多少。因此，综合上述，不同情况下的危险源有不同的定义，要根据具体情况进行分析。

3.1.2　危险源的分类

　　危险源的上述概念为我们展示了其主要特性。为了更好地研究和分析问题，人们通常会对问题进行适当分类，对于危险源的研究和分析也不例外。按照不同的分类方法，危险源可以分为多种类型：根源危险源和状态危险源、物质性危险源和非物质性危险源、第一类危险源和第二类危险源、固有型危险源和触发型危险源、固有危险源和变动危险源等类别。根源危险源是指能量或危险物质（包括能量或危险物质的载体）；状态危险源通常是针对特定的根源危险源而言的，也就是说，某些条件或状态（或情形、境遇、形势、状况），可能会使特定的根源危险源发生能量或危险物质的异常转移，并可能最终导致事故或未遂事件（a near-miss）的发生，例如，人在某些情形因缺氧窒息。将危险源分为物质性和非物质性两大类，只反映了危险源的存在形式。下面着重对第一类和第二类危险源、固有型危险源和触发型危险源进行具体的介绍。

1. 第一类危险源和第二类危险源

根据事故致因的能量意外释放理论，事故是能量或危险物质的意外释放，作用于人体的过量的能量或干扰人体与外界能量交换的危险物质是造成人员伤害的直接原因。于是，系统中存在的、可能发生意外释放的能量或危险物质被称作第一类危险源。其中，能量被解释为物体做功的本领。做功的本领是无形的，只有在做功时才显现出来。实际工作中往往把产生能量的能量源或拥有能量的能量载体作为第一类危险源来处理，如带电的导体、行驶中的车辆等。第一类危险源涉及三个要素：潜在危险性、存在条件和触发因素。

1）潜在危险性。潜在危险性是指一旦触发事故，危险源可能带来的危害程度或损失大小，或者说危险源可能释放的能量强度或危险物质量的大小。这里用"可能"来表达危险源释放能量或危险物质的不确定性或随机性，但潜在危险性的真正含义是指：某种危险源内在或固有的最大危害性。

2）存在条件。存在条件是指危险源所处的物理、化学状态和约束条件状态，例如：物质的压力、温度、化学稳定性，盛装容器的坚固性，周围环境屏蔽物等情况。

3）触发因素。触发因素虽然不属于危险源的固有属性，但它是使危险源演化为事故的外因。如易燃易爆物质，热能是其敏感的触发因素；又如压力容器，压力升高是其敏感触发因素。

导致能量或危险物质约束或限制措施破坏或失效的各种因素称作第二类危险源。第二类危险源主要包括物的故障、人的失误和环境因素（环境因素引起物的故障和人的失误）。第一类危险源是伤亡事故发生的能量主体，决定事故发生的严重程度；第二类危险源是第一类危险源造成事故的必要条件，决定事故发生的可能性。第一类危险源的存在是第二类危险源出现的前提，第二类危险源的出现是第一类危险源导致事故的必要条件。一起伤亡事故的发生往往是两类危险源共同作用的结果。危险源辨识的首要任务是辨识第一类危险源，在此基础上再辨识第二类危险源。能量意外释放理论认为：能量或危险物质的意外释放是伤亡事故发生的物理本质。因此，人们在实践中还需要进一步认识第二类危险源产生的原因和存在的形式，以便加以消除或控制，防止事故的发生。

根据上述定义，第一类危险源、第二类危险源与事故的关联性可用图 3-1 所示的事件链来表示。图中的"能量或危险物质"可以是多种，其各自的屏蔽措施失效后相互之间发生作用，进而产生能量或危险物质意外释放。

此外，在两类危险源理论的基础上，可将危险源划分为三类。第一类为能量载体或能量源；第二类为（安全设施等）物的故障、物理性环境因素、个体人行为失误；第三类为不符合安全的组织因素，如组织程序、组织文化、规则、制度等组织人的不安全行为、失误等。实际上是把上述的第二类危险源细分为了两类，即将人和物分开研究。

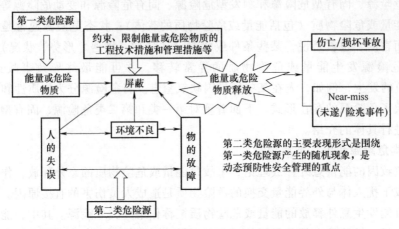

图 3-1　第一类危险源和第二类危险源导致事故发生的事件链

2. 固有型危险源和触发型危险源

从另外的角度将危险源划分为两大类：一类是随着生产系统的存在而必然存在的各种能量（通常是从能量的各种载体来判定能量是否存在及其性质和数量）和危险物质，它是造成系统危险或系统事故的物理本质，称之为固有型危险源；另一类是在生产活动进行过程中出现的，能使固有型危险源的安全存在条件遭到破坏的各种硬件或软件保障体系故障，它们是系统从安全状态向危险状态转化的条件，是使系统能量意外释放，即造成系统事故的触发原因，这些故障围绕固有型危险源而存在。它们的危险性主要由固有型危险源的性质决定，可称为触发型危险源。固有型危险源及由其性质决定的触发型危险源，构成了生产系统的危险源结构。该分类方法提到了"保障体系故障"是生产系统发生事故的触发型危险源，但并没有涉及这些故障的成因以及故障成因的预防控制问题，因此需要对生产系统的危险源结构做进一步的研究探讨。

3.1.3　重大危险源辨识及其分级

《危险化学品重大危险源辨识》（GB 18218—2018）于 2019 年 3 月 1 日起实施，其中，危险化学品重大危险源（Major Hazard Installations for Hazardous Chemicals）定义为：长期地或临时地生产、储存、使用和经营危险化学品，且危险化学品的数量等于或超过临界量的单元。单元（Unit）是指涉及危险化学品的生产、储存装置、设施或场所，分为生产单元和储存单元。其中，生产单元（Production unit）是指危险化学品的生产、加工及使用等的装置及设施，当装置及设施之间有切断阀时，以切断阀作为分隔界限划分为独立的单元；储存单元（Storage Unit）是指用于储存危险化学品的储罐或仓库组成的相对独立的区域，储罐区以罐区防火堤为界限划分为独立的单元，仓库以独立库房（独立建筑物）为界限划分为独立的单元。危险化学品（Hazardous Chemicals）是指具有毒害、腐蚀、爆炸、燃烧、助燃等性质，对人体、设施、环境具有危害的剧毒化学品和其他化学品。临界量（Threshold Quantity）是指某种或某类危险化学品构成重大危险源所规定的最小数量。而《安全生产法》中重大危险源的定义为：长期地或者临时地生产、搬运、使用或者储存危险物品，且危险物品的数量等于或者超过临界量的单元（包括场所和设施）。

1. 危险化学品重大危险源辨识

（1）辨识依据

1）危险化学品应依据其危险特性及其数量进行重大危险源辨识，具体见表3-1和表3-2。

2）危险化学品临界量的确定方法为：①在表3-1范围内的危险化学品，其临界量按表3-1确定；②未在表3-1范围内的危险化学品，依据其危险性，按表3-2确定临界量；若一种危险化学品具有多种危险性，按其中最低的临界量确定。

表 3-1　危险化学品名称及其临界量

序号	危险化学品名称和说明	别　　名	CAS 号	临界量/t
1	氨	液氨；氨气	7664-41-7	10
2	二氟化氧	一氧化二氟	7783-41-7	1
3	二氧化氮		10102-44-0	1
4	二氧化硫	亚硫酸酐	7446-09-5	20
5	氟		7782-41-4	1
6	碳酰氯	光气	75-44-5	0.3
7	环氧乙烷	氧化乙烯	75-21-8	10
8	甲醛（含量 >90%）	蚁醛	50-00-0	5
9	磷化氢	磷化三氢；膦	7803-51-2	1
10	硫化氢		7783-06-4	5
11	氯化氢（无水）		7647-01-0	20
12	氯	液氯；氯气	7782-50-5	5
13	煤气（CO，CO 和 H_2、CH_4 的混合物）			20
14	砷化氢	砷化三氢；胂	7784-42-1	1
15	锑化氢	三氢化锑；锑化三氢；䏲	7803-52-3	1
16	硒化氢		7783-07-5	1
17	溴甲烷	甲基溴	74-83-9	10
18	丙酮氰醇	丙酮合氰化氢；2-羟基异丁腈；氰丙醇	75-86-5	20
19	丙烯醛	烯丙醛；败脂醛	107-02-8	20
20	氟化氢		7664-39-3	1
21	1-氯-2,3-环氧丙烷	环氧氯丙烷（3-氯-1,2 环氧丙烷）	106-89-8	20
22	3-溴-1,2-环氧丙烷	环氧溴丙烷；溴甲基环氧乙烷；表溴醇	3132-64-7	20
23	甲苯二异氰酸酯	二异氰酸甲苯酯；TDI	26471-62-5	100
24	一氯化硫	氯化硫	10025-67-9	1
25	氰化氢	无水氢氰酸	74-90-8	1
26	三氧化硫	硫酸酐	7446-11-9	75
27	3-氨基丙烯	烯丙胺	107-11-9	20
28	溴	溴素	7726-95-6	20

（续）

序号	危险化学品名称和说明	别　名	CAS 号	临界量/t
29	乙撑亚胺	吖丙啶；1-氮杂环丙烷；氮丙啶	151-56-4	20
30	异氰酸甲酯	甲基异氰酸酯	624-83-9	0.75
31	叠氮化钡	叠氮钡	18810-58-7	0.5
32	叠氮化铅		13424-46-9	0.5
33	雷汞	二雷酸汞；雷酸汞	628-86-4	0.5
34	三硝基苯甲醚	三硝基茴香醚	28653-16-9	5
35	2,4,6-三硝基甲苯	梯恩梯；TNT	118-96-7	5
36	硝化甘油	硝化丙三醇；甘油三硝酸酯	55-63-0	1
37	硝化纤维素（干的或含水（或乙醇）<25%）			1
38	硝化纤维素（未改型的，或增塑的，含增塑剂<18%）	硝化棉	9004-70-0	1
39	硝化纤维素（含乙醇≥25%）			10
40	硝化纤维素（含氮≤12.6%）			50
41	硝化纤维素（含水≥25%）			50
42	硝化纤维素溶液（含氮量≤12.6%，含硝化纤维素≤55%）	硝化棉溶液	9004-70-0	50
43	硝酸铵（含可燃物>0.2%，包括以碳计算的任何有机物，但不包括任何其他添加剂）		6484-52-2	5
44	硝酸铵（含可燃物≤0.2%）		6484-52-2	50
45	硝酸铵肥料（含可燃物≤0.4%）			200
46	硝酸钾		7757-79-1	1000
47	1,3-丁二烯	联乙烯	106-99-0	5
48	二甲醚	甲醚	115-10-6	50
49	甲烷，天然气		74-82-8（甲烷）8006-14-2（天然气）	50
50	氯乙烯	乙烯基氯	75-01-4	50
51	氢	氢气	1333-74-0	5
52	液化石油气（含丙烷、丁烷及其混合物）	石油气（液化的）	68476-85-7 74-98-6（丙烷）106-97-8（丁烷）	50
53	一甲胺	氨基甲烷；甲胺	74-89-5	5
54	乙炔	电石气	74-86-2	1

（续）

序号	危险化学品名称和说明	别　　名	CAS 号	临界量/t
55	乙烯		74-85-1	50
56	氧（压缩的或液化的）	液氧；氧气	7782-44-7	200
57	苯	纯苯	71-43-2	50
58	苯乙烯	乙烯苯	100-42-5	500
59	丙酮	二甲基酮	67-64-1	500
60	2-丙烯腈	丙烯腈；乙烯基氰；氰基乙烯	107-13-1	50
61	二硫化碳		75-15-0	50
62	环己烷	六氢化苯	110-82-7	500
63	1,2-环氧丙烷	氧化丙烯；甲基环氧乙烷	75-56-9	10
64	甲苯	甲基苯；苯基甲烷	108-88-3	500
65	甲醇	木醇；木精	67-56-1	500
66	汽油（乙醇汽油、甲醇汽油）		86290-81-5（汽油）	200
67	乙醇	酒精	64-17-5	500
68	乙醚	二乙基醚	60-29-7	10
69	乙酸乙酯	醋酸乙酯	141-78-6	500
70	正己烷	己烷	110-54-3	500
71	过乙酸	过醋酸；过氧乙酸；乙酰过氧化氢	79-21-0	10
72	过氧化甲基乙基酮（10% <有效氧含量≤10.7%，含 A 型稀释剂≥48%）		1338-23-4	10
73	白磷	黄磷	12185-10-3	50
74	烷基铝	三烷基铝		1
75	戊硼烷	五硼烷	19624-22-7	1
76	过氧化钾		17014-71-0	20
77	过氧化钠	双氧化钠；二氧化钠	1313-60-6	20
78	氯酸钾		3811-04-9	100
79	氯酸钠		7775-09-9	100
80	发烟硝酸		52583-42-3	20
81	硝酸（发红烟的除外，含硝酸 >70%）		7697-37-2	100
82	硝酸胍	硝酸亚氨脲	506-93-4	50
83	碳化钙	电石	75-20-7	100
84	钾	金属钾	7440-09-7	1
85	钠	金属钠	7440-23-5	10

表 3-2　未在表 3-1 中列举的危险化学品类别及其临界量

类别	序号	危险性分类及说明	临界量/t
健康危害	J（健康危害性符号）	—	—
急性毒性	J1	类别 1，所有暴露途径，气体	5
	J2	类别 1，所有暴露途径，固体，液体	50
	J3	类别 2、类别 3，所有暴露途径，气体	50
	J4	类别 2、类别 3，吸入途径，液体（沸点≤35℃）	50
	J5	类别 2，所有暴露途径，液体（J4 厨卫）、固体	500
物理危险	W（物理危险性符号）	—	—
爆炸物	W1.1	不稳定爆炸物 1.1 项爆炸物	1
	W1.2	1.2、1.3、1.5、1.6 项爆炸物	10
	W1.3	1.4 项爆炸物	50
易燃气体	W2	类别 1 和类别 2	10
气溶胶	W3	类别 1 和类别 2	150（净重）
氧化性气体	W4	类别 1	50
易燃液体	W5.1	类别 1 类别 2 和 3，工作温度高于沸点	10
	W5.2	类别 2 和 3，具有引发重大事故的特殊工艺条件 包括危险化工工艺、爆炸极限范围或附近操作、操作压力大于 1.6MPa 等	50
	W5.3	不属于 W5.1 或 W5.2 的其他类别 2	1000
	W5.4	不属于 W5.1 或 W5.2 的其他类别 3	5000
自反应物质和混合物	W6.1	A 型和 B 型自反应物质和混合物	10
	W6.2	C 型、D 型、E 型自反应物质和混合物	50
有机过氧化物	W7.1	A 型和 B 型有机过氧化物	10
	W7.2	C 型、D 型、E 型、F 型有机过氧化物	50
自燃液体和自燃固体	W8	类别 1 自燃液体 类别 1 自燃固体	50
氧化性固体和液体	W9.1	类别 1	50
	W9.2	类别 2、类别 3	200
易燃固体	W10	类别 1 易燃固体	200
遇水放出易燃气体的物质和混合物	W11	类别 1 和类别 2	200

（2）重大危险源的辨识指标　单元内存在危险化学品的数量等于或超过表 3-1、表 3-2 规定的临界量，即被定为重大危险源。单元内存在的危险化学品的数量根据处理危险化学品

种类的多少区分为以下两种情况：

1）单元内存在的危险化学品为单一品种，则该危险化学品的数量即为单元内危险化学品的总量，若等于或超过相应的临界量，则定为重大危险源。

2）单元内存在的危险化学品为多品种时，则按式（3-1）计算，若满足式（3-1），则定义为重大危险源：

$$S = \frac{q_1}{Q_1} + \frac{q_2}{Q_2} + \cdots + \frac{q_n}{Q_n} > 1 \tag{3-1}$$

式中，S 为辨识指标；$q_1, q_2, \cdots, q_n$ 为每种危险化学品实际存在量（t）；$Q_1, Q_2, \cdots, Q_n$ 为与每种危险化学品相对应的临界量（t）。

2. 重大危险源的分级

（1）重大危险源的分级指标　采用单元内各种危险化学品实际存在量与其相对应的临界量比值，将校正系数校正后的比值之和 R 作为分级指标。

（2）重大危险源分级指标的计算方法　重大危险源的分级指标按式（3-2）计算：

$$R = \alpha \left(\beta_1 \frac{q_1}{Q_1} + \beta_2 \frac{q_2}{Q_2} + \cdots + \beta_n \frac{q_n}{Q_n} \right) \tag{3-2}$$

式中，R 为重大危险源分级指标；α 为该危险化学品重大危险源厂区外暴露人员的校正系数；$\beta_1, \beta_2, \cdots, \beta_n$ 为与每种危险化学品相对应的校正系数；$q_1, q_2, \cdots, q_n$ 为每种危险化学品实际存在量（t）；$Q_1, Q_2, \cdots, Q_n$ 为与每种危险化学品相对应的临界量（t）。

根据单元内危险化学品的类别不同，设定校正系数 β 的值。在表 3-3 范围内的危险化学品，其 β 值按表 3-3 确定；未在表 3-3 范围内的危险化学品，其 β 值按表 3-4 确定。

表 3-3　毒性气体校正系数 β 取值表

名　称	校正系数 β
一氧化碳	2
二氧化硫	2
氨	2
环氧乙烷	2
氯化氢	3
溴甲烷	3
氯	4
硫化氢	5
氟化氢	5
二氧化氮	10
氰化氢	10
碳酰氯	20
磷化氢	20
异氰酸甲酯	20

表 3-4　未在表 3-3 中列举的危险化学品校正系数 β 取值表

类　别	符　号	校正系数 β
急性毒性	J1	4
	J2	1
	J3	2
	J4	2
	J5	1
爆炸物	W1.1	2
	W1.2	2
	W1.3	2
易燃气体	W2	1.5
气溶胶	W3	1
氧化性气体	W4	1
易燃液体	W5.1	1.5
	W5.2	1
	W5.3	1
	W5.4	1
自反应物质和混合物	W6.1	1.5
	W6.2	1
有机过氧化物	W7.1	1.5
	W7.2	1
自燃液体和自燃固体	W8	1
氧化性固体和液体	W9.1	1
	W9.2	1
易燃固体	W10	1
遇水放出易燃气体的物质和混合物	W11	1

根据危险化学品重大危险源的厂区边界向外扩展 500m 范围内常住人口的数量，按照表 3-5 设定暴露人员校正系数 α 的值。

表 3-5　暴露人员校正系数 α 取值表

厂外可能暴露人员数量	校正系数 α
100 人以上	2
50~99 人	1.5
30~49 人	1.2
1~29 人	1.0
0 人	0.5

（3）重大危险源分级标准　根据上述计算出来的 R 值，按照表 3-6 确定危险化学品重大危险源的级别。

表 3-6　重大危险源级别和 R 值的对应关系

重大危险源级别	R 值
一级	$R \geqslant 100$
二级	$100 > R \geqslant 50$
三级	$50 > R \geqslant 10$
四级	$R < 10$

3.2　危险源辨识方法

危险源辨识是指发现、识别系统中的危险源。危险源辨识可以理解为从企业的施工生产活动中识别出可能造成人员伤害、财产损失和环境破坏的因素，并判定其可能导致的事故类别和导致事故发生的直接原因的过程。危险源的辨识方法多种多样，可大致分为定性辨识方法和定量辨识方法。其中，定性辨识方法主要包括安全检查表（SCL）和预先危险性分析（PHA）；而定量辨识方法主要包括故障树分析法（FTA）、事件树分析法（ETA）和危险与可操作性分析法（HAZOP）。事件树分析法既为定性辨识方法，又可为定量辨识方法，将其归为定量辨识方法的分析（详见 3.2.2 节）。然而在实际的危险源辨识中，一般采用定性与定量辨识相结合的方法，以快速、高效地辨识危险源。

3.2.1　定性辨识方法

1. 安全检查表

安全检查表法是将一系列项目列出检查表进行分析，以确定系统、场所的状态是否符合安全要求，通过检查发现系统中存在的安全隐患，提出改进措施的一种方法。检查项目可以包括场地、周边环境、设施、设备、操作、管理等各方面。

安全检查表法从本质上讲，其实就是施工现场安全检查的明细表。根据明细表的检查内容，实施日常安全生产管理，对实际工作中的有害因素达到识别目的。项目安全检查表通常包括项目分类、检查的内容和要求、检查后的处置建议等。回答可以是"是""否"或者可以用"√""×"作为标志，标明相关检查内容并进行签字确认。安全检查表法简明通俗、方便操作，能够根据实际情况，聘请专家帮忙确定需要检查的项目，使安全检查能够做到程序化、规范化。但其只能得出定性评价。

安全检查表的内容包括：①分类；②序号；③检查内容；④回答；⑤处理意见；⑥检查人和检查时间；⑦检查地点；⑧备注等。例如，表 3-7 为某消防系统的安全检查表。注意安全检查表必须包括系统或子系统的全部主要检查点，尤其不能忽视那些主要的潜在危险因素，而且还应从检查点中发现与之有关的其他危险源。

表 3-7　某消防系统的安全检查表

序　号	检 测 内 容	方　式	检测结果
	1. 消防水泵房		
（1）	消防供水	检查	√
（2）	消防水泵安装，外观，锈蚀，漏水等	检查	√

（续）

序　　号	检 测 内 容	方　　式	检 测 结 果
（3）	消防水泵电控柜工作状态	检查	√
（4）	系统保压状态	检查	√
（5）	常开常闭阀门状态	检查	√
（6）	水泵房应急照明	测试	
（7）	消防泵房手动、远程启停消防泵	测试	
（8）	主备泵切换功能性检测	测试	
（9）	消防给水管网外观标识检查	检查	√
（10）	主备电自动切换	测试	
（11）	泡沫罐安装及药剂检查	检查	√
（12）	泵房消防电话通话	测试	
（13）	水泵运行状况检查，转向、噪声、振动	测试	
（14）	各功能测试反馈信息	测试	
（15）	泄压阀、浮球阀功能性检查	测试	
	2. 室内外消火栓系统		
（1）	室内消火栓安装位置，间距检查	检查	√
（2）	室内消火栓内附件检查	检查	√
（3）	室内消火栓管网目视检查	检查	√
（4）	室内消火栓按钮报警、启泵功能测试	测试	
（5）	室内外消火栓喷水测试	测试	
（6）	最不利点消火栓压力检查及放水试验	测试	
（7）	室外消火栓、水泵接合器检查	检查	√

2. 预先危险性分析

预先危险性分析（Preliminary Hazard Analysis，PHA）又称初步危险分析，是辨识系统中潜在危险有害因素，确定危险等级，防止危害有害因素失效而发生事故的一种定性分析方法。其重点应放在具体区域的主要危险源上，并提出控制这些危险源的措施，通常在项目的起点阶段，概略地研究系统中存在的危险种类、诱发条件等，尽量准确地分析出潜在的危险性。其优点为直观易操作；缺点是主观成分较大，可与其他辨识方法综合使用。

预先危险性分析的主要步骤如图 3-2 所示，它是进一步进行危险分析的先导。宏观的概略分析可以在项目发展的初期使用 PHA，也可以对固有系统中采取新的操作方法，接触新的危险性物质、工具和设备时进行分析。其具体步骤如下：

1）调查、了解和收集过去的经验和相似区域事故发生情况，辨识、确定危险源，并分类制成表格。

2）研究危险源转化为事故的触发条件。

3）进行危险分级。危险分级的目的是确定危险程度，提出应重点控制的危险源以及采取预防措施。危险分级可分为以下四级：

Ⅰ级：安全的（可忽视的）。它不会造成人员伤亡和财产损失以及环境危害、社会影响等。

Ⅱ级：临界的。可能降低整体安全等级，但不会造成人员伤亡，能采取有效消防措施消除和控制火灾危险的发生。

Ⅲ级：危险的。在现有消防装备条件下，很容易造成人员伤亡和财产损失以及环境危害、社会影响等。

Ⅳ级：破坏性的（灾难性的）。造成严重的人员伤亡和财产损失以及环境危害、社会影响等。

3.2.2　定量辨识方法

1. 故障树分析法

故障树分析法（Fault Tree Analysis，FTA）是 20 世纪 60 年代初美国贝尔电话实验室为研究民兵式导弹发射控制系统安全问题而提出的一种分析方法。故障树分析法是分析系统的各种因素，并根据逻辑关系绘制故障树图，从而确定系统故障原因的各种组合方式，以便及时采取有效措施，提高系统可靠性的一种方法。故障树先从零件开始逐步展开成树状，用逻辑符号描述逻辑关系，将各个零件连接起来，直至系统顶层。故障树分析法要求分析人对基本事物间的联系有很高的熟悉度。其优点是能将事物的诱发因素及其逻辑关系清晰形象地描述清楚，缺点是工作量大。

故障树分析法主要步骤如图 3-3 所示。它是一种定量的分析方法，但由于国内基础数据较少，定量分析存在一定的困难，因此目前我国的故障树分析一般都只考虑到定性分析为止。

故障树分析法能够识别导致事故的基本事件（基本的设备故障）与人为因素的组合，可为人们提供设法避免或减少导致事故基本原因的线索，从而降低事故发生的可能性；对导致灾害事故的各种因素及逻辑关系能做出全面、简洁和形象的描述；便于查明系统内固有的或潜在的各种危险因素，为设计、施工和管理提供科学依据。它适用范围广泛，非常适合于高度重复性

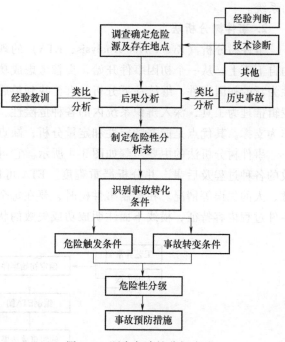

图 3-2　预先危险性分析步骤

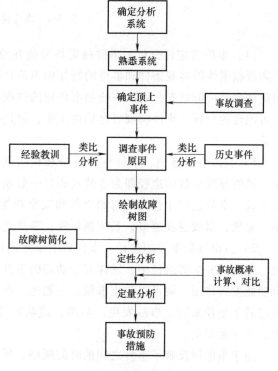

图 3-3　故障树分析步骤

2. 事件树分析法

事件树分析（Event Tree Analysis，ETA）的理论基础是决策论，它是一种从原因到结果的自下而上，从一个初因事件开始，交替考虑成功与失败两种可能性，然后再以这两种可能性为新的初因事件，继续往下分析，直至找到最后的结果的一种分析方法。事件树分析法以逻辑推理为工具，深入辨识系统内的各种危险性，需要有充足的经验和对系统很高的熟悉度作为支撑。其优点是能兼顾定性和定量分析；缺点是数据难以获取。

事件树分析法的主要步骤如图 3-4 所示。它可以定性、定量地辨识初始事件发展成为事故的各种过程及后果，并分析严重程度。ETA 可以用来分析系统故障、设备失效、工艺异常、人的失误等情况。在绘制事件树时，要在每个树枝上写出事件状态，树枝横线上面写明事件过程内容特征，横线下面注明成功或失败的状况说明。

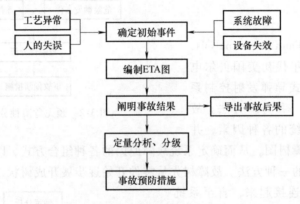

图 3-4 事件树分析步骤

（1）事件树定性分析　事件树定性分析在绘制事件树的过程中就已进行。绘制事件树必须根据事件的客观条件和事件的特征做出符合科学性的逻辑推理，用与事件有关的技术知识确认事件可能状态，所以在绘制事件树的过程中就已对每一发展过程和事件发展的途径做了可能性的分析。事件树画好之后的工作，就是找出发生事故的途径和类型以及预防事故的对策。

1）找出事故连锁。事件树的各分枝代表初始事件一旦发生时其可能的发展途径。其中，最终导致事故的途径即为事故连锁。一般地，导致系统事故的途径有很多，即有许多事故连锁。事故连锁中包含的初始事件和安全功能故障的后续事件之间具有"逻辑与"的关系。显然，事故连锁越多，系统越危险；事故连锁中事件树越少，系统越危险。

2）找出预防事故的途径。事件树中最终达到安全的途径指导我们如何采取措施预防事故。在达到安全的途径中，发挥安全功能的事件构成事件树的成功连锁。如果能保证这些安全功能发挥作用，则可以防止事故。一般地，事件树中包含的成功连锁可能有多个，即可以通过若干途径来防止事故发生。显然，成功连锁越多，系统越安全，成功连锁中事件树越少，系统越安全。

由于事件树反映了事件之间的时间顺序，所以应该尽可能地从最先发挥功能的安全功能着手。

（2）事件树定量分析　事件树定量分析是指根据每一事件的发生概率，计算各种途径的事故发生概率，比较各个途径概率值的大小，做出事故发生可能性序列，确定最易发生事故的途径。一般地，当各事件之间相互统计独立时，其定量分析比较简单。当事件之间相互统计不独立时（如共同原因故障，顺序运行等），则定量分析变得非常复杂。这里仅讨论前一种情况。

1）各发展途径的概率。各发展途径的概率等于自初始事件开始的各事件发生概率的乘积。

2）事故发生概率。事件树定量分析中，事故发生概率等于导致事故的各发展途径的概率和。

定量分析要有事件概率数据作为计算的依据，而且事件过程的状态又是多种多样的，一般都因缺少概率数据而不能实现定量分析。

3）事故预防。事件树分析把事故的发生发展过程表述得清楚而有条理，对设计事故预防方案，制定事故预防措施提供了有力的依据。

从事件树上可以看出，最后的事故是一系列危害和危险的发展结果，如果中断这种发展过程就可以避免事故发生。因此，在事故发展过程的各阶段，应采取各种可能措施，控制事件的可能性状态，减少危害状态出现概率，增大安全状态出现概率，把事件发展过程引向安全的发展途径。

采取在事件不同发展阶段阻截事件向危险状态转化的措施，最好在事件发展前期过程实现，从而产生阻截多种事故发生的效果。但有时因为技术经济等原因无法控制，这时就要在事件发展后期过程采取控制措施。显然，要在各条事件发展途径上都采取措施才行。

3. 危险与可操作性分析

危险与可操作性分析（Hazard and Operability Analysis，HAZOP）是以关键词为引导，找出系统中工艺过程或状态的变化，即偏差，然后再继续分析造成偏差的原因、后果及可以采取的对策的分析方法。HAZOP 起源于头脑风暴法，但优于头脑风暴法。HAZOP 辨识流程比较系统化，能够使得参与专家的主观能动性得到更好的调动，同时有利于成员创造力的发挥。HAZOP 对于分析以下特点的系统时有较好的适用性：单元功能简单，选取参数较容易，系统结构比较直观。这些特点一般在化工类装置中比较常见。HAZOP 的优点是有利于集体智慧优势的发挥；缺点是该方法较难适用于隐患模式未知的系统。

HAZOP 既适用于设计阶段，又适用于现有的生产装置（全寿命周期概念，每两年进行一次）。HAZOP 可以应用于连续的化工过程，也可以应用于间歇的化工过程。HAZOP 具有以下特点：

1）从生产系统中的工艺参数出发来研究系统中的偏差，运用启发性引导词来研究因温度、压力、流量等状态参数的变动可能引起的各种故障的原因、存在的危险以及采取的对策。

2）HAZOP 所研究的状态参数正是操作人员控制的指标，针对性强，利于提高安全操作能力。

3）HAZOP 结果既可用于设计的评价，又可用于操作评价；既可用来编制、完善安全规程，又可作为可操作的安全教育材料。

4）HAZOP 易于掌握，使用引导词进行分析，既可扩大思路，又可避免漫无边际地提出问题。

其中 HAZOP 的引导词及其定义见表 3-8。

表 3-8 HAZOP 的引导词及其定义

引　导　词	定　义
NONE	无，应该有但没有；例如，物流量
MORE	多、高，较所要求的任何相关物理参数在量上的增加；例如，流量过多、流速过快、压力过高、液位过高等
LESS	少、低，与 MORE 相反
REVERSE	逻辑相反
PART	只完成既定功能的一部分；例如，组分的比例发生变化，无某些组分等
AS WELL AS	多，在质上的增加；例如，多余的成分——杂质
OTHER THAN	操作、设备等其他参数总代用词（正常运行以外需要发生的）；例如，启动、停机、维护、工作故障的预防措施、所需设备的备用设备和省略的设备等

危险与可操作性分析的主要步骤如图 3-5 所示，它适用于设计阶段和现有装置的危险性分析和安全评价。具体步骤如下：

1）提名某个有必要责任和职权的人员开展 HAZOP，并承担由此产生的一切行动。

2）确定这项研究的对象、目标及范围。

3）为研究建立一系列关键的引导词。

4）确定 HAZOP 研究团队。该团队通常是多专业的，应包括掌握相应技术专业知识的设计及操作人员，团队的主要任务是评价与计划当前设计的偏差产生的影响。建议团队中包括一些不直接参与设计或者被审核的系统、过程或程序的人员。

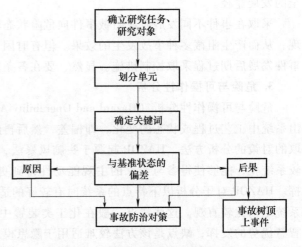

图 3-5　危险与可操作性分析步骤

5）收集必要的文件，确定事故防治对策。

HAZOP 的目的是识别工艺生产或操作过程中存在的危害，识别不可接受的风险状况。其作用主要表现在以下两个方面：

（1）尽可能将危险消灭在项目实施早期　识别设计、操作程序和设备中的潜在危险，将项目中的危险尽可能消灭在项目实施的早期阶段，节省投资。HAZOP 的记录，可为企业提供危险分析证明，并应用于项目实施过程。必须记住，HAZOP 只是识别技术，不是解决问题的直接方法。HAZOP 实质上是定性的技术，但是通过采用简单的风险排序，它也可以用于复杂定量分析的领域，当作定量技术的一部分。在项目的基础设计阶段采用 HAZOP，意味着能够识别基础设计中存在的问题，并能够在详细设计阶段得到纠正。这样做可以节省投资，因为装置建成后的修改比设计阶段的修改昂贵得多。

（2）为操作指导提供有用的参考资料　HAZOP 为企业提供系统危险程度证明，并应用于项目实施过程。对许多操作，HAZOP 可提供满足法规要求的安全保障。HAZOP 可确定需采取的措施，以消除或降低风险。HAZOP 能够为包括操作指导在内的文件提供大量有用的参考资料，因此应将 HAZOP 的分析结果全部告知操作人员和安全管理人员。根据以往的统计数据，HAZOP 可以减少 29% 设计原因的事故和 6% 操作原因的事故。

3.3 | 火灾危险源

火灾是失去控制的燃烧所造成的灾害。它是一种频繁发生的、危害严重的事故。凡是具备燃烧条件的地方，如果用火不当，或由于某种事故或其他因素，造成火焰不受限制地向外扩展，就可能形成火灾。火灾可分为城镇火灾、野外火灾和厂矿火灾等。城镇火灾主要包括建筑火灾、交通工具火灾等，其中建筑火灾直接影响到人们的各种活动。由于各类建筑物是人们进行生产、生活活动的场所，人员密度较大，财产极为集中，一旦发生火灾所造成的损失十分严重。野外火灾虽然也有人为因素的影响，但它的发生和发展主要和自然条件有关，一般将其按自然灾害对待。厂矿火灾由于涉及具体生产过程，有其特殊性，与普通建筑火灾有较大差别。这里主要分析城镇建筑火灾中的危险源及其辨识问题。

根据危险源分类，火灾中的第一类危险源包括可燃物、火灾烟气及燃烧产生的有毒、有害气体成分；第二类危险源是人们为了防止火灾发生、减小火灾损失所采取的消防措施中的隐患。

3.3.1　火灾的主要危险源

1. 可燃物

建筑内可燃物的存在是火灾发生的根本原因。可燃物可分为气相、液相和固相三种形态。发生燃烧时，它们与空气混合的难易程度不同，因而其燃烧状况存在较大差别。由于火灾是一种失去控制的灾害性燃烧，可燃物的燃烧过程与一般的工程燃烧有所不同；另外在建筑火灾中还有火羽流羽顶棚射流、通风控制燃烧、轰燃、回燃等燃烧现象。

可以使用建筑内的火灾荷载密度、建筑物内发生火灾后的热释放速率、可燃物起火后对环境的辐射热流量等指标来评价建筑物内可燃物的危险等级。

（1）火灾荷载密度　火灾荷载是预测可能出现的火灾大小和严重程度的基础。火灾荷载定义为建筑物内所有可燃物燃烧放出的总热量。火灾荷载与火灾的严重程度之间有明显的关系，没有可燃材料就不可能发生火灾，可燃材料越多火灾也就越严重，所以火灾荷载的确定对于火灾危险源判定与火灾危险性分析尤为重要。一般情况下，建筑物总的火灾荷载不能很好地阐述它与作用面积之间的关系，所以就有了火灾荷载密度这一概念。火灾荷载密度是指室内所有可燃物完全燃烧产生的总热量和相对应的房间特征参考面积之间的比值，即单位面积 A 上可燃物的总热量。

火灾荷载分为三种：一是固定式火灾荷载，用 Q_1 表示，主要是指房间内装饰用的位置不变的可燃物，如地面、壁纸、顶棚等；二是活动式火灾荷载，用 Q_2 表示，主要是指房间内正在使用且位置可变性较大的可燃物，如家具、衣物、书籍等；三是指临时性火灾荷载，

用 Q_3 表示，主要是指房间使用者暂时放置的可燃物。总的火灾荷载可以写成如下形式：

$$Q = Q_1 + Q_2 + Q_3 \tag{3-3}$$

火灾荷载密度：

$$q = \frac{Q}{A} = \frac{Q_1 + Q_2 + Q_3}{A} \tag{3-4}$$

由于临时火灾荷载存在不确定性，在常规计算中不予考虑，则火灾荷载密度可写成如下形式：

$$q = \frac{Q}{A} = \frac{Q_1 + Q_2}{A} \tag{3-5}$$

1）固定式火灾荷载密度。固定式火灾荷载 Q_1 在建筑物使用周期中一般情况下是不变的，因为其中大部分荷载在建造时就已经固定了，如建筑物的门窗、地板、壁橱等。于是，固定火灾荷载密度可由下式计算：

$$q = \frac{\sum M_v \Delta h_c}{A_t} \tag{3-6}$$

式中，q 为火灾荷载密度（MJ/m²）；M_v 为着火房间内单个可燃物的质量（kg）；Δh_c 为单个可燃物的有效热值（MJ/kg）；A_t 为着火房间内地板面积（m²）。

2）活动式火灾荷载密度。活动式火灾荷载 Q_2 的确定要比固定式火灾荷载 Q_1 难得多，主要是由于涉及的物品外形以及种类繁多。比较常用的方法有统计法和计算法两种。运用计算方法需要将某些家具以及其他物品的整体燃烧热量进行测定，然后逐一计算。这种计算方法精确度比较高，但在技术上比较复杂。针对这一情况，很多国家都做了一些统计计算，比较具体的一些国家认定的火灾荷载密度将在下面的章节给出，这里就不赘述。

（2）火灾热释放速率　火灾热释放速率（Heat Release Rate，HRR）是决定火灾发展及火灾危害的一个主要参数，也是采取消防对策的基本依据，具有重要的参考意义。火灾热释放速率与建筑内的火灾荷载密度、可燃物种类、建筑物通风情况等因素相关。由于火灾过程是一个复杂的非线性过程，火灾中热释放率的确定是很困难的。现在一般通过实验研究典型物品的火灾燃烧特性，并据此估计特定火灾中的热释放速率。

（3）火灾辐射热流量　热辐射是物体因其自身温度而发射的一种电磁辐射。当物体被加热致使其温度上升时，一方面它通过对流损失部分热量，另一方面也将通过热辐射损失部分热量。火灾时可燃物起火后，起火区域有较高的温度，同时产生高温烟气，这些高温区域通过热辐射将热量传递到周围的人或物表面，当人或物表面受到的辐射热流量达到一定值后，就会被灼烧或起火燃烧。

有关物体辐射能、辐射强度、辐射热流量等参数的计算详见 2.2.4 节。

基于辐射热流量的计算公式，可以判断距离起火区域 r 处单位面积上受到的辐射热流量，当计算结果小于受辐射材料的引燃临界热流量或人员能够承受的临界辐射热流量时，则可认为离开起火区域 r 处的人或物是安全的。

2. 烟气及有毒、有害气体

火灾烟气是一种混合物，包括：①可燃物热解或燃烧产生的气相产物，如未燃气、水蒸气、CO_2、CO 及多种有毒或有腐蚀性的气体；②由于卷吸而进入的空气；③多种微小的固体颗粒和液滴。这种定义指明了讨论烟气不能将其中的颗粒与气相产物分割开来。

除了极少数情况外，所有火灾中都会产生大量的烟气。由于遮光性、毒性和高温的影响，火灾烟气对人员构成的威胁最大。例如2000年洛阳东都商厦12·25特大火灾中的人员伤亡基本上都是由于烟气导致的。

烟气的存在使得建筑物内的能见度降低，这就延长了人员的疏散时间，使他们不得不在高温并含有多种有毒物质的燃烧产物影响下停留较长时间。若烟气蔓延开来，即使人员距离着火点较远，也会受到影响。燃烧造成的氧浓度降低也是一种威胁，不过通常这种影响在起火点附近比较明显。统计结果表明，在火灾中85%以上的死亡者是死于烟气的影响，其中大部分是吸入了烟尘及有毒气体（主要是一氧化碳）昏迷后致死的。

3. 消防对策与消防管理中的危险源

为了防止建筑火灾的发生，减少火灾损失，人们总要采取各种消防对策和消防管理手段控制或改变火灾过程。这些消防对策从本质上来说是采取措施来约束、限制火灾中的可燃物、烟气等危险源。一个理想化的情况是这些措施完全能够约束、限制火灾危险源，则采用了这些措施的建筑就不会发生火灾，是安全的。但是，根据系统安全理论，绝对安全的系统是不存在的，这些消防对策和消防管理手段中总会存在一些隐患，这些隐患导致了建筑物发生火灾的可能。这些消防隐患也是建筑物发生火灾的危险源之一，从其性质来看，属于第二类危险源。

在建筑火灾中，各种防治火灾、减少火灾中人员伤亡和财产损失的消防对策的应用应当参照火灾发生发展过程进行考虑。

控制起火是防止或减少火灾损失的第一个关键环节，为此应当了解各类可燃材料的着火特性，将其控制在危险范围之外。具体实施手段包括严格控制建筑物内的火灾荷载密度；对建筑装修材料的燃烧等级进行严格限定，对容易着火的场所或部位采用难燃材料或不燃材料；控制可燃物与点火源的接触；通过阻燃技术改变某些材料的燃烧性能等。在实施这些措施时，由于对可燃物的性能了解不够，对可燃物的控制不严格，会导致建筑物发生火灾的可能性增大。

火灾自动探测报警系统是防止火灾的另一关键环节。自动探测报警系统可在火灾发生早期探测到火情并迅速报警，可为人员安全疏散提供宝贵的信息，且可以通过联动系统启动有关消防设施来扑救或控制火灾。但是自动探测报警系统存在一定的故障率，存在误报的情况；另外如果自动报警系统安装不合理，会出现报警死角，影响自动报警系统的工作。自动灭火系统可以及时将火灾扑灭在早期或将火灾的影响控制在限定范围内，并能有效地保护室内的某些设施免受损坏。同样自动灭火系统存在一定的故障率，这对控制火灾的发展和蔓延影响很大。

如前所述，火灾时的烟气是对人员生命安全构成威胁的重要危险源。在建筑火灾中，防止烟气蔓延是一个极为重要的问题。挡烟垂壁、储烟仓、机械排烟系统、自然排烟系统等都是人们为了防止烟气蔓延而采取的消防措施。在建筑设计中，不合理的建筑结构可能会导致烟气聚积、排烟不通畅等问题；由于对烟气运动的规律认识不足，在排烟系统的设计中也可能存在一些不合理的地方；另外为了防止火灾蔓延，建筑内常常喷涂防火涂料，这些防火涂料在受火时往往具有较高的发烟性及毒性，可能对人员生命安全构成威胁。许多建筑火灾经常可以发展到轰燃阶段，此时的火灾常常对建筑结构产生影响。近年来国内外发生了多起火灾造成建筑物整体坍塌的事故。在建筑设计中应考虑建筑构件的耐火性能，核算相关构件的耐火极限。

3.3.2 火灾危险源的危害特征

火灾烟气的组成随着燃烧材料的不同而变化，其成分也比较复杂。无论什么样的气体成分，其危害表现为以下几个方面：

1. 烟气的浓度与遮光性

烟气的浓度是由烟气中所含固体颗粒或液滴的多少及性质决定的。光穿过烟气时，这些颗粒或液滴会降低光的强度。烟气的遮光性就是根据测量一定光束穿过烟场后的强度衰减确定的。通常将烟气的光学密度定义如下：

$$D = -\lg(I_0/I) \tag{3-7}$$

式中，D 表示烟气的光学密度；I_0 表示由光源射入长度给定空间的光束的强度；I 表示该光束由该空间射出后的强度。

由于烟气的减光作用，人在有烟场合下的能见度必然有所下降，而这会对火灾中人员的安全疏散造成严重影响。能见度是指人们在一定环境下刚刚能看到某个物体的最远距离。能见度与烟气的散射与吸收系数、烟气的颜色、物体的亮度、背景的亮度、观察者的视力及观察者对光线的敏感度都有关。烟气中的对人眼有刺激作用的成分也对人在烟气中的能见度有很大影响。

2. 烟气的毒性

火灾中材料产生的燃烧产物，通常包括材料燃烧或热解释放的气体、火焰的辐射热量及生成的烟尘。烟尘是指燃烧产物中的气溶胶或凝固相成分。火灾气体（ASTM 1994）是指材料在相应温度热解或燃烧释放的可在空气中传播的气相产物。烟尘和毒性气体通常是火灾中受害者首先遭受的有害物质，其危害在于阻碍视线而拖延逃生时间，或导致人体器官先期失能（Early Incapacitation）。这种材料燃烧产物对生物体造成不利病理或生理效应的毒性效力称为燃烧毒性，其毒害程度与剂量（浓度与暴露时间的乘积）有关，不是绝对值。

燃烧毒性是造成人员死亡的主要因素之一。据美国国家防火保护协会（NFPA）对历年毒性烟气致死人数和受害者死亡地点的统计数据表明，每年由于烟气吸入中毒死亡的人数占 2/3～3/4，而其中 60%~80% 的人员均在远离火源的位置死亡，说明毒性气体在建筑空间的传输造成了更大范围的事故。因此，从 1970 年左右开始，烟气毒性（即燃烧产物毒性）一直成为几十年来火灾科学中持续关注和辩论的话题。

一般认为，火灾中产生毒害的气体有一氧化碳、氢氰酸、二氧化碳、丙烯醛、氯化氢、氧化氮、混合的燃烧生成气体。这些有毒气体通常可分为以下三类：窒息物或可产生麻醉的毒物；刺激物，感觉刺激物或肺刺激物；具有其他或特殊异常毒性的毒物。在药理学术语中，"麻醉剂"是一种可导致人失去知觉（即麻醉），同时丧失痛感的药。在燃烧毒理学中，该术语最初是指能导致中枢神经系统抑制，进而失去知觉，最终导致死亡的窒息性毒物。窒息性或可产生麻醉的毒物的效应取决于积累的剂量，即浓度和暴露时间。毒性效应的强烈程度随剂量的增加而增加。虽然许多窒息物都来源于材料的燃烧，但在燃烧生成气体中，只测出了能够使一氧化碳和氢氰酸产生强烈急性毒性效应的最小浓度。

烟气中所有可能的有毒有害气体及其危害程度和来源见表 3-9。

表 3-9　火灾有毒和有害气体

名　　称	长时间允许浓度/(cm^3/m^3)	短时间允许浓度/(cm^3/m^3)	来　　源
二氧化碳	5000	100000	含碳材料
一氧化碳	100	4000	含碳材料
氧化氮	5	120	赛璐珞
氢氯酸	10	300	羊毛、丝、皮革、含氮塑料、纤维质塑料
丙烯醛	0.5	20	木材、纸张
二氧化硫	5	500	聚硫橡胶
氯化氢	5	1500	聚氯乙烯
氟化氢	3	100	含氟材料
氨	100	4000	三聚氰胺、尼龙、尿素
苯	25	12000	聚苯乙烯
溴	0.1	50	阻燃剂
三氯化磷	0.5	70	阻燃剂
氯	1	50	阻燃剂
硫化氢	20	600	阻燃剂
光气	1	25	阻燃剂

现代生活中出现的高分子合成材料纷杂多样，更容易生成复杂的毒性燃烧产物，但主要成分与表 3-9 相差无几。下面对主要的毒性气体逐一进行详细介绍。

（1）一氧化碳（CO）　CO 是一种剧毒气体，是造成火灾中人员死亡的主要因素之一（另外两个因素分别是缺氧和强热），在火灾事故中通常有 50% 受害者死于 CO 的毒性作用。CO 主要毒害作用在于极大削弱了血红蛋白对 O_2 的结合力而使血液中 O_2 含量降低致使供氧不足（低氧症），而自身与血红蛋白结合成碳氧血红蛋白（Carboxyhaemoglobin，COHb）。

美国 *Fire Protection Hardbook*（《消防手册》）（第 17 版）指出，COHb 饱和水平（即 CO-Hb 在血液中所占数量比例）高于 30% 便对多数人构成潜在危险，达到 50% 则对多数人是致命的。COHb 饱和度 50% 被定义为潜在致死临界值。当其浓度足够高（大约 60%）时，死因通常判定为 CO 中毒；当其浓度低于 50% 时，死因往往判定为除 CO 毒性效应之外的缺氧、休克或烧死，或其他毒性气体（如 HCN）致死。表 3-10 总结了不同 COHb 饱和水平下的病理症状。

表 3-10　COHb 饱和度效应

COHb 饱和度（%）	症　　状
0 ~ 10	无
10 ~ 20	前额皱紧，皮下脉管肿胀
20 ~ 30	头痛，太阳穴血管搏动
30 ~ 40	严重头痛，虚弱，头晕，视力减弱，恶心，呕吐，虚脱

（续）

COHb 饱和度（%）	症　状
40～50	同上，此外呼吸频率加快，脉动速率加大，窒息
50～60	同上，此外昏迷，痉挛，呼吸不畅
60～70	昏迷，痉挛，气息微弱，可能死亡
70～80	呼吸速率减慢直至停止，在数小时内死亡
80～90	在一小时内死亡
90～100	在几分钟内死亡

（2）氢化氰（HCN）　HCN 是由含氮材料燃烧生成的，这类材料包括天然材料和合成材料，如羊毛、丝绸、尼龙、聚氨酯、丙烯腈二聚物以及尿素树脂。HCN 是一种毒性作用极快的物质，毒性约是 CO 的 20 倍，它基本上不与血红蛋白结合，但却可以抑制细胞利用氧气（组织中毒性缺氧）及人体中酶的生成，阻止正常的细胞代谢。单一 HCN 浓度及中毒症状见表 3-11。

表 3-11　HCN 浓度与中毒症状

暴露浓度/(10^{-6})	暴露时间/min	症　状
18～36	>120	轻度症状
45～54	30～60	损害不大
110～125	30～60	有生命危险或致死
135	30	致死
181	10	致死
270	<5	立即死亡

（3）二氧化碳（CO_2）　火灾中通常产生大量 CO_2，二氧化碳虽然在可探测到的水平上毒性不太大，但中等浓度却可增加呼吸的速率和深度，从而增加每分钟呼吸量（RMV）。这可导致吸入毒物和刺激物的速度加快，因而使整个燃烧生成的气体环境更加危险。含量 2% 的 CO_2 可使呼吸速率和深度增加约 50%；如果吸入含量 4% 的 CO_2，RMV 大约增加一倍，但个人几乎意识不到这种效应；进一步增加 CO_2 含量（如从 4% 增加到 10%）会使 RMV 也相应增加；当 CO_2 含量达到 10% 时，RMV 可能是静止时的 8～10 倍。此时，实验对象还可能有晕眩、昏迷和头痛等症状。

（4）丙烯醛　丙烯醛是一种特别强烈的感觉和肺刺激物，现已证明，它存在于许多燃烧生成的气体中。丙烯醛既可由各种纤维材料阴燃产生，又可由聚乙烯热解生成。丙烯醛极具刺激性，其浓度低至百万分之几时仍可刺激眼睛，甚至有可能造成心理失能。令人惊奇的是，对灵长目动物的研究表明，在 0.278% 含量下暴露 5min 并没有造成身体失能。然而，由较低浓度引起的肺病并发症却在暴露半小时后造成了死亡。

（5）氯化氢（HCl）　氯化氢是含氯材料燃烧后的产物。PVC 是最值得注意的含氯材料之一。氯化氢是强烈的感觉刺激物，也是烈性的肺刺激物。其浓度低至 $75cm^3/m^3$ 时就强烈刺激眼睛和上呼吸道，这意味着已对行为造成了障碍。但人们发现，灵长目动物在高达 $17000cm^3/m^3$ 浓度下暴露 5min 却没有发生身体失能。据报道，该毒物在剂量似乎尚未达到造成身体失能的水平上曾导致过暴露后死亡。但到目前为止，人们尚未利用实际的 PVC 烟雾进行过比较研究。

（6）氮氧化物（NO_x）　NO_2 和 NO 通称为 NO_x 的混合物构成。NO_x 来自含氮材料的氧化。HCN 经高温燃烧后也可产生 NO_x。有些研究是在烟雾毒性试验法条件下把老鼠暴露于 NO_x 中，研究表明，与 HCN 相比，NO_2 也具有致命的毒性效力。NO 的毒性效力大约只是 NO_2 的 1/5。与 HCN 相比，NO_x 的毒性主要在于其对肺具有刺激性，通常老鼠暴露在 NO_x 中一天内死亡。虽然有研究报告说，含氮材料产生的 NO_x 远比 HCN 少（因此从毒理学上说，NO_x 不如 HCN 重要），但文献中也不乏相互矛盾的证据。弄清 NO_x 在燃烧毒理学中的作用还需要进一步研究。

（7）混合的燃烧生成气体　虽然各种单一的燃烧生成的气体毒物都可以通过不同的机理产生截然不同的生理效应，但当其混合时，每一种毒物都可能在被暴露对象身上产生某种程度的损害。应该预料到，不同程度的部分损害状况对失能或死亡所起的促进作用可能是近似相加性的。这已由许多利用啮齿动物进行的研究所证明，而且是评价毒性危险的关键要素。例如，普遍认为，当把 CO 和 HCN 表示为产生某种效应所需剂量的分数值时，它们似乎是可以相加的。因此，作为合理的近似，在评估是否出现危险条件时，可以把 CO 的有效剂量的分数值与 HCN 的相加。

对毒理数据的经验分析表明，就 HCl 和 CO 的混合物而言，引起老鼠死亡的暴露剂量也可以相加。这些研究意味着，当有 CO 存在时，HCl 可能比以前想象的要危险得多。或者说，当有一种刺激物与 CO 同时存在时，CO 中毒的严重程度可能要比无该种刺激物时大得多。老鼠暴露于 HCl 中时，在其血液中可以看到快速呼吸性酸中毒。这种中毒与由 CO 产生的代谢性酸中毒结合，可使老鼠受到严重损害。这种效应对人的暴露有很大意义，例如获救或逃生后长时间的血氧过少状态。另外，还有迹象表明，当灵长目动物同时暴露于 HCl 和 CO 中时，CO 的失能效应可能在其身上会加强，这种情况的出现，可导致动脉血液中氧气分压减小。对于其他刺激物或许也是如此。

从有关老鼠的研究中可以看出，HCl 和 HCN 的有效剂量分数值也具有相加性。尤其令人吃惊的是，在每一种毒物均不会独自导致暴露后死亡的条件下，这些毒物的浓度组合却可以导致暴露后死亡的发生。死亡经常发生在暴露以后的几天内。

CO_2 自身的毒性效力相当低，通常不被单独认作燃烧毒理学上的重要因素。但它可刺激呼吸，从而导致血液中 COHb 形成速率的增加。平衡状态时 COHb 的饱和度达到与没有 CO_2 时相同的水平。然而，人们发现，当 CO 和 CO_2 有某种结合时，死亡发生率相应增加，尤其是暴露后死亡，这或许同 CO 与 HCl 混合时看到的现象类似。这种效应可能与呼吸性酸中毒（由 CO_2 引起）与代谢性酸中毒（由 CO 引起）的联合损害相联系，啮齿动物很难从这种联合损害状态下恢复过来。CO_2 的这些效应是否发生于灵长目动物身上，目前尚不能确定。

3. 高温和热损伤

尽管大部分伤亡缘于吸入有毒烟气，但是火灾最明显的危害仍然在于其产生出了大量的热量。热量中的一部分由烟气携带。根据一般室内火灾升温曲线，着火中心 5min 后即可达到 500℃以上，最高温度可达 1000℃以上。人体皮肤温度约为 45℃时即有灼痛感，而吸入的气体温度超过 70℃时，就会使气管、支气管内黏膜充血以及出血、起水泡，组织坏死，并引起肺部扩张，因肺部水肿而死亡。

人员对烟气高温的忍受能力与人员本身的身体状况、人员衣服的透气性和隔热程度、空气的湿度等有关。考虑火灾烟气对人员的上述三种危害，一般设定以下三种判据：

1）烟气层高度高于人眼特征高度，烟气层温度在180℃以下，这可以保证人体接受烟气辐射热通量小于 $0.25W/cm^2$（对人体造成灼伤的临界辐射热通量）。

2）烟气层高度低于人眼特征高度，热烟气直接对人员造成烧伤，这种情况下的烟气层温度为 $110 \sim 120$℃。

3）烟气层高度低于人眼特征高度，烟气内有毒有害气体直接对人员造成伤害，可以根据某种有害燃烧产物的含量是否达到了危险临界浓度来判定危险状态。例如，CO含量达到 0.25% 就可构成对人员的伤害。

在某场火灾中，上述三种危险状况哪一项先达到就取这项作为危险判断根据。

4. 缺氧

氧气通常占空气体积的21%，人类呼吸及神经系统的所有功能均已适应此浓度。当氧气含量稍微下降时，就开始出现生理反应。对于不同的个体，实际效应可能千差万别，而且受年龄和总体生理状况影响。表3-12总结了缺氧时人体的反应。

发生火灾时，可燃烧物质燃烧要消耗空气中大量的氧。实践可知，随着燃烧的持续，氧气的浓度逐渐减少。发生轰燃时，氧含量急剧减少。在轰燃最旺盛期，氧含量只有3%左右。对处于着火房间的人们来说，氧气的短时致死（短时间内人因为缺氧而死亡）含量为6%。但即使含氧量为6%～14%，人们虽然不会短时死亡，但也会因失去活动能力和智力下降而不能逃离现场。氧浓度降低对人体的危害见表3-12。

表 3-12　空气中氧浓度降低对人体的危害

氧浓度（%）	对人体的危害
16～12	呼吸和脉搏数加快
14～9	判断力下降、全身虚脱、发晕
10～6	意识不清、引起痉挛、6～8min 死亡
0	为5min 致死浓度

5. 恐怖性

人群在高温烟气情况下，会引起心理恐惧，由此也会引发各种各样的异常心理和行为，从而会造成灾害损失的进一步扩大。这些心理和行为主要表现为恐惧、从众、逆反以及绝望等。

1）恐惧心理表现为：惊慌害怕、言行错乱、判断和意志力下降等。

2）从众心理表现为：没有主见，随大流，火灾情况下别人向哪跑，自己就向哪跑。火灾中出现的门口尸体堆积如山的现象充分说明了这一点。

3）逆反心理表现为：不该做的事反而去做，不该打开的门窗反而打开，不该冲向浓烟区反而冲向浓烟区。

4）绝望心理表现为：破罐子破摔，听天由命，甚至跳楼、躲在床下等死等。

6. 减光性

当火灾弥漫时，可见光因受粒子的遮蔽作用而减弱，能见度大大降低。同时，烟气中的一些气体，如 NH_3、SO_2 等的刺激使人睁不开眼睛，从而妨碍人员的疏散。

3.4 火灾风险评估中的危险源辨识

3.4.1 火灾场景设定

在火灾危险源辨识过程中采用如下思路：通过分析建筑物空间结构，设定建筑物内若干典型火灾场景，整理出包括该场景的建筑结构特性、可燃危险品构成等数据；分析各火灾场景的火灾发展特性，以此结果作为进一步研究火灾烟气控制和钢结构保护的依据；结合统计数据，给出火灾危险源在空间和时间上的分布。

火灾中的危险源辨识工作与火灾场景设定工作紧密结合在一起。火灾场景是对某特定火灾从引燃或者从设定的燃烧到火灾增长的最高峰以及火灾所造成危害的描述，同时火灾场景还涉及对建筑物的结构特性及预计火灾所导致危害的说明。火灾场景的设定应考虑确定性与随机性两方面的内容，即某火灾场景发生的可能性有多大，如果发生了，火灾的发展和蔓延过程又是怎样的。

建立火灾场景时应该考虑多种因素，其中包括：

1）火灾前的情况：是指建筑物的通常情况，如建筑结构特点、建筑物内部分隔和几何形状、建筑材料的选用、建筑物起火前的使用情况等。

2）点火源：辨识可导致火灾的点火源及其与可燃物的组合状况。估计点火源的温度或释放的能量及其对可燃物的暴露时间和接触面积是否能形成一种点火场景。

3）初始可燃物：是指那些接触或最接近着火点的可燃物或可燃物组合。应考虑其各种特征，包括可燃物的状态、可燃物的表面积与质量比、可燃物的几何排列、可燃物的热解产物或燃烧产物的毒性和腐蚀性等。

4）可被引燃的燃料：也称二次可燃物。需要考虑二次可燃物的状态，与初始可燃物的接近程度，可燃物的数量、分布、表面积与质量比等。

5）蔓延可能性：是指火区扩展出最初起火房间或起火区域的状况。这里需要考虑点火源的位置、建筑物的空调通风系统、防火隔断的位置、自然风等因素的影响。

6）目标位置：这里是指与客户损失目标相关的物体。这些物体的位置、数量、面积等参数均需要考虑。

7）使用者状态：包括使用者的年龄、能力、是否睡觉、是能够自己做出决定的人员还是需要别人引导的群体（如学龄前儿童等）、是否具备足够行动能力等因素。

8）统计数据：了解该建筑或同类建筑的火灾历史，了解已有设计状况下的使用情况和使用者类型。统计数据对更合理地设计火灾场景有相当的帮助。

通过上述分析，可以全面了解建筑的火灾危险状况，并从中辨识出建筑物中的重大危险源。在后面的设计中，以这些重大危险源所引起的火灾为例设定的火灾场景是评估和设计的重点。

为了定量分析设定的火灾场景，需要通过一些参数对这些场景进行工程描述，这个过程就是设定火灾。设定火灾是性能化设计中至关重要的一步，后面的定量计算的准确性在很大程度上依赖于设定火灾是否合理。设定火灾可以使用的参数包括建筑物的火灾荷载密度、火灾增长速率和火灾热释放速率、火灾危险度等与火灾有关的可以计量或计算的量。下面分别介绍各个参数。

3.4.2　火灾荷载

如前所述，火灾荷载为建筑物内所有可燃物燃烧放出的总热量，它是预测可能出现的火灾大小和严重程度的基础。在对某个建筑进行火灾危险源辨识，预测火灾荷载时，需要考虑建筑内可燃物的质量、厚度、表面积、热值、摆放位置等因素。通常可燃物可分为两类：①固定火灾荷载，主要包括固定在墙或地板上的可燃物；②可移动火灾荷载，主要包括能够比较容易移动的可燃物家具和其他一些装饰品。

工程上在进行火灾荷载估测时，通常采用如下假设：①整个建筑物内，可燃物均匀分布；②所有可燃物都会着火；③火灾发生时，着火房间内的所有可燃物都会全部燃尽；④火灾荷载由不同可燃物的总热值转换为当量的标准木材的量来表示。

进行火灾荷载计算时，需要分析建筑物内房间地板的表面积，确定可燃物的尺寸和类型，测量可燃物的质量，计算其总热值，并计算建筑物内的火灾荷载密度。

表 3-13 是一些可燃物的燃烧热值数据。

表 3-13　可燃物的燃烧热值

序号	材料名称		单位热值
1	木家具	餐桌	340MJ/个
2		凳子	170MJ/个
3		椅子	250MJ/个
4	金属-木混合家具	椅子（金属腿）	60MJ/个
5		桌子（金属腿）	250MJ/个
6		凳子（金属腿）	40MJ/个
7	混合家具（包括所装物品）	大碗橱	1200MJ/个
8		小食品柜	420MJ/个
9	餐具橱		1500～2000MJ/个
10	书橱（书架搁板及所带物品）		540MJ/个
11	小家具		250MJ/个
12	独角小圆桌		100MJ/个
13	小餐桌		170MJ/个
14	方桌		420MJ/个
15	装活动板加长的桌子		600MJ/个
16	单人扶手椅		330MJ/个
17	沙发		840MJ/个
18	椅子（未塞满垫料）		70MJ/个
19	椅子（塞满垫料）		250MJ/个
20	两头沉写字台		2200MJ/个
21	一头沉写字台		1200MJ/个

（续）

序号	材料名称	单位热值
22	金属写字台	840MJ/个
23	单屉桌（空）	330MJ/个
24	衣柜（空）	500MJ/个
25	钢琴	2800MJ/个
26	收录机	110MJ/个
27	电视机	150MJ/个
28	木地板（$L \times W \times H$）	83.6MJ/个
29	地毯（毡）	50MJ/个
30	窗帘（窗面积/m^2）	10MJ/个
31	衣物	17～21MJ/kg
32	木材	17～20MJ/kg
33	纤维板	17～20MJ/kg
34	胶合板	17～20MJ/kg
35	动物油脂	37～40MJ/kg
36	皮革	16～19MJ/kg
37	纸	16～20MJ/kg
38	纤维素	15～16MJ/kg
39	胶片	19～21MJ/kg
40	车辆内胎橡胶	23～27MJ/kg
41	车辆外胎橡胶	30～35MJ/kg
42	白酒	17～21MJ/kg
43	茶叶	17～19MJ/kg
44	烟草	15～16MJ/kg
45	咖啡	16～18MJ/kg
46	食油	38～42MJ/kg
47	汽油	43～44MJ/kg
48	柴油	40～42MJ/kg
49	花生	23～25MJ/kg
50	食糖	15～17MJ/kg
51	面食	10～15MJ/kg
52	黄油	30～33MJ/kg
53	化妆品（甘油）	18MJ/kg

下面以某航站楼内各建筑区域为例介绍计算火灾荷载密度的过程。

[**例3-1**]　首先根据建筑物结构设计，计算建筑内各个建筑区域的面积；分析各个建筑区域内的可燃物构成情况，包括可燃物种类、数量、布置位置等；统计各可燃物的热值，根据式（3-4）计算各个建筑区域的火灾荷载密度，具体数值见表3-14。

表3-14　某航站楼内的火灾荷载密度

序号	场景名		面积/m²	主要可燃物	火灾荷载密度/(MJ/m²)
1	办公区		56	办公家具、纸张	366.33
2	档案室		18	档案柜、纸张	503.33
3	餐厅		1861	桌椅等	463.15
4	候机厅	夹层	4100	旅客行李	63.00
		大厅	10575	旅客行李	93.40
		贵宾室	950	休息座椅、行李	302.22
5	行李区	国内	3559	行李	103.90
		国际	1495	行李	93.30
		行李仓库	90	行李	670
6	安检区		680	行李	80.89
7	迎宾厅		4030	行李	33.87
8	办票大厅		8270	售票台、纸张、行李	64.28

由于建筑物内的火灾荷载随着可燃物的摆放位置和时间的不同会发生变化，常常需要采用统计手段来确定火灾荷载的量。目前许多国家都对居民住宅、办公室、学校、医院、旅馆等建筑进行了统计调查。火灾荷载的调查统计从很早就已经展开，但是普遍认为还需要更多的数据。特别是建筑物的火灾荷载会随着时间有很大的变化，这就需要不断对建筑物的火灾荷载数据进行新的调查统计。表3-15是统计的部分数据。

表3-15　不同类型和用途建筑的火灾荷载密度

建筑类型和用途	平均火灾荷载密度/(MJ/m²)
民居	780
医院	230
医院储藏室	2000
医院病房	310
办公室	420
商店	600
车间	300
车间和仓储	1180
图书馆	1500
学校	285

3.4.3 火灾类型设定

根据不同火灾场景内燃料的分布、起火房间面积、空气供给速度的不同、采取的消防措施等因素,将设计火灾分为四种类型的设计火灾:经历火灾发展阶段及轰燃;大空间的局部火灾;密闭房间闷燃的火灾;受自动喷水灭火系统控制的火灾。

(1)经历火灾发展阶段及轰燃 对于多数房间,在不考虑水喷淋作用情况下,一般都假设火灾经历完整的过程。在火灾增长阶段,热释放速率按照 t^2 增长规律进行设计,稳定的热释放速率是由通风条件和燃料表面的形状决定的。

对于此类火灾,其热释放速率由以下公式决定。

1)初期阶段,热释放速率一般假设为 t^2 增长:

$$\dot{Q} = \alpha(t - t_0)^2 \tag{3-8}$$

式中,$\dot{Q}$ 为热释放速率(kW);α 为火灾增长因子(kW/s^2);t 为火灾有效燃烧发生后的时间(s);t_0 为开始有效燃烧所需的时间,如果在评估时不考虑火灾达到有效燃烧需要的时间,仅仅关心火灾开始有效燃烧后的情况,则可取 $t_0 = 0$。

火灾增长因子 α 应综合考虑可燃物荷载密度的影响(α_f)以及墙和顶棚的影响(α_m):

$$\alpha = \alpha_f + \alpha_m \tag{3-9}$$

其中:

$$\alpha_f = 2.6 \times 10^{-6} q^{\frac{5}{3}} \tag{3-10}$$

式中,q 为不同房间的火灾荷载密度(MJ/m^2)。

α_m 的值由墙面内装修材料的可燃等级来确定,见表 3-16。

表 3-16 α_m 与建筑物装修材料可燃等级

墙面装修材料等级	$\alpha_m/(\text{kW/s}^2)$
A	0.0035
B1	0.014
B2	0.056
B3	0.35

工程常用的另一种确定火灾增长系数的方法是将火灾的初期增长分为慢速、中速、快速、超快速等四种类型。各类火灾增长系数依次为 0.002931、0.001127、0.04689、0.1878 等。池火、快速沙发火大致为超快速型,纸壳箱、板条架、衣服起火大致为快速型,棉花加聚酯纤维弹簧床大致为中速型。

2)发生轰燃的热释放速率。影响轰燃的因素主要有房间的面积、房间的通风因子等,若以烟气层温度达到 600℃ 为发生轰燃的条件,则发生轰燃的临界热释放速率可用下式计算:

$$\dot{Q}_{cr} = 7.8A_t + 378A_w H_w^{1/2} \tag{3-11}$$

式中,$\dot{Q}_{cr}$ 为房间达到轰燃所需的临界火灾功率(kW);A_t 为房间的总表面积(m^2);A_w 为开口的面积(m^2);H_w 为开口的高度(m)。

(2)大空间的局部火灾 局部火灾是指少量可燃物在一个大空间内的燃烧,燃烧局限在较小的区域内。对于此类火灾，在工程计算中通常将可燃物全部起火时的热释放速率作为火灾的最大热释放速率，而在从起火到达到最大热释放速率阶段可认为热释放速率是依照 t^2 规律增长的。

火灾蔓延的计算公式如下：

$$L = vt \tag{3-12}$$

式中，L 表示 t 时刻火焰前端位置（m）；v 表示火焰前锋运动速率（m/s）；t 表示时间（s）。

根据式（3-12），计算在大空间中的可燃物全部起火所需时间（即可燃物暴露表面完全起火的时间），此时间即是火灾达到最大热释放速率的时间。根据 t^2 规律可以得到火灾的热释放速率值，火灾增长系数可按照慢速、中速、快速和超快速类型取值。

（3）密闭房间闷燃的火灾　在相对密闭的房间中，发生火灾后，由于没有外界氧气的补给，所以火灾处于闷燃状态。当房间内氧气消耗到达一定浓度（一般含氧浓度在 15% 以下，燃烧就无法继续进行）之后，热释放速率将开始迅速降低，此时对应的热释放速率就是发生闷燃火灾房间的最大热释放速率。这种类型的火灾比较容易发生在空间较小，正常情况下门是关闭的场所，如空调机房、配电室等处。依据氧质量守恒方程：

$$\rho_{o_2} V \frac{dY}{dt} = -\frac{\dot{Q}}{\Delta H_{o_2}} + Y_\infty \dot{m}_a \tag{3-13}$$

式中，ρ_{o_2} 表示氧气的密度（kg/m³）；V 表示房间的容积（m³）；Y 表示空气中氧气体积百分数（21%）；$\dot{Q}$ 表示热释放速率（kW）；ΔH_{o_2} 表示每燃烧单位质量氧气的放热量；Y_∞ 表示空气中氧气质量百分数（23%）；$\dot{m}_a$ 表示空气流入速率（kg/s）。

$$\dot{m}_a = 0.52 A_w \sqrt{H_w} \tag{3-14}$$

式中，A_w 为开口的面积（m²）；H_w 为开口的高度（m），这里作为开口的门缝近似为矩形。

可计算出氧气浓度在 15% 的时刻对应的最大热释放速率：

$$\dot{Q}_{max} = \alpha t_{cr}^2 \tag{3-15}$$

式中，$\dot{Q}_{max}$ 表示最大热释放速率（kW）；t_{cr} 表示为氧气浓度下降到 15% 的时间（s）。

（4）受自动喷水灭火系统控制的火灾　对于较为危险的火灾场景，必须布置相应的自动灭火系统，这里考虑自动喷水灭火系统。这时的火灾类型属于受自动喷水系统控制下的火灾。

火灾发展到一定规模，自动喷水灭火系统将启动灭火。由于不同场所的可燃物类型、摆放方式等有很大差别，要准确估计自动喷水灭火系统的灭火效果较为困难。在本书中采取较为保守的估计方法，即假定自动喷水灭火系统启动后火势的规模将不再扩大，火源热释放速率保持在启动前的水平，如图 3-6 所示。

3.4.4　火灾危险度

建筑物的火灾危险度包括火灾对建筑物本身的破坏以及对建筑物内部人员和物质的伤害两个方面。对建筑物本身的破坏用 GR（建筑物火灾危险度）来表示，对建筑物内人员和物质的伤害用 IR（建筑物内火灾危险度）来表示，两方面的危险度共同决定了建筑物的火灾危险度。火灾危险度概念的提出从一定程度上指出了如何对火灾危险源进行综合的分析。古

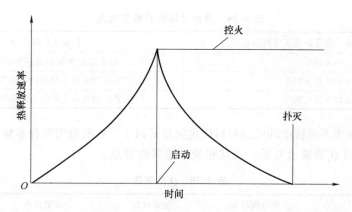

图3-6 火灾热释放速率曲线在自动喷水灭火系统作用下的变化趋势

斯塔夫火灾危险度法是一种半定量的风险分析方法，采用模糊数学中的一些方法对火灾危险源进行处理。它将火灾风险定义为若干因子，每个因子对应火灾危险源的不同特性。

1. 建筑物火灾危险度 *GR* 分析

根据古斯塔夫（Gustav Purt）提出的有关公式，*GR* 可用下式计算：

$$GR = \frac{(Q_m C + Q_i)BL}{WR_i} \tag{3-16}$$

式中，Q_m 为可移动的火灾负荷因子；C 为易燃性因子；Q_i 为固定的火灾负荷因子；B 为火灾区域及位置因子；L 为灭火延迟因子；W 为建筑物耐火因子；R_i 为危险度减小因子。下面分别对各个因子的取值进行讨论。

Q_m 表示建筑物室内可移动的燃烧物对 *GR* 的影响，家具、衣物等都归入此类，通常采用折合标准木材量的方法来表示，表3-17 给出了移动可燃物与 Q_m 的关系。

表3-17 移动可燃物与 Q_m 的关系

移动可燃物/（kg/m²)	0 ~ 15	16 ~ 30	31 ~ 60	61 ~ 120	121 ~ 240
Q_m	1.0	1.2	1.4	1.6	2.0
移动可燃物/（kg/m²)	241 ~ 480	481 ~ 960	961 ~ 1920	1921 ~ 3840	>3840
Q_m	2.4	2.8	3.4	3.9	4.0

C 表示可燃物的易燃性能，依据易燃性能分成 4 个等级，每一等级对应一个 C 的取值，表3-18 给出了 C 的取值。

表3-18 易燃性能 C 取值

可燃物等级	可燃物名称	C 取值
1	黄油、花生油、润滑油、切削油、醋酸纤维素、漂白粉、氯化氢、碳酸氢铵、氧化铝	1.0
2	柴油、沥青、原棉、碳、活性炭、甲酸、樟脑等	1.2
3	乙醇、粉末铝、地板蜡、冰醋酸、丁醇等	1.4
4	汽油、烷类、碱金属、无水氨、纯乙醇、清漆等	1.6

当可燃物混合存在时，C 确定原则见表3-19。

表 3-19　混合可燃物 C 确定准则

混合材料中，高危险等级材料含量	相应的危险等级
<10%	由质量占90%以上的可燃物决定
≥10%且<25%	由质量占75%以上材料的危险等级加1决定
≥25%且<50%	由质量占25%以上的高危险等级的材料决定

Q_i表示建筑物中不可移动的可燃材料的火灾负荷因子，一般也用折合木材量表示，表3-20给出相应木材量与Q_i的取值关系，及其相应的建筑物特点。

表 3-20　Q_i 的取值

可燃物量/(kg/m²)	支撑结构材料	顶棚材料	墙壁材料	Q_i
0~20	混凝土、砖、钢	混凝土、钢	混凝土、钢、砖	0
21~45	钢	木材	混凝土、钢	0.2
46~70	木材、钢	木材	混凝土、砖	0.4
71~100	木材	木材	木材、瓦、薄钢板	0.6

B表示建筑物火灾区域对灭火活动难易程度的影响，一般分为4级，表3-21给出特征因素对B取值的影响。

表 3-21　B 的取值

等级	建筑物特征	B
1	火灾区域小于1500m²，层数小于3，高度小于10m	1.0
2	火灾区域1500~3000m²，层数4~8，高度10~25，地下1层	1.6
3	火灾区域3000~10000m²，层数大于8，高度大于25m，地下2层以上	1.8
4	火灾区域大于10000m²	2.0

L表示灭火设施以及其他和人力有关的因素，见表3-22。

表 3-22　L 的取值依据

等级	消防队性质	与消防队直线距离			
		1km	>1km且≤6km	>6km且≤11km	>11km
1	职业消防队、职工消防队	1.0	1.1	1.3	1.5
2	预备消防队、职工消防队	1.1	1.2	1.4	1.6
3	预备消防队	1.2	1.3	1.6	1.8
4	有后备队的乡镇消防队	1.3	1.4	1.7	1.9
5	无后备队的乡镇消防队	1.4	1.7	1.8	2.0

W是指建筑的耐火能力，根据耐火时间长短分为7级，表3-23给出耐火等级与W的取值表。

表 3-23　W 与耐火等级

耐火等级	耐火时间/min	墙壁材料	顶棚材料	火灾荷载/(kg/m²)	W
1	<30	无防护木质、钢结构墙	无防护的木结构、钢结构顶棚		1

（续）

耐火等级	耐火时间 /min	墙壁材料	顶棚材料	火灾荷载 /（kg/m²）	W
2	30	有石灰水泥防护层的木质及砖墙	有石棉保护层的木质顶棚或钢板	37	1.3
3	60	无防护的钢筋混凝土墙及侧抹灰墙	1.5cm 厚的混凝土顶棚	60	1.5
4	90	3cm 厚石棉防护或水泥石灰层的钢墙	有 2.5cm 厚石棉层的混凝土顶棚	80	1.6
5	120	12cm 厚的烧砖土制墙		115	1.8
6	180			155	1.9
7	240	25cm 厚烧砖土制墙		180	2.0

上述六个因子计算出来的是最大危险度，实际要考虑使火灾危险度下降的因素 R_i，可参考表 3-24 对 R_i 取值。

表 3-24　R_i 的参考值

等级	主要状态	R_i
1	可燃物多、易于着火、堆放松散、面积大，对火蔓延有利	1
2	可燃物较多、着火性一般、堆放松散	1.3
3	物品难以着火、散热条件好、面积小于 3000m²	1.6
4	货物存放在容器中，包装紧凑、不易着火	2.0

2. 建筑物内火灾危险度 IR 分析

根据古斯塔夫建议的有关公式，IR 的计算采用如下公式：

$$IR = HDF \tag{3-17}$$

式中，H 为人员危险因子；D 为财产危险因子；F 为烟气因子。

H 的取值受人员多少、对建筑物疏散通道的熟悉程度、出口位置及数量等因素影响，概括起来由表 3-25 给出。

表 3-25　H 的取值依据

等级	危险程度	H
1	对人员的生命没有危险	1
2	对人员生命有危险，但不限制人员的活动（能自救）	2
3	对人员生命有危险，限制了人员活动（不能自救）	3

D 的取值受财产本身的价值、数量、易损情况等条件影响，见表 3-26。

表 3-26　D 的取值依据

等级	危险程度	D
1	建筑物内的财产不易损坏或价值不大	1
2	建筑物内的财产密度较大	2
3	建筑物内的财产价值很高，损坏后无法赔偿	3

F 为烟气因子，主要考虑烟气的毒性、烟气浓度、哪些材料容易产生烟、烟的各种间接腐蚀性等。F 取值范围见表 3-27。

表 3-27　烟气因子 F 的取值范围

等级	给定状态	F
1	烟气的危害性不大	1
2	可燃物总量的 20% 在燃烧时放出浓烟及有毒气体，建筑物内通风条件不好	1.5
3	可燃物总量的 50% 在燃烧时放出浓烟或有毒气体或可燃物总量的 20% 在燃烧时放出严重污染性浓烟	2.0

3. 火灾危险度综合评价

对 GR 和 IR 计算完成后，可绘制建筑物火灾危险度分布图，如图 3-7 所示。

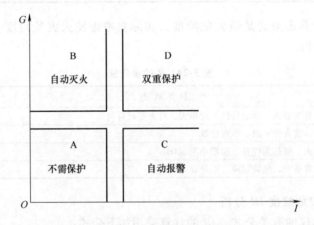

图 3-7　火灾危险度分布图

GR 和 IR 不同的区域，其防火措施是不同的。当 GR 较大时，建议该区域采用自动灭火系统以加强建筑物的自救能力；当 IR 较大时，建议采用火灾早期报警系统。当两者都较大时应采取双重保护系统。

4. 算例

[例 3-2]　根据上述原则，对某机场航站楼进行了分析，分别计算了其 GR 及 IR，见表 3-28。

表 3-28　火灾危险度

序　号	场　景	IR	GR
1	办公室	6	2.50
2	档案室	9	2.13
3	咖啡厅	3	1.64
4	餐厅	3	1.64
5	厨房	3	2.13
6	库房	4.5	2.86

（续）

序　　号	场　　景	IR	GR
7	电气室	6	2.50
8	服务间	3	1.64
9	垃圾间	1.5	1.64
10	商业区	8	3.25
11	候机夹层	6	1.24
12	候机大厅	4	1.24
13	候机贵宾室	6	1.73
14	行李分拣国内	6	1.49
15	行李分拣国际	6	1.49
16	行李仓库	4	3.33
17	安检	4	1.24
18	边检、海关	4	1.24
19	迎宾厅	4	1.24
20	办票大厅	4	1.24

复 习 题

1. 某稀土钢板材公司存在多类重大危险源，选取其中一处重大危险源进行辨识及其分级。该重大危险源为成品物流部焦化副产品库区的轻苯储罐，轻苯易燃，其蒸气与空气可形成爆炸性混合物，遇明火、高温极易燃烧爆炸，危险性属于 W5.2 型。2 座轻苯储罐，单个储罐容积为 900m³，最大储气量为 850m³，轻苯的密度为 876.5kg/m³。该库区暴露人员数量在 150 人以上。

1）请对该重大危险源进行辨识。

2）请对该轻苯储罐重大危险源进行分级。

2. 请简要概括危险源辨识方法

3. 请用流程图方式写出 HAZOP 的步骤，并配备文字说明。

4. 火灾的主要危险源有哪些？

5. 火灾危险源的危害特征有哪些？

6. 什么是火灾荷载？什么是火灾荷载密度？二者之间有什么关系？

7. 一般火灾类型有哪几种？

8. 什么是火灾危险度？

9. 古斯塔夫法中各个参数所代表的含义是什么？

第4章

火灾风险评估

■ 本章概要·学习目标

　　本章主要讲述火灾风险的基本概念，火灾风险评估的基本内容，以及定性分析、半定量分析、定量分析基本方法，并重点讲述火灾风险指数法和基于事件树的火灾风险评估方法。要求学生了解风险及火灾风险的基本概念，理解火灾风险评估的目的和内容，掌握火灾风险评估的基本方法。

4.1　火灾风险的认知和度量

4.1.1　风险及火灾风险的定义

　　由于研究背景和研究领域的不同，人们对风险的看法和定义也不尽相同。目前国内外研究中关于风险的定义尚不统一，人们对火灾风险存在多种理解。Covello 和 Merkhofer 认为之所以对风险缺少统一的定义是因为风险评估在不同的研究领域都得到了发展。在不同的研究领域存在着不同类型的风险，例如健康风险、投资风险、政治风险等。工程师认为风险是概率和后果的函数；社会科学家认为风险是一个社会的概念，而不是一个数值，是由社会形势和当前的知识体系共同决定的；心理学家认为风险虽然在人们的意识之外是不存在的，但它是人们想出的用于对付生活中不确定性的一个简单概念。一般来说，不同的人在不同的研究领域中对风险的理解与定义差异较大。

　　风险的定义是逐步发展的。17 世纪，风险与赌博联系在一起，表示输赢的可能性；18 世纪，风险主要用于海洋运输业和保险业，表示收益或损失；19 世纪，风险主要用于经济领域，由于人们在经济活动中不希望有很大的风险，因此需要想方设法尽力避免投资中的风险，即投资风险；到了 20 世纪，人们才用风险表示在工程领域不期望的结果。1996 年，

Kaplan 在美国风险评估协会年会上指出："风险评估的概念过去一直是我们面临的一个难题，而且它还将继续困扰着我们。到会的许多人应该记得在风险评估协会成立后，做的第一件事情就是成立一个专门委员会来定义'风险'这个概念。经过 4 年的努力之后，这个委员会最终放弃了定义'风险'的使命。它的最终报告指出没有必要定义'风险'这个概念，只要人们能在特定的情景下给予合理的解释，让每位作者用自己的方式来定义可能更为妥当。"这说明不同的人在不同的研究领域及其应用中会对风险有不同的理解与定义。以下是人们经常采用的几种风险定义：

1）风险是可能发生的危险。这是应用最普遍的定义，但是它不能反映出所遭受危险可能性的大小，而且关于危险程度也是隐含的。

2）风险是"失事"的概率。按这种定义，可以衡量风险事件的发生概率，却不能反映风险事件的损失程度。

3）风险是产生不利后果的严重程度及其发生的概率。

4）风险是事件发生的后果与预期后果相背离的程度及其发生的概率。

相似地，人们对火灾风险至少也有以下几种理解和定义：

1）火灾风险是指可能发生的火灾事件。在这个意义上，火灾风险常简称为火险。

2）火灾风险是指可能发生火灾的概率。

3）火灾风险是潜在火灾事件产生的后果及其发生概率的乘积，常用表达式为：火灾风险 = 概率 × 后果。

4）火灾风险是火灾事件产生的损失与预期损失（消防费用）相背离的程度及其发生的概率。

其中，第 3 种是火灾风险最通用的定义，在没有特别说明时，以下叙述均按这种定义来理解火灾风险。火灾风险评估还涉及以下一些术语：

1）危险（hazard），是一种具有能够对人、财产或者环境造成损害的潜在的化学或者物理状态。

2）严重度（severity），是危险强度的定性或者定量估计，与危险源强度、持续时间、距离等有关。

3）后果（consequences），是指危险发生时的预期影响，通常以财产损失、营运中断、人员伤亡、环境破坏等来表征事件后果的严重程度。

4）火灾危害性、火灾危险性和火灾可能性。在火灾风险评估中，危险和危害这两个词用的非常广泛。危险性不仅是指火灾事件发生的可能性即事故发生的概率，而且还包括火灾危险的程度即产生危害的后果。危害性则是指事件万一发生或者已经发生后产生的后果以及影响。它们之间密切相关，含义中有相同的部分，但又是两个不同的概念。谈到火灾危险性不仅要考虑火灾的可能性，还应考虑火灾发生后的危害性。可能性是指火灾发生的概率，一般可以通过相似系统的历史数据和模型分析得到。

5）火灾危险。现行《消防词汇 第 1 部分：通用术语》（GB/T 5907.1—2014）对火灾危险（Fire Danger）的定义是火灾危害和火灾风险的统称，其中火灾危害（Fire Hazard）是指火灾所造成的不良后果。风险和危险都是与可能发生的灾难、祸害相关的，但两者在使用上有较大的差别。危险所表达的是某事物对人们构成的不良影响或者后果等，它强调的是客体，是客观存在的随机的危害现象；而风险表达的则是人们采取了某种行动后所可能面临的有害后果，它强调的是主体，说的是人们需要承担的危害或者责任。

6）火灾安全。从相对安全观的角度来看，安全是在具有一定危险条件下的状态，安全并非表示绝对无事故，安全与事故之间是对立的，是一对矛盾斗争过程中某些瞬间突变结果的外在表现。火灾安全是指在假定火灾发生后，能够将人员伤亡和财产损失等可能产生的损害控制在可接受水平的状态。通常用安全性来表征安全状况。若某个系统危险性为 R，安全性为 S，则 $S = 1 - R$。

7）火灾损失与消防费用。火灾损失可分为直接损失和间接损失，例如人员伤亡、财产损坏及善后处理等，通常将这些折算成某种形式的经济指标来衡量。除此之外，火灾对社会稳定与自然环境也有重要的影响，这种影响难以用经济数值来衡量。

消防费用包括消防设施投资、消防队伍建设及组织灭火所消耗的费用等。这些花费并不创造新的财富，实际上也是一种经济损失，但通常人们称其为消防投入，或者消防费用。一般说，消防费用少则火灾危害性大，反之亦然。

8）可接受火灾风险。火灾是不能完全避免的，因此人们生产生活的客观系统总存在一定的火灾危险，而人们对这种危险状况势必要承担一定的风险。在火灾风险评估中，通常采用"可接受火灾风险"这一概念把火灾风险处理为一种限制因素。利用这一概念，并依据国家的消防规范和标准条款，事先把某种程度的火灾风险规定为可接受的。然而，运用"可接受火灾风险"方法有时也可能产生令人不太满意的结果，例如，若火灾风险大于可接受程度，即使稍大一点，那么出于对社会稳定和保护客体的重要性等综合因素的考虑，为了达到可接受火灾风险的目的而投入再多的经费也是应当的。

与可接受火灾风险相关的另一个概念——可接受消防投入，其意义是在确定的消防预算范围内寻求最大限度降低火灾风险的可能性，从而增加火灾防控的经济性。火灾风险评估的基本方法是将为降低火灾危险而投入的费用与风险降低程度进行比较。就火灾防治而言，人们采取了多种防治措施和手段，如增加消防设备、建立消防机构等，即为降低火灾危险而投入了一定的消防费用。但是，这些费用能否有效地防治火灾还是不确定的。像其他工作一样，火灾防控也有成功和失败两种可能性，这就是火灾风险。显然，对火灾安全投入多，采用先进的技术和设备，人们承担的火灾风险将会减小。因此，分析火灾风险不仅涉及了解火灾危险程度（也有人用危险减小程度或效益等表示），还应考虑消防投入大小，需要综合考虑对某种火灾危险提供某种程度的消防投入是否恰当。

4.1.2　火灾风险的度量

1. 火灾风险的量化方法

火灾风险 R 主要是由火灾事件的发生概率 P 和火灾事件产生的预期后果 C 两个参数决定。火灾风险的基本表达式如下：

$$R = \sum_i (P_i C_i) \tag{4-1}$$

式中，P_i 表示单个火灾事件的发生概率；C_i 表示该火灾事件产生的预期后果。

$$R = \sum_i P_i C_i = \begin{cases} \sum_i \dfrac{火灾次数}{单位时间} \times \dfrac{火灾死亡人数}{火灾次数} = \sum_i \dfrac{火灾死亡人数}{单位时间} \\[3mm] \sum_i \dfrac{火灾次数}{单位时间} \times \dfrac{火灾损失工作日数}{火灾次数} = \sum_i \dfrac{火灾损失工作日数}{单位时间} \\[3mm] \sum_i \dfrac{火灾次数}{单位时间} \times \dfrac{火灾经济损失价值}{火灾次数} = \sum_i \dfrac{火灾经济损失价值}{单位时间} \end{cases} \quad (4\text{-}2)$$

（1）以单位时间内死亡人数进行度量 目前，国际上通常采用单位时间死亡率来进行系统安全性的度量。依据海因里希理论，系统发生事故的比例基本遵循以下规律：

$$死亡、重伤：轻伤：无伤害 = 1：29：300$$

因此，根据死亡率数据可快速方便地推知死亡、重伤、轻伤以及无伤害的事故发生情况。

（2）以单位时间内损失工作日数进行度量 事故除了可能造成人员死亡以外，多数情况下是负伤。我国现行国家相关标准中规定，职工因工受伤的严重程度按损失工作日数分为轻伤、重伤和死亡三个等级，即 1 日 ≤ 轻伤 < 105 日；105 日 ≤ 重伤 < 6000 日；死亡 = 6000日。各种伤害损失工作日常用换算数值见表 4-1。

表 4-1　损失工作日折算标准表

人体伤害部位		折算损失日数/天
死亡或终生残疾		6000
眼	双目失明	6000
	单目失明	1800
耳	双耳失聪	3000
	单耳失聪	600
手	手臂（肘以上）	4500
	手臂（肘以下）	3600
	单只腕残疾	3000
腿	腿（膝盖以上）	4500
	腿（膝盖以下）	3000
	单只脚残疾	2400

（3）以单位时间内经济损失价值进行度量 以单位时间内经济损失价值进行安全评价，是一种比较全面的评价系统安全性的方法。它既考虑火灾事故发生后可能造成的经济损失，同时又把人员伤亡损失折算成经济价值，统一计算火灾事故造成的总损失。在计算出火灾事故发生的概率或频率的情况下，即可将单位时间内的经济损失金额作为风险值，以此来度量系统的安全性并考察安全投入的合理性。

一般情况下，火灾事故的经济损失越大，其允许发生的概率就越小，反之亦然，这个所允许的范围就是安全范围。评估结果如果超出这个安全范围，那么必须对系统进行调整。对于不符合安全要求的火灾风险值的调整，需要采取各种可行措施，使其降至安全目标值以下，从而达到系统安全的目的。

2. 火灾风险分级及处理建议

对于不同的火灾风险，一般情况下可以按照数量划分为几个等级，然后分级进行处理，见表4-2。

表4-2　火灾风险分级处理建议表

死亡概率/（人$^{-1}$·年$^{-1}$）	等　级	处　理　建　议
10^{-2}	极其危险	相当于疾病的风险，认为绝对不能接受，须停产整改
10^{-3}	高度危险	必须立即采取改进措施
10^{-4}	中等危险	人们不愿意出现此种情况，因而同意拿出经费改进
10^{-5}	危险性低	相当于游泳淹死风险，人们关心，也愿采取措施改进
10^{-6}	可忽略	相当于天灾风险，人们总有事故轮不到自己的感觉
10^{-7}	可忽略	相当于陨石坠落风险，没有人认为需投资改进

4.2 火灾风险评估的基本内容

火灾风险评估是从火灾科学应用基础理论出发，运用系统安全理论、数理统计理论、风险评估理论，对火灾给人们生活、生命、财产等各方面造成的影响和损失的可能性进行量化评估的工作。火灾风险评估的目的主要有获得最优的火灾风险控制措施、为建筑性能化防火设计提供依据、为保险费率制定提供依据、完善火灾科学与消防工程学科体系。其基本内容包括识别评估对象所面临的各种风险，评估火灾风险概率和可能造成的损失，确定评估对象对火灾风险的承受能力，确定消减和控制火灾风险的优先等级，指导火灾风险消减对策的制定等。

通常，对火灾风险进行衡量时主要考虑以下三种后果类型：①人员风险；②财产风险（包括营运中断，常以经济损失度量）；③环境风险。不同评估目的需要考虑不同的风险类型，同时应采用相应的风险度量单位；一项研究中可能需要对几种风险类型同时进行分析。

4.2.1　人员风险

对于人员来说，至少要有两类风险度量：个体风险R_1；社会风险R_S。

1. 个体风险

个体风险定义为特定危险发生时个体受到既定伤害程度的频率，通常指的是死亡风险。常用的表示方法有：年度人员死亡率（R_A）；致命事故发生率（R_{FA}）；平均个体风险率（R_{AI}）。

（1）年度人员死亡率　年度人员死亡率可以用来表示火灾安全年度水平，有两种表达方式：①火灾事故统计数据，R_A为一段时间内的死亡人数；②定量风险评估（QRA）中，R_A由下列公式计算：

$$R_A = \sum_n^N \sum_j^J f_{nj} c_{nj} \tag{4-3}$$

式中，f_{nj}为火灾事故n造成人员后果为j的事故年发生率；c_{nj}为火灾事故n造成的人员后果为j的事故年死亡人数；N为所有火灾事件的总数目；J为所有人员风险的后果类型，包括立即死亡、逃生、疏散和获救等。

（2）致命事故发生率（R_{FA}）和平均个体风险率（R_{AI}）　致命事故发生率（R_{FA}）一般表示每一组人员在一定时间内（通常为一亿小时）的死亡数，平均个体风险率（R_{AI}）表示每个人在某一区域可能遭到的致命风险。从计算潜在人员伤亡 R_A 开始，由下面两个方程可推导出 R_{FA} 和 R_{AI}：

$$R_{FA} = \frac{R_A \times 10^8}{B_{ev}H_T} \qquad (4-4)$$

$$R_{AI} = \frac{R_A}{B_{ev}\dfrac{H_T}{H}} \qquad (4-5)$$

式中，B_{ev} 表示某区域平均每年配备的人员数量（即定义中的一组人员）；H_T 表示一组人员在某区域停留的总小时数；H 表示每年每人在某区域内停留的总小时数。

2. 社会风险

实际上，人们往往更关心事故对整个社会造成的后果，即事故对整个社会的总影响，这需要用社会风险来度量。社会风险是一种考虑多人死亡的风险，不仅要考虑由子事件导致非期望事件发生的概率，还要考虑处于危险状况的人员的数目。在这里，人员是一个群体概念而不考虑群体中的独立个体，因为社会风险是从社会观点出发而定义的。社会风险常用风险频率-伤亡人数曲线来描述，如图 4-1 所示。该曲线也称作 f-N 曲线（f 代表风险频率，N 代表死亡人数）。f-N 曲线阐释了损失后果的概率，这种损失后果比水平轴上某个指定的值所代表的损失后果更严重。

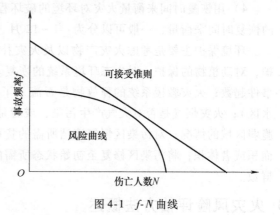

图 4-1　f-N 曲线

社会风险的平均量度是社会风险的另外一种表达形式，它是 f-N 曲线的集合形态，如图 4-2 所示。平均风险用每年发生事故次数的期望值来表示。

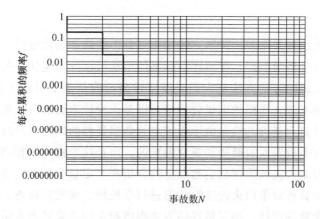

图 4-2　f-N 曲线图

4.2.2 财产风险

财产风险通常是指火灾事故导致的物资损坏及运营延误或中断。物资损坏可分为局部损坏、单模块及多模块破坏、整体破坏。财产保护目标不但包括建筑物本身及其内容物，而且涉及可能由于火蔓延导致的相邻区域的损失。财产风险可以通过货币的形式衡量，依据设备或者建筑的破坏百分比分类，直接表示成等价货币值，如每年每起或者所有火灾造成的财产损失的货币价值，每起每年或者所有火灾损失与预期最大损失的关系。财产风险还可以通过空间的形式来衡量，如烧损面积、烧损房间数、烧损楼层数以及烧损建筑数等。

4.2.3 环境风险

火灾对环境破坏的表现主要集中在有毒气体的释放，对大气层以及对事发当地环境的影响，评估环境风险的主要原则可以按照 NORSOK STANDARD Z-013 提供的原则，主要是：

1）确定重要生态组成部分（VEC）。

2）将评估重点放在"抗火灾能力最差的资源"。

3）对于每个 VEC 评估其破坏频率。

4）用恢复时间来衡量火灾对环境的破坏程度。火灾对环境的破坏程度可以按照其所需的恢复时间来衡量，一般可以分为：1~12 月、1~3 年、3~10 年、>10 年。

环境保护主要是考虑火灾产物以及火灾扑救过程中对大气、土壤以及水资源污染的保护，对动植物的保护，对生态环境系统的恢复。其主要考虑目标包括释放出危险材料的火灾事件起数；火灾救援系统的释放物是否流入了距离火场较近的脆弱生态系统（如湿地或蓄水区）；火灾烟气是否对大气产生污染，或者是否存在含有特殊危害成分的烟气蔓延至一些脆弱区域的情况；对污染区恢复清洁所需的货币价值；受污染的土地、水源或者建筑结构的面积或者体积；将污染区修复至初始状态所需的时间；受到火灾影响的人群、动物群和植物群数。

4.3 火灾风险评估方法概述

4.3.1 引言

火灾风险评估方法种类众多，按照方法结构可分为经验系统化分析、系统解剖分析、逻辑推导分析、人失误分析等类型；按照评估结果的形式可以分为定性分析方法、半定量分析方法和定量分析火灾风险评估方法三大类。在定性分析的基础上引进"量"的概念是进行进一步分析和比较的基础，严格的定量分析应当以基于统计方法的事故概率计算和基于火灾动力学的火灾后果计算为基础。然而由于火灾事故数据资料的缺乏以及时间和费用等方面的限制，准确计算火灾事故发生的概率是非常困难的，而且这个概率在相当多的场合根本无法获得。因此，长期以来火灾风险评估仍然以定性分析和半定量分析为主要方法。

定性评估方法对分析对象的火灾危险状态进行系统地、细致地检查，并根据检查结果对其火灾危险性做出大致的评估。半定量评估方法则将对象的危险状态表示为某种形式的分度值，从而对不同对象的火灾危险程度进行区分。这种分度值可以与某种量的经费加以比较，从而可以进行消防费用效益以及火灾风险大小等方面的评估。在选择火灾风险评估方法时，应根据具体条件和需求，针对评估对象的实际情况、特点和评估目的，在分析比较的基础上慎重选用。必要时，可根据评估方法的特点同时选用几种方法对同一评估对象进行分析，相互补充、相互验证，以提高评估结果的准确性。

近年来，随着火灾动力学理论的不断发展、完善以及小样本火灾事件统计方法研究的不断深入，定量分析中的一些关键技术逐渐得以解决，定量评估方法已成为当前发展最快的火灾风险评估方法。

4.3.2 定性评估方法

定性火灾风险评估方法是指采用叙述性的语言和定性的方法来描述事件发生的可能性以及事故后果的严重程度，主要用于识别最危险的火灾事件，并对火灾风险给出大致的描述，但是难以给出火灾风险等级。定性火灾风险评估方法可以用于对工业设备、设施的安全措施是否符合法律法规的要求进行评估，评估结果只有两种，即安全措施是否满足可接受火灾风险水平的要求。在资金或工业、企业、建筑危险数据信息不足的情况下，定性分析方法是火灾风险评估的最佳选择。目前广泛使用的火灾风险定性评估方法主要包括叙述性方法、安全检查表法、预先危险分析法等。安全检查表法主要用来对建筑火灾风险定性评估。

1. 叙述性方法（narrative）

叙述性方法一般是通过叙述性的建议来评价火灾风险。它包括一系列关于火灾风险的推荐选项，通过"是"或者"否"的方式供人们选择。这种方法应该是最早的火灾风险评估方法，它不能对火灾风险进行量化评估。如果风险满足某个公开的标准，则认为火灾风险可以被接受。

2. 安全检查表法（SCL）

（1）安全检查表的定义 安全检查表法就是制定安全检查表，并依据此表实施安全检查和火灾危险控制的一种定性分析方法。一般情况下，不可能将一个规范中所有的标准用于一座建筑，但消防工程师可以通过参照火灾安全规范、标准，系统地对一个可能发生的火灾环境进行科学分析，找出各种火灾危险源。依据检查表中的项目把找出的火灾危险源以问题清单形式给出并绘制成表，以便于消防安全检查和火灾安全工程管理，这种表称为安全检查表（Safety Check List，SCL）。安全检查表法是一种比较典型的定性分析方法，具有易于阅读、理解等优点。由于它是以规范或标准为基础来制定表格，因此是一个很实用的方法。

火灾安全检查表分析法的核心是安全检查表的设计和实施。安全检查表必须包括系统或子系统的全部主要检查点，尤其不能忽视那些主要的潜在危险因素，而且还应从检查点中发现与之有关的其他危险源。总之，安全检查表应列明所有可能导致火灾发生的不安全因素和岗位的全部职责，其内容包括：①分类；②序号；③检查内容；④回答；⑤处理意见；⑥检查人和检查时间；⑦检查地点；⑧备注等。

（2）安全检查表的步骤

1）选择安全检查表。火灾风险评估人员从现有的检查表中选取一种合适的检查表，如果现有的安全检查表都不可用，分析人员必须根据实际需要编制合适的安全检查表。

2）安全检查。对现有建筑的消防系统进行安全检查。在检查过程中，检查人员按照检查表的项目条款对设备和运行情况进行逐项比较检查。检查人员依据系统的资料，通过对现场巡视检查、与设备操作人员的交谈以及凭借个人经验和主观感觉来回答检查条款。当检查的系统特性或操作不符合检查表条款上的具体要求时，分析人员应当记录下来。

3）得到评估结果。检查完成以后，将检查的结果汇总和计算，最后列出具体的消防安全建议和对策。

4）主要内容。包括分类、序号、检查内容、回答、处理意见、检查人和检查时间、检查地点、备注等。内容既要系统全面，又要简单明了、切实可行。

5）评估过程。成立火灾安全评估小组，收集同类安全检查表，对安全检查表进行评估，并由专家会审，检查有无漏项，进而进行补充修改。

（3）安全检查表的作用

1）安全检查人员能够根据检查表预定的目的、要求和检查要点进行检查，做到重点突出，避免疏漏和盲目性，及时发现和检查各种火灾隐患和危险。

2）针对火灾风险评估的不同对象和要求编制不同的安全检查表，可以实现安全检查的标准化和规范化。同时也可以为设计新系统、新工艺、新设备提供消防安全设计的有用资料。

3）依据安全检查表进行检查，是监督各项火灾安全规章制度的实施和纠正违章指挥和违章作业的有效方式。它能够克服因人而异的检查结果，提高检查水平，同时也是进行消防安全教育的有效手段之一。

4）可以作为火灾安全检查人员和现场工作人员认真履行职责的凭据，有利于落实火灾安全责任生产制，同时也为新老安全员顺利进行火灾安全检查工作交接打下基础，有利于消防安全建设。

3. 预先危险性分析（PHA）

（1）预先危险分析的定义　预先危险性分析（Preliminary Hazard Analysis，PHA）是指对具体火灾区域存在的危险源进行辨识，对火灾的出现条件及可能造成的后果进行宏观概略分析的一种方法。

（2）预先危险性分析的重点　预先危险性分析的重点应放在具体区域的主要危险源上，并提出控制这些危险源的措施。预先危险性分析的结果，可作为对新系统综合评价的依据，还可作为系统安全要求、操作规程和设计说明书的内容，同时预先危险性分析为以后要进行的其他危险分析打下基础。

（3）预先危险性分析的步骤　预先危险性分析的主要步骤详见3.2.1节。

（4）预先危险性分析的格式　预先危险性分析可列成一种表格。表4-3是预先危险性分析的一般表格形式。火灾风险定性评估的最终结果是以风险等级进行表征。火灾风险等级的确定主要是针对那些容易发生火灾的关键部位，并对减少和清除火灾发生的可能性及发生后损失的最佳方法进行确定。同样，它也有助于确定最具成本效益的方法来减少伤害和财产的损失。表4-4和表4-5摘录自澳大利亚/新西兰防火标准AS/NZS4360，分别给出定性后果分级和频率分级，由定性后果和频率的等级可以得到定性风险矩阵，见表4-6。

表4-3　预先危险性分析表格形式

1	2	3	4	5	6	7	8	9
引发火灾事件的子事件	运作形式	故障模式	概率估计（基于经验）	危害状况	影响分析	危险等级	预防措施	确认

表 4-4　结果的定性分析

等　　级	描　述　词	描述词的示例
1	无关紧要	无人受伤，低经济损失
2	较小	患者急救处理，中等经济损失
3	中等	伤者需要医疗救护，较大经济损失
4	较大	伤者较多，很大经济损失
5	灾难	有人死亡，造成巨大经济损失

表 4-5　概率的定性分析

等　　级	描　述　词	详　　述
A	基本确定	在大多数情况下会发生
B	很可能	在大多数情况下可能发生
C	可能	在某一时刻会发生
D	不太可能	在某一时刻可能会发生
E	几乎不可能	异常情况下会发生

表 4-6　定性风险矩阵模型

可　能　性	造成后果				
	无关紧要 1	较小 2	中等 3	较大 4	灾难 5
A	H	H	N	N	N
B	M	H	H	N	N
C	L	M	H	H	N
D	L	L	M	H	N
E	L	L	M	H	H

注：N—风险极大，需要立刻采取行动；H—风险性高，需要引起上级的高度重视；M—中等风险性，需要指定人员
负责处理；L—低风险性，需要日常定期维护管理。

4.3.3　半定量评估方法

火灾风险半定量评估方法是通过定性和定量分析相结合的方法来描述火灾发生的可能性
和火灾造成后果的严重程度，主要用于确定主观不愿发生的事件的相对危险性，通过系统打
分的形式对危险进行分级的一种风险评估方法，这种方法也被称为火灾风险分级法。这种方
法具有简单快捷的优点，不像定量评估方法需要投入大量的资金和时间。其不足之处在于，
半定量分析方法不具有普适性，而是按照特定类型建筑对象进行分级的，并且对火灾风险的
评估结果与研究者的知识水平、以往经验、历史数据积累和应用具体情况有关。其中，NF-
PA101 火灾安全评估系统、SIA81 法（Gretener 法）、火灾风险评估工程法（FRAME 法）、
火灾风险指数法、矩阵与轮廓线法、古斯塔夫法都是适用于建筑火灾风险评估的半定量分析
方法。另外，等价社会成本指数法、致命事故等级法、火灾 & 爆炸风险指数法都是适用于
工业火灾风险评估的半定量分析方法。

1. NFPA101 火灾安全评估系统

火灾安全评估系统（The Fire Safety Evaluation System，FSES）是 20 世纪 70 年代美国国家标准局火灾研究中心和公共健康事务局合作开发的确定特定公共建筑火灾风险大小的一种指数方法。FSES 主要针对一些公共机构和其他居民区，是一种动态的决策方法，它为卫生保健设施的火灾风险评估提供一种统一的方法。

FSES 分析是把一个建筑物分成若干防火分区，把安全和风险分开，通过运用卫生保健状况来处理火灾风险。包括五个风险因素，分别是：患者灵活性（M）、患者密度（D）、火灾区位置（L）、患者和医务人员比例（T）、患者平均年龄（A），并因此派生了 13 种安全因素。通过德尔菲（Delphi）调查法，让火灾风险评估专家给每一个风险因素和安全因素赋予相对的权重。总的安全水平以 13 个参数的数值计算得出，并与预先描述的火灾风险水平做比较。五个风险因素的风险系数见表 4-7。一个区域的风险系数是这五个风险系数综合的结果，并且这些系数之间是相互影响的。

表 4-7　各个风险因素的风险系数

a. 患者灵活性（M）的风险系数值				
灵活性	行动正常	行动受限	无法行动	不能移动
风险系数	1.0	1.6	3.2	4.5
b. 患者密度（D）的风险系数值				
患者数目	1～5	6～10	11～30	>30
风险系数	1.0	1.2	1.5	2.0
c. 火灾区位置（L）的风险系数值				
火灾区层数	1 层	2 或 3 层	4～6 层	7 层及以上或地下室
风险系数	1.1	1.2	1.4	1.6
d. 患者和医务人员比例（T）的风险系数值				
患者/医务人员	(1～2)/1	(3～5)/1	(6～10)/1	(>10)/1 　　≥1/0
风险系数	1.0	1.1	1.2	1.5 　　4.0
e. 患者平均年龄（A）的风险系数值				
患者平均年龄	1 岁以上 65 岁以下		1 岁及以下，65 岁及以上	
风险系数	1.0		1.2	

2. SIA81 法（Gretener 法）

20 世纪 60 年代初，根据以往损失的统计数据确定火灾风险的方法因多种原因不再适用，这些原因主要包括缺乏对火灾损失折现的计算方法，火灾损失统计数据失真，技术的快速发展使得以往经验的可信度降低，不同国家、地区和部门对于数据收集处理的方法和标准不同。鉴于此瑞士消防协会的 Gretener 提出了建筑火灾风险评估计算方法。Gretener 法以火灾损失为基础，凭经验做出选择为补充，用统计方法来确定火灾风险。

3. 火灾风险评估工程法（FRAME 法）

火灾风险评估工程法（以下简称 FRAME 法）属于火灾风险等级分析法，是在 Gretener 法基础上发展而来的一种计算建筑火灾风险的综合半定量分析方法。它不仅以保护生命安全为目标，而且考虑对建筑物本身、室内物品以及室内活动的保护，同时也考虑间接损失或业务中断等火灾风险因素。Gretener 法开始是为财产火灾风险评估而设计的，然而，虽然有些火灾财产损失较小但却伴随了人员伤亡，因此，在 Gretener 法的基础上，FRAME 增加了对人员火灾风险的评估。FRAME 可以用于新建或已建建筑物的消防防火设计，也可以用来评估当前建筑火灾风险状况以及替代设计方案的效能。

FRAME 的基本原理包括五个基本观点。

1）在一个受到充分保护的建筑中存在着风险与保护之间的平衡。这里所说的平衡类似于"在一个不可燃烧的房间中发生火灾时，财产损失仅限于火源房间；没有人员死亡；只需要进行短时间的清理和修缮，生活就可以恢复正常"。

2）火灾风险的可能严重程度和频率可以通过许多影响因素的结果来表示。这些影响因素将确定最坏情景的数值和衡量火灾的可接受水平。

3）防火水平也可表示为不同消防技术参数值的组合。这些数值体现的要素包括最通用的灭火剂，疏散通道的设计，结构耐火性，探测和警报措施，人工灭火方式，自动消防系统，公共消防队或者专职消防队，对危险的物理分离，救护工作的组织。

4）建筑风险评估是分别对财产、居住者和室内活动进行的。因为建筑物、人员和活动的最坏情景是不同的，而且有效性也不一样，所以须进行三种计算：假定建筑物及室内物品全部损毁为最坏情况；对于居民，火灾一开始就已经是威胁，因此这就是最坏情况；如果每一事物都遭到损害，即使没有完全被破坏，也认为这样的火灾对于活动是有害的。

5）对每个隔间的风险及保护分别计算。FRAME 使用一层的防火分区作为计算的基本单位，对于多层建筑，每一层都要单独考虑；对于不止一个防火分区的建筑，对每个防火分区都要单独进行火灾风险评估。

FRAME 法主要用于指导消防系统的优化设计，检查已有消防系统的防护水平，评估预期火灾损失，评审某种方案，控制消防工程师的质量。

FRAME 法使用比值来定义火灾风险，火灾风险 R 为潜在风险 P 与接受标准 A 和保护水平 D 的比值：

$$R = \frac{P}{AD} \tag{4-6}$$

以下分别对建筑物及室内物品、居民和活动进行风险评估。

（1）建筑物及室内物品　评估如下：

$$P = qigevz \tag{4-7}$$

式中，q 为火灾荷载因子；i 为蔓延因子；g 为面积因子；e 为楼层因子；v 为通风因子；z 为通道因子。

$$A = 1.6 - a - t - c \tag{4-8}$$

式中，a 为活动因子；t 为疏散时间因子；c 为价值因子。

$$D = WNSF \tag{4-9}$$

式中，W 为供水因子；N 为正常保护因子；S 为特殊保护因子；F 为耐火因子。

（2）居民　评估如下：

$$P = qigevz \tag{4-10}$$

$$A = 1.6 - a - t - r \tag{4-11}$$

$$D = NU \qquad (4-12)$$

式中，r 为环境因子；U 为疏散因子；其他含义同上。

（3）活动 评估如下：

$$P = igevz \qquad (4-13)$$
$$A = 1.6 - a - t - d \qquad (4-14)$$
$$D = WNSY \qquad (4-15)$$

式中，d 为依赖性因子；Y 为救助因子；其他含义同上。

不难发现，建筑物和室内物品、居民、活动的风险定义是相似的。

4. 火灾风险指数法

火灾风险指数法是瑞典 Magnusson 等人提出的一种半定量火灾风险评估方法。该方法最初是为了评估北欧木屋火灾安全性而建立的，从"木屋的火灾安全"项目演化而来的，子项目"风险评估"部分由瑞典隆德大学承担，目标是建立一种简单的火灾风险评估方法，可以同时应用于可燃的和不燃的多层公寓建筑。该方法就是火灾风险指数法。

经过不断发展，目前的火灾风险指数法已经可以用于评估各类多层公共建筑。与 Gretener 法相比，火灾风险指数法增加了对火灾蔓延路线的评估，而不要求评估人员具备太多的火灾安全理论知识。在火灾风险指数评估中，风险指数最大为 5，最小为 0，火灾风险指数越大表示火灾安全水平越高，反之亦然。火灾风险指数法详细介绍见 4.4 节。

5. 矩阵与轮廓线法

矩阵与轮廓线法是一种介于指数法与完全概率方法之间的半定量火灾风险评估方法。风险矩阵可以通过在两个方向上分别表示后果和频率，从而构建出不同的离散区域风险大小的差异。风险轮廓线是一种与风险矩阵功能相类似的连续曲线。曲线通过二维空间绘制，其中一个数轴表示后果，另一个数轴表示概率。图 4-3 所示的就是一个比较典型的风险分级矩阵。

频率 后果	绝对不可能 （$f \leqslant 10^{-6}$/年）	非常不可能 （10^{-6}/年< $f \leqslant 10^{-4}$/年）	不可能 （10^{-4}/年<$f \leqslant$ 10^{-2}/年）	可以预计 （$f > 10^{-2}$/年）
高		7	4	1
中	10	8	5	2
低		9	6	3
可以 忽略	11		12	

图 4-3　风险分级矩阵

6. 古斯塔夫法

火灾的危险性包括对建筑物本身的破坏以及对建筑物内部人员的伤害和财产损失两个方面，通常用 GR 来表示对建筑物本身的破坏，用 IR 来表示对建筑物内人员的伤害和财产损失，建筑物的危险程度由这两方面的危险程度共同决定。

显然，火灾危险性涉及建筑物发生火灾之后火的强度、火的持续时间、建筑物的耐火等级、建筑物的结构材料、可燃物质的数量和特性、人员的结构与素质、火灾报警及灭火条件等诸多方面因素。可见火灾对建筑物本身的破坏与对建筑物内部人员的伤害以及财产损失是紧密联系在一起的，但是也可以将二者分开来研究，这样建筑物的火灾危险性就完全取决于建筑物本身了。如果一个建筑物内，虽然火灾已经造成了人员伤亡和财产损失，但是火灾对整个建筑物没有造成破坏就可以用这种既有区别又有联系的办法来研究这类问题，该法就是古斯塔夫（Gustav Purt）提出的平面分析法。

应用古斯塔夫法评估建筑火灾危险度的相关介绍详见 3.4.4 节。

4.3.4 定量评估方法

随着性能化防火设计标准和消防建设的不断发展，人们需要更加精确的火灾风险评估方法。近年来，随着火灾科学理论基础的不断完善、小尺寸火灾实验及小样本火灾事件研究的不断深入，火灾风险评估定量分析方法已成为近年最引人注目、发展最快的技术手段。火灾风险评估定量分析方法是以系统事故发生的概率为基础，进而求出风险，以风险大小衡量系统的火灾安全程度，所以也称概率评估法。这种方法需要依据大量的数据资料和数学模型，通过统计学计算进行科学评估。所以，只有在用于火灾风险评估的数据资料较充足时，才可采用定量评估方法进行火灾风险评估。定量分析对建筑物发生火灾事故的概率以及火灾产生的后果进行综合考虑，所获得的计算风险值可以直接与风险容忍度进行比较，也可以比较研究不同建筑物或同一建筑物的不同区域或不同消防方案。

火灾风险定量评估方法可以分为确定性分析方法和概率风险评估方法。确定性分析方法通过运用各种数学模型，对火灾的发生和发展，烟气的流动和危害，消防系统对火灾的行为和作用，以及消防人员的行为和作用等进行量化分析。该方法也被称作模拟计算分析法，其分析结果一般是以绝对数值的方式给出，如人员伤亡数和财产损失数等。概率风险评估在很大程度上可以考虑真实火灾的不确定性因素，以及各种因素之间的相互作用和影响。在进行概率分析时，一方面需要确定可能发生火灾的概率，另一方面还要通过应用确定性分析方法得到一次火灾所造成的危害数值。最后综合考虑各种火灾发生的概率及其所造成的危害，便可以得到整个系统的火灾风险状况。典型的定量分析方法有建筑火灾安全工程法（BFSEM，L 曲线法）、事件树分析法（Event Tree Analysis，ETA）、故障树分析法（Fault Tree Analysis，FTA）、模糊数学评估法等，其中事件树分析法被广泛应用于火灾风险评估和消防系统安全评价。4.5 节对事件树分析法进行了详细介绍。

1. 火灾风险定量评估方法的基本步骤

在定性评估、半定量评估以及定量评估方法中，定量评估方法涉及的范围最广，对设计人员的素质要求最高，工作强度也最大。通常情况下，用两个重要的参数对风险进行表征：火灾风险概率和火灾风险后果。图 4-4 给出了定量火灾风险评估的基本步骤，主要分析如下：

进行定量风险评估之前首先要确定所需评估的系统，设定该系统的可接受风险范围，也称为风险容忍度，以反映出安全目标及其行为特征。

其次是选取合适的定量分析方法进行危险源的辨识，其目的在于找出所有可能发生的危险，其中某些危险本身可能就是严重的事件。一般可以用于危险源识别的方法有危险与可操作性分析（HAZOP）、失效模式与影响分析（FMEA）等。但是还没有一种方法能够保证进行彻底的危险源辨识，从而只能依赖于分析人员良好的工程判断力和丰富的分析经验。

接下来是进行火灾风险概率与火灾造成后果的分析，这一步需要以观测记录、事故调查报告、统计资料和工程经验为基础。火灾风险概率分析的目的是评估每一种危险产生的原因及其发生的概率，可以直接从以往的统计资料中获得，也可以通过故障树分析来建立火灾危险产生的逻辑模型，进而找出详细的原因并计算火灾危险发生的概率。对于一些特殊问题，诸如动态过程或人的行为，需要用到一些特殊的方法。

火灾风险后果分析是要找出由于某种触发事件导致严重事故的发展过程，形成对每一种事故的描述，并评估每一种事故情况的发生概率以及可能造成的严重后果。在描述事故情况

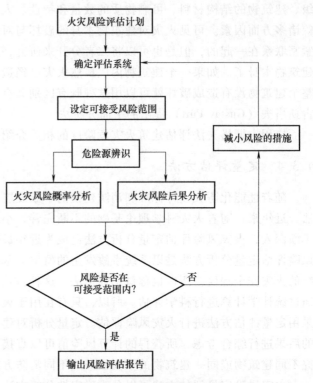

图 4-4　定量火灾风险评估方法基本步骤

方面，事件树分析是常用的有效方法，它的每一分支代表了一种事故情况。

最后根据火灾风险概率及其后果分析的综合结果来评估系统的总体火灾风险。一般要建立对系统火灾风险损失的概率描述。火灾产生的后果包括人员伤亡、经济损失、环境破坏以及对公众的影响等。判断火灾风险是否在可接受的范围之内。若超出了可接受风险范围，则要采取相应的减小风险的措施，再次进行系统风险的评估。若系统的火灾风险是可以接受的，则输出系统火灾风险评估报告。该报告一般要包括以下信息：设计方案是否满足一定的风险准则；评价不同设计方案的风险水平，通过比较选择合理设计方案；找出影响系统火灾风险的主要因素，并且提出改进建议；对系统设计的某种变化做出关于火灾风险的评价等。

2. 典型的定量分析方法

（1）建筑火灾安全工程法（BFSEM，L 曲线法）　Fitzgerald 对建筑火灾安全工程法（BFSEM）或称 L 曲线法做了详细描述。该方法是以网络图法为基础，以火焰运动过程为研究核心，以确定火灾终止的概率为目标的概率性火灾风险定量分析方法。按照时间顺序，火焰运动包括火焰的产生、全室卷入火灾、突破防火隔层和蔓延至其他房间四个事件。该方法利用网络图法从消防系统性能的角度出发，将其划分为火焰自熄、固定消防系统灭火、人工灭火等几个主要事件，每个事件都有各自的子事件，按照相应的标准对每一个子事件赋予初始概率，然后计算火焰熄灭的概率，并与相应房间的消防安全目标进行比较，从而对房间的火灾安全性能进行评估。室内火灾安全评估网络图如图 4-5 所示。

利用火灾安全评估网络图，计算出火灾蔓延途径上每一个房间的火灾自动熄灭概率值 I、固定消防系统灭火成功概率值 A 和人工灭火概率值 M，得出室内灭火失败的概率。以这

些概率为纵坐标，在突破每一个防火隔层时，相邻舱室发生着火（EB）的概率相对于前一个舱室的 *M* 值都会有一个突降，这个位置就是防火隔层的位置，将这个位置标注为横坐标，就会得到一条近似圆滑的曲线，如图4-6所示L曲线图。从图中可以看出，一个网络图将产生一个L值，得到几个L值就可以描绘出L曲线图的形状。因此，就可以直观地描述火灾中火焰运动历程。

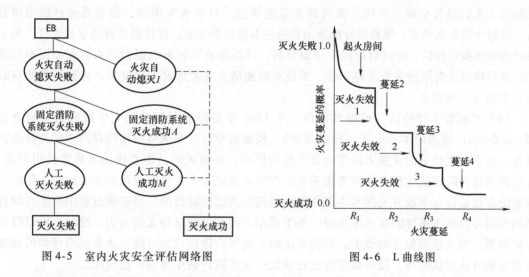

图 4-5　室内火灾安全评估网络图　　　　　　图 4-6　L曲线图

沿着火焰的蔓延途径逐个房间进行评估，绘制出相应的L曲线图，从而评估现有消防设计的火灾危险性。也可以针对不同的消防设计方案，分析相应的L曲线，比较不同的消防设计的有效性，以获得最佳的消防设计方案。

通过以上分析可以看出，L曲线法将建筑物室内火灾安全用图标和曲线的形式表示出来。如图4-6所示，图中曲线斜率表示建筑物内的火灾风险，横轴表示火灾蔓延，纵轴表示火灾蔓延的概率。当防火隔层大面积失效，最初着火房间的热量就会更多地传到相邻的房间内，从而使相邻房间也起火，这一过程不断重复，直到火灾终止概率等于1，或者防火隔层成功地限制了火灾的蔓延。

L曲线法需要输入大量的概率数据，可以给出一个建筑物内火灾蔓延信息，但是并不适用于生命安全评估。

（2）事件树分析法（Event Tree Analysis，ETA）　事件树分析法是安全系统工程中重要的分析方法之一，它建立在概率论和运筹学的基础之上。事件树分析法是一种时序逻辑的事故分析方法，实质是利用逻辑思维的规律和形式，从宏观的角度去分析事故形成的过程。它是从事件的起始状态出发，用逻辑思维的方法，设想事故发展过程，进而根据这一过程了解事故发生的原因和过程。即按照事故的发展顺序，分阶段一步一步地进行分析，每一步都从成功和失败两种可能后果考虑，直到最终结果为止。所分析的情况用树枝状图表示，故称为事件树分析法。事件树分析法既可以定性地了解整个事件的动态变化过程，又可以定量计算出各阶段的概率，最终了解事故的各种状态的发生概率。

事件树最初用于可靠性分析，它是用元件可靠性来表示系统可靠性的方法之一，现已在许多领域得到了广泛应用。例如，事件树分析法在运筹学中用于对不确定的问题做决策分析。美国1974年耗资300万美元对核电站进行风险评估项目中，事件树分析法起了重要作用，现在许多国家形成了标准化的分析方法。事件树分析法已经成为一种重要的火灾风险评估方法。基于事件树的火灾定量评估方法，将在4.5节详细介绍。

（3）故障树分析法（Fault Tree Analysis，FTA）　故障树分析法是运用运筹学原理对事故原因和结果进行逻辑分析的具体方法，又称作事故树分析法。故障树分析方法先从事故开始，逐层次向下演绎，将全部出现的事件，用逻辑关系连成整体，将能导致事故的各种因素及相互关系，进行全面、系统、简明和形象地描述。对于火灾事故，通常是通过故障树分析，经过中间联系环节，能将潜在的原因和最终事故联系起来，这样便于查清事故责任，为采取整改措施提供依据。通过对原因的逻辑分析，可以分清导致事故原因的主次和原因组合单元，这样控制住有限的几个关键原因，就能有效地防止重大火灾事故发生，提高管理的有效性，节约人力和物力。

（4）模糊数学评估法　模糊数学诞生于1965年美国加利福尼亚大学控制论专家查德（L. A. Zadeh）发表的学术论文《模糊集合》。模糊数学评估方法是应用模糊数学的计算公式以及一些由专家确定的常数来确定火灾的各种影响。系统风险是由系统的不确定性引起的，所以在系统风险评估过程中如何考虑不确定性因素就成为火灾风险评估的关键问题。传统的概率论方法是以与事故有关的基本事件发生的概率为已知前提的，当分析过程中由于各种各样的原因导致基本事件的概率未知时，基于概率论的方法就显得无能为力。此时，可以借助专家判断，引入模糊集合的概率，使得系统的火灾风险评估成为可能。火灾风险评估的特殊性和模糊方法的优越性，使得模糊方法在系统火灾风险评估中得到广泛应用。

4.4　火灾风险指数法

4.4.1　概述

为减小火灾损失，很多情况下对火灾风险进行量化评估是非常必要的。但是目前，火灾风险评估大都是在数据不充分、不确定的情况下进行的，且不同要素之间关系错综复杂，加上评估成本的限制，直接采用详细的概率风险评估既不经济也不适合。

在4.3.3节中已简介了Magnusson等人提出的火灾风险指数法，该方法针对建筑房屋（尤其是居民区建筑）运用模糊打分的方式给建筑物的火灾特性参数进行赋值，并通过Delphi调查（德尔菲法），广泛征集有关专家的主观意见，给出合理的权重因子，然后运用数学方法求出最终的火灾安全指数并依据规范给出建筑的火灾安全等级。经过多年的发展，现在的火灾风险指数法已可用于评估各类建筑，而且不要求评估人员具备太多的火灾安全理论知识，只需熟悉建筑情况即可。

现在发展成熟的风险指数法由若干分析过程与危险标识组成，它将系统的各种影响因素集合在一起，对影响火灾安全的各种因素进行打分，并根据各因素权重计算出评估对象的火灾风险指数，进而衡量其火灾风险的相对大小。该方法采用对特定变量进行赋值的方法来表述火灾安全特性，通过专业的判断和以往的经验对火灾危险打分赋值，然后再采用数学的方法对变量所赋值进行处理，最终得到一个单一的数值，再将此值与其他的类似评估结果或标准进行比较，得出比较客观的评价结果，从而对复杂的火灾风险进行快速而简捷的评估。使用该方法得出的风险指数的理论取值在0~5范围内，指数越大，说明消防安全水平越高，越小说明消防安全水平越低。

作为半定量火灾风险评估方法，火灾风险指数法就是对潜在的火灾危险进行模拟分析、打分赋值、计算评估对象火灾风险相对大小的过程。在风险评估中，评估的精确度由评估时间、可用资源和评估结果的用途等主要因素决定。在很多情况下都可以使用火灾风险指数法进行风险评估，例如，在不需要进行精确的综合分析，或风险筛选分析便利，或仅需对风险进行交流的情况下，都适合使用火灾风险指数方法进行风险评估。

火灾风险指数法的重要性得到了众多专家和学者的广泛认同。使用火灾风险指数法这种数值等级体系，能够建立具有清晰结构的风险等级，有利于进行火灾安全的定性分析。这些体系也会随着研究方法、管理科学以及火灾风险评估或模型的改变而发生日新月异的变化。

4.4.2　火灾风险指数法的建立步骤

根据 Watts 五步法，火灾风险指数法一般按照以下五个步骤对火灾安全参数进行分级，以确定它们的相对重要性。

1）确定火灾安全的决策水平。

2）描述构成水平的属性。这些属性也被称为参数、元素、因素、变量等，它们构成了火灾安全的属性元素。

3）给前述属性赋权重值。

4）建立数值等级，从而对属性进行赋值或测量。

5）选择评估模型。

Watts 五步法的分析过程具体见以下说明。

4.4.3　确定决策水平

通常，火灾安全分级需要多于两个水平。在火灾风险指数法中，主要用以下五个决策水平（decision making levels）：方针（policy）、目标（objective）、策略（strategy）、参数（parameter）和考核项目（survey item），其含义见表4-8。对目标、策略、参数和考核项目还需要进一步细化分解。

表 4-8　火灾风险决策水平

水　平	名　称	摘　述
1	方针（policy）	为达到火灾安全所采纳的总方针或行动计划
2	目标（objective）	要达到的火灾安全目标
3	策略（strategy）	独立的火灾安全方案，能够全部或部分地符合火灾安全目标
4	参数（parameter）	通过直接或间接测量或评估可以确定的火灾风险因素
5	考核项目（survey item）	火灾安全参数不可少的可测的特性

火灾安全目标可能要包括生命安全、财产保护、运作连续性、环境保护和遗产保存等。这些目标并不直接与特定企业目标相联系，它们具有很大的主观性。

对于确定的火灾安全目标，常用 Delphi 方法定义火灾安全方针。根据火灾安全目标相对于火灾安全方针的重要性，先让 Delphi 专家对火灾安全目标进行分级，然后将平均结果反馈给 Delphi 小组的每一个成员，如此重复直至得到意见一致的可接受水平。除了 Delphi 方法外，有时也用更正式的层次分析方法（AHP），但当分析因素多于 6~7 个时，此方法是不稳定的。

火灾安全策略的措施有很多，如预防着火、限制可燃物、防火分区、火灾探测和警报、灭火和保护曝火的人或物等，它们可以通过取火灾安全概念树的割集而获得。至于参数 X_i 的确定和考核项目将在下面结合实例继续说明。

4.4.4 属性的描述

为便于理解构成水平的属性，以一个 3 层木制框架建筑火灾风险为例来说明火灾风险决策水平的分解。假设该 3 层木质建筑火灾风险决策可按表 4-8 列出的决策表的结构和给出的定义来分析，表 4-9 和表 4-10 为与其相应的火灾风险决策水平分解表，其中包括 1 个火灾风险方针描述、3 个安全目标列表、10 个安全策略列表和 13 个安全参数或属性。下面对各水平的属性意义举例进行说明。

1. 火灾安全方针

火灾安全方针可以表述为："木质框架建筑的火灾安全性能至少应该相当于不可燃框架建筑物的火灾安全性能。"

2. 火灾安全目标

建议采用下列火灾安全目标：①预防生命安全；②预防火通过起火房间边界蔓延；③预防火通过建筑结构蔓延；④预防火蔓延到临近建筑。

不过，在实际工作中将火灾安全目标②和③独立列出来是不太现实的。在这里将它们独立列出，其目的是提示读者注意，在其他领域应用的冗余保护系统和"深度防护"概念有可能解决这个问题。

3. 火灾安全策略

需要针对每一个火灾安全目标提出火灾安全策略，见表 4-9。其中，火灾安全策略之所以没有将"防止起火"考虑在内是因为相比较的两种类型建筑（可燃框架与不可燃框架）的内部起火频率没有明显的差异，并且认为策略"控制火势增长"对生命安全目标的重要度很小。

表 4-9 火灾安全目标和策略对应关系

火灾安全目标	火灾安全策略
1. 生命安全	控制火势蔓延
	建立安全出口（S_1）
	建立安全有效的营救操作（S_2）
	控制火势增长（S_3）
2. 预防火灾蔓延　（1）预防火通过起火房间边界蔓延	控制火势增长（S_3）
	防止火通过房间边界蔓延（S_4）
	防止火通过交叉处蔓延（S_5）
2. 预防火灾蔓延　（2）预防火通过建筑结构蔓延	防止隐蔽空间的火势增长（S_6）
	防止火通过开口蔓延（S_7）
	防止火向阁楼蔓延（S_8）
	防止结构起火（S_9）
3. 预防火蔓延至附近建筑	限制曝火的大小（S_{10}）
	安全分隔距离

4. 火灾安全重要参数

第 4 个决策水平（参数）可以通过直接或间接测量或评估火灾风险因素来进行。每一个因素（火灾安全参数）对火灾安全策略、目标和方针的完成都有贡献。对于多层木质框架建筑，表 4-10 给出确定影响火灾风险的 13 个参数。

表 4-10　重要的火灾安全参数

建筑	结构装配的承载能力（P_1）
	结构装配的完整能力（P_2）
	结构装配的隔热能力（P_3）
	墙和顶棚结合点、交叉点的挡火物（P_4）
	在隐藏空间的挡火物（P_5）
	建筑物正面（P_6）
	屋檐处的挡火物（P_7）
	自动关闭公寓门（P_8）
消防系统	警报系统（P_9）
	探测系统（P_{10}）
	灭火系统（P_{11}）
	消防队的能力和效力（P_{12}）
组织	监测、控制和其他的组织因素（P_{13}）

需要注意，在重要的研究中，应该对参数进行必要的补充与修改。例如，对于现代建筑，墙壁装饰材料应该作为一个参数包括进去。建筑物内的人员数目也是一个重要参数。另外，对于医院等特殊场所，诸如健康保健设备也是一个重要参数。

5. 考核项目

研究中，火灾安全参数常常需要通过分析相关的考核项目加以量化。建立风险指数表达式不需要分析考核项目，只需要用到上述 4 个决策水平。

4.4.5　权重赋值

目前确定权重的方法大概有三种：客观赋权法、主观赋权法、主客观组合赋权方法。主观赋权法主要由专家根据经验主观判断而得到，如 AHP 法、Delphi 法等。客观赋权法的原始数据是由各指标在评价中的实际数据组成，它不依赖于人的主观判断，因而此类方法客观性较强，如变异系数法。主客观组合赋值方法是上述二者相结合的一种方法。

在利用层次分析法确定权重时，通常存在两个误区：①一般认为层次分析法属于主观赋权方法，这是不正确的。因为如果构造判断矩阵的信息来源是客观的，则这时的层次分析法就属于客观赋权方法。②一般认为客观赋权方法优于主观赋权方法。实际上，主观赋权方法比客观赋权方法更能反映权重的本质，更能反映领域专家的知识和经验，也更能反映综合评价过程的实质。主观赋权方法的关键问题是如何从定性到定量的综合集成方法。

并不是所有的安全属性都是同样重要的，权重的作用就是表示出各个属性相对于其他属性的重要性，因此，权重的赋值是多属性评估的关键组成部分。

首先，必须用同一个标度尺给 13 个参数 X_i 赋值，$i = 1, \cdots, 13$，使得这些值可以比较和合并。不同方法可以使用不同的标度尺，对每个参数都可能用 $1 \sim 5$ 之间的整数值来描述（称作 Likert 标度尺）。数值越高，参数越"好"（相当于火灾安全性能越好）。

成立 Delphi 专家组，已知一个具体的策略，称为策略 1 (S_1)，并且给出 13 个参数的列表。如果参数的标尺为 $1 \sim 5$，并且：

$$S_1 = \sum_{i=1}^{13} C_{1,i} P_i \tag{4-16}$$

请专家组给这些参数赋予权重。这样，通过 Delphi 操作程序，最终得到一个列表 $C_{i,j}$；$i = 1, \cdots, 13$。类似地，将参数 $P_1, \cdots, P_{13}$ 分别与策略 $S_1, \cdots, S_{10}$ 结合，其结果可以用下列的矩阵乘法形式来表示，其中 $C_{i,j}$ 实际应用值以后再具体讨论。

$$\begin{pmatrix} C_{1,1} & \cdots & C_{1,13} \\ \vdots & & \vdots \\ C_{10,1} & \cdots & C_{10,13} \end{pmatrix} \begin{pmatrix} P_1 \\ \vdots \\ P_{13} \end{pmatrix} = \begin{pmatrix} S_1 \\ \vdots \\ S_{10} \end{pmatrix} \tag{4-17}$$

上式可缩写成如下形式：

$$S_1 = C_{1,1}P_1 + C_{1,2}P_2 + \cdots + C_{1,13}P_{13} \tag{4-18}$$

$$\cdots\cdots$$

$$S_{10} = C_{10,1}P_1 + C_{10,2}P_2 + \cdots + C_{10,13}P_{13} \tag{4-19}$$

或者用矩阵形式表示 $\boldsymbol{S} = \boldsymbol{CP}$，其中，$1 \leqslant C_{i,j} \leqslant 5$（整数值）。

假设 Delphi 专家组建立相应的矩阵 $\boldsymbol{B}$（3 行 10 列），推导出了 3 个目标 O_1，O_2，O_3 和 10 个策略 $S_1, \cdots, S_{10}$ 之间的关系，其中，$1 \leqslant b_{i,j} \leqslant 5$（只取整数值）。

$$O = B \times S \tag{4-20}$$

假设建立了相应的矩阵 $\boldsymbol{A}$（3 个值，范围仍然是 $1 \sim 5$），同样可以推导出火灾安全总方针 G 与 3 个目标 O_1，O_2，O_3 之间的关系：

$$G = A \times O$$
$$G = a_{11}O_1 + a_{21}O_2 + a_{31}O_3 \tag{4-21}$$

至此，得到以下矩阵关系式：

$$S = C \times P$$
$$O = B \times S$$
$$G = A \times O$$
$$G = AB \times CP \tag{4-22}$$

式中，$\boldsymbol{A}$，$\boldsymbol{B}$ 和 $\boldsymbol{C}$ 是 Delphi 专家组定义的矩阵。

这样就建立了火灾安全总方针与 13 个火灾安全参数之间的关系。矩阵乘法 $\boldsymbol{W} = \boldsymbol{A} \times \boldsymbol{B} \times \boldsymbol{C}$ 的结果是一个行向量 $\boldsymbol{W}$，它含有 13 个元素 $w_1, \cdots, w_{13}$，这就是所期望的权重。通常把 w_i 归一化，即：

$$\sum_{i=1}^{13} w_i = 1 \tag{4-23}$$

以上便完成了火灾安全每个参数对火灾安全总方针的影响的描述。

4.4.6 风险指数的估计

风险指数 R 为每个参数 x_i 与其权重值 w_i 乘积之和，根据下列公式计算建筑火灾风险指数：

$$R = \sum_{i=1}^{n} w_i x_i \qquad (4-24)$$

4.4.7 应用实例

1. 木质框架建筑和不可燃框架建筑的风险指数 S 的计算

定义行向量 $A = \{4 \quad 3 \quad 2\}$，则生命安全相对于全部的火灾策略的权重是 4/9。矩阵 B 和 C 也用类似的主观方式定义。目标 1（O_1）依赖于单个策略，可由下列公式确定：

$$O_1 = 5S_1 + 3S_2 + 4S_3 + S_4 + S_5 + S_7$$

策略 5（S_5）为防止火通过结合点和交叉点蔓延，它与单个火灾安全参数 x_i（或 P_8）关联的关系式如下：

$$S_5 = 5P_3$$

S_6（防止火通过间隙处向外蔓延）：

$$S_6 = 3P_1 + 3P_2 + 4P_3 + 5P_4$$

显然，需要对所有的单个权重进行讨论，由参加 Delphi 分析的专家给出。通过矩阵乘法和归一化的方法进行处理计算。向量 W 中 13 个元素 w_i，$i = 1, 2, \cdots, 13$，由表 4-11 给出。

表 4-11 $P_1 \sim P_{13}$ 的权重因子

$w_1 = 0.0512$	$w_8 = 0.0965$
$w_2 = 0.0642$	$w_9 = 0.0965$
$w_3 = 0.1023$	$w_{10} = 0.1665$
$w_4 = 0.0456$	$w_{11} = 0.1257$
$w_5 = 0.0516$	$w_{12} = 0.0804$
$w_6 = 0.0432$	$w_{13} = 0.0121$
$w_7 = 0.0642$	

表 4-11 是很重要的结果，因为它直接量化了 13 个火灾参数的相对重要性。结果表明，最重要是参数 10（探测系统），其次是参数 11（灭火系数）和参数 3（结构装配的隔热能力的挡火物）。这些结果与实际情况是比较一致的。

2. 可燃和不可燃框架建筑的比较

以一个 3~4 层木质框架建筑和相同楼层数的不可燃框架建筑的安全评估为例。假设木质框架建筑表面可以通过喷淋灭火，不可燃框架建筑只能进行手动灭火，分析数据见表 4-12，最终结果是木质建筑的风险指数为 3.31（标尺 1~5，越高越好），不可燃框架建筑风险指数是 2.72。这种情况表明，木质框架建筑物的风险水平比相应的不可燃框架建筑物的要低，可见喷淋装置的重要性。

表 4-12 两种类型建筑物 13 个参数的等级

参 数	权 重	评 分	
		木质	石质
P_1	0.0512	3	3
P_2	0.0642	3	3

（续）

参　　数	权　　重	评　分	
		木质	石质
P_3	0.1023	4	5
P_4	0.0456	4	5
P_5	0.0516	3	4
P_6	0.0432	4	5
P_7	0.0642	3	3
P_8	0.0965	2	1
P_9	0.0965	2	1
P_{10}	0.1665	5	1
P_{11}	0.1257	4	4
P_{12}	0.0804	1	1
P_{13}	0.0121	5	5

4.5 基于事件树的火灾风险评估方法

4.5.1 引言

1. 事件树分析方法

事件树分析法在4.3.4已做简要介绍，它是构建火灾损失场景最常用的风险评估技术。它可以将事件可能性、消防系统成功概率和火灾后果相结合来度量风险和风险减少的效果。事件树分析既可用于单场景的分析，又可用于复杂场景分析（反映多重火灾防护对初始火灾事件的响应）。事件树同失效模式与影响分析（FMEA）相似，不过，失效模式与影响分析（FMEA）或危害与可操作性分析（HAZOP）对消防系统性能描述不够详细，另外它们不能用于消防系统成功概率的估算，也不能量化风险。

为保证事件树分析的完整性，风险评估者必须对初始火灾事件进行辨识，对现有消防系统的性能进行评价，并评估事故的后果。构建事件树逻辑模型时，风险评估人员必须熟悉可能的初始事件（例如设备失效、人为失误、外部原因、系统紊乱导致火灾）和路径事件（如消防系统功能和应急过程）。

（1）事件树分析的目的

1）判断事故发生与否，以便采取直观的安全措施。

2）指出消除事故的根本措施，改进系统的安全状况。

3）从宏观角度分析系统可能发生的事故，掌握事故发生的规律。

4）找出最严重的事故后果，为确定顶上事件提供依据。

（2）事件树分析的主要特点

1）用于对已发生事故的分析，也可用于对未发生事故的预测。

2）对事故分析和预测时，事件树分析法比较明确，寻求事故对策时比较直观。

3）事件树分析可用于管理上对重大问题的决策。

4）搞清楚初始事件到事故的过程，系统地图示出种种故障与系统成功、失败的关系。

5）对复杂的问题，可以用此方法进行简捷推理和归纳。

6）提供定义故障树顶上事件的手段。

（3）事件树分析方法的相关定义

1）事故场景（accident scenario）：最终导致事故的一系列事件。这些事件的后果是从一个初始事件开始，随后按照时空序列开展的中枢事件，最终导致不期望的状态出现。

2）初始事件（initiating event）：触发事故序列开始的故障或不期望事件。初始事件是否导致事故，依赖于系统中安全控制措施是否成功运行。

3）环节事件（pivotal event）：介于初始事件和最终事故之间的中间事件。环节事件是系统中安全措施的成功或失败事件。

4）事件树（event tree）：将某一初始事件可能导致的事故场景和产生的多个后果加以图形化的模型。

5）事件树分析（event tree analysis）：通过建立事件树，利用逻辑思维的规律和形式，分析事故的起因、发展和结果的过程。

2. 评估步骤

事件树分析法常用于火灾风险评估中，将事件可能性、消防系统成功概率和火灾后果结合起来度量风险。基于事件树的完整的火灾风险评估一般包括八个步骤：①项目目标分析；②风险容忍度确定；③损失场景设计与事件树构建；④初始事件可能性；⑤危害分析模型的建立；⑥消防系统成功概率；⑦风险估计以及风险容忍度比较；⑧对减小风险措施的成本效益分析。

下面主要介绍几个关键步骤的分析方法。

4.5.2 损失场景设计与事件树构建

损失场景代表可导致火灾的一个事件序列。建立的场景应该达到如下要求：按时间顺序进行结构化排列；与真实事件结果相吻合；应包含足够信息，保证能够进行相关场景的定量风险评估。

1. 事件序列

一个场景代表一组与时间有关的事件（中间状态），这组事件会导致各种不同的火灾结果的出现。构建火灾场景的系统方法是源-路径-目标（S-P-T）法，如图4-7所示。

（1）目标（Target）　目标是风险研究关注的焦点，必须首先确定。目标应该对火灾危险源的影响比较敏感，另外，必须详细说明目标的价值。

（2）危险源（Dangerous Source）　确定了目标的敏感点（Vulnerability）及其价值（Value）后，要对使目标遭受损失的火灾源进行辨识和筛选。

（3）路径（Path）　路径事件既包括使火灾蔓延的因素，又包括限制火灾的因素。火灾蔓延因素包括火灾发展、二次燃料的点燃、自由火焰传播等。火灾限制因素（即减少目标遭受危害的因素）包括消防系统（如火灾探测、应急控制系统、自动扑救系统、防火分隔以及人工灭火等）。

火灾场景建立过程一般包括：

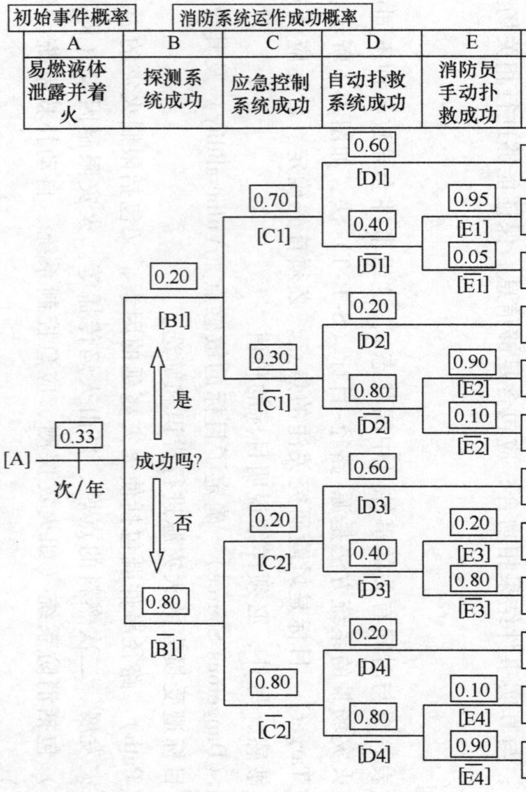

初始事件概率

A 易燃液体泄露并着火 [A] 0.33 次/年

成功吗？ 是 ←　→ 否

消防系统运作成功概率

- B 探测系统成功：[B1] 0.20 ／ [B̄1] 0.80
- C 应急控制系统成功：[C1] 0.70 ／ [C̄1] 0.30 ； [C2] 0.20 ／ [C̄2] 0.80
- D 自动扑救系统成成功：[D1] 0.60 ／ [D̄1] 0.40 ； [D2] 0.20 ／ [D̄2] 0.80 ； [D3] 0.60 ／ [D̄3] 0.40 ； [D4] 0.20 ／ [D̄4] 0.80
- E 消防员手动扑救成功：[E1] 0.95 ／ [Ē1] 0.05 ； [E2] 0.90 ／ [Ē2] 0.10 ； [E3] 0.20 ／ [Ē3] 0.80 ； [E4] 0.10 ／ [Ē4] 0.90

	F 支线概率	G 事故结果	风险概况后果水平					风险估算	
			建筑损坏	设备损坏	仓库损坏	停产误期	生产安全风险	K 总计等价货币	L 每年火灾&爆炸风险美元/年
1	0.028	G1	1	1	1	1	0	5k	140
2	0.018	G2	1	2	2	1	0	10k	180
3	0.009	G3	3	3	3	3	0	1M	900
4	0.004	G1	1	2	1	1	0	7k	28
5	0.014	G2	2	2	2	2	0	25k	350
6	0.0016	G3	3	4	3	3	1	2M	3 200
7	0.03	G1	1	1	1	1	0	7k	210
8	0.004	G2	2	2	2	2	0	25k	100
9	0.017	G3	3	3	3	3	3	2.5M	42 500
10	0.04	G1	1	2	2	1	0	10k	400
11	0.017	G2	2	2	2	2	0	25k	425
12	0.15	G4	4	4	4	4	4	6M	900 000

全年总风险美元/年　948 433

图 4-7　事件树分析举例

1）评估概况：主要确定场景边界、确定评估的具体场景和重要风险。

2）目标描述：主要目标、目标遭受火灾危害的具体形式（如温度影响、热辐射影响、烟气影响或有毒、腐蚀性气体影响）、目标价值（如财产损失、停工/营运中断损失、操作人员的培训费用）。

3）确定起火源：确定火灾初始事件发生的可能性，进一步评估应选取的事件。

4）分析路径：确定火灾蔓延因素（火灾增长能力、结构失效、多米诺效应）和火灾限制因素（现有的和建议的）。

5）构建树结构：确定场景评估的假定和限制条件，以及事件树结构。

火灾初始事件的辨识和选取，不同人之间有很大的差别。同样的场景有人可能认为只是可燃液体的微量泄露起火，也有可能会有人假定是所有可燃液体起火。合理的初始事件必须同时满足以下两个条件：①事件引发的事故后果能造成重大危害（即超过风险容忍极限）；②事件出现的可能性不可过低。

总的来说，风险评估在这一阶段的可信度、合理性以及重要性主要依赖于风险评估人员的经验和定性判断。建立一个普遍认同的场景辨识和筛选方法对于进行一个完整、可靠的风险评估是至关重要的。

2. 事件树的构建

（1）确定火灾初始事件　初始事件是构建火灾事件场景时辨识的第一事件。系统或设备失效（电短路）、人员失误、物质自燃或外部事件如地震、交通事故、人为纵火等，这些都可能形成火灾初始事件。辨识初始事件可以综合运用以下方法：①场景辨识工作表；②故障树分析；③历史事故记录分析；④企业数据和历史情况；⑤危险评述、经验和工程判断。

（2）确定路径因素　路径因素是初始事件后发生的事件。建立事件树时，分析人员需要对影响火灾蔓延或限制初始事件的相关因素进行辨识。中间路径因素代表了条件状态和时效作用，在分析时需要用条件概率予以处理。主要的火灾发展、蔓延因素有：①燃料性质（热释放速率）；②火焰传播与二次引燃；③通风作用；④结构失效；⑤应急操作响应。主要的消防系统因素有：①探测系统；②应急控制系统（ECS）；③自动灭火系统；④限制蔓延作用（如防火间隔）；⑤人工灭火系统；⑥空间限制（如将火灾限制在源区的结构或分区特点）。

（3）构建事件树分支逻辑　事件树以初始事件开始，经历消防系统的响应，显示了事故的时序发展过程，其输出即为火灾事故结果。尽管很多情况下事件几乎是同时发生的，但在分析时，消防系统的动能应按照顺序描述。

构建事件树的第一步是输入初始事件和各级消防系统，包括初始事件发生可能性、消防系统事件和后果危害水平等。

初始事件发生可能性以频率表示（次/年），路径因素以条件概率（0～1）来表示。另外还应注意，事件树结构有以下特点：①事件树是由左至右；②一般情况下，上分支表示系统成功，下分支表示失败（成功概率＝1－失败概率）；③分支概率等于初始事件可能性与支线上各中间事件的条件概率相乘；④事件树的不同分支得到不同的火灾事故结果；⑤时间线为估计一定时间内消防系统成功概率和后果提供了参照系。

（4）事故结果评估　火灾风险事件树分支场景的后果有最好情形、最坏情形和其他可能情形，参照保险领域最初的定义，可以做如下规定：

1）最好的情况对应正常损失期望（NLE），是指在所有的火灾探测和防护系统均正常工作并发挥其设计功能时的损失期望值水平。

2）其他可能情形对应可能最大损失值（PML），是指基本的火灾自动防护系统不在工作状态时的损失期望值水平。在这种情况下，应考虑被动防护手段（如防火墙）以及人工灭火能力有效性。

3）最坏场景对应最大预计损失估计值（MFL），是指自动和人工防火设施均处于不可用状态时的损失期望值水平。在这种情况下，只考虑被动防火手段的防火能力。

（5）确定并量化作用于目标的危害和后果 要认识到火灾事故会有多种危害，包括：①财产损失（PD），如建筑物、设备等破坏；②营运中断（BI），如因维修或更换设备所引起的营业、生产的延误；③威胁人员安全，包括在火灾现场和在周围的人员；④环境影响，包括对空气、水体和土壤的破坏；⑤其他危害，如强制罚款、公司形象等。各种危害的后果综合起来会构成很高的经济损失。

（6）分支概率的量化 在4.5.3节和4.5.4节中将分别介绍初始火灾发生概率和消防系统成功概率的分析方法，由此可以给出分支概率。

（7）量化风险 多个事件场景的风险应是所有场景的风险加和：

$$R = \sum_{Sn} PC \tag{4-25}$$

4.5.3 初始火灾可能性分析

表征和估计初始火灾发生可能性的方法包括：①统计火灾损失事故的历史数据；②诸如故障树（FTA）等模拟方法，在火灾历史数据有限或不足时，可用这些模拟方法估计初始火灾事件发生的可能性，以提高估计精度；③工程判断，根据专家对潜在火灾可能性的认识和理解进行量化，这种认识可能基于历史数据、以往的危险或风险评估、经验、工厂具体信息以及对这些因素的综合。

1. 历史数据

历史数据是指过去实际经历记录的数据，通常包括：①事件（事故）数据；②故障率数据（主要是指设备故障）；③人为错误概率数据。尽管同类火灾事件的历史信息很有限，但它是估计火灾事故概率的基础。人们比较关注历史事故频率数据的适应范围，这是因为历史数据往往不足或火灾风险因素定义不明确，很难确定直接应用这些数据的可靠性，小样本统计方法能够很好地处理这些问题。表4-13是美国有关核电站内区域起火源和起火频率。

表4-13 美国有关核电站内区域起火源和起火频率

车间区	引火/燃料源	起火频率	点火源权重因子法
辅助建筑	电柜	1.9×10^{-2}	B
	泵	1.9×10^{-2}	B
反应堆	电柜	5.0×10^{-2}	B
	泵	2.5×10^{-2}	B
柴油发动机室	柴油发动机	2.6×10^{-2}	A
	电柜	2.4×10^{-2}	A
开关室	电柜	1.5×10^{-2}	A

（续）

车间区	引火/燃料源	起火频率	点火源权重因子法
电池室	电池	3.2×10^{-3}	A
控制室	电柜	9.5×10^{-3}	A
布线室	电柜	3.2×10^{-3}	A
取水构筑物	电柜	2.4×10^{-3}	A
	灭火泵	4.0×10^{-3}	A
	其他	3.2×10^{-3}	A
涡轮机房	T/G 辐射器	4.0×10^{-3}	B
	T/G 油	1.3×10^{-2}	B
	T/G 氢	5.5×10^{-3}	B
	电柜	1.3×10^{-2}	B
	其他泵	6.3×10^{-3}	B
	主要给水泵	4.0×10^{-3}	A
	锅炉	1.6×10^{-3}	B
放射性废物区	各种混合在一起的组成	8.7×10^{-3}	A
变压器区	变压器区（供给涡轮房）	4.0×10^{-3}	A
	变压器区	1.6×10^{-3}	A
	变压器区（其他）	1.5×10^{-2}	F

注：A—无点火源时的权重因子；B—通过划分防火分区内选定处的点火源编码获得其权重因子；F—通过本表中划分防火分区内已选地点的点火源编码获得其权重因子。

2. 故障树分析

故障树分析（FTA）提供一种量化初始火灾发生事件的结构方法，如图 4-8 所示。故障树分析的优点是可以将初始火灾（顶事件）分解为各种失效和点火危险因素。初始火灾事件可能性的故障树逻辑与"火三角"相似，也就是说应当考虑：①存在的可燃材料；②超过燃料燃烧所需要的最低氧气量；③点火源能量足够维持燃烧。顶事件是初始火灾事件（即能发生火灾并蔓延），初始火灾事件的主要贡献因子用"与"相连。

4.5.4 消防系统成功概率分析

消防系统（火灾防护系统）成功概率依赖于系统响应效率、可用性和操作可靠性三个因素。成功树是确定消防系统成功概率的主要逻辑模型，结合事件树风险模型，利用成功树可以量化具体初始事件场景下消防系统成功运作的条件概率。

1. 性能成功

火灾风险评估中相关的消防系统包括探测系统、应急控制系统、自动扑救系统、限制火灾蔓延的手段和人工控制系统。

性能成功（Performance Success）是对消防系统在火灾情况下成功实现其性能要求能力的概率评价。性能度量参数包括某场景的响应效率、在线可用性和操作可靠性。

消防系统成功概率是一种"条件概率"，与前序事件密切相关，是场景输入参数，也是期望的消防系统性能要求。

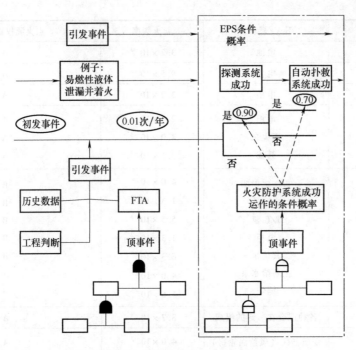

图 4-8 故障树分析结构方法

2. 性能度量

从事件树所需输入的角度看，评价消防系统时采取成功树是较为可取的。当然，有些情况下，采取故障树分析得到失败概率数据，然后转化为成功树分析的方法更为有效。此方法以成功树分析（success tree analysis，STA）为中心，在给定具体场景信息和风险容忍度判据的条件下，可用于消防系统整个生命周期内的性能评估和量化。它不仅适用于对现有系统的评价，也可用于评价新系统的设计。

3. 成功树分析

成功树分析（STA）与故障树分析类似。在故障树分析中，顶事件为"系统失败"；在 STA 中，顶事件为"系统成功"，并存在如下关系：

$$成功概率(P_S) = 1 - 失败概率(P_F) \tag{4-26}$$

建立性能成功树分析包括以下两点：①辨识基本的消防系统性能参数；②设计成功树的结构。对于具体场景下的消防系统，用先前的系统失败经验得来的性能参数指标可以评估其性能成功路径。图 4-9 所示为一般的消防系统成功参数的例子，消防系统成功概率取决于消防系统性能要求（包括具体场景输入信息和风险容忍度判据）。性能要求确定以后，就可以进行性能参数量化了。于是，消防系统成功概率可用下列公式计算：

$$P_S = P_{RE} P_{OLA} P_{OPR} \tag{4-27}$$

式中，P_S 是消防系统成功概率；P_{RE}、P_{OLA}、P_{OPR} 分别是响应效率、在线可用性和操作可靠性的概率。

利用成功树进行性能分析时，首先需要评估系统对特定场景的响应效率。如果消防系统设计的应用基础与场景不合适，或者系统不能在临界条件来临前做出反应，那么此时该场景下消防系统的成功概率为 0。

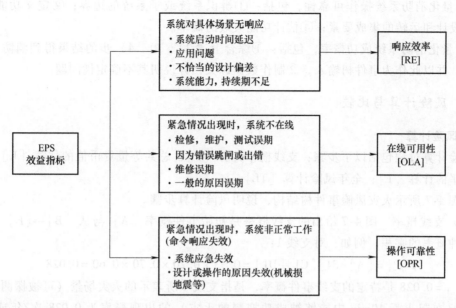

图 4-9　消防系统成功参数

性能成功可靠性包括两个部分：在线可用性和操作可靠性。可靠性可以指整个系统，也可以指子系统或者系统的一部分，它用概率形式表示为：可靠性 = 1 - 性能失效。如失效概率为 0.1%，那么系统的可靠性为 99.9%。

一般地说，消防系统功能失效是指当紧急情况发生需要消防系统启动时，系统却不在可用状态或者无法起到实现初始设计作用的情况。因此消防系统功能失效又可分为以下几种：有紧急需求时系统由于离线而处于不可用状态；由于未知错误导致无法满足要求；在限定的时间内无法完成任务。

由此，与性能成功相关的可靠性参数包括：

1）系统的可靠性：紧急情况发生时在线系统运作及时。

2）功能可靠性：有紧急需求时系统具有满足功能要求的能力。

3）时间可靠性：系统在规定时间内实现其功能。

系统可用性在评估中是一个独立的性能参数，即在线可用性；时间可靠性在评估过程中归入了响应效率；操作可靠性则为第三个独立的性能参数，其重点为系统能够满足各方面的可靠性（功能可靠性）。

4. 性能评估框架

消防系统性能评估的一般框架包括以下几点：

1）确定成功树逻辑，包括辨识基本的消防系统度量参数、辨识并建立性能指标相互关系。

2）量化消防系统响应效率，包括评价设计应用原理（DAB）和系统响应时间（SRT）。

3）量化消防系统在线可用性，包括：①评价系统因检查、保养、测试而处于离线的状态；②评价有害物的出现导致的系统离线；③评估其他原因导致的系统离线。

4）量化消防系统操作可靠性，包括：①辨识系统或子系统的边界；②定义功能要求；③描述设计和运转的集成要素；④估计功能失效的概率。

5）量化消防系统成功概率，包括：①综合上述 2）、3）、4）步的结果得到消防系统成功概率，并以此作为事件树输入；②制作数据源文档并说明其不确定性问题。

4.5.5 风险计算与比较

1. 风险计算

风险计算过程包括以下步骤：支线概率计算［F］；总共等量货币值的估算［K］；年度风险水平的计算［L］；全年风险计算［TL］。

按图 4-7 所示火灾风险事件树结构，说明风险计算步骤。

（1）支线概率 图 4-7 给出的支线概率是初始事件概率［A］与从［B］→［E］消防系统的条件概率的乘积。例如，对支线 1：

$$P_{ID-1} = [A][B1][C1][D1] = 0.33 \times 0.20 \times 0.70 \times 0.60 = 0.028$$

$P_{ID-1} = 0.028$ 是特定的支线事件概率，是指支线 1 所表示的火灾场景（可被探测、可被控制并且在起火后 10min 内能够被成功抑制的火灾）的出现概率为 0.028 次/年或 1 次/35 年。

用同样方法计算图 4-7 中事件树每条支线的概率，各支线概率（支线 1→12）加和应等于初始事件概率 0.33。

（2）总计等价货币值 图 4-7 中［K］栏是对总计等价货币值的估算。所有结果水平都应该与以下因素等价货币值关联：建筑物损失；设备损失；原料、物品损失；生产工期延误；人员风险；其他损失。利用等价货币值可以反映每种结果对总风险的贡献，由此也可以进行风险减少的成本、利益分析。

1）财产损失。财产损失值通常包括建筑物、设备以及库存原料破坏的损失。财产损失评估与具体的厂房、设备以及营运相关。

第 1 步是根据建筑物和设备价值（当前价值）估计其折合价值和到最终使用寿命时的本身价值（未来价值），由此可以估算出平均价值。可能需要考虑有关财产价值的其他项目，包括建筑物维护设备（诸如通风、加热、电器等）的使用价值，还应该包括储存物品价值。

财产损失的水平要按步骤 5 中对火灾后果进行模拟预测的情况来选取。作为初级评估，财产损失水平可用等价货币值（EMV）与中心损坏因子（百分比）的乘积表示；二级评估中还包括其他细节和分析，以及工程项目要求注意的范围等。

在很多情况下，建筑物框架和设备是可以修理的，所以要考虑修复费用。

2）营运中断。BI 估算通常由延误天数、折合生产损失和每天生产损失金额构成。BI 估算中的变量包括正生产的产品、产品生产周期、产品利润等各项效益以及该产品应用在生产过程中耦合效益。运营部门要能够提供这些部分的准确数据。

表 4-14 中 100%BI 值对应于 BI 水平 6。作为初级评估，BI 值（可以通过生产耽误期内每天损失金额数与平均生产耽误时间相乘给出。二级评估包括依据工程项目要求注意的附加细节和分析。

表 4-14 业务中断等级和等效货币值举例

业务中断等级	停工期范围/天	平均停工/天	一 般 定 义	业务中断等效货币值
1—轻微	0 ~ 1	0.5	设备局部微小损坏，不需要维修，但是要清洗和最短时间停工	0.5 × BIV
2—较轻	1 ~ 10	5	一些设备部件局部明显损坏，需要较短的停工期	5 × BIV
3—中等	10 ~ 30	20	许多设备部件明显的局部损坏，需要中等长度的停工期	20.0 × BIV
4—严重	30 ~ 90	60	主要设备严重损坏，需要维修和更新，且停工	60.0 × BIV
5—重要	90 ~ 270	180	大面积损坏可能导致大面积维修和主要设备停工更新	180.0 × BIV
6—最大值	270 ~ 365	318	主要设备大范围停工	318.0 × BIV

注：BIV = 业务中断值，即停工一天损失的美元。

3）人员风险。人员风险包括火灾对操作者、雇员或现场人员的损伤水平、潜在的严重损伤或伤亡以及某些情况下现场以外公共场合的人员风险。表 4-15 提供了一定人员风险水平和相关的 EMVs 值。

对人员生命赋值是一件困难且很有争议的工作。目前，给生命安全赋值 EMV 还没有正式形成评估标准，所以，建立与风险容忍水平相容的方法是很必要的。通过使用与人员风险相容的 EMV，可以得出人员风险的分级，同时，对优化消防工作也有重要的指导作用。

表 4-15 人员风险等级和等效货币值举例

	人员风险等级	生命安全等效货币值/美元
伤害	1. 现场急救：1 人（基本上置于烟气中）	1000
	2. 中等烧伤：1 人（需要住院治疗）	10000
	3. 严重烧伤：1 ~ 3 个人，需要住院治疗	100000
死亡	4. 职员、现场承包人 1 人死亡	1000000
	5. 现场 1 ~ 3 人死亡	5000000
	6. 场外死亡	20000000

4）环境损害。按照 EMV 原则，可以评估火灾对环境的影响。对周围环境清理的耗费，可按照相关规程由专家实地考察后，然后处以经济损失赔偿。其他结果，诸如有关火灾事故对环境的破坏而引起的社会影响，评估起来更加困难。表 4-16 给出一个例子，建立了一些环境风险分类和相应的平均等价货币值。

表 4-16 环境损失等级和等效货币值举例

污 染 类 型	污染损失等级影响	等效货币值/美元
土壤污染	土壤污染 1：可忽略	1000
	土壤污染 2：局部范围	20000
	土壤污染 3：重要	250000

（续）

污染类型	污染损失等级影响	等效货币值/美元
水污染	水污染 1：可忽略	1000
	水污染 2：局部范围	250000
	水污染 3：重要	2000000
空气污染	空气污染 1：可忽略	1000
	空气污染 2：局部范围——较广	500000
	空气污染 3：重要——扩散到场外	5000000

5）其他结果处理。其他结果处理包括违规罚金、媒体反应、公众感受和公司形象等。表 4-17 给出了对规章和媒体反应结果建立的等级以及相应货币值。管理机构发现违章对火灾事故单位及负责人给以经济罚款，必要时可能进行刑事法律处分。此外，对社会公众影响也是重要方面。特别是企业单位，由于火灾对公众、社会团体、客户等产生的影响将使公司形象、信誉度等大大降低，企业利润额也随之减少。

表 4-17　调节和媒体反应等效货币值

	其他风险后果	等效货币值/美元
调节罚款	调节罚款 1：较小罚款	1000
	调节资金 2：中度罚款	20000
	调节资金 3：重大罚款	250000
媒体反应	媒体反应 1：局部新闻——简短	1000
	媒体反应 2：州部新闻——中长度	200000
	媒体反应 3：国家新闻——强烈	1000000

（3）年度总风险　年度总风险是对事件树中所有支线事件风险水平估算的总概括，图 4-7 中的事件树给出了年度总风险的例子。由图 4-7 数据，可以得到以损失预期值划定的分组事件，见表 4-18。表 4-18 中的可能性和后果（根据等价的货币值）是从图 4-7 中的 ［F］ 和 ［K］ 栏数据累计而来，最后一栏是汇总年度风险分布的相对百分数。该表表明，G4（不可控制的火灾）对全部年度风险贡献量占 93.55%，是人们最不希望的情形，所以必须降低风险。原因是初发事件出现的概率（0.33 次火灾/年或 1 次火灾/3 年）和消防系统失效概率偏高。

表 4-18　损失预期划分

多场景	损失期望定义	可能性次/年	后果/美元 EMV	占全年度总风险的比例
G1：自动喷淋成功	属于 NLE 的情况——正常的损失预期分析	0.102	29000	0.20 %
G2：喷淋系统不成功，消防队成功	属于 PML 的情况——最大可能损失分析	0.053	850000	0.25%

（续）

多　场　景	损失期望定义	可能性次/年	后果/ 美元 EMV	占全年度总 风险的比例
G3：喷淋和消防系统不 成功，假定消防队抑制火 灾延误 60min	属于 PML 的情况——最大可能损 失分析	0.0195	5500000	6%
G4：不可控制火灾，假 定火灾持续 2h	属于 MFL 的情况——最大可预测 损失分析	0.15	6000000	93.55%

2. 风险对比

（1）用年度总风险评估做比较　年度总风险是对事件树中所有支线事件风险水平计算的概括。以风险容忍标准为比较基准，对年度总风险进行评价，用条形图描述（图 4-10）。该图所描述的实际年度总风险远远超过风险容忍标准，因此应采取适当措施降低风险。

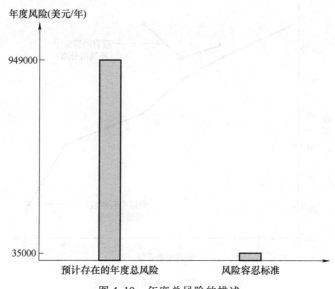

图 4-10　年度总风险的描述

（2）用损失预期风险容忍度分布做比较　表 4-19 中是财产损失（PD）和营运中断（BI）预期风险，其容忍分布由以下数据确定。与风险容忍度分布比较可以看出，现有预期风险远远超越了风险容忍准则，尤其是 MFL，因此应采取措施降低风险。

表 4-19　损失期望的风险比较

事　　件	概　　率	PD 和 BI 的结果/美元
NLE	0.10	50000.00
PML	0.001	2000000.00
MFL	0.00001	6000000.00

（3）超越已定义结果水平的概率　事件树分析可以评估多种类型的后果，每种后果都能做风险比较并以图表形式给出。例如，对停产时间，如果按表 4-20 分类，则可以给出图 4-11

所示的 BI 风险分布，其中包括业务中断风险度分布和现有风险分布。可见，现有的 BI 风险超越了 BI 的风险容忍度分布，所以，应该采取措施降低风险。

表 4-20　营运中断（BI）的分类

业务中断等级	停产时间	平均停产时间
1—轻微	0～1 天	0.5 天
2—轻等	1～10 天	5 天
3—中等	10～30 天	20 天
4—严重	30～90 天	60 天
5—重大	90～270 天	180 天
6—极其严重	270～365 天	318 天
7—完全破坏	1 年以上	使用者的最高期望

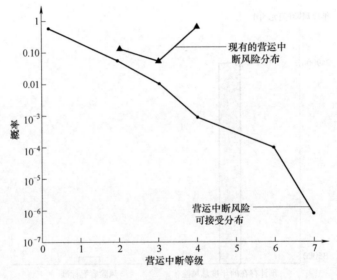

图 4-11　营运中断的风险比较

（4）人员风险比较　为了进行风险比较和降低风险，有时需要分别考虑生命安全后果水平和概率。例如，有时可能想估算生命安全水平超越表 4-21 中所定义的水平 2 的概率。

表 4-21　人员风险等级

人类易接触到的风险等级	一般定义
1—低	现场救助（单人），基本的烟气相关危险
2—中	可能出现中等烧伤，需要住院治疗（单人）
3—高	需要住院治疗的严重烧伤（1～2 人）
4—很高	可能出现多重伤害，单人的死亡
5—极高	2～10 死亡人数
6—灾难性的	死亡人数大于 10

　　与人员风险容忍分布做比较，图 4-12 给出现有人员风险分布的图形表示。就此例的图表中所描述的来说，现有的人员风险超越了人员风险容忍度分布，所以，应直接采取措施降低人员风险。

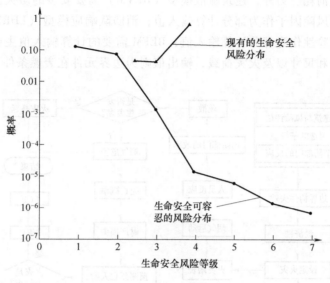

图 4-12　生命安全风险比较

4.6 其他定量火灾风险评估方法

　　国外在火灾风险评估方面的基础数据的积累相对比较完善，加上性能化设计的工程应用背景，使得许多研究小组发展并开发出火灾风险评估的应用模型及相关软件。由于这类模型与防火设计的需要紧密结合，并充分利用了关于火灾防治的各个研究领域的研究成果，因而是一些综合性很强的风险评估工具。比较著名的有加拿大的火灾风险与成本评估模型（FIRECAM™），火灾与风险评估系统（FireAsystem 模型），澳大利亚的量化建筑消防安全系统性能的风险评估模型（CESARE-Risk），英国的消防系统区域模型（Crisp Ⅱ）。下面简要介绍这四个模型的结构特点。

1. 火灾风险与成本评估模型（FIRECAM™）

　　火灾风险与成本评估模型（FFire Risk Evaluation and Cost Assessment Model，FIRE-CAM™）是加拿大国家建筑研究院（NRC）研究的性能化设计工具。它通过分析所有可能发生的火灾场景来评估火灾对建筑物内人员造成的预期风险，同时还能评估消防费用（基建以及维修）和预期火灾损失；运用统计数据来预测火灾场景发生的概率，如可能发生的火灾类型或火灾探测器的可靠性，同时还运用数学模型来预测火灾随时间的变化规律，如火灾的发展和蔓延以及人员的撤离。该模型由若干子模型组成，如图 4-13 所示，与建筑结构安全以及其对生命安全影响的相关模型包括边界元件失效模型（BEFM）、烟气运动模型（SMMD）、火灾蔓延模型（FSPM）、预期死亡数目模型（ENDM）、预期生命风险模型（ER-LM）、财产损失模型（PLMD）、火灾耗费期望模型（FCED）。其中，BEFM 用来计算由于墙体和地板失效而发生火灾蔓延的概率；ENDM 用来计算建筑物内一定数目的被困人员在火灾和烟气危害下预期的死亡人数；ERLM 是根据所有火灾场景下预期死亡人数计算火灾中建筑物的预期生命风险；PLMD 用来计算某建筑物每楼层特定火灾场景下热、烟和水对建筑物结构和建筑物内部造成的损害；FCED 是根据某特定建筑物设计中所有火灾场景下的财产损失计算总的预期火灾消耗。另外，建筑疏散模型（BEVM）需要安装的防火保护系统和建筑发生爆炸以及塌陷的风险因子作为部分计算输入值；消防队响应模型（FDRM）需要建筑物爆炸和塌陷的潜在危险性作为部分计算输入值；BEFM 需要的计算输入值主要有边界元件的抗火等级、建筑类型和尺寸以及火灾荷载，输出值则为边界元件在轰燃条件下失效的可能性。

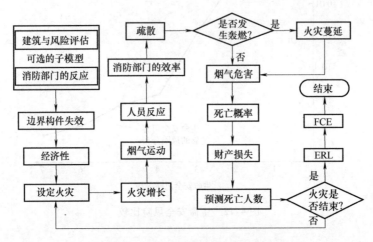

图 4-13   FIRECAM™ 模型的计算流程图

以上火灾场景子模型的计算都是为了最后与每个火灾场景发生的概率相结合，推导出两个具有决定性的参数：预期生命危险（Expected Risk to Life，ERL）和火灾耗费期望（Fire Cost Expectation，FCE）。两者的定义如下：

$$ERL = \frac{死亡人数_{建筑寿命}}{人口 \times 建筑寿命} \tag{4-28}$$

$$FCE = \frac{\sum(耗费_{防护} + 耗费_{维护} + 损失_{火灾})}{\sum(耗费_{建筑} + 耗费_{物品})} \tag{4-29}$$

式中，ERL 是火灾中建筑设计寿命内预期的死亡人数与建筑内可容纳的人数和建筑设计寿命乘积的比值；FCE 则是预期火灾总耗费（消极和积极防火保护系统耗费、积极防火保护系统维护费用和建筑内火蔓延造成的潜在耗费之和）与建筑物本身及其内容物总耗费的比值。

FIRECAM™ 对火灾蔓延的可能性及火灾后修复建筑物的费用采用了保守的估计，所以对财产损失的评估结果与实际相比要偏高。另外，FIRECAM™ 处理火灾蔓延过程比较粗略，不能作为确定整体火灾安全的工具，但是可以用于生命安全评估。

2. FireAsystem 模型

Fire Evaluation and Risk Assessment System 模型简称 FireAsystem 模型，它是 FIRECAM™ 模型中的风险评估概念在其他建筑场所的扩展模型，此模型主要用来对仓库和飞机修理库等工业建筑的消防系统性能进行评估。FireAsystem 模型通过利用随时间变化的确定性模型和概率的模型来评价选定火灾场景对生命安全、财产安全和工作中断所造成的损失。FireAsystem 包括 11 个子模型：火灾发展模型（Fire Development）、烟气产生与运动模型（Smoke Production and Movement）、火灾探测模型（Fire Detection）、建筑构件失效模型（Building Element Failure）、灭火有效性模型（Suppression Effectiveness）、消防队响应与扑救有效性模型（Fire Department Response and Effectiveness）、人员响应与疏散模型（Occupant Response and Evacuation）、生命危险模型（Life Hazard Model）、预期死亡人数模型（Expected Number of Deaths）、经济性分析模型（Economic Model）、停工期模型（Downtime Model）。

3. CESARE-Risk 分析方法

CESARE-Risk 分析方法是澳大利亚消防规范发展中心（FCRC）开发的一个用以量化建筑消防安全系统性能的风险评估模型，该方法和 FIRECAM™ 都是基于 Beck 的预测多层、多房间内火灾风险评估的系统模型，它采用多种火灾场景，其中考虑了火灾及其对火灾反应的概率特性，采用确定性模型预测建筑物内火灾环境随时间的变化情况。CESARE-Risk 模型主要包括六个子模型：事件树与预期值模型、火灾增长与烟气蔓延模型、人员行为模型、消防队和工作人员子模型、防火分隔物失效模型以及经济分析模型。其特点如下：

1）利用事件树设置多种火灾场景，每种场景都具有一个发生概率。

2）利用火灾增长模型和烟气蔓延模型得到与时间有关的可能的实际火灾场景。

3）人员行为和消防队反应模型表述一类人对某种特定的火灾发展与烟气流动情况下产生的反应和采取的行动，它们是与时间相关的、反应过程为非稳定的概率模型。

4）使用防火分隔模型分析火灾发展到严重阶段的情况，预测防火分隔物体的失效时间和概率。

5）使用火灾蔓延概率模型预测火灾从一个空间向另一个空间蔓延的概率。

4. 消防系统区域模型（Crisp Ⅱ）

消防系统区域模型（Crisp Ⅱ）是英国发展的一个定量风险评估模型。Crisp Ⅱ 可以用来评估住宅人员的生命安全，由人员平均伤亡数量给出相对风险。这种方法考虑的主要因素有燃烧物、热气体、冷空气层、出烟孔、墙壁、空间、烟气探测器、消防队和居住者等，采取的主要数学模型是 Monte-Carlo 模型。模拟中最复杂的情景是居住者的行为，包括多种因素的影响，如生理反应、感观的感知等。

复 习 题

1. 简述火灾危害、火灾危险和火灾风险的联系和区别。

2. 简述火灾风险评估的基本内容。

3. 简要概括火灾风险评估定性分析法、半定量分析法以及定量分析法的特点及适用性。

4. 简述火灾风险指数法的建立步骤。

5. 请以高校学生宿舍为例，确定其火灾安全决策水平和属性，并建立火灾安全参数表。

6. 简述基于事件树的火灾风险评估的步骤。

7. 铁路旅客运输中，为确保安全，严禁旅客携带易燃品上车。有的旅客违反规定携带易燃品，进站时可能未被查出，将其带上列车，就可能引起火灾事故，造成人员伤亡和财物损失；但处理得当，也可以避免火灾事故的发生。请以该实例建立列车上有易燃品引起火灾事故的事件树。

第5章

火灾损失定量评估方法

■ **本章概要·学习目标**

　　本章主要讲述火灾损失评估的目的和基本方法，建筑火灾财产损失的评估方法，以及火灾环境下人员安全疏散评估。要求学生了解火灾损失评估的目的和意义，理解与建筑火灾财产损失和人员安全疏散评估相关的概念，掌握建筑火灾财产损失和人员安全疏散的评估方法，并能够将其应用到具体案例中。

5.1 火灾损失评估的目的和基本方法

　　火的使用把人类带入了文明的门槛以后，火灾的发生也就一直困扰着人类的生产和生活。火灾是人们所不希望的一种失去控制的燃烧而造成的灾害，顷刻间它可以将人类经过多年的辛勤劳动创造的财富化为灰烬，同时还会夺取许多人的宝贵生命。改革开放以来，中国经济和社会发生了巨大变化，取得了飞速的发展，但伴随着城市化建设速度的加快，由各类火灾造成的财产损失与 GDP 同步增长。近年来，国家科技部、公安部等有关部委组织优势力量进行火灾领域和建筑防火性能化设计方面的科技攻关，同时积极鼓励开展相应的试点工作。以火灾科学国家重点实验室为代表的研究机构对火灾安全评估方法等研究工作取得了大量的成果。

　　火灾风险评估不仅是火灾安全工程学研究的核心内容之一，也是火灾性能化设计所必须进行的前期工作。火灾风险评估具有两大核心内容，其一是火灾时人员的有效避难评估，其二是火灾时财产损失评估。在保证人员安全的前提下，尽可能地减少火灾带来的直接财产损失一直是消防工作者期待的目标。先前，火灾风险评估多侧重于关于建筑物火灾时的人员风险评估的研究，而关于火灾时财产损失评估的相关研究多是侧重消防投资决策等方面的研究，且多着力于解决风险评估中的认识不确定性问题，而对火灾可能造成的后果即财产损失评估关注较少。就对人们生活产生最严重而直接的建筑火灾而言，一旦发生火灾后，其蔓延、扩散的可能性有多大？发展成盛期火灾的概率有多大？在不同防灭火措施和设备条件下火灾的烧损面积和财产损失如何？随着性能化防火设计理念的引入和火灾保险业务的开展，火灾可能导致的财产损失评估已成为研究的热点。火灾财产损失评估结果对消防方案的科学决策和保险费率的合理厘定具有十分重要的意义。

5.1.1　火灾损失评估的目的

1. 火灾损失与消防安全投入

安全是人们生产和生活的最基本的需要之一。随着人类社会的发展，经济水平的不断提高，人们对安全的要求越来越高，公众和社会都希望用合理的投入来实现令人满意的安全水平。另一方面，人类的科学技术水平和经济承受能力却是有限的，人们不能为了追求安全而无限制地进行安全投入。随着经济社会的发展，灾害、事故的成因过程越来越复杂，系统中能量、人员、仪器设备也越来越集中，一旦发生事故往往造成难以估量的经济损失和人员伤亡。这种有限的安全投入与极大化的安全水平期望的矛盾是现实安全科技发展的动力。如何用有限的投入，去实现人类尽可能高的安全水平，或者在可接受的安全水平下，如何去节约资金，是现代社会对安全科学技术提出的要求。由此，在安全工程学的基础之上发展并形成了安全科学学科体系中重要且具有现实价值的安全经济学。

安全经济学的研究内容既包括基础理论，又包括应用理论，还涵盖了技术手段和方法。主要包括如何高效率地使用安全投入，合理配置安全资源，提高安全活动效益，避免浪费。安全经济的研究对象是根据安全实现和经济效果对立统一的关系，从理论与方法上研究如何使安全活动以最佳的方式与人们的劳动、生活、生存相结合，最终达到安全生产、安全生活、安全生存的可靠性和经济性的统一，使社会和企业取得较好的经济效益和社会效益。

对于火灾科学和消防工程研究来讲，某一特定的功能建筑，应该建立什么样的火灾安全目标和火灾损失目标？采取什么样的火灾防治方法措施？怎样进行合理的安全投入？即如何实现火灾防治的科学性、有效性和经济性的统一？这是广大火灾安全研究工作者最为关心的问题。这些问题的解决都必须以火灾安全工程学为理论依据，对建筑物的火灾危险度进行分析和评估，然后选择切实可行、经济实用的防火措施。

图5-1是火灾损失与消防安全投入的相对关系图。从图中可以看出，增加消防安全投入可以提高安全效果。然而，建筑消防安全投入却没有必要无限制地增加，因为当消防安全投入到达一定程度后，火灾损失变化不大，这意味着在一定水平上仍不断增加安全投入，取得的安全效果实际上是相当微弱的。如何实现系统相对最大安全效益，如何实现在相对较少的消防安全投入下，将火灾对人民生命和财产造成的威胁控制在人们可以接受的范围之内，即如何实现火灾防治的科学性、有效性和经济性的统一是所要追求的目标。

2. 消防安全经济效益分析

怎样的、多大的消防安全投入才算安全？在实际的工程运用和实践中，这样的问题是很难回答的。无论是在工农业生产还是人民的日常生活中，绝对安全是不可能达到的。在人们的生产实践和生活中，客观上都会自觉或不自觉地认可或接受某种安全水平，当实际情况达到这一水平时，人们就认为是安全的，低于这一水平时，则认为是危险的。这一临界水平的安全性就是相对安全的最小值，通常也用这一值的补值（即危险性）来表述，也称为"风险值"。消防安全经济效益和消防安全投入分析就是要根据社会客观的经济能力和技术水平，以及人们对火灾危险事故的承受能力进行综合分析，以探求最佳的消防投入的效率。

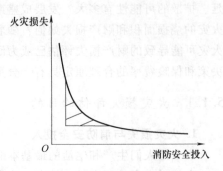

图 5-1　火灾损失与消防
安全投入的相对关系图

（1）消防安全投入的经济效益　消防安全投入有两大基本功能，第一是减损功能，降低火灾发生的可能性和火灾发生后给人们、社会和环境造成的损伤，达到保护人们的生命和财富的目的；第二是保障人们正常的劳动和生活环境，维护正常的经济增值过程，实现间接为社会增值的功能。

由第一功能创造的经济效益可以称为"拾遗补缺"，用损失函数 $L(s)$ 来表示，通常建筑消防安全投入越高，安全性就越大，火灾损失就越小。由第二种功能创造的经济效益可以称为"本质增益"，用增值函数 $I(s)$ 来表示，增值函数将随消防安全性的提高而增大，但是增值函数 $I(s)$ 并不是随安全性的提高而无限增大，它有一个极大值，该极大值取决于研究对象的功能和生产技术水平。$L(s)$ 和 $I(s)$ 的相对曲线如图 5-2 所示。

基于以上两种基本功能，消防安全投入的综合经济功能（净经济效益）用功能函数 $F(s)$ 来表示。由于火灾损失造成的经济效益为负值，故 $F(s)$ 可用下式表示：

$$F(s) = I(s) + [-L(s)] = I(s) - L(s) \tag{5-1}$$

$F(s)$ 与损失函数和增值函数的示意关系也在图 5-2 中展示。

由图 5-2 可知，当安全趋近于零时，即所研究对象系统毫无安全保障，系统不但毫无净经济效益，还可能出现很大的负经济效益。当系统安全性到达损失函数与增值函数交点对应横坐标 s_L 时，由于两种功能函数的功能值相抵消，系统的净经济效益为零。因此，s_L 也是系统安全保证的基本下限值。当 $s > s_L$ 时，净效益功能函数出现正值，并随着 s 的增大而增大。当系统的安全性 s 趋于 100% 时，净效益功能函数的增加速率逐渐降低，最终趋于增值函数 $I(s)$ 的最大值，即局限于技术系统本身的功能水平。由此可见，火灾安全水平的提高

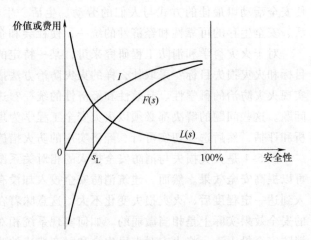

图 5-2　净经济效益函数 $F(s)$ 与损失
函数 $L(s)$ 和增值函数 $I(s)$ 的关系

并不能改变系统本身创造价值的水平，它的最大作用是保障和维护系统创造价值的功能，从而达到体现火灾安全投入的自身价值。

提高系统的安全保证需要进行安全投入，显然，对安全的需求越大，成本就越高。从理论上讲，要达到 100% 的绝对安全，其成本为无穷大。此处引入函数 $C(s)$ 来表示安全成本。如果消防安全投入效益用 $E(s)$ 表示，则安全效益函数可用下式表示：

$$E(s) = F(s) - C(s) \tag{5-2}$$

安全效益函数与消防安全投入成本函数和净经济效益函数的相对关系如图 5-3 所示。

由图 5-3 可知，在实现系统初步安全（安全基本下限）所需的安全成本是很小的。随着安全性的增加，安全成本越来越大且其增长速率也随之变大。就安全效益而言，随着安全性的增加，其经历了先增加后减小的过程。当安全性到达（超出）s_u 时，系统毫无效益，这是我们所不期望的。特别的，最佳安全效益 $E(s)_{\max}$ 所对应的安全值 s_0 可根据下式计算：

$$dE(s)/ds_0 = 0 \qquad (5-3)$$

（2）消防安全投入的最优化分析　消防安全投入的优化准则有两种：其一是安全经济效益最大，其二是消防安全投入的费用最低。也就是说，要以最小的消防安全投入来达到最大的安全经济效益。

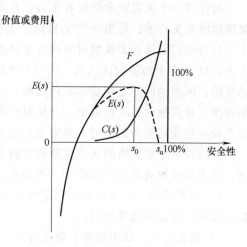

图 5-3　安全效益函数与消防安全投入成本函数和净经济效益函数的相对关系

消防安全消耗涉及两个方面，一个是事故所造成的损失，另一个是消防安全投入成本。二者之和表明了火灾安全经济负担的总量。如果消防安全经济负担总量用函数 $B(s)$ 来表示的话，根据前文所述有：

$$B(s) = L(s) + C(s) \qquad (5-4)$$

式（5-4）中 $B(s)$ 反映了消防安全经济的总体消耗，其规律可以用图 5-4 来表示。

消防安全经济最优化的一个目标函数就是 $B(s)$ 取最小值。由图 5-4 可以看出，随着安全性的增加，消防安全经济负担先减小再增加，其中在 s_0 处 $B(s)$ 有最小值 $B_{\min}$，最小值时的 s_0 可由下式求得：

$$dB(s)/ds_0 = 0 \qquad (5-5)$$

消防安全投入成本与火灾灾害损失是相互、相承的，通常投入越低，发生火灾的可能性将有所增大，火灾发生后的损失额度也将增大。不同功能建筑、不同消防安全投入的建筑火灾损失额度的评价求解是火灾财产损失评价的内容。

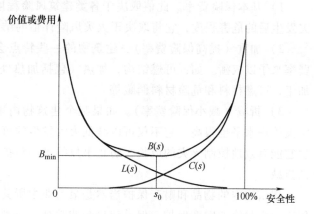

图 5-4　消防安全经济负担函数关系

（3）火灾损失评价与火灾保险　另一方面，火灾风险评估也是建筑火灾保险金额、保险费率确定的理论依据。科学的建筑物火灾保险费率的确定必须严格按照火灾风险的评估结果，即首先要根据不同的建筑功能结构和占用性质、投保对象的建筑物发生火灾可能性的大小；火灾一旦发生后的可能的波及范围和危害程度；火灾保险期限长短和范围来确定。火灾损失评估是现代保险业应树立的一个重要观念，国外火灾保险的成功经验表明，如果能将火灾保险业和火灾防范措施有机地集合起来，在火灾防治的有效性方面往往起到事半功倍的效果。

　　对任何一个火灾安全研究者来讲，在发生火灾的情况下居民的人身安全问题是他在设计建筑物时最关心的，是第一安全目标。人员疏散安全通常所指的是在没有紧急援助的情况下，分析他们能够在多快的时间内安全逃离。从国内外多起火灾的实例来看（如2·9央视大火、11·15上海静安区火灾、6·14伦敦公寓楼火灾等），考虑消防队员的安全也是十分必要的，因为他们工作是非常危险的。一个好的火灾安全研究工作者必须确保建筑物设计能够保证建筑物内的人员安全，并使财产损失降低到最小限度的同时，也必须确保在任何情况下没有危及到消防队员的人身安全，必须使他们工作的危险性保持在一个较小的状态。

　　保险商对于建筑物的火灾保险有着较多的研究，在承保火险时，保险商要严格审查建筑物，注重建筑物火灾风险的评估，要点有：

　　1）建筑结构。首要目的是限定可燃材料的总量，除结构构件以外，还应注意衬里、屋顶、天窗、内部隔墙等项目。

　　2）防火分区。既审查垂直防火分区，也审查水平防火分区，考察其是否能作为一个防火分隔来看待。

　　3）消防设备。自动控制的防排烟装置和自动喷水灭火系统对于防止火灾和减少损失是非常有利的，而且，保险商在自动喷水灭火系统上提供的优惠可能是自动火灾探测系统费用的四到五倍。

　　多数火灾保险在收取保险费时通常是基于投保金额的百分率。此百分率本身，从一个建筑物到另一个建筑物可以有显著的变化，它是通过对一个基本比率进行相应的提高和降低来实现的。

　　1）基本保险费率。此值取决于各类建筑风险程度，即各类建筑火灾发生的可能性和火灾发生后的危害程度，它将取决于火灾风险评估的结果。

　　2）加重（提高保险费率）。建筑物的一些特点会增加火灾危险性，因此，要增大保险费率来予以权衡。如：可燃结构，加热（包括加热处理和空间加热），高危险的化学或工业加工，可燃材料和危险材料储藏等。

　　3）折减（减小保险费率）。如果某个建筑物内采取了较完备的防灭火措施并且日常的防灾管理水平也很高，它不仅可以减低火灾发生的可能性，而且当火灾一旦在该建筑物内发生它能有效地控制火灾的成长，防止事故的进一步扩大。此时的火灾保险费率就会得到相应的折减。

　　建筑物内的物品和财产保护当然是最为业主所关心的。一方面，业主虽然可以通过火灾保险获得最终的财产保护，但是代价却非常高，特别是当预期的最大损失比较高的时候。另一方面，保险公司也指望火灾安全工程的方案能够使火灾损失降到最低。如通过基于火灾安全工程学的防火性能化设计，并执行严格的火灾安全管理制度，在一定程度上可以达到保护建筑物内财产的目的。与工业发达国家相比我国火灾保险业的发展相对较滞后，国外的成功经验告诉我们完善的火灾保险行业有利于火灾安全投入的实施和火灾安全水平的提高。

　　为了达到这些目的，有必要发展火灾安全工程学，像传统的工程学科，如土木、机械、化学和电子，都能对风险等级做出定量的评估一样，也必须研究火灾风险评估方法论，对建筑物火灾的人员疏散安全、财产损失进行定量评估，以支持基于火灾安全工程学的建筑物火灾安全性能化设计的全面健康发展。可以说火灾安全研究工作者还有很多工作要做，特别是在火灾风险评估方法学方面的研究工作。

5.1.2　火灾损失评估的基本方法

关于火灾损失评估的基本方法包含一些半定量和定量分析方法，下面对其中四种类型的方法进行概述：

（1）概率分布与风险评估　概率分布是进行风险决策分析所必须掌握的基础数据，也是进行风险估计所不可缺少的重要资料。研究概率分布时，必须要充分注意已获得的各种信息和统计数据。有时在基本信息不够充分的情况下，则要根据近似方法求出其概率分布。风险评估中经常用到的概率分布有离散分布、等概率分布、阶梯长方形分布、梯形分布、正态分布、泊松分布、二项式分布等。关于这些分布的概念和特性介绍请参见概率论与数理统计等有关书籍。

正态分布在风险评估中用得最多，火灾风险评估中有很多物理量可以用正态分布来表示。如不同功能建筑物内的火灾荷载的分布、火灾时人员疏散开始时间等都可以用正态分布来表示。正态分布是连续的概率分布的最重要例子之一，也称为高斯分布。该分布的密度函数：

$$f(x) = \frac{1}{\sigma\sqrt{2\pi}} \exp\left[-\frac{(x-\mu)^2}{2\sigma^2} \right] \quad (-\infty < x < \infty) \tag{5-6}$$

式中，μ 和 σ 为均值和标准差。对应的分布函数：

$$F(x) = P(X \leq x) = \frac{1}{\sigma\sqrt{2\pi}} \int_{-\infty}^{x} \exp\left[-\frac{(v-\mu)^2}{2\sigma^2} \right] \mathrm{d}v \tag{5-7}$$

若 X 有由式（5-7）给出的分布函数，则表示随机变量 X 是具有均值 μ 和方差 σ^2 的正态分布。特别地，当 $\mu = 0$ 且 $\sigma = 1$ 时称之为标准正态密度函数。此外关于标准正态分布和对数正态分布的有关表达这里不再赘述。μ 和 σ 这两个重要的正态分布参数，σ 越小，表示概率密度函数的分布范围越窄，概率密度的峰值就越大。

对于某一个参数，当给定了它的概率分布关系式时，就可以对风险发生的可能性进行估计。例如，对于某个特定的建筑物，当已知其火灾持续时间分布的概率密度时，就可以估算火灾超过某一极端燃烧时间的概率的大小。同样，如果已知火灾人员逃生时间的概率密度分布函数，就可以估算出逃生时间超过火灾危险时间的概率。

在工程运用和金融等行业上，为了对若干决策方案进行比较分析，有必要引进风险度的概念。通常风险度用 FD 表示，它是指所描述的概率分布密度分布函数中所考察的变量的标准差与其平均值的比值。其数学表达式如下：

$$FD = \frac{\sigma}{\mu} \tag{5-8}$$

式（5-8）表明，风险度越大，预测值与实际值的背离度就越大。也就是说，预测的结果的可靠性就越差，风险度就越大。

（2）事件树分析方法　当要对一个非常复杂的系统进行风险评估时，通常采用的方法是将复杂的事件层层分解，分成若干层简单事件，再根据统计结果（有时需要用主观或客观估计的方法）给出各层中各个简单事件的概率，然后画出复杂系统的事件树，通过事件树分析方法就可以得出复杂系统下某一重要事件发生概率的大小。所分析的情况用树枝状图形表示，该图形称为事件树。

事件树分析方法（Event Tree Analysis，ETA）是一种时序逻辑的事故分析方法，是安全系统工程中重要的分析方法之一。它是按照事故的发展顺序，分阶段一步一步地进行分析，每一步都从成功和失败两种可能后果考虑，直到最终结果为止。事件树分析方法既可以定性地了解整个事件的动态变化过程，又可以通过分析每一步成功和失败的概率，定量地算出个阶段的可能概率，并最终了解事故的各种状态的发生概率。

事件树分析的基本程序可概括为如下四个步骤：

1）确定系统及其构成因素。具体就是明确要分析的对象和范围，找出系统的组成要素（子系统），以便展开分析。

2）分析各要素的因果关系，成功与失败的两种状态和其可能的概率。

3）从系统的起始状态或诱发事件开始，按照系统构成要素的排列次序，从左向右逐步编制与展开事件树。

4）标出各节点的成功与失败的概率值，并进行定量分析和计算，求出最终各个状态的发生概率。

在火灾风险评估中可以用事件树分析的方法来求解火灾一旦发生后火灾蔓延到各个不同阶段的概率，也可以通过事件树分析来求解火灾发展到轰燃的概率。关于事件树的详细描述请参考本书第4.5节。

（3）蒙特卡洛模拟分析法　蒙特卡洛（Monte Carlo）虽是摩纳哥的一个著名赌城，但在统计学中蒙特卡洛已成为数学模拟试验的专用名词。蒙特卡洛模拟分析法主要是对一些大型复杂项目或复杂决策系统的风险进行分析。蒙特卡洛模拟分析法的实质是利用服从某种分布的随机变量来模拟现实系统中可能出现的随机现象，采用蒙特卡洛模拟分析方法必须借助计算机进行大量次数的模拟试验才能得到有价值的分析结果。在火灾风险评估研究中，有很多随机变量服从某种分布，如某种功能建筑物内的火灾荷载、人员疏散时的反应时间等。

运用蒙特卡洛模拟分析方法依据以下重要步骤：

1）首先要确定研究对象的状态概率分布。进行蒙特卡洛模拟分析的前提条件就是要已知模拟对象的概率分布。模拟对象的概率分布既可根据经验数据确定，也可根据一定的理论来确定。比如，可用正态分布来描述产品质量特征值的概率分布，在火灾研究中也可用正态分布来描述建筑物内火灾荷载的分布情况。

2）其次是数值模拟。具体做法是将研究对象的概率分布映射到一个实数区间（通常取0~99），然后利用随机数表或计算机产生这一实数区间的随机数。若该随机数落在某一事件发生概率所对应的区间内，则认为该事件发生了。

蒙特卡洛模拟分析方法的特点是，随着模拟次数的增加，计算结果的可靠性就越大。早前，在计算机不太普及的情况之下主要用手工进行模拟计算，由于工作量太大，难以普及。随着计算机的不断普及和计算能力的提高，蒙特卡洛模拟分析法在风险分析中已成为常用的分析方法，尤其在企业和金融市场的决策中发挥了重大作用。同样在火灾风险分析中也可以用蒙特卡洛模拟分析法进行风险分析。如一个建筑物会不会发生火灾由很多因素共同决定，建筑物内危险物的种类及其分布，建筑物内的人员状况，建筑物的使用功能，气候状况等。采用蒙特卡洛模拟分析方法可以对上面的状态变量对火灾发生影响的敏感性变化进行分析，以发现各种状态变量对火灾发生的影响程度。经过多次的动态模拟和比较分析，就有可能找到影响火灾发生的最敏感因素，并以此作为消防管理过程中控制火灾发生的主要目标。

（4）美国道化学公司火灾爆炸指数评价法 美国道化学公司火灾爆炸指数评价法是一种专门针对工业范围内的火灾（爆炸）进行评价的方法。是一种为了真实地量化潜在火灾事故的损失、确定可能引发事故的工艺或单元，并帮助确定减轻潜在事故后果和损失的可行的途径而进行的方法。该方法是以工艺过程中物料的火灾爆炸潜在危险性为基础，结合工艺、物料量等因素求取火灾爆炸指数，进而得到可能的经济损失，并以此来评价该生产装置或工艺流程的安全性。其定量依据主要是物质的潜在能量、现行的安全措施情况和以往的有关统计资料。

关于进行美国道化学公司火灾爆炸指数评价法之前需要准备的资料清单已在表 5-1 中列出，其评价过程简述如下：

1）选择工艺（评价）单元。注意只需评价那些从预防损失角度看来影响比较大的工艺单元即可。

2）确定物质系数（MF）。它是表征物质受激发形成火灾事故释放能量大小的内在特性的基础数值，可参考美国消防协会指定的物质系数表。

3）计算一般工艺危险系数（F_1）。一般工艺危险性是确定事故损害大小的主要因素，包括通道、物料处理与输送、吸热反应、放热反应、封闭式或室内工艺单元、排放和泄漏控制六项。

4）计算特殊工艺危险系数（F_2）。特殊工艺危险性是影响事故发生概率的主要因素，包括易燃和不稳定物质的量、易燃范围内及接近易燃范围的操作、粉尘爆炸、毒性物质、使用明火设备、压力、负压、热油交换系统、低温、转动设备、泄漏接头和填料、腐蚀与磨损十二项。

5）确定单元危险系数（F_3）。其值等于 F_1 与 F_2 的乘积。

6）计算火灾爆炸指数（$F\&EI$），来估算生产过程中事故可能造成的破坏情况，其值等于 MF 和 F_3 的乘积。该方法还将 $F\&EI$ 分为了 5 个危险等级，以方便了解工艺单元事故的严重度。

7）确定暴露面积。用 $F\&EI$ 乘以 0.84 即可求出暴露半径 $R(\mathrm{ft})$，进而得到暴露面积 $S=\pi R^2$。

8）确定暴露区域内财产的更换价值。其值等于原来成本与价格增长系数的乘积再乘以一个无须更换或未被破坏的补偿系数（推荐取 0.82，可根据实际情况改变）。

9）确定危害系数。可根据 F_3（最大取 8.0 即可）和 MF 进行确定，具体参考单元危害系数计算图。

10）计算最大可能财产损失（基本 $MPPD$）。其值等于暴露区域的更换价值与危害系数的乘积。

11）计算安全措施补偿系数（C）。该方法考虑了工艺控制（C_1）、物质隔离（C_2）和防火措施（C_3）三类安全措施，其值参考安全措施补偿系数表，最终 C 的值等于 C_1、C_2、C_3 的乘积。

12）确定实际最大可能财产损失（实际 $MPPD$）。其值等于 C 乘以基本 $MPPD$。

13）计算最大可能工作日损失（$MPDO$）。可根据实际 $MPPD$ 查 $MPDO$ 计算图得到。

14）估算停产损失（BI）。$BI = \dfrac{MPDO}{30} \times VPM \times 0.7$，其中 VPM 表示月产值，固定成本和利润取 0.7。

最后根据造成损失的大小确定其安全程度。

火灾爆炸指数法基本评价程序如图 5-5 所示。

表 5-1　美国道化学公司火灾爆炸指数评价法事前资料清单

序　号	名　称
1	装置或工厂的设计方案
2	火灾爆炸指数计算表
3	安全措施补偿系数表
4	物质系数确定表
5	火灾爆炸指数危险度分级表
6	工艺单元风险分析汇总表
7	工厂风险分析汇总表
8	有关装置的更换费用数据

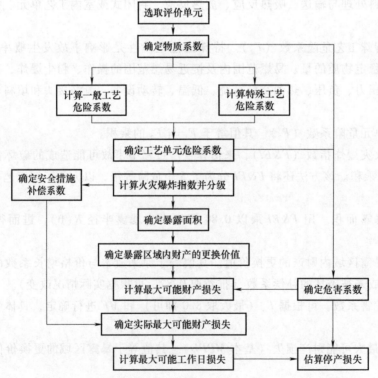

图 5-5　美国道化学公司火灾爆炸指数法的基本评价程序图

5.2 ｜ 建筑火灾财产损失评估方法

在所有的火灾中，建筑火灾是危害较大的火灾形式之一。特别是由于当今城市功能复杂，大型和超大型建筑、公共娱乐场所的大量建设，再加上城市人员密度大，财产集中等原因，一旦发生火灾就有可能造成巨大的财产损失和人员伤亡，并造成严重的社会影响。

对于不同类型建筑，由于其使用功能的不同，其内部可燃物的种类和含量、电器以及能量的利用程度将大大不同，那么火灾发生的概率将有所差别。一旦建筑物内火灾发生后，其蔓延的概率有多大？会不会发展成盛期火灾？盛期火灾的持续时间有多长？所有这些由火灾发生后造成的财产损失程度不仅与建筑物的防灭火特性有关，还与建筑物内可燃物的种类、含量和分布情况等有关。因此，要对建筑物的火灾财产损失进行有效、准确的评价，首先必须要了解不同功能建筑物的火灾发生概率，同时还必须对不同功能建筑物内的可燃物的种类和火灾荷载进行准确的统计。

另一方面，火灾风险评估，建筑火灾财产损失评估和预测也是建筑消防性能化设计的基础内容。由于现行的消防法规和规范无法满足日益增加的大型、超大型建筑的消防设计需求，必须借助于消防性能化设计来达到设计合理的消防措施、有效地降低火灾危险的目的。一个合理的建筑消防性能化设计是离不开科学的火灾风险评估方法。一个科学的火灾风险评估、火灾财产损失评估方法必须将火灾动力学和统计理论相耦合，必须在充分了解和掌握了火灾孕育、发生和发展的动力演化机理基础之上，建立综合考虑火灾统计结果、建筑物的结构特性、所采取的防灭火措施的科学的风险评估方法。

5.2.1　火灾荷载的概念及其统计方法

火灾荷载是描述区域内所有可燃材料燃烧释放的总能量的量度，建筑物的火灾荷载是指建筑物内所有可燃物完全燃烧时放出的总热量。通常用单位面积上所承受的热量来表示建筑物的火灾荷载密度。建筑物的火灾荷载是预测可能出现的火灾的大小和严重程度的基础。一般火灾荷载密度越高，则可能出现的火灾越严重，从而建筑物本身及建筑物内的人员财产的危险度越高。

建筑物之所以会发生火灾，其根本原因是建筑物内包含大量可燃物在内的引发火灾的各种因素存在，因此首先必须对建筑物的火灾荷载进行统计分析。火灾荷载统计研究的主要内容包括建筑物内可燃物的构成及分布情况；不同功能建筑物的火灾荷载密度分布规律。然后利用一些理论和经验公式计算不同功能建筑的火灾参数，如热释放速率、盛期火灾持续时间等。有了这些火灾参数就可以对火灾引起的建筑物本身的破坏程度及对人员、财产造成的威胁进行评价。最后根据建筑物火灾危险度的量化评估结果，给出该建筑物必须采取的有效的防火措施和整改建议。

（1）火灾荷载密度的计算方法　由于建筑物内可燃物的种类繁多，形态各异，不同可燃物的热值也相差较大。所以在计算建筑物的火灾荷载时通常是对建筑物内的可燃物的种类和质量进行统计，再根据不同可燃物的燃烧热值的大小来计算其火灾荷载密度。单位面积的火灾荷载可用下式表示：

$$q = \sum \frac{M_i \Delta H_i}{A_t} \tag{5-9}$$

式中，q 为火灾荷载密度（MJ/m^2）；M_i 为单个可燃物的质量（kg）；ΔH_i 为单个可燃物有效热值（MJ/kg）；A_t 为空间内地板面积（m^2）。

在一些论文和书籍中，将火灾荷载密度（MJ/m^2）转化为等热值的标准木材来表示

（kg/m^2），即将由式（5-9）得到的火灾荷载密度除以标准木材的热值（通常取 18MJ/kg）。在本章中，火灾荷载密度的表示方法多以单位面积火灾标准木材的质量来表示。

在对建筑物内的火灾荷载进行统计时，通常将可燃物分为两类：第一大类是固定可燃物，它主要是指固定在地板、顶棚和墙壁上的可燃物，如顶棚和壁橱等；第二大类是移动可燃物，它主要包括家具、棉毛衣物、书籍等可移动可燃物和其他一些装饰品。

（2）火灾荷载的统计过程　在统计建筑物内的火灾荷载时，通常做如下基本假设：

1）整个建筑物内，可燃物均匀分布。

2）所有可燃物都会着火。

3）火灾发生时，着火房间内的所有可燃物都会全部燃尽。

对于某种特定功能的建筑，确定其所有的移动可燃物和固定可燃物，测出所有可燃物的质量，进而计算出火灾荷载密度。进行火灾荷载统计时通常采用下面几种测量方法：

1）质量法：即直接称出各类可燃物的质量，这主要适用于体积较小、质量较轻的可燃物，如椅子、衣物、日用品等。

2）体积法：即通过测量体积，然后取一定的小样本算出其密度，从而推算出可燃物的质量。这主要适用于体积较大、质量较重或无法称量的可燃物，如固定的计算机桌、教室课桌、门框、顶棚等。

3）文献法：对于某些特定可燃物，如计算机等直接取文献值。

（3）常见可燃物的有效热值　如前所述，火灾荷载为建筑物内所有可燃物燃烧放出的总热量，它是预测可能出现的火灾大小和严重程度的基础。

建筑物内有各种各样可燃物，不同可燃物的有效热值不同。如何衡量不同可燃物燃烧后放出的热量是我们首先关心的问题。对某个建筑而言，对该建筑物内的火灾荷载进行统计时，需要对建筑内可各种可燃物的质量、厚度、表面积等进行统计，然后再根据不同可燃物的有效热值进行计算。表 3-13 列出了建筑物内的常见可燃物（主要有各类家具、衣物、食品、办公用品、纸张、橡胶等）有效热值的大小和范围。

5.2.2　建筑火灾发展阶段的划分

火灾从起火室蔓延至建筑物内其他区域除了受到建筑结构（如建筑分隔情况、建筑物分隔墙的耐火极限等）与可燃物特性及放置状况之外，建筑物内的防灭火措施也是一个十分重要的影响因素。虽然一些建筑物内设置了相关的消防设施，但火灾发生时，由于防灭火措施系统可靠性的原因，就有可能导致火灾继续发展蔓延。因此，为了更加客观、准确地对建筑火灾造成的直接财产损失进行评估，很有必要考虑建筑物内防灭火设施的可靠性和有效性。由于火灾发展到不同的阶段，外部因素主要受建筑物内防灭火措施的影响，这里以火灾成长概率和火灾发生后建筑物的烧损面积为目标函数，对火灾发生后的成长概率和火灾的直接损失做出评估。

（1）影响火灾发展的要素　影响火灾发展的主要因素有：火灾环境、建筑物的空间结构和特性、建筑物的防灭火措施、防灭火设备的可靠性和有效性、科学的防灾管理等。

1）火灾环境。火灾环境主要包括起火室（房间）可燃物的特性，起火室的空间结构和面积等。通常在火灾发生的初期，采用的火灾模型为时间的平方：

$$Q = \alpha t^2 \tag{5-10}$$

式中，Q 为火灾热释放速率；α 为火灾成长系数；t 为火灾发生后的时间。

很显然，当室内可燃物不同时，不仅其燃烧热值不同，其火灾成长系数也将大不相同。表 5-2 列出了一些功能建筑物的火灾成长系数。在实际的工程运用中可以根据不同功能建筑物中可燃物的特性直接由表 5-2 获得火灾成长系数 α。

除了通过查表 5-2 外，火灾增长系数 α 还可以通过综合考虑可燃物荷载密度的影响（α_f）以及墙和顶棚的影响（α_m）计算得到：

$$\alpha = \alpha_f + \alpha_m \tag{5-11}$$

其中：

$$\alpha_f = 2.6 \times 10^{-6} q^{\frac{5}{3}} \tag{5-12}$$

表 5-2　火灾成长系数

分类	火灾成长系数 α 的值		适用场所
超快速火	高	—	商店，加油站等
	标准	0.20	
	低	0.14	
快速火	高	0.07	旅馆，办公室等
	标准	0.05	
	低	0.03	
中速火	高	0.02	医院，办公室等
	标准	0.0125	
	低	0.009	
慢速火	高	0.005	学校
	标准	0.003	
	低	—	

α_m 根据装修材料和可燃等级的不同而不同，根据表 5-3 可确定各火灾场景的 α_m 值。

表 5-3　α_m 与建筑物装修材料可燃等级

墙面装修材料等级	$\alpha_m/(\mathrm{kW/s^2})$
A	0.0035
B1	0.014
B2	0.056
B3	0.35

另一方面，起火室烟气层的温度和高度除了与可燃物的燃烧特性有关外，还与起火室的高度、面积有关。内装饰材料的不同不仅影响火灾成长系数 α 的大小，同时还直接影响到火灾是否会发生轰然以及由初期火灾发展到轰燃的时间。这些都是影响火灾发展的要素。

2）建筑物的防灭火设备。建筑火灾一旦发生后，能不能在最短的时间内发现火灾并实施火灾的扑救，将火灾控制在一个较小的状态，以减少火灾的直接经济损失和人员的伤亡，这很大程度上取决于该建筑物内防灭火措施的有无和其可靠性。建筑物内的防灭火设备主要包括火灾自动探测和报警设备、水喷淋设备、小型灭火器、消火栓、排烟设备和非常电源等。一个建筑物内只设置了必要的防灭火设备还不行，还必须保证这些防灭火设备在火灾发生时有效工作。应该说确保建筑物内防灭火设备的有效可靠启动更为重要。根据以往的统计结果，各种消防设备中技术水平较高、日常的维护和管理做得比较好的，完好率相对较高。

3）建筑物的空间特性。防火分区的设定是控制火灾蔓延，防止灾害扩大的有效方法之一。作为防火分区所用的材料主要有防火墙和防火门（包括防火卷帘）。那么防火墙和防火门的有效耐火时间、防火门关闭的可靠性和有效性等将影响到火灾能否向邻近防火分区蔓延。表5-4是各类防火门的关闭可靠性的统计结果。

表5-4　各类防火门关闭的可靠性

门 的 状 态	防火门的种类	关闭的可靠性
长期关闭	防火门	0.97
随时关闭	防火门	0.97
与感温、感烟等探测器联动	防火卷闸门	0.91

（2）火灾发展阶段分割　科学的火灾风险评估方法是基于火灾动力学和概率统计理论相耦合。为了对火灾发生后的成长概率和火灾的直接损失做出科学的评价，以火灾成长概率和火灾发生后建筑物的平均过火面积为目标函数。根据火灾发展过程中的不同危险程度和消防设施防灭火的效果，将火灾由初期发展到整个防火分区的过程分为五个阶段，结合系统安全分析的方法对每个阶段火灾风险、火灾成长概率进行分析，对火灾发生后的烧损面积进行预测。各个阶段火灾的特点及主要防灭火措施的影响因素见表5-5。

表5-5　火灾不同发展阶段的划分及特征

火灾发展阶段	防灭火措施	特　征
阶段1	灭火器	火灾处于初期阶段，热释放速率较小，可以被灭火器扑灭
阶段2	室内消火栓 水喷淋	火灾已发展到一定的阶段，此时室内的灭火器已经不能将火灾有效地扑灭（或控制），需要借助室内消火栓或自动水喷淋扑灭（或控制）
阶段3	消防队	火灾超出阶段2发展到旺盛燃烧的阶段。火势发展较快，并很有可能发生轰燃
阶段4	起火室通向相邻区域的门	起火室所有可燃物开始燃烧
阶段5	消防队，防火卷帘	火灾进一步发展，由起火室蔓延到整个防火分区

1）阶段1，指的是从着火到能够被建筑物内人员使用灭火器扑灭的阶段。这个阶段火灾处于火灾的初期发展阶段，这时热释放速率较小、产生的烟气较少，是控制火灾发展蔓延的最佳时机。

2）阶段2，指的是人员使用灭火器扑救失败，使得火灾在阶段1没有得到有效地扑灭或控制，导致火灾继续发展的阶段。此时，室内的灭火器已经不能将火灾有效地扑灭，需要借助于自动水喷淋或室内消火栓进行灭火。

3）阶段 3，指的是水喷淋或人员使用室内消火栓灭火失败，火灾没有得到遏制而继续发展到充分发展阶段。在这个阶段很有可能造成轰燃，使得起火室的可燃物基本上都开始燃烧。当火灾发展到这个阶段时，仅仅依靠建筑物内的灭火设施的自救已经很难扑灭或控制火灾了，需要借助消防队的力量来控制火灾。

4）阶段 4，指的是阶段 3 轰燃之后，起火室内所有可燃物开始燃烧，但由于起火室分隔墙或门的关闭，使得火灾未蔓延至相邻区域。这个阶段火灾能否蔓延出起火室主要影响因素是分隔墙或门的耐火时间。

5）阶段 5，指的是由于起火室火灾持续时间超过分隔墙或门的耐火时间或阶段 4 消防队扑救得不及时，导致火灾蔓延至起火室所在的防火分区的阶段。这个阶段只能通过防火卷帘的关闭来阻止火灾向其他防火分区蔓延，为消防队控制火灾的蔓延赢得宝贵时间。

图 5-6 可更加清楚地说明五个火灾发展阶段以及各自的影响因素。

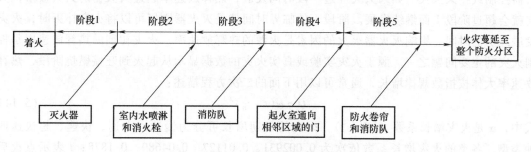

图 5-6　火灾不同发展阶段的概念图

5.2.3　各阶段火灾成长概率

基于火灾动力学演化特征，考虑建筑物内防灭火设施的影响，将火灾发展过程分为五个阶段。下面就通过引入事件树分析，将每个阶段的防灭火措施作为影响事件考虑，分析计算每个阶段火灾的成长概率，并基于各阶段火灾动力学的特征，对每个阶段的临界时间进行计算。

（1）阶段 1 火灾的成长概率及临界时间　假定火灾在建筑物内某防火分区开始起火。阶段 1 是指火灾还处于初期阶段，可以被人员使用灭火器扑灭。阶段 1 火灾能否被及时发现与扑灭，主要取决于火灾探测报警系统和灭火器工作的可靠性。如果火灾发生后，自动探测系统能够及时动作发出警报，那么建筑物内的人员就有可能利用灭火器将火灾扑灭在阶段 1。如果自动探测报警系统没有能够及时动作，那么火灾就会继续发展，即使被建筑物内的人员发现，此时的火灾已经不能被灭火器扑灭。通过利用事件树的方法分析了在火灾探测报警系统和灭火器这两种防灭火设备的影响下，阶段 1 火灾可能的发展情况，如图 5-7 所示。

图 5-7 所示从火灾探测报警系统和灭火器的防灭火有效性分析了火灾在阶段 1 发展的可能结果。利用事件树的分析方法，可以计算出火灾发展超出阶段 1 的概率：

$$P_{ph1} = P_{de}(1 - P_{fe}) + (1 - P_{de}) = 1 - P_{de}P_{fe} \tag{5-13}$$

式中，P_{ph1} 表示火灾发展超出阶段 1 的概率；P_{de} 表示火灾探测报警成功的概率；P_{fe} 表示灭火器灭火成功的概率。

为了对发生火灾后建筑物内可能导致的直接财产损失进行评估，还需要得到每个阶段的

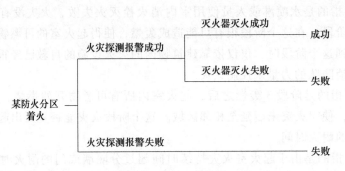

图 5-7　阶段 1 事件树

临界时间。对于阶段 1 而言，火灾能否超出阶段 1 主要看建筑物内的人员能否成功地使用灭火器控制或扑灭火灾。如果火灾经过一段时间发展，热释放速率超过灭火器的灭火极限，火灾就会超过阶段 1 而继续发展。阶段 1 的临界时间就是灭火器刚好可以将火灾扑灭时，火灾发展经历的时间。影响灭火器灭火的因素是火源的热释放速率。火灾初期的热释放速率是控制火灾的主要问题之一。源于火灾实验或真实火灾的数据显示从起火到旺盛燃烧阶段，热释放速率大体按指数规律增长，通常可以用下面的二次方程描述：

$$Q = \alpha (t - t_0)^2 \tag{5-14}$$

式中，α 是火灾增长系数（kW/s^2），火灾的初期增长可分为慢速、中速、快速、超快速四种类型，各类的火灾增长系数依次为 0.002931、0.01127、0.04689、0.1878；t 表示点火后的时间（s）；t_0 表示开始有效燃烧所需的时间（s）。

　　这里认为开始有效燃烧所需的时间就是火灾发生到火灾探测报警的时间。根据文献，在火源的热释放速率没有超过 950kW 的时候，火灾可以被灭火器扑灭。那么，火源热释放速率达到 950kW 时所对应的时间即是火灾可以被灭火器扑灭的临界时间：

$$t_{950} = \sqrt{\frac{950}{\alpha}} + t_{fa} \tag{5-15}$$

式中，t_{950} 表示火灾可以被灭火器扑灭的临界时间（s）；t_{fa} 表示火灾发生到探测报警的时间（s）。

　　阶段 1 的临界时间 T_{ph1} 就等于火灾可以被灭火器扑灭的临界时间：

$$T_{ph1} = t_{950} \tag{5-16}$$

　　（2）阶段 2 火灾的成长概率及临界时间　　如果灭火器灭火失败，就会导致火灾进一步发展，火灾就会超过阶段 1 而发展到阶段 2，这时灭火器已经不能有效地控制、扑灭火灾。阶段 2 是指自动水喷淋或室内消火栓将火灾扑灭的阶段。在这个阶段影响火灾发展的主要因素是室内自动水喷淋、消火栓和排烟设备的工作状况。如果水喷淋启动成功，那么火灾就会被扑灭或控制。如果水喷淋启动失败，那么就需要人员使用室内消火栓进行灭火。在阶段 2，火灾处于发展阶段，室内温度逐渐升高，同时会产生大量高温、有毒的烟气，这些大量高温、有毒的火灾烟气对人员使用室内消火栓扑救火灾十分不利。所以，排烟设备的及时启动是保证人员使用室内消火栓成功扑灭火灾的关键。在考虑水喷淋、排烟设备和室内消火栓的情况下，分析阶段 2 火灾发展的可能结果（图 5-8）。

　　在阶段 2，火灾进展主要受水喷淋、排烟设备和室内消火栓的影响，通过对图 5-8 所示的事件树进行分析，火灾发展超出阶段 2 的概率可由下式表示：

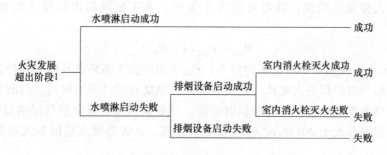

图 5-8　阶段 2 事件树

$$P_{ph2} = P_{ph1}\left[P_{me}(1 - P_{sp})(1 - P_{hy}) + (1 - P_{sp})(1 - P_{me})\right] \tag{5-17}$$
$$= P_{ph1}(1 - P_{sp})(1 - P_{me}P_{hy})$$

式中，P_{ph2} 表示火灾发展超出阶段 2 的概率；P_{me} 表示排烟设备启动成功的概率；P_{sp} 表示自动水喷淋灭火成功的概率；P_{hy} 表示室内消火栓灭火成功的概率。

在阶段 2，火灾发展过程中会产生一些高温、有毒的烟气，当这些高温、有毒的烟气下降到对人有危害的高度时，就会影响人使用室内消火栓灭火。火灾中的临界危险状态是指火灾环境可对室内人员造成严重伤害的火灾状态。现在一般根据以下三种因素判定火灾对人员构成的危险：火焰和烟气的热辐射、烟气层的高温以及烟气中的有毒气体的浓度。试验表明：当人体接受的热辐射通量超过 0.25W/cm² 时，将造成严重灼伤。当上部烟气层的温度高于 180~200℃ 时，它对人体的辐射危害就会达到这种程度。而热烟气层降至与人体直接接触的高度时，即烟气层界面低于人眼特征高度时，烟气层对人的危害将是直接烧伤或吸入热气体引起的，这种危险状态应使用另一个略低的烟气温度表示。根据某些试验，此值为 110~120℃。在烟气层界面低于人眼特征高度时，还可以根据某种有害燃烧产物的临界浓度判定是否达到了危险状态，例如 CO 浓度达到 2500cm³/m³ 时就可对人构成严重危害。在火灾中，这三种危险状况哪一个先到达就采取哪一个作为判断依据。人眼的特征高度通常为 1.2~1.8m，环境温度一般取为 21℃ 左右。

这里取烟气层的高度下降到 1.5m 高度时的时间为阶段 2 的临界时间 T_{ph2}。达到危险状况的时间既可以根据实验数据整理出来的经验公式，也可以通过成熟的计算程序得到。由于区域模拟程序具有一定的精度，而计算工作量又不太大，例如，ASET 程序、CFAST 程序等均可较快地计算出室内火灾中达到危险状态所需的时间，所以这里通过区域模拟软件计算阶段 2 的临界时间。

（3）阶段 3 火灾的成长概率及临界时间　自动水喷淋、排烟系统或室内消火栓的失效就会导致火势的进一步发展。这时，单纯依靠建筑物内的灭火设施已经不能有效地控制火灾的发展，只能依靠消防队的扑救，如果阶段 2 之后未得到消防队的及时扑救，火灾就会发展到阶段 3。阶段 3 即是指火灾超出阶段 2 发展到旺盛燃烧开始的阶段。随着火灾的发展，燃烧释放出大量的热量，在顶棚和墙壁的限制下，这些热量不会很快从其周围散失。燃烧生成的热烟气在顶棚和墙壁上部受到了加热。如果火焰区的体积较大，火焰还可直接撞击到顶棚，甚至随烟气顶棚射流扩散开来，这样向扩展顶棚传递的热量就更多。反过来，扩展顶棚温度的升高，又可以辐射形式到可燃物。另外，不断增加的热烟气层的厚度和温度对房间下方的热辐射也不断增强。如果可燃物较多且通风条件足够好，就有可能发生轰燃。

这个阶段火势发展较快，并有可能发生轰燃。火灾发展超出阶段 3 的概率可由下式计算：

$$P_{\text{ph3}} = P_{\text{ph2}}(1 - P_{\text{fb3}}) \tag{5-18}$$

式中，P_{ph3} 表示火灾发展超出阶段 3 的概率；P_{fb3} 表示阶段 3 消防队及时有效扑救的概率。

阶段 3 的临界时间即是火灾从开始发展到旺盛燃烧阶段经历的时间。判断轰燃出现的依据有两个：顶棚温度和地板平面处的辐射通量。一般认为当着火室烟气层的温度大于 600℃ 或地板处的辐射通量大于 20kW/m² 时就会发生轰燃。火灾轰燃之前的烟气层温度可由下列公式计算：

$$T_{\text{ht}} = 0.0236Q^{\frac{2}{3}}(h_k A_t A\sqrt{H})^{-\frac{1}{3}} T_\infty + T_0 \tag{5-19}$$

$$h_k = \sqrt{k\rho c/t_{\text{fo}}} \tag{5-20}$$

$$Q = \alpha(t - t_{\text{fa}})^2 \tag{5-21}$$

式中，T_{ht} 为烟气层温度（℃）；Q 为热释放速率（kW）；h_k 为室内墙壁的有效传热系数 [kW/(m²·K)]；A_t 为房间内表面积（m²）；A 为房间开口面积（m²）；H 为房间开口高度（m）；T_∞ 为环境温度（K）；T_0 为房间初始温度（K）；k 为内衬材料的导热系数 [kW/(m·K)]；ρ 为内衬材料的密度（kg/m³）；c 为内衬材料的比热容 [kJ/(kg·K)]；t_{fo} 为火灾燃烧特征时间（s）。

根据不同室内装修材料确定烟气层温度，结合式（5-19）~ 式（5-21），就可以得出阶段 3 的临界时间 t_{ph3}：

$$t_{\text{ph3}} = t_{\text{fo}} \tag{5-22}$$

（4）阶段 4 火灾的成长概率及临界时间　建筑物内某个局部起火之后，如果可燃物较多且通风条件足够好，则明火可以逐渐扩展，乃至蔓延到整个房间，在这种情形下就会出现轰燃。阶段 4 火灾发生轰燃之后，标志着火灾充分发展阶段的开始，室内所有可燃物几乎都开始燃烧。此时，由于起火室被分隔墙或门与相邻区域分隔开，所以火灾能否蔓延至相邻区域主要受分隔墙或门的耐火时间的影响，并有可能出现以下两种结果：①火灾持续时间小于分隔墙或门的耐火时间，火灾未蔓延至相邻区域；②火灾持续时间大于分隔墙或门的耐火时间，火灾蔓延至相邻区域。可见，火灾能否超出阶段 4 而继续发展，火灾持续时间是一个重要的因素。由于火灾初期阶段可燃物的消耗较少可以忽略，那么充分发展阶段火灾的持续时间可根据起火室可燃物的总量与火灾时可燃物的质量燃烧速率来估算：

$$t_{\text{dur}} = \frac{W}{\dot{m}} \tag{5-23}$$

式中，t_{dur} 表示火灾持续时间（s）；W 表示起火室内可燃物的质量（kg）；$\dot{m}$ 表示质量燃烧速率（kg/s）。

起火室可燃物的质量可以通过火灾荷载密度和地板面积得到：

$$W = A_f q \tag{5-24}$$

式中，A_f 为起火室地板面积（m²）；q 为火灾荷载密度（kg/m²）。

Kawagoe 等用木垛为燃料，对室内火灾的发展进行了较系统的研究，发现轰燃后的火灾，燃烧速率与通风口的面积和形状的关系可用下式描述：

$$\dot{m} = 5.5A\sqrt{H} \tag{5-25}$$

式中，A 为通风口的面积（m^2）；H 为通风口的高度（m）。

式（5-25）表达的燃烧速率单位为 kg/min，如果将其转化为 kg/s，则有：

$$\dot{m} = 0.092A\sqrt{H} \tag{5-26}$$

综合式（5-23），式（5-24）和式（5-26），可得：

$$t_{dur} = \frac{A_f q}{0.092A\sqrt{H}} \tag{5-27}$$

令 $k = \dfrac{A_f}{0.092A\sqrt{H}}$，它是表征建筑物结构特征的一个参数，它与建筑物的地面面积、窗口面积及开口高度有关。此时，火灾的持续时间：

$$t_{dur} = kq \tag{5-28}$$

调查统计结果显示，相同功能建筑物内的火灾荷载密度服从对数正态分布，即各类功能建筑物内的火灾荷载密度的分布规律可由下式表示：

$$f(q) = \frac{1}{\sqrt{2\pi}\sigma_{lnq} q} \exp\left[-\frac{(lnq - \mu_{lnq})^2}{2\sigma_{lnq}^2} \right] \tag{5-29}$$

另据对数正态分布的性质，火灾荷载密度 q 服从对数正态分布，那么 lnq 则服从正态分布。式（5-29）中的 μ_{lnq} 与 α_{lnq} 为正态分布 $f(lnq)$ 的平均值和标准差，那么火灾荷载密度服从对数正态分布 $f(q)$ 的平均值和方差用下式表示：

$$\mu_q = \exp\left(\mu_{lnq} + \frac{1}{2}\sigma_{lnq}^2\right) \tag{5-30}$$

$$\sigma_q^2 = \exp\left(\sigma_{lnq}^2 + 2\mu_q\right)\left(e^{\sigma_{lnq}^2} - 1\right) \tag{5-31}$$

基于式（5-30）和式（5-31）可得正态分布的 $f(lnq)$ 的平均值和标准差 μ_{lnq} 与 σ_{lnq}：

$$\mu_{lnq} = \ln\frac{\mu_q}{\sqrt{1 + \dfrac{\sigma_q^2}{\mu_q^2}}} \tag{5-32}$$

$$\sigma_{lnq} = \sqrt{\ln\left(1 + \frac{\sigma_q^2}{\mu_q^2}\right)} \tag{5-33}$$

如果对式（5-28）两边取自然对数：

$$lnt_{dur} = lnk + lnq \tag{5-34}$$

根据正态分布的性质，lnt_{dur} 也服从正态分布，相对于 lnq 而言，只是概率密度曲线向坐标轴右方平移了 lnk：

$$f(lnt_{dur}) = \frac{1}{\sqrt{2\pi}\sigma_{lnt_{dur}}} \exp\left[-\frac{(lnt_{dur} - \mu_{lnt_{dur}})^2}{2\sigma_{lnt_{dur}}^2} \right] \tag{5-35}$$

式中，$\mu_{lnt_{dur}}$ 表示正态分布 $f(lnt_{dur})$ 的平均值；$\sigma_{lnt_{dur}}$ 表示正态分布 $f(lnt_{dur})$ 的标准差。

对于一座建筑的某起火室而言，lnk 为一常数，根据正态分布的性质，$f(lnt_{dur})$ 的平均值和标准差按下式计算：

$$\mu_{lnt_{dur}} = \ln\frac{\mu_q}{\sqrt{1 + \dfrac{\sigma_q^2}{\mu_q^2}}} + lnk \tag{5-36}$$

$$\sigma_{\mathrm{ln}t_{\mathrm{dur}}} = \sqrt{\ln\left(1 + \frac{\sigma_q^2}{\mu_q^2}\right)} \tag{5-37}$$

阶段 4 火灾能否突破墙或门的分隔，从而蔓延至相邻区域主要取决于火灾的持续时间和墙或门的耐火时间极限。如果耐火时间极限是 t_{max}，则当火灾持续时间 $t > t_{\mathrm{max}}$ 时，表示阶段 4 火灾突破分隔开始蔓延至相邻区域：

$$P_{\mathrm{fail}} = \int_{t_{\mathrm{max}}}^{\infty} f(t_{\mathrm{dur}})\,\mathrm{d}t_{\mathrm{dur}} \tag{5-38}$$

式中，P_{fail} 为阶段 4 火灾开始蔓延至相邻区域的概率。

基于式（5-38），火灾发展超出阶段 4 的概率按下式计算：

$$P_{\mathrm{ph4}} = P_{\mathrm{ph3}}P_{\mathrm{fail}} \tag{5-39}$$

式中，P_{ph4} 为火灾发展超出阶段 4 的概率。

（5）阶段 5 火灾的成长概率及临界时间　火灾发展到旺盛阶段之后，就会向同一防火分区的其他房间蔓延，从而导致其他房间着火，使得整个防火分区内发生火灾。为了防止火灾蔓延出防火分区，防火卷帘需要及时降下关闭。除此之外，消防队及时有效的扑救也是防止火灾蔓延出防火分区的一个重要因素。阶段 5 是指火灾由起火室蔓延到整个防火分区。在考虑防火卷帘和消防队的影响下，分析阶段 5 火灾发展的可能结果（图 5-9）。

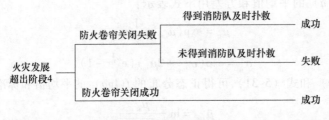

图 5-9　阶段 5 事件树

图 5-9 所示从防火卷帘关闭的有效性和消防队及时扑救的有效性的角度，利用事件树分析了火灾蔓延出防火分区的可能性。通过阶段 5 的事件树，火灾发展超出阶段 5 的概率可以由下式计算：

$$P_{\mathrm{ph5}} = P_{\mathrm{ph4}}(1 - P_{\mathrm{fc}})(1 - P_{\mathrm{fb5}}) \tag{5-40}$$

式中，P_{ph5} 为火灾发展超出阶段 5 的概率；P_{fc} 为防火卷帘关闭成功的概率；P_{fb5} 为阶段 5 消防队及时有效扑救的概率。

5.2.4　建筑火灾烧损面积及财产损失评估

前面基于建筑火灾发展特点与防灭火措施的实施效果，将火灾从初始发展到蔓延至整个防火分区分为五个阶段，并通过事件树分析得到了每个阶段的成长概率。本小节的目标是对建筑物可能导致的火灾直接财产损失进行评估，根据本书对火灾风险的定义，这里还需要计算每个阶段可能造成的后果，即烧损面积或财产损失。

（1）火灾发生后的烧损面积　阶段 1，阶段 2，阶段 3，即从起火到旺盛燃烧阶段，由于火源的热释放速率随时间成 t^2 规律增长，故可以认为火焰是以着火点为圆心，以圆形向四周蔓延，并引燃其他可燃物。烧损面积是指火焰蔓延达到的区域的面积。这样，对于前 3 个阶段的烧损面积就可以通过下式进行计算：

$$A_i = \pi \left[v \left(T_{phi} - t_{fa} \right) \right]^2 \tag{5-41}$$

式中，A_i 为火灾发展到阶段 i 时，建筑物的烧损面积（m^2）（$i = 1, 2, 3$）；T_{phi} 为阶段 i 的临界时间（s）；v 为火蔓延速度（m/s），其大小取决于火灾场景可燃物的特性。

对于阶段 4，火灾处于充分发展阶段，室内所有可燃物都开始燃烧，此时的烧损面积 A_4 为起火室的面积。对于阶段 5，由于火灾已经蔓延至整个防火分区，此时的烧损面积 A_5 应为起火室所在防火分区的面积。

火灾发生后起火室所在防火分区的预期烧损面积受以下两个因素的影响：每个阶段的火灾成长概率和发展到每个阶段时建筑物的烧损面积。通过式（5-13）~ 式（5-41），可以得到火灾发生后起火室所在防火分区的预期烧损面积：

$$A_{fda} = \sum_{i=1}^{3} \left(P_{phi} A_i \right) + A_4 P_{ph4} + A_5 P_{ph5} \tag{5-42}$$

式中，P_{phi} 表示火灾发展超出阶段 i 的概率（$i = 1, 2, 3$）；A_{fda} 表示起火室所在防火分区预期的烧损面积（m^2）。

（2）建筑物使用年限内的可能烧损面积和财产损失　式（5-42）为火灾一旦发生后，各类建筑物在不同防灭火措施下烧损面积均值的预测计算式，那么对于某一具体建筑物而言，其使用年限内的可能烧损面积应与该建筑的面积和该建筑发生火灾的概率有关。则对于建筑面积为 S 的建筑物在其使用年限内的可能烧损面积 A_F 应按下式计算：

$$A_F = S Y_L P_{fire} A_{fda} \tag{5-43}$$

式中，Y_L 为建筑物的使用寿命（年）；S 为建筑物的总面积（m^2）；P_{fire} 为建筑物发生火灾的概率（起/（$m^2 \cdot$ 年））。

如果该建筑物单位面积的财产（包括固定和移动财产）密度为 w_E（元/m^2），则该建筑物在其使用年限内可能火灾财产损失用下式估算：

$$E_{fire} = w_E A_F = w_E S Y_L P_{fire} A_{fda} \tag{5-44}$$

式（5-44）为某建筑物在其使用年限内火灾财产损失（元）的估算式。在计算 E_{fire} 时，不仅要用到诸如财产密度、火灾发生概率、火灾有效探测和报警概率等统计数据，还需要用到火灾成长过程超出各个阶段的概率。

5.3 火灾财产损失评估实例

在 5.2 节，基于火灾动力学和概率统计理论，用事件树分析方法已经导出了在不同防灭火措施及其有效性下，火灾发生后建筑物烧损面积的预测方法，本节将通过一个工程算例来进一步了解和掌握火灾烧损面积的预测方法。

5.3.1 起火环境设定

以大型办公楼为工程算例，起火室的尺寸为 20m × 15m，层高为 4m，有两个高 2.1m、宽 4m 的门，起火室所在防火分区的面积为 1000m^2。考虑到该建筑是办公楼，设定为快速增长型火灾，起火室内墙壁认为是不燃或难燃装饰材料，其热惯性取值为混凝土的热惯性。考虑在有和没有安装自动水喷淋灭火系统的两种情况下，对建筑物发生火灾时预期烧损面积进行预估。各个阶段防灭火设备实施的概率均参照文献的相关统计数据。建筑物起火室的相关数据见表 5-6。

表 5-6　起火室的相关数据

特 征 参 数	数　值
起火室的面积/m²	20 × 15
起火室的层高/m	4
开口高度/m	2.1
开口宽度/m	4
房间温度/℃	25
环境温度/K	293.15
起火室门的耐火时间/h	0.6
热惯性/((kW²s)/(m⁴K²))	2
火灾蔓延速度/(m/s)	0.006

5.3.2　火灾成长概率和烧损面积

结合表 5-6 中建筑物起火室的相关数据和式（5-13）~ 式（5-42），在有自动水喷淋的情况下，阶段 1 ~ 3 火灾风险评估的初始参数和计算结果见表 5-7 ~ 表 5-9。

表 5-7　阶段 1 的初始参数和计算结果

初始参数	P_{de}	P_{fe}	$\alpha/(kW/s^2)$	t_{fa}/s
	0.94	0.51	0.04689	60
计算结果	P_{ph1}	T_{ph1}/s		A_1/m^2
	0.52	202		2.28

表 5-8　阶段 2 的初始参数和计算结果

初始参数	P_{sp}	P_{me}	P_{hy}
	0.81	0.72	0.38
计算结果	P_{ph2}	T_{ph2}/s	A_2/m^2
	0.072	295	6.25

表 5-9　阶段 3 的初始参数和计算结果

初始参数	$T_{ht}/℃$	kpc /((kW²s)/(m⁴K²))	A_t/m^2	A/m^2	H/m	T_∞/K	$T_0/℃$	P_{ph2}	P_{fb3}
	600	2	880	16.8	2.1	293.15	25	0.09	0
计算结果	P_{ph3}		T_{ph3}/s				A_3/m^2		
	0.072		794				60.94		

基于文献，办公楼火灾荷载密度的平均值和标准差分别为 24.5kg/m² 及 6.4kg/m²，分别代入式（5-36）与式（5-37）得 $\ln t_{dur}$ 的平均值和标准差为 8.05 及 0.27。火灾持续时间的概率密度分布和累积概率分布如图 5-10 所示。

如图 5-10 所示，当起火室与相邻区域连接的门的耐火时间 $t_{max} = 0.6h$ 时，阶段 4 火灾突破分隔开始蔓延至相邻区域的概率为 0.9。基于式（5-38）与表 5-7，火灾发展超出阶段 4 的概率为 $P_{ph4} = 0.065$。此时的烧损面积即为起火室的面积 300m²。阶段 5 火灾风险评估的初始参数和计算结果见表 5-10，此时的烧损面积即为起火室所在防火分区的面积 1000m²。

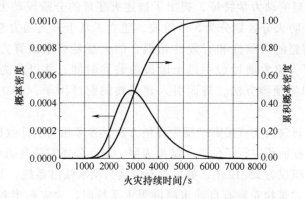

图 5-10 火灾持续时间的概念密度分布和累积概率密度

表 5-10 阶段 5 的初始参数和计算结果

初始 参数	P_{fc}		P_{fh5}		P_{ph4}
	0.91		0.97		0.065
计算 结果	P_{ph5}			A_4/m^2	
	0.0002			1000	

基于对阶段 1、阶段 2、阶段 3、阶段 4、阶段 5 的计算结果，可以得出有自动水喷淋的情况下，该建筑物发生火灾时可能造成的烧损面积为 25.72m²。

5.3.3 不同防灭火条件下的烧损面积

当建筑物内没有火灾自动探测报警设备和水喷淋系统时，根据上述的求解方法，同样可以得到没有自动水喷淋的情况下火灾超出各阶段的概率和各个阶段的火灾烧损面积。图 5-11 所示是在每个阶段火灾烧损面积和这两种情况下该建筑物发生火灾时火灾超出各阶段的概率

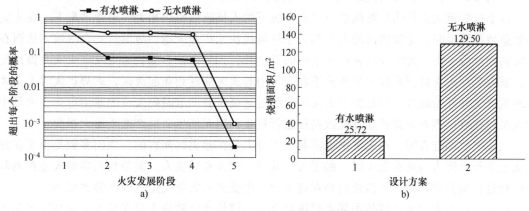

图 5-11 火灾超出每个阶段的概率及烧损面积

的比较。可以看出，无水喷淋系统情况下，可能造成的烧损面积为 $129.50m^2$。安装有自动水喷淋灭火系统时，火灾超出每个阶段的概率降低了很多，火灾可能导致的烧损面积也减少了 $103.78m^2$。

基于建筑火灾蔓延的动力学特征，提出了描述火蔓延的分阶段动力学模型，将火灾由初期发展蔓延到整个防火分区划分为 5 个阶段，建立了基于火灾动力学理论、建筑物防灭火特性以及防灭火措施的可靠性和有效性相耦合的火蔓延概率估算方法，通过对每个阶段进行分析，得到了火灾发展过程中每个阶段的临界时间，并以此为基础导出了火灾发生后建筑物烧损面积的预测方法，进而引入建筑物的财产因子，建立了火灾直接财产损失的评估方法。

结合本章提出的建筑火灾直接财产损失评估方法，参考相关统计数据，针对办公楼发生火灾后可能导致的烧损面积进行了估算。结果表明，当办公楼安装自动水喷淋系统时，火灾发生后的预期烧损面积仅为 $25.12m^2$，如果没有安装自动水喷淋系统，其预期烧损面积可达 $126.28m^2$。此外，该建筑物安装有自动水喷淋灭火系统时，火灾超出各阶段的概率比未安装水喷淋系统时降低了很多。

5.4 火灾环境下人员安全疏散评估

随着经济的蓬勃发展与科技的不断进步，城市规模迅速膨胀，高层、超高层、大型及超大型建筑物日益增加，所存在的安全隐患也不断增加。对于这些建筑物，其中存在的高密度的流动人群和处于变动中的可燃物使得其火灾危险性和危害性日趋严重，一旦发生火灾，就可能造成大量的人员伤亡。国际上，2001 年，美国"9·11"恐怖袭击事件造成 2300 多人死亡；2012 年，洪都拉斯监狱火灾造成 358 人死亡；2017 年，英国伦敦公寓楼火灾大火造成 79 人死亡；2018 年，韩国世宗医院火灾造成 39 人死亡。而在我国，近年来也发生了多起造成群死群伤严重后果的火灾，例如，1994 年新疆克拉玛依友谊宾馆火灾死亡 323 人，2000 年河南洛阳市东都大厦火灾死亡 309 人，2005 年吉林辽源市中心医院火灾死亡 39 人，2008 年广东深圳市舞王俱乐部火灾死亡 43 人，2011 年上海市静安公寓火灾死亡 58 人，2013 年吉林德惠市宝源丰禽业公司火灾死亡 121 人，2015 年河南平顶山市老年公寓火灾死亡 39 人，2018 年黑龙江哈尔滨市酒店火灾死亡 20 人。

以上这些重大人员伤亡案例都与火灾环境下的人员疏散密切相关。通常情况下，在火灾等紧急情况发生时，建筑物内的人员都希望尽可能快地离开火场，疏散到安全区域。然而在火灾初始阶段，由于火灾环境和建筑结构的复杂性，人员往往不能快速地发现火灾并做出反应，通常等到火灾报警系统响应或火焰和烟气由起火区蔓延到非起火区，火势扩大时人员才能察觉火灾并开始疏散，但是由于火灾烟气的迅速蔓延会严重阻碍人员的逃生行为，火场中的人员往往难以理智地选择最佳疏散路径进行逃生，因而使生命财产遭受重大损失。

火灾事故调查表明，在火灾中确实有一部分人是在起火区死亡的，他们多数是由于在睡觉或丧失行动能力而死在起火区，如老人、儿童、病人和残疾人。但是相当多的人是在离起火区较远的地方死亡的，显然他们是在疏散过程中受到火灾烟气窒息和毒害致死的。

因此，作为火灾风险评估中的主要项目之一，评估建筑物内人员在发生火灾情况下的人身安全，围绕火灾等紧急情况下的人员心理和行为特征，人员对疏散路径的选择等问题进行疏散研究，进而得到行之有效的安全疏散方案，配备切实可行的安全疏散管理和指挥策略是非常必要的。

5.4.1 人员安全疏散准则

人员疏散可认为与火灾发展同时沿着一条时间线不可逆进行，火灾过程大体分为起火、火灾增大、充分发展、火势减弱、熄灭等阶段，从人员安全角度出发，人员疏散主要关心前两个阶段。人员疏散一般要经历察觉到火灾、行动准备、疏散行动、疏散到安全区域等阶段。在此过程中，探测到建筑物内发生火灾并给出报警的时刻以及火灾状态对人构成危害的时刻具有重要意义。保证建筑物内人员安全疏散的关键是必需安全疏散时间（RSET）必须小于可用安全疏散时间（ASET，也就是火灾发展到危险状态的时间）。

（1）必需安全疏散时间 RSET 从起火时刻起到人员疏散到安全区域的时间。REST 包括报警时间 t_{alarm}、预动作时间 t_{pre} 和人员疏散运动时间 t_{move}，其中预动作时间又包括识别时间 t_{reg} 和反应时间 t_{resp}。

$$RSET = t_{alarm} + t_{pre} + t_{move} = t_{alarm} + (t_{reg} + t_{resp}) + t_{move} \tag{5-45}$$

火灾产生的热烟气或热辐射触发火灾报警装置并发出报警信号，使人们意识到有火灾发生，或者人通过自身的味觉、嗅觉及视觉等系统察觉到火灾征兆并报警，此段时间称为报警时间。报警时间主要取决于火灾规模及其发展速度、报警装置类型及其布置等因素，同时也取决于人员的清醒状态和集群特征。

预动作时间是指人员接收到火灾警报之后到疏散行动开始之前的时间段，它包括两段时间：识别时间和反应时间。识别时间是指报警信息发出后但人员还未开始反应的时间间隔。在此期间，人员会持续报警前的活动。根据建筑报警、建筑类型及管理系统和人员性质等因素的不同，识别时间的长短也有所差别。反应时间是指人员识别报警信息并开始做出反应至开始进行疏散行动之间的时间。与识别时间类似，反应时间也取决于环境状况和人员特征，从数秒到数分钟不等。

从人员开始疏散到全部安全疏散至安全区的时间称为人员疏散运动时间。这段时间的长短主要取决于火灾环境对人体的影响、人员密度、个体对火灾的心理反应以及个体应急能力和安全出口宽度等因素。

（2）可用安全疏散时间 ASET 可用安全疏散时间 ASET 是指从着火时刻到火灾对人员安全构成危险极限状态的时间，主要取决于火灾探测与报警系统、建筑物结构及其材料、灭火设备等，也与火灾的蔓延和烟气的流动密切相关。

火灾中的危险极限状态是指火灾环境对建筑物内人员造成严重伤害的状态。通常，可根据热辐射通量、烟气温度以及烟气中有毒气体的浓度来表征火灾危险极限状态。

1）热辐射通量。热通量表示辐射到表面（如人体皮肤）的有效热值的数量。实验表明，当人体接受的热辐射通量超过 $0.25W/cm^2$ 并持续 3min 以上时将受到严重灼伤。

2）烟气温度。当上部烟气层的温度高于 180℃ 时，它对人体的热辐射将对人体造成严重伤害；当烟气层下降到与人体直接接触的高度时，对人体的危害将是直接烧伤，这种临界值约为 100℃ 以上。在评估温度对人体皮肤的伤害时，要综合考虑皮肤表面温度以及在该温度下的暴露时间。有研究表明，造成人体皮肤 2 级烧伤时，71℃ 的皮肤暴露时间是 60s，82℃ 为 30s，100℃ 则为 15s。

3）有毒气体的浓度。在烟气层下降到人员呼吸高度时（一般认为是 1.5m 左右），可根据火灾产生的某种有毒气体产物的临界浓度判断是否达到临界危险状态。如 CO 浓度达到 0.25% 就可以对人构成严重伤害。

（3）安全疏散标准　安全疏散标准是指保证人员安全疏散的基本条件。在火灾风险的工程评估中，当建筑物的可用安全疏散时间（ASET）大于必需安全疏散时间（RSET）时，则认为建筑物中的人员能够安全疏散。常用的人员安全疏散准则如图 5-12 所示。

$$ASET > RSET \tag{5-46}$$

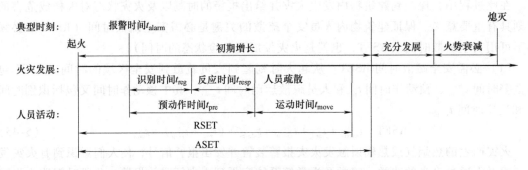

图 5-12　人员安全疏散时间判据

5.4.2　火灾环境下人员疏散行为规律与疏散管理

火灾环境下的人员疏散问题涉及人与人、人与建筑结构、人与火灾烟气、人与疏散诱导系统的相互影响等众多复杂因素，但其行为蕴含着一定的规律和特点。处于火灾等紧急情况下的人员心理和行为特征更加复杂，其行为特征受环境、人群、人员状态等诸多因素的影响。其中的环境因素有火灾、建筑结构等；人群因素包括年龄、性别、生理条件、对现场的熟悉程度、恐慌程度等；人员状态因素包括睡眠状态、饮酒状态等。

1. 群体动力学理论

群体动力学是研究人群聚集场所中人群的形成、移动规律以及人群管理等内容的学科。人群移动行为的动力分为两类，一类是人群内在的动力，即心理动力；另一类是外部的动力，如人群中人与人、人与周围环境的微观作用力，这些作用力将会使人群呈现出一些经典的宏观现象。

（1）群体心理学理论　心理学认为，个人的行为来自于人的内在心理状态与过程，是内部心理活动的结果。在人群聚集的状态下，人群的行为也是外界因素对人心理刺激后的一种反应。因此，对影响人群行为的心理因素的探索与分析是研究人群行为的前提。对于群体心理学目前主要有以下理论：

1）感染理论。由法国社会心理学家 G. Le Bon 提出，该理论认为群体行为是由情绪感染导致的，人们的心理状态会呈现一致性，即人们无意识的人格将起到主要作用，而有意识的自我控制力将丧失并产生不理性的暴力行为。

2）紧急规范理论。该理论认为共同行为是由突发危机的严重后果而产生的。危机情况产生了一种不确定性和紧急压力，迫使人们共同行动起来而产生了相互作用。人群之间的相互作用产生了一种新的、紧急情况下的标准结构，这种结构决定了共同行为。

3）趋同理论。它是由美国著名心理学家 G. W. Allport 提出的。该理论认为人群是由具有相似性格的个体组成的，群体行为是由个体特征决定的，这和感染理论完全不同。另外，该理论也提到：由普遍受欢迎的意见引起的群体行为是理性的。

4）个性减弱理论。该理论认为个人在人群中的状态表现为以下两个基本的方面：①个人自我意识的减少，即个人在群体中自我意识减少、缺乏计划、行为失控；②个人体验的改变，表现为精力集中受到干扰，判断力受到干扰，感觉时间过得太慢或太快，产生极端的情绪，不现实的感觉等。

5）临界人群理论。该理论认为人的数量越大，种类越复杂，越容易形成临界人群。在临界人群中，人的各自能力不同，但是都需要获得共同的目标——在危险中幸存。个人在社会群体中的角色——社会的依附性，则受社会关系的影响，社会关系越复杂的人，做出疏散决定的时间越晚，社会关系越简单的人，做出疏散决定的时间越早。

（2）正常情况下的人群自组织现象　自组织现象是由人与人之间简单重复的相互作用而自发形成的复杂自适应群体模式。人群中出现的自组织时空模式不需要借助任何外界的控制或者计划（如规则、交通信号或者行为规范），也不需要人与人之间的交流或者模仿，它是人与人之间非线性相互作用的结果。正常情况下，经典的人群自组织现象有分层现象、带状条纹现象、瓶颈处的振荡现象和拉链效应等。

1）在日常生活中，人们很容易观察到相向行人流中形成的分层现象。行人相向运动时，在低密度情况下，行人可以自由速度运动而不与相向行人发生摩擦碰撞，而随着密度的增加，随之而来的潜在的碰撞概率也有所增加，行人为了减少与对向行人的碰撞，尽可能地紧紧跟随其同向行人，因此形成了相向行人运动系统中的分层现象。这种现象不需要行人之间的交流或者有意行为，处于相向行人流中的大部分人甚至没有意识到这种现象的产生。另外分层现象也不依赖于行人的左行或者右行偏好，这种偏好只会影响分层的类型以及有序度。值得注意的是，分层的形状会随着时间的变化而变化，形成的层数会受到进出行人数量、通道长度和宽度、行人流扰动以及波动的影响。

2）带状条纹现象常见于交叉行人流中，如图 5-13 所示。两股行人可以相互穿透，而不需要行人停止运动，形成的条纹类似分层，但不会保持静止不动。实际上，这些条纹可以看成是密度波，其既往交叉行人流运动方向矢量和的方向运动，又往垂直运动方向侧向延伸，因此，行人既随着条纹向前运动，又在条纹中侧向运动。条纹的宽度是依行人数量而变的。和分层现象一样，这种自组织现象有助于减少行人之间的强作用，以提高行人运动速度。

图 5-13　带状条纹现象

3）瓶颈处的振荡现象是两股人流相向通过某一狭窄瓶颈时产生的一种现象。当瓶颈宽度不能同时满足两个方向的人流通过时，某一方向的行人先行通过并在一段时间内占据瓶颈，直到另一个方向的行人打破这种局面占据瓶颈，使得两个方向的行人交替通行。比如在超市或者博物馆的入口处，一旦一个行人可以通过入口时，同一方向的其他行人就会跟随通过，这样，另一个方向的行人就需要等待，且人数逐渐增多，聚集在入口处，结果，前者的行人流运动就会被暂停，从而形成后者运动方向的行人流，这个过程会重复发生，引起瓶颈处的振荡现象。

4）"拉链效应"是由于单向行人流通过瓶颈时，自发形成分层，并且相邻两层之间有部分重叠，以此增加瓶颈的通行能力。对于疏散系统而言，"拉链效应"使得瓶颈的通行能力呈现一个阶梯状的增加方式，这对交通行走设施的设计是有好处的。

（3）高密度下的群集现象

1）从众行为。从众行为是一种聚集性的社会行为，常常表现为群体中个体的行为或者想法趋于一致性。该行为是群体中人与人局部作用的结果，不需要集体配合。例如，当房间中发生了火灾并引起浓烟或者无照明时，人们在逃生过程中视野会受到限制，从众行为就容易发生。由于人们很难用肉眼直接观察到出口，大部分人要么沿着墙壁走，要么跟随周围人一起运动，这样往往导致多出口房间中的某一个出口过于拥堵，而其他出口很少被人使用，疏散效率降低，如图 5-14 所示。另外，当人们不熟悉周围环境或者忽略疏散指示时，也有可能发生从众行为。

图 5-14　房间中的从众行为

2）间歇流现象。在疏散条件下，当人们到达瓶颈处的流量大于离开瓶颈处的流量时，需要排队等待，如果行人继续往瓶颈处前进，就会导致瓶颈处的人群密度增大，人们会相互挤压并竞争空间位置，即人群中出现配合问题并造成拥堵。此时，离开瓶颈处的人员流量会变得不连续，即间歇流现象。在这个过程中，尽管人们的期望速度加大，但是人与人之间的相互作用以及摩擦力将会降低实际运动速度和疏散效率，也就是"快即是慢效应"。

3）高密度人群中的"密度波"现象。高密度人群中的密度波是指人群密度在时间和空间上的周期性波动现象。例如：当单向行人流密度变大时，原先稳定连续的层流将出现走走停停现象，也就是说，如果一个行人由于拥挤暂停运动，那么该行人将等到前方出现空隙时才能继续运动，以此方式，向前运动与向后传播空隙交替进行构成"走走停停波"现象。如果人群变得更加拥挤，将发生相变，即从"走走停停波"相过渡到"人群湍流"相。"人群湍流"现象的主要特征是：人群十分密集，行人失去自主控制运动的能力，将被人群带着往各个方向，从而形成随机无目的的运动。该现象很容易引起人群灾难，如 2006 年沙特阿拉伯麦加朝圣时发生的踩踏事故。

4）墨西哥人浪现象。"墨西哥人浪"这个词源于 1986 年墨西哥足球世界杯比赛，当时看台上的球迷有次序地举手站起然后坐下，在看台上形成波浪周期传播（图5-15），后来就把"墨西哥人浪"用来描述人群中的一个初始扰动传播形成类似平面波的过程。实际上，该现象是瞬间的群体决策结果。不少学者通过建模再现了该现象，并发现能否成功触发人浪取决于初始发起者的人数。该研究有助于对人群情绪传播行为的认识，也为现实生活中群体事件的控制提供参考。

（4）紧急情况下人员运动特点　人员疏散可定量地表示为三个基本的特征，它们均表述为比值，分别为密度（ρ）、流量（f）和速度（V）。密度是指单位走道面积中的人数，如2.0人/m²，密度通常也以人均占用面积来表示，即0.5m²/人。速度只是简单地指人在单位时间内的步行速度，如1.0m/s。流量是特指在单位时间内经过某一特定点的人数，如2.0人/s，通常用在运动或速度已确定的场合。这三个基本特征与通道的宽度（w）在通用公式相互关联：

图5-15　墨西哥人浪现象

$$f = \rho V w \tag{5-47}$$

显而易见，速度在一定程度上取决于密度。如果人与人之间空隙较大，则人可以以正常的步伐快速行进。如人与人间隔越近，则行走速度会减慢，直至最后由于人员密度过大而无法移动。定量可表述为：当行人密度小于0.5人/m²时，人能以1.25m/s的平均行走速度行进在走道上；当密度增加时，行走速度随之降低；当达到4或5人/m²时，人就简直无法移动，相当于挤满了人的电梯轿厢。这正好解释了一大群人争先恐后地拥向入口时往往导致疏散效率的显著下降。

引入人员水平投影面积（P）的概念，则可以得到人流面积投影密度（D）：

$$D = \frac{NP}{w_p L_p} = P\rho \tag{5-48}$$

式中，w_p为人流的宽度；L_p为人流的长度。

人员水平投影面积可以根据人员体检时的统计数据获得，如学者Predtechenskii和Milinskii直接采用由苏联研究项目测算出的春秋季节成年人的平均尺寸（为0.113m²）。奥地利年龄在15~30岁未穿外套的人员水平投影面积为0.1458m²，身着外套则为0.1862m²，而德国的人员水平投影面积一般为0.12~0.19m²，美国18~45岁男女人员的人均水平投影面积为0.0906m²。

Predtechenskii和Milinskii给出了水平方向上人员行走速度与人流面积投影密度之间的经验公式：

$$V = 112D^4 - 380D^3 + 434D^2 - 217D + 57 \tag{5-49}$$

在三个基本运动特征的基础上，火场中的人员可以表现出不同的运动特点或者说是行为。行为是为了满足一定的目的和欲望而采取的活动状态，简单地说就是人们的日常的活动。通常这些活动具有某些固有特性，用科学的手段加以量化和分析，可找到其共同的规律性（行为特性）。由于火灾的威胁性，使得火灾时人员的运动特点与正常时有很大的区别，表现在火灾情况下人员的行为与正常情况下有明显不同，主要为非适应性行为、恐慌行为、再进入行为、灭火行为、穿过烟气行为等。

1）非适应性行为。在火灾事故中非适应性行为的典型模式包括忽视适应性行为或忽视有利于其他人的疏散行为，或忽视对火灾产生的热、烟、火焰的传播的阻挡。非适应性行为可包括不关门而离开着火房间，使火灾穿过建筑结构而蔓延，使其他人处于生命危险的简单行为反应。然而较通常的非适应性行为概念包括不关心其他人，只顾个人从火灾中逃离，造成自己或他人遭受身体伤害等。

非适应性行为可能是一个行为疏忽，如忘记关门，或做出的一个反应，尽管有良好的出发点和积极的愿望，但导致负面效果。当一个行为反应的结果是灭火和降低危险，该行为就被说成是适应性的。然而当火灾发展超过刚觉察时，同样的行为有时是失效的，这时更好的适应性反应可以是唤醒他人和通知消防队。因此，一些非适应性行为事实上是不成功的行为，假如它成功的话，则又是最适应性的行为了。在火灾中人员的受伤可能是非适应性行为或个人冒险行为的佐证。

2）恐慌行为。火灾通常会使人陷入惊慌失措之中，呈现出一种非常行为状态，其显著特征就是恐慌。恐慌行为是非适应性行为的反应，典型的可定义为飞速逃离类型的行为反应，包括某些多余的和不当的意图。发现并确认危险后，人在躲避本能的支配下，尽量地向远离现场的方向逃逸；在丧失判断力的情况下，人们会盲目跟从，导致人群性恐慌，从而造成难以挽回的损失。

人群性恐慌发生后，通常会伴随以下四种影响人员安全疏散的行为特征：

① 拥挤，即人与人之间将不会有平常的相互协调与礼让，在得不到正确及时的疏散诱导和指挥的情况下，往往会在建筑的楼梯口、主要出口等疏散瓶颈处发生拥挤践踏。

② 从众，在大空间建筑中，一旦火灾发生，烟气等火灾产物将使人们难以判断正确的疏散通道，从而会产生盲目跟从的从众行为。

③ 趋光，当建筑物中浓烟弥漫可见度低的情况下，人们往往由于向光而放弃原有逃生线路，而奔向窗口等具有光线的地方，而一旦到达窗口却受阻于护栏或者无法击碎玻璃时，则有被高温烟气夺取生命的危险。

④ 归巢，火灾发生后，火场中的人在躲避本能的驱使下，往往会选择客房、KTV 包厢等一些狭小封闭空间躲藏。

由于恐慌而导致疏散瓶颈的阻塞现象是公共娱乐场所火灾情况下大量人员伤亡的主要因素，1994 年 11 月 27 日辽宁阜新艺苑歌舞厅火灾中，在舞厅的空荡荡的废墟里，只有几具零散陈卧的焦尸，其余全部堆在北门疏散口附近，方圆几米内尸体叠压五六层，可见疏散时人员相互挤压之甚。

3）再进入行为。在国内外的一些火灾的统计文献中发现，在安全离开火灾建筑时，总有部分人员的下一个运动是转回去和再进入，这些人通常完全清楚建筑中发生的火灾，及建筑内的起火位置和烟气扩散到什么位置。再进入的原因主要有灭火、抢救个人财产、检查火势和帮助他人。再进入行为不应当认为是一个非适应性行为，因为这种人员运动通常出于帮助和救援留在或他们认为留在着火建筑中的人。这种再进入行为常是在理智的情况下，经过深思熟虑的，有目的方式下进行的，没有非适应性行为常有的感情焦虑或自我焦急的特征。

然而，再进入行为常被认为是非适应性行为，因为它对建筑中其他人的疏散行动等造成负面影响。

4）灭火行为。占用人的灭火行为反应最普遍出现在涉及个人感情或经济的场所（主要是他们的家里），或这种行为是训练有素的结果，或指派占用人担当这个角色。

5）穿过烟气行为。穿过烟气的行为有时与灭火行为和向他人通知火灾的行为有关，通常是很多火灾中疏散行为的一个组成部分。影响一个人做出穿过烟气的决心的主要因素包括重新找到出口的位置，估计所需疏散距离的能力；对烟气严重程度的觉察（靠观察烟气出现的情况来决定）；烟气密度；烟气所携带的热量的高低程度等。应明白在人员危险的有限的能见度条件下（不低于4m），人要完成疏散而穿过烟气的最大距离（超过20m）。人有时也被迫回转而不能完成疏散。

2. 影响疏散时间的主要因素

建筑火灾发生后，人员的疏散逃生受到燃烧火焰、火灾烟气、人员特性、疏散行为、建筑结构、出口位置及尺度等多方面因素的影响，归纳起来主要是人员特征、火灾产物和建筑结构三个基本因素。

（1）人员特征因素对疏散的影响　人员疏散时间通常包括火灾探测时间、火灾报警时间、疏散准备时间、疏散行动时间。在实际情况中，人们不可能同时获得发生火灾的信息，获得信息后人的反应、行为也各不相同，人员的特征因素主要涉及以下几个方面：

1）个体属性。人员的个体属性主要包括人员特征（如年龄、性别、身高、体重、受教育程度等）；觉察能力、判断能力和行动能力；应急疏散的知识和训练。一般意义上，青壮年人员的步行速度比老年人和儿童快，对火灾线索反应的灵敏性也要更强，在应急疏散中拥有更多的优势。

2）社会属性。社会属性主要包括社会关系（如疏散人群中家庭关系、朋友关系、邻居关系等）；在关系中担当的角色和责任。一般来说，青壮年人员在社会关系中往往担当更多的责任，在发生火灾时也往往会充当老年人和儿童的保护角色，此时，也会限制其逃生和疏散的速度。

3）位置属性。位置属性主要是指建筑物内的占用人员与安全出口的距离和方位以及其对建筑物内平面布置和出口位置的熟悉程度。一般而言，对建筑物内的平面布置和出口位置更熟悉的人员在火灾环境下可以用更短的时间完成疏散，因为其可以更好地选择疏散路线和出口。

4）人员行为。人员行为主要包括疏散准备阶段的行为（如召集家庭成员、判断所处形势、通知他人疏散、扑救火灾等）和疏散行动阶段的行为（如选择疏散路线等）。

有关研究表明，建筑物内发生火灾后，人们对火灾的确认包括了六种关键的心理和物理过程，可以认为是火灾事故察觉的六个要素：认识、证实、确认、评估、抉择和重新评估。不同的人可能经历其中的若干个过程，在这一系列的察觉动作过程中会耗费一定的时间，这个时间即为人员意识时间。由于个体对信息的敏感性、个体所处周围的环境、距离警报的远近、对警报的了解程度等存在差异，因此个人的意识时间是不同的。对于人员响应时间，有关火灾调查统计表明，在人员意识到发生火灾之后，个体的决策行为差异很大，如主动寻找消防设备、寻找随同的亲人、告诉周围的其他人火灾形势、收拾贵重物品等，从这些逃生前的准备工作中，可以看出人员响应时间是不同的。

火灾环境下的人员行为复杂多样，与生活习惯、文化传统、身体特征、心理特征等多种因素相关，这些因素在每个疏散个体上都显示出不同的特征，充满不确定性。因此，需要借助概率随机分析方法，考虑火灾环境下的人员行为以及其对整个疏散过程的影响。

（2）火灾产物对疏散的影响　火灾发展过程中将释放大量的热能、热辐射、烟气（包括一般热烟气和有毒有害气体），当建筑物中的人看到平常适应的环境由于火灾而变得面目全非时，不可避免地会产生恐惧心理。火灾产物中的温度、烟气层以及有毒气体会对火场中的人员的生理和心理产生极大的影响，从而影响疏散路线的选择和疏散准备时间，最终影响疏散效率。

1）高温对疏散的影响。火灾中产生的高温，生理上会使火场中的人员感到浑身燥热，头晕脑胀，身体虚脱，在心理上又会使火场中的人员感到十分紧张、慌乱、惊恐和不安，从而迫使人们采取措施躲避高温的侵袭。如果在火场中无路可疏散时，一般退到温度较低的某个角落内暂避高温，因此，在火场中最后搜索到的被围困人员，多是在墙角处、厕所内、床底下等部位。

2）烟气对疏散的影响。火灾烟气可定义为燃料分解或燃烧时产生的固体颗粒、液滴和气相产物。一般来说，火灾中对人员生命安全构成真正威胁的是烟气，统计结果表明，火灾中85%以上的死亡是由于吸入了烟尘及有毒气体昏迷后致死的。

强烈的浓烟最先使人们难以忍受，呼吸困难，睁不开眼睛，然后使人生理上受到伤害，有轻微中毒到深度中毒，意识能力降低，最后使人失去知觉以致死亡。当烟雾开始袭来的时候，有许多人会从房间奔出，冲向走廊，而走廊处一般烟雾更浓，毒性更强，这时人实在难以忍受，又会重新返回房间内，这样的例子极多。如果能暂时忍受烟雾冲出走廊，可能就会胜利安全疏散，而返回到房间内往往无路可逃，最后或者是从窗口跳出去，或者是窒息死亡在房间内。如辽宁省沈阳市的御膳酒楼火灾中有3名旅客就曾冲到走廊后，但因忍受不了烟呛又返回到房内，最后窒息死亡。有人对此专门做过试验：在一个长约11m，高2.5m，宽1.2m的走廊上分别设置5个测试点，然后充上烟雾，让被测试者分别在5个测试点回答问题，对被测试者除了简单说明有关试验方法外，对走廊和烟的状况不做详细介绍。试验的结果是，当充入烟后减光系数为0.3m^{-1}，即视线的能见度大约在7m时，返回房间的人数较多，其返回原因是烟的刺激性造成生理痛苦，看不清前面的情况而产生慌乱。返回房间的人数大约为参加试验人员的42%。试验时，向被试者提出问题，随着烟的浓度增加，被试者回答问题的正确率下降，当回答问题正确率在70%以下时，返回房间的人数急剧增加。另外通过试验还发现，当人从房间走出的距离较远时，尽管走廊的烟比刚出来时较淡，心理上也会担心如果走远了，回不去房间怎么办，所以仍有人返回房间。这就说明，在充满烟气的火场中行走时，走得越远，恐惧感越强烈，心理动摇越厉害，从而产生恐慌情况下的归巢行为。

火灾烟雾还会使人的大脑供氧不足，致使思维能力降低，反应迟钝，记忆力和判断力下降。如对疏散方向判断失误，想不起来安全出口的位置，无目的地乱跑，在出口处用手抓门框而不是拧把手，逃出烟雾区后又返回烟雾区等。一般来说，随着烟雾浓度的增加，受害者的记忆力和判断力几乎直线下降。因此，在烟雾较浓时，除非是对疏散通道十分熟悉的人，以及预先知道避难出口地点和方向的人，其他人是很难找到安全出口的。

火灾烟雾中有毒气体不仅使受困人员中毒，而且还会使其神经系统受到麻痹而失去理智。火灾是不可逆、失去控制的燃烧，模拟试验很难进行，而火灾中烟气的组成不仅与燃烧材料有关，而且与燃烧条件有关，因此，烟气对人员毒害的定量评价标准有其复杂性。

常用的烟气对人的毒害作用分为六种：麻醉性气体（以 CO 为代表）；窒息性气体（以 CO_2 为代表）；刺激性气体（包括有机物和无机酸性气体）；氧耗竭；其他非常见的毒性气体（如丙烯醛）；超细颗粒（直径 $\leq 20nm$ 的颗粒）。

烟气毒性的定量评价标准体系有四大类（其中常用的是 LC_{50}），分别为：

LC_{50}：表示 50% 致死率的烟气浓度。通常火灾烟气毒性评价中的暴露时间固定为 30min，动物观察是在暴露时间内和暴露后 14 天观察期间总的死亡率。

LL_{50}：表示在固定的暴露时间内某材料燃烧释放的烟气杀死 50% 的实验动物的质量。

IC_{50}：表示 50% 丧失行为能力的烟气浓度。通常暴露时间也为 30min，暴露后观察 14 天。

ρ_{50}：表示使 50% 的实验动物丧失行为能力的概率，暴露时间通常采用 30min。

对于火灾中的人员安全疏散来说，需要引入累积剂量的概念：

$$累积剂量 = 烟气浓度 \times 暴露时间 \tag{5-50}$$

对于允许人员的逃生来说，累积剂量必须低于在必要暴露时间内的有效剂量：

$$累积剂量 < 有效剂量 \tag{5-51}$$

也即：

$$烟气浓度 \times 暴露时间 < EC_{50} \times 30min \tag{5-52}$$

式中，EC_{50} 表示 50% 丧失逃生行为能力的烟气浓度。通常暴露时间为 30min。

从而可以导出判断某种材料燃烧产生烟气对于人的逃生要求如下：

$$EC_{50} > \frac{烟气浓度 \times 暴露时间}{30min} \tag{5-53}$$

现代建筑材料和装饰材料使用了大量的高分子聚合物，它们在火灾条件下释放的有毒有害组分要比传统的建筑材料（如天然木材）高得多，因而对人员的生命安全威胁更大，表 5-11 ~ 表 5-13 分别列出了主要有毒气体不同暴露时间下的 LC_{50} 参考值、CO 浓度对人员的影响以及氧耗竭的影响。假设火灾中烟气所产生的多数毒性效应是由少数几种主要气体所引起的，也就是说，烟气中少数（N 种）气体代表着大部分可观察到的毒性效应，则可以采用 N-气体模型来对烟气毒性进行定量评价。计算的经验公式如下：

$$N\text{-气体值} = \frac{m[CO]}{[CO_2] - b} + \frac{[HCN]}{LC_{50}(HCN)} + \frac{21 - [O_2]}{21 - LC_{50}(O_2)} + \frac{[HCl]}{LC_{50}(HCl)} + \frac{[HBr]}{LC_{50}(HBr)} \tag{5-54}$$

$$N\text{-气体值} = \frac{m[CO]}{[CO_2] - b} + \frac{21 - [O_2]}{21 - LC_{50}(O_2)} + \frac{[HCN]}{LC_{50}(HCN)} \times \frac{0.4[NO_2]}{LC_{50}(NO_2)} + \frac{0.4[NO_2]}{LC_{50}(NO_2)} + \frac{[HCl]}{LC_{50}(HCl)} + \frac{[HBr]}{LC_{50}(HBr)} \tag{5-55}$$

式（5-54）为六种主要气体的模型，而式（5-55）则在式（5-54）的基础上加入了 NO_2 的影响。

N-气体模型的判定标准如下：

当 $N \approx 1$ 时，部分测试动物死亡。

当 $N < 0.8$ 时，没有测试动物死亡。

当 $N > 1.3$ 时，所有测试动物死亡。

表 5-11　主要有毒气体不同暴露时间下的 LC_{50} 参考值统计

有毒气体种类		设定对人的 LC_{50}（%）		参考数据（生物种类，时间/min）
分子式	中文名	暴露时间 5min	暴露时间 30min	
CO_2	二氧化碳	>15	>15	r
C_2H_4O	乙醛	—	2	$LC(m,240) = 0.15$，$LC_0(r,240) = 0.4$ $LC(r,30) = 2$，$LC(r,240) = 1.6$
NH_3	氨	2	0.9	$EC(m,5) = 2$，$EC(m,39) = 0.44$ $EC(r,5) = 1$，$EC(r,30) = 0.4$
HCl	氯化氢	1.6	0.37	$LC(r,5) = 4.1$
CO	一氧化碳	—	0.3	$LC(r,30) = 0.46$，$LC(h,30) = 0.3$
HBr	溴化氢	—	0.3	$LC(m,60) = 0.081$，$LC(r,60) = 0.29$
NO	一氧化氮	1	0.25	$LC(h,1) = 1.5$
H_2S	硫化氢	—	0.2	$LC(m,60) = 0.067$， $LC_0(h,30) = 0.060$， $LC(h,30) = 0.2$
C_3H_4N	氰丙烯	—	0.2	$LC(gpg,240) = 0.058$， $LC(r,240) = 0.05$
NO_2	二氧化氮	0.5	0.05	$EC(m,5) = 0.25$，$EC(m,30) = 0.07$ $LC(m,5) = 8.33$，$LC(r,5) = 0.188$
SO_2	二氧化硫	—	0.05	$LC_0(m,300) = 0.6$， $LC(var,5) = 0.06 \sim 0.08$
HCN	氰化氢	0.028	0.0135	$LC(r,5) = 0.057$，$LC(r,30) = 0.011$ $LC(r,5) = 0.05$，$LC(m,5) = 0.03$ $LC(h,30) = 0.014$，$LC(h,5) = 0.028$

注：EC 为有关组分的有效浓度，LC_0 是首次观察到死亡时的浓度。h 表示人，m 表示老鼠，r 表示野鼠，gpg 表示几内亚猪。

表 5-12　CO 浓度和累积剂量对人员影响

CO 含量（%）	暴露时间/min	累积剂量/（% min）	人员反应
0.02	120～180	2.4～3.6	中等头疼
0.08	45	3.6	中等头疼
0.32	10～15	3.2～4.8	头昏目眩
0.32	30	9.6	可能死亡
0.69	1～2	0.69～1.38	头昏目眩
1.28	0.1（2～3 次呼吸）	0.128	失去知觉
1.28	1～3	1.28～3.84	死亡

表 5-13 空气中氧耗竭对人员的影响

空气中 O_2 含量（%）	时间/min	氧耗竭对人员的影响
17 ~ 21	—	没有影响
14 ~ 17	120	脉搏跳动快、头昏
11 ~ 14	30	恶心、呕吐、全身无力
9	5	失去知觉
6	1 ~ 2	死亡

（3）建筑结构对疏散的影响　对于不同功能类型的建筑对象而言，由于楼层高度、结构类型、建筑材料、内部装饰、消防设施等很多因素的差异，人员疏散风险相差甚远。

建筑结构尤其是建筑中的疏散通道、楼梯和疏散出口与人员能否安全迅速地撤离密切相关。不同的建筑具有不同的结构特点，其安全疏散通道和安全疏散出口的设置也不尽相同，从而影响疏散时的人流密度、疏散速度和人流流量，导致最终的人员安全疏散也不尽相同。比如在实际的建筑结构中，经常会存在一些疏散瓶颈，例如楼梯口和疏散通道交汇处。这些瓶颈的出现经常伴随着人员疏散过程中拥塞现象的出现，从而严重影响人员疏散效率，使人员疏散时间滞后。

值得引起注意的是楼梯和出口的有效宽度概念，即出口的楼梯的宽度在人员疏散计算过程中需要扣除边界效应的宽度。当楼梯或出口的边界为墙体时，边界效应宽度为 150mm，而当边界为扶手时，边界效应宽度则为 90mm。以楼梯为例，相应的楼梯有效宽度和标称宽度的关系如图 5-16 所示。

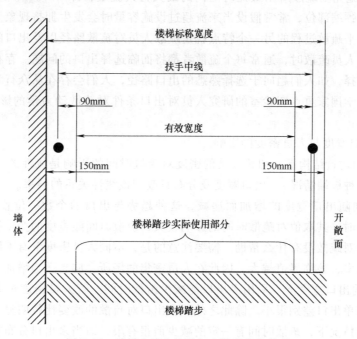

图 5-16　楼梯中墙和扶手与有效宽度的关系

针对火灾时人员的心理行为特性和逃生行为模式，在建筑疏散结构中需要注意以下对策：

1）在空间中设置部分火情提示装置，使受灾人员能及时正确地判断火情，选择正确的逃生方式，避免恐慌行为中的归巢等现象的发生。

2）保证疏散通道的畅通、明确，尽可能避免大量人群疏散时造成阻塞，如可使防火门开口与走廊保持同宽，避免造成疏散瓶颈，走廊地面的高差应用缓坡代替台阶，以免在拥挤时发生摔倒践踏。

3）加强走道的防烟排烟能力，增大能见度，避免不良趋光行为的发生，从而提高疏散效率，同时减少毒烟对人的伤害。

4）在大空间中，合理地安排防火分区，利用中庭空间的上部建立蓄烟区，以减缓烟气下降，有效地减少趋光和从众行为的产生。

3. 水平疏散和竖直疏散

建筑物内的人员安全疏散从方向上来看，可以分为水平方向的疏散和竖直方向的疏散。由于建筑物的时空复杂性，这两种疏散具有不同的特点。

（1）建筑物内的水平疏散　水平疏散特点中比较典型的是行人在局部颈缩部位的瓶颈效应以及疏散过程中行人对路径的选择。瓶颈广义上是指容量减小或者需求增加的局部区域。这种容量的减小可能是由于速度的被迫减小（如交通中的速度限制）、运动的限制（如隧道效应）、动态过程中偏离性或者关联性的减小（如随机游动）以及直接的容量减小（如网络、公路线路堵塞），而行人流的瓶颈通常由直接的容量减小所致。

可以根据安全、服务水平以及经济状况设计优化行人设施，容量评估是设计、尺寸标量设施的重要手段。定义一定时间间隔 Δt 内有 ΔN 个行人通过设施，流量 $J = \Delta N/\Delta t$，而容量 C 则定义为某设施完全疏散所用最短时间内的最大行人流量，即 $C = J_{max}$。对于比较典型的瓶颈，如走廊的颈缩部位，常常假设当来流超过设施容量时会发生拥挤现象。

建筑物内水平疏散过程的另一个特点就是疏散人员对疏散路径以及出口的选择特点。在多出口场所进行人员疏散时，通常每个疏散者都将面临选择出口的问题。存在许多因素影响人员对出口的选择，如人们趋向于选择熟悉的出口路径，人们会存在从众行为等。中国科学技术大学火灾科学国家重点实验室的研究人员对出口条件对疏散动力学的影响进行了研究，得出了以下结果：

1）关于出口宽度与人员密度的影响。

① 在固定的建筑结构下，初始人员的密度对疏散时间的影响是线性的（不考虑人员密度接近0或1这种极端情况），出口宽度及分布只改变该线性关系的斜率。

② 疏散时间随出口宽度的增加而递减，这种趋势与出口的个数、位置、分布都无关。当出口宽度较小时，其取值对疏散时间的影响较大，疏散时间随宽度的变化很小，此时再增大出口宽度已经对疏散没有什么帮助。需要注意的是，不同人员密度下有不同的临界出口宽度，初始人员越多，该临界值越大，因此在人员密集的场所，应当适当增加出口宽度。

③ 在同样的出口宽度下，采用多出口能减少疏散时间。若人员密度过大，而出口宽度过小，多出口与单出口差别很小。除此之外，多出口对疏散的改变比较明显，其中：在多出口位于同一侧的情况下，疏散时间有一定的减少但很有限，而当多出口分布在建筑结构的不同侧面（特别是相对）时，疏散时间会减少很多；当两侧相距越远，疏散时间减少就越多。

从上面的分析可以看出，在设计疏散出口时，应当首先考虑出口宽度，在出口宽度不超过临界值的情况下，增加宽度对疏散是有帮助的；同时将单个出口改为多个出口也是有益的，尤其是出口距离另一端较远（如长走廊）时，在对面设置一个安全出口，能够极大地减少紧急情况下的疏散时间。

2）出口间距的影响。

① 对于单一出口，单位出口宽度平均流量会随着出口宽度的增大而降低，而总平均流量随着出口宽度的增大而增大，它们之间是一个三次多项式关系，即出口宽度较小或者较大时，增大出口宽度对于流量乃至疏散效率的提高更有利。出口的大小影响行人流流动状态。

② 具有两个出口且出口分布在同一边的建筑，其出口间距最佳值 $f \approx 0.3D$（D 为出口所在边的总宽度），不随出口宽度的改变而改变。D 值一定时，出口宽度并不是越大越好。

③ 建筑出口的布置应当尽量对称，否则各个出口的使用率会有差异，从而降低疏散效率，并且会形成不稳定的疏散状态。由于人的举棋不定心理，出口间距过小会造成人员疏散过程中不良随机性因素的增加。

（2）建筑物内的竖直疏散　竖直方向的疏散常见于高层或者超高层建筑中，在这类建筑中，常见的用于竖直方向的运输设施有斜坡、自动扶梯、楼梯等。其中，斜坡和自动扶梯常用于短距离的人员运输。另外，还有可运输单个人或者两三个人的登高电梯、缓降机等设施。

不同的运输设施各有各自的优缺点，但是在火灾场景下目前主要还是依靠楼梯进行人员的疏散。高层建筑内楼梯紧急情况下人群疏散主要有以下四个典型特征：

1）楼梯口人群汇流。在每一层的楼梯口处，本楼层要进入楼梯的人流和上层楼梯段向下运动的人流会同时进入楼梯，这两股人流在楼梯口处发生汇流，如图 5-17a 所示。对两股人流而言，经常是各自间歇性地进入楼梯，也就是说，某一短暂时间内其中一股人流持续性进入楼梯，而此时另一股人流只能在楼梯口处等待，而下一短暂时期二者颠倒过来，等待人流获得机会开始持续进入楼梯，原先的占优势持续进入楼梯的人流变成了等待人流。楼梯口处等待人流造成了局部的堵塞拥堵，影响人员进入楼梯的效率。

2）楼梯相向流。（超）高层建筑内楼梯相向流是由向下运动的大规模人群和向上运动的消防队员引起的。相向流增强了人与人之间的相互作用、人员之间摩擦力和竞争力，使得个体运动受阻，尤其是在火灾等紧急情况下，疏散人群急于运动至安全区域，消防队员急于到达火灾现场时，二者的竞争变得更为激烈。目前，行人相向流研究主要集中于水平通道内的人员双向流运动情况，而与水平运动相比，人员在楼梯上的运动更为不稳定，楼梯相向流引起的冲突极易造成跌倒、踩踏事故。而且，楼梯疏散时的相向流中，两股人流的比例不对称，通常向下疏散的人员要远远多于向上运动的消防队员的数量，但是通常消防队员具有优先使用楼梯的权利，即疏散人员会主动给消防队员让路。

3）底部积聚效应。（超）高层建筑内楼梯疏散时，不同楼层的人员都经由楼梯疏散，楼梯疏散的边界条件为多入口、单出口的情形。随着疏散过程的进行，要进入楼梯内的人员不断增加，而楼梯的通行能力有限，当进入楼梯内的人流量超过楼梯的最大通行能力时，未能及时疏散的人员就会在楼梯上积聚，发生拥挤堵塞，并由底层向上蔓延，如图 5-17b 所示。即随着疏散过程的延续，越近底层楼梯段上人员密度越大，疏散压力越大，而人员运动的速度相应地变得越来越小。这种积聚效应增加了人员的等候时间，降低了整个人群的运动速度，从而显著影响高层建筑内的疏散效率。因此应该优化疏散策略，通过合理控制不同楼层人员进入楼梯的时间，使人员在楼梯间内的分布尽量均匀，尽量避免引起局部楼梯段密度过大情况的出现，以保证人群运动的通畅。至少应保证着火层楼梯段上的人员密度不应过大。

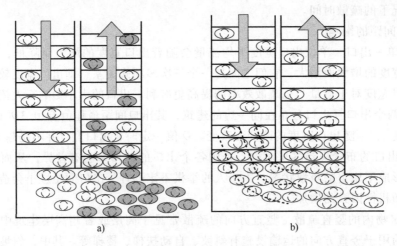

图5-17　底部积聚效应和楼梯口人群汇流
a）楼梯口人群汇流　b）底部积聚效应

4）疏散中止。（超）高层建筑内的疏散由于自身或者外部因素可能导致疏散个体在疏散过程中不得不暂停疏散。引起疏散中止的因素主要有自身因素、建筑因素和环境因素。其中，自身因素是指个体由于体力有限、疲劳等需要休息引起的疏散中止；建筑因素是指由于复杂的长距离疏散路线、避难层引起楼梯隔断等导致的疏散中止；环境因素是指楼梯间内由于烟气的入侵使得个体不得不中止疏散。

5.4.3　人员安全疏散必需时间的计算

人员安全疏散必需时间（RSET）的计算首先要明确建筑物中安全出口和疏散通道的设置，审核建筑的疏散距离，其次要估算建筑物中的人员荷载，然后针对建筑特性和人员特性，合理推算其安全疏散准备时间，最后根据经验公式或疏散模型确定RSET。由于建筑物中安全出口和疏散通道的空间位置相对固定，人员荷载估算的准确性则显得尤为重要。不同建筑的人员荷载核算方法不同，其中公共娱乐和聚集场所的人员荷载的核算最为复杂。以商场为例，商场内的人员荷载不仅与其所在国家、地区、地段以及商场的类型和使用性质等因素有关，而且对于同一商场，其最大人员荷载还受其平面布置、空间布局、使用面积以及商业配置等因素的影响。

经验公式和疏散模型一般是通过对非紧急事件地点的人员运动的研究和分析得到的，这些方法最初来源自SFPE Handbook和NFPA防火手册。

1. 经验公式

（1）Togawa公式　Togawa经验公式主要用于人员密集的公共场所人员疏散运动的工程计算，见式（5-56）。该公式中的安全疏散时间由人流时间和穿行时间两部分时间组成。在工程计算中，若将人群距最近的出口的距离表示为K_s，人群的步行速度表示为V，并设定当队列中的第一名疏散人员抵达该出口后，队列的疏散是连贯的，那么便可求出t_{move}：

$$t_{move} = \frac{N_a}{wC} + \frac{K_s}{V}$$

（5-56）

式中，t_{move}为疏散运动时间；C为通过疏散出口的单位流量（人/（m·s））；w为疏散出口的有效总宽度（m）；N_a为疏散总人数；K_s为最后一个出口距疏散队列之首的距离（m）；V为人群的步行速度（m/s）。

运用式（5-56）能够方便地计算出采用楼梯作为疏散出口的建筑物的最短疏散时间。例如，一幢设有两个有效宽度均为 0.8m 的出口楼梯间的高层办公楼，其内人员数为 1000人。假设第一个人自办公位置向同一层面上的出口疏散时，至最近出口楼梯间的距离为40m，设定楼梯有效宽度内的平均流量为 1.1 人/（m·s），未受阻的速度为 1.0m/s（沿楼梯斜面），并进行建筑物的未加控制的安全疏散。于是，通过式（5-56）可得到人流时间为568s，穿行时间为40s，则最短疏散时间为608s 或 10.13min。

（2）Melinek 和 Booth 公式 由 Melinek 和 Booth 提出的人员疏散经验公式主要用于高层建筑的最短总体疏散时间的计算。该公式考虑两种不同的情况：①建筑物内人口密度较低时，两楼层之间的穿行时间大于同一层楼上的所有人进入出口的人流时间；②建筑物内人口密度较高时，人员在楼层之间的穿行时间小于从同一楼层进入出口的人流时间。

Melinek 和 Booth 经验公式包括两个时间要素，即人流时间和穿行时间，其中人流时间是指人群经过楼梯的排队等候时间，而穿行时间则表示人员穿过楼梯的时间。在使用该经验公式时，可将高层建筑看作一简易模型，并假设所有待疏散人员均等候在出口楼梯处，然后开始疏散，且离开地面层的人员不会降低从上面楼层下来的人流速率。完整的 Melinek 和Booth 经验公式如下：

$$t_{move\text{-}r} = \frac{\sum_{i=r}^{n} N_i}{w_r C} + r t_s \tag{5-57}$$

式中，$t_{move\text{-}r}$表示 r 层及其以上楼层人员的最短疏散运动时间（s）；N_i表示第 i 层上的人数；w_r表示第 $r-1$ 层和第 r 层之间的楼梯间的宽度（m）；C表示下楼梯时单位宽度的人流速率（即楼梯的通行速率）（m/s）；t_s表示行动不受阻的人群下一层楼的时间（s），通常设为 16s。

式（5-57）给出了 $t_{move\text{-}r}$（$r=1\sim n$）的 n 个值，对于整幢建筑物而言，最短疏散运动时间 t_{move}等于 $t_{move\text{-}r}$（$r=1\sim n$）中的最大值。

如果每层楼上的人数和楼梯间宽度均相等时，那么所有 r 层中的 $N_r=N$，$w_r=w$，式（5-57）将演变为：

$$t_{move\text{-}r} = \frac{(n-r+1)N}{wC} + r t_s \tag{5-58}$$

若 $N/(wC) \geq t_s$，那么当 $r=1$ 时，$t_{move\text{-}r}$为最大值，则：

$$t_{move} = \frac{nN}{wC} + t_s \tag{5-59}$$

若 $N/(wC) < t_s$，那么当 $r=n$ 时，$t_{move\text{-}r}$为最大值，则：

$$t_{move} = \frac{N}{wC} + n t_s \tag{5-60}$$

2. 人员疏散模型

在量化研究人在正常情况和紧急情况下运动的基础上，国内外学者开发了一系列人员疏散模型，这些模型常用的分类方法有四种，分别为按照模型的应用、人员行为的模化方法、人员特征的表示方法和模型空间的表示方法。

第一种分类方法按照模型的应用特征可将疏散模型分为优化类模型、模拟类模型和风险评估类模型。优化类模型以 EVACNET 模型为代表，该模型假定人员特性、疏散出口流动特性和疏散路径的选择都是最佳的，即人员疏散是按照最有效的方式进行，但忽视了人员的其他非疏散行为和外部环境的影响，适用于把所有疏散人员作为整体考虑而不考虑个体行为的情况。模拟类模型能够反映实际的疏散行为和运动特征，不仅可以得到较准确的结果，也可以较真实地反映疏散时所做的决定和所选择的逃生路径。EXITT、SIMULEX、EGRESS、EX-IT89、EXODUS 等模型都属于模拟类模型。风险评估模型则以 WAYOUT 和 CRISP 模型为代表，这类模型能识别出火灾时与疏散有关的危险或事故，并量化事故风险，通过反复模拟估算人员疏散中的相关统计数据。

第二种分类方法根据疏散人员的行为决定方法将模型分为无行为准则模型（EVAC-NET）、基于行为准则的模型（CRISP、EXODUS）、复杂行为模型（EXIT89、SIMULEX）、函数模拟行为模型（MAGNETMODEL）和基于人工智能的模型（EGRESS、VEGAS）。其中，无行为准则模型完全依赖人群的物理运动和建筑空间的物理表达来模拟人员的疏散行为；基于行为准则的模型则考虑人员的个体特性，允许人员按照预定的行为准则来做决定和运动，这些准则将在特定场合下起作用（如在充满烟气的房间里，人员将通过最近的出口疏散）；复杂行为模型则不明确规定人员的行为准则，而是通过一系列与心理和社会的影响有关的统计数据含蓄地处理人员的疏散行为；函数模拟行为模型中人的运动和行为由单个或者一组方程控制，同时人员的运动和行为也可以对控制方程进行修正；基于人工智能的模型则把人员设计为能智能分析周围环境的智能人，该模型虽能准确地模拟疏散人员的决定过程，但削弱了用户对模型的控制权，模拟结果的准确性不可预见。

第三种分类方法基于建筑中人员特征的表示方法，把模型分为个体分析模型和群体分析模型。其中，个体分析模型一般允许设定或由随机方法确定疏散人员的个体特性，以模拟其决定和运动过程，因此，该模型可以表现各种具有不同特性和经历的人的疏散行为。同时，个体分析模型也可包含群体行为，如模型中所有人都可以产生远离火场的行为。个体分析模型主要有 EXITT、CRISP、SIMULEX、BGRAF、EXODUS 等。群体分析模型则不考虑人员的个体特性，只是将所有人作为具有共同特性的群体加以分析和模拟，EVACNET、WAYOUT、EXIT89 等模型均属于该范畴。群体分析模型在模拟疏散过程时仅针对大量的人群，所以其在模型的理论组织和计算速度方面具有较大的优势，但很难模拟火灾等紧急情况下的各种事件对个体行为的影响，如烟气毒性对人员的影响。

最后一种基于模型物理空间表示的分类方法将疏散模型分为离散化模型和连续性模型两类，下面详细介绍该分类方法下的这两类模型。

（1）离散化模型　离散化模型把需要疏散计算的建筑平面空间离散为许多相邻的小区域，同时把疏散时间离散化以适应空间的离散化，这种空间和时间的离散化处理方式大大提高了程序的运行速度，改善了计算效率。离散化模型又可以细分为粗糙网络模型和精细网格模型。

1）粗糙网络模型。类似于水力模型，粗糙网络模型根据建筑结构特性把其模化为蓄水池和水管，把流动人群模化为管中的水，采用单个网格节点表示一个房间或走廊，并根据建筑中的实际情况，将所有网格节点用代表出口的弧线连接起来，弧线上的权值表示该出口的疏散能力。该模型只允许人员在建筑结构单元之间运动，而不能在同一建筑结构单元中做区域性移动，它不能模拟人员疏散过程中避开障碍物等行为，也不能表现人员之间的相互影响。粗糙网络模型包括 CRISP、EVACNET、EXIT89、WAYOUT 等。

　　粗糙网络模型常用来模拟高层建筑的人员疏散，图 5-18 所示为日本学者 Yoshida 针对世贸大厦建立的模型。该模型重点关注疏散楼梯的瓶颈效应及其最大人员荷载量，忽略了建筑结构的分布细节、建筑物内人员的个体特征以及楼梯在建筑中的相对位置。具体地，该模型将疏散楼梯看作一个具有一定蓄水量的水池，该水池有 n 个进水口（代表 n 层建筑层），而只有 1 个出水口（疏散楼梯的地面出口），分别设定进水口和出水口的流速，n 个进水口和 1 个出水口同时开启时，所有水量（人员荷载）流净的时间即为人员疏散的运动时间。

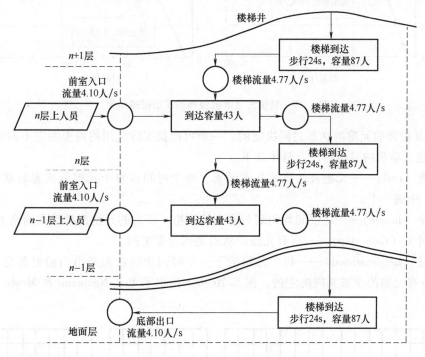

图 5-18　世贸大厦水力模型

　　世贸大厦水力模型的模拟结果如图 5-19 所示，在统计的人员荷载情况下，WTC1 的人员疏散运动时间 38min，WTC2 相应时间为 64min；当两幢楼均满员的情况下，模拟得到的人员疏散运动时间为 120min。

　　2）精细网格模型。精细网格模型把建筑平面空间划分为瓦片状的网格，可以准确地表示建筑平面空间的几何形状及其内部障碍物的位置，以及任一时刻模型中每位疏散人员的准确位置。精细网格模型主要有 SIMULEX、EXOSUS、EGRESS、元胞自动机（Cellular Automata）模型和格子气（Lattice-gas）模型等。不同的精细网格疏散模型采用的网格大小、形状以及网格点的连接方式各不相同。本书主要介绍元胞自动机模型。

　　元胞自动机是在均匀一致的网络上由有限状态的变量（或称元胞）构成的离散的动力系统，其特点是时间、空间和状态都离散，同时每一个变量只取有限多个状态。其运行规则主要有：所有元胞的状态是同时变更的，且在 $t+1$ 时刻的第 i 个元胞的状态是由 t 时刻的第

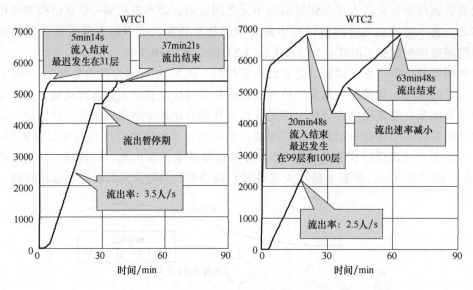

图 5-19　世贸大厦疏散楼梯的模型模拟结果

i 个元胞以及相邻的元胞的状态共同决定的。一般可根据实际应用的需要制定不同的规则。

① 元胞自动机的基本特性。具体如下：

a. 元胞（cell）——元胞自动机的基本元素，每个时间步每个元胞的状态只取有限多状态（state）中的一个。

b. 网格（lattice）——将空间均匀划分得到的网格，所有的元胞都排列在网格上。

c. 时间步（time-step）——所有元胞的状态是同时变更的。

d. 邻域（neighborhood）——每个元胞的下一个时间步的状态是由当前时刻它自身以及其邻域内所有元胞的状态共同决定的。图 5-20 所示给出了 Von-Neumann 和 Moore 两种邻域的定义。

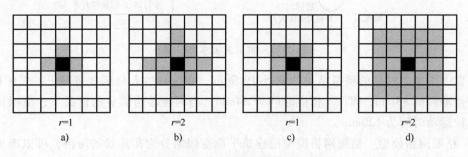

图 5-20　元胞自动机邻域的定义

e. 规则（rule）——记在 t 时刻第 i 个元胞的状态为 a_i^t，那么它在 $t+1$ 时刻的状态 a_i^{t+1} 是由 t 时刻的第 i 个元胞及其邻域内的所有元胞（假设有 n 个）的状态共同决定的，用公式表示如下：

$$a_i^{t+1} = f(a_i^t, a_{i+1}^t, a_{i+2}^t, \cdots, a_{i+n}^t) \tag{5-61}$$

式中，映射 f 表示元胞自动机的局部规则，其与 i 和 t 均无关。

理论研究表明，简单但包含关键要素的元胞自动机模型完全可以表征复杂系统的本质特征。为了研究火灾环境中人员的逃生行为，模型规则的制定应尽量遵循基本、简单和必要性原则。通过分析可以认为人员在火灾中的逃生行为主要受两方面因素的影响：一是主观因素，包括人员对周围环境的认识、人员对火灾发生位置及其危险程度的认识等；二是客观因素，包括人员所能达到的最大逃生速度、人员的视力范围、障碍物的影响等。同时，主、客观因素之间是相互影响、相互作用的，例如火灾烟气浓度增大会限制人员对周围环境的认知，而从众心理作用会使各个出口处的人员分布不均匀进而降低人员最大逃生速度。

② 利用元胞自动机进行人员疏散模拟。

a. 基本思路是：将所研究的二维空间均匀划分为若干网格，每个格点（元胞）为空或被一个人员占据。同时，每个人员附带一个与建筑物空间大小相同的网格，该网格每个格点的值表示该人员对建筑物各处危险度的认识，称之为"总危险度图"（包括"位置危险度"和"火灾危险度"）。这里，每个人员的"总危险度图"仅代表该人员在当前时间步对周围环境的认识，不同人员的"总危险度图"可以不同，且每个人员的"总危险度图"可随时间而变化。在密集人流疏散模型中每个元胞对应 $0.40\text{m} \times 0.40\text{m}$ 的空间，这是典型的人员空间分配，另外一种常用的标准是 $0.457\text{m} \times 0.457\text{m}$。另据研究发现，在松懈情况下人的步行速度约为 0.85m/s，正常情况下约为 1.30m/s，而紧张情况下约为 1.80m/s。由于模型中所有人员的位置是并行变更的，所以就需要引入反应时间，如果在每个时间步内所有人员只能移动一格，则紧急情况下每个时间步为 $0.40\text{m}/(1.80\text{m/s}) \approx 0.22\text{s}$。

火灾场景的引入主要考虑两方面：一是当人员发现某处发生火灾时，则该处及其周围格点的危险度随之增大；二是在火灾影响区域内的人员的运动速度和视力范围等会受到影响。人员运动方向的选择是根据"总危险度图"进行的，基本原则是：尽可能以最快的速度往最安全的地方运动。

b. 元胞自动机人员疏散模型分为基本模型和扩展模型两种，基本模型主要有三个运行阶段。第一个阶段是选择目标格点，每个人员在自身格点及其相邻的 4 个格点中（即不包括对角格点）根据自己的"总危险度图"选择一个空的、危险度最低的格点作为运动的目标格点。"总危险度"可通过如下方法确定：首先确定"位置危险度"，即按到出口的距离将房间内所有格点划分等级；然后确定"火灾危险度"，即以火源处为危险等级最高点，距火源越远等级越低。通常，基本模型中的"总危险度"只考虑"位置危险度"，"火灾危险度"则在扩展模型中考虑。第二个阶段的目的是解决冲突，所有人员按第一阶段变更之后，如果某目标格点的进入人数超过 1 人，则按每人相同的概率留下一位，其余回到原位，而所有人员都回到原位的概率为 p，由此可模拟现实中的人员运动的不确定性。另外，较密集的地方由于竞争增大会有更多的人员不能移动，因此上述冲突解决方法还可以模拟人员之间推挤而导致前进困难的情况。以上两个阶段完成了该时间步的人员位置变更，第三个阶段是"总危险度图"的变更，各人员根据对周围环境的重新认识更新各自的"总危险度图"。

c. 研究中模型的具体运行流程如下：将所在的房间均匀划分为若干网格，随机分布房间内的人员，确定每个人员的"总危险度图"，在每一个时间步中，所有人员的状态根据以下规则进行更新：

a) 比较每个有人员占据的元胞与周围 4 个元胞（不包括被其他人员占据的元胞）的总危险度大小，将危险度最小的元胞作为目标元胞，并将进入目标元胞的人数加 1。全部结束后转到 b)。

b）判断进入每个元胞的人数 n，若大于 0，则按均等机会原则选择一位留下，其余人员在本时间步不做移动，并按概率 p 判断要移动的人员是否放弃移动。全部结束后转到 c）。

c）分析每个新位置上人员的"总危险度图"，若发现更佳出口并需要改变逃生路线，则将新出口所在元胞作为危险等级最低点，调整其"总危险度图"。全部结束之后重新转到 a），进行下一时间步的变更。

d. 扩展模型是在基本模型的基础上根据需要进行改进的，主要包括以下几个方面：

a）为了模拟人员的运动方向选择，智能引入"视野"的概念（图 5-21a、b 中的阴影部分，分别是中间位置元胞所看到的两种视野范围）。随着视野的扩大，人员对当前时间步运动方向的选择则可以按照下一时间步的最优选择来确定。另外，视野也可以模拟火灾烟气导致人员视力范围缩小等问题。

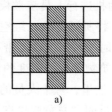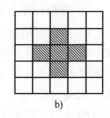

图 5-21　元胞视野示意图

b）为了模拟人员绕过障碍物的行为，可以将障碍物看作固定的"危险源"，且其周围的危险度相应增大。

c）为了模拟不同类型人员的运动特点，可将运动速度划分为两个或两个以上等级。此外，人员运动速度等级的变化还可以模拟火灾场景对其生理机能的损害而引起的速度下降问题。

d）通过问卷调查和数据收集的方式，可以得到人员在真实火灾中的各种反应数据并将其加入到模型中，比如在接收到火灾信息后的反应时间、在对出口位置不明确的情况下是如何选择逃生路线的（如跟随多数人运动还是往人少的地方运动等），以及人在有毒烟气中停留时间与其生理上受到的伤害之间的关系等。这些因素的考虑可以使模型更真实地模拟实际火灾中的人员逃生行为。

下面是利用元胞自动机的基本模型和扩展模型模拟的大房间内人员疏散的典型例子。

算例 1：用基本模型模拟一个只有一个出口的大房间内的人员疏散情况，为了和已有的模型进行比较，本算例暂时不考虑火灾场景的影响，即"总危险度图"仅与建筑物的位置有关，并认为房间内每个人员对周围环境的感知都是正确且不随时间变化的。由此，每个人员的"总危险度图"都是一样的，即危险度以出口为中心呈辐射状衰减，出口处的元胞危险等级最低，而离出口最远的两个角落上的元胞危险等级最高。所有要移动的人员放弃移动的概率 p 设为 0.1。图 5-22 所示给出的分别是疏散过程中的三个典型阶段，图 5-22a、b、c 分别为初始时刻、第 15 个时间步和第 80 个时间步时的人员分布情况图。

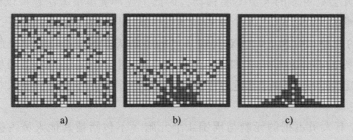

图 5-22　基本模型模拟的大房间内人员疏散示意图

算例2：模拟在算例1的基础上将视野范围改为图5-21b所示视野后的人员疏散情况（初始条件、放弃移动概率 P 和"总危险度图"的确定不变）。图5-23a、b、c 分别给出了第15、50、80个时间步时的人员分布情况。通过比较图5-22c与图5-23c可以发现，由于视野得到了扩展，人们能够看到更广的范围从而做出更合理的逃生路线选择，同时也可以解释人员在火灾中由于烟气存在而导致的视力下降现象，即将算例1理解为烟气浓度更大时的人员疏散情况。

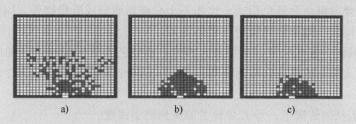

图5-23 扩展模型（增大视野）模拟的大房间人员疏散示意图

算例3：模拟在算例2的基础上加入了火灾场景后的人员逃生情况，这里认为火源及其影响区域不随时间变化，并只考虑火灾场景对人员心理的作用（对人员逃生路线的影响）。对于火灾场景的危险度做如下考虑：在火灾影响区域内，TD（总危险度）等于RD（位置危险度）与FD（火灾危险度）的线性和。通过对模型的演算，发现当RD与FD的系数比为1/10左右时模拟效果较好，故在该算例中系数比设为1/10。真实火灾中对于不同的人以及不同危险程度的火灾，该系数比是不一样的，需要通过相应的数据调查获得。简单起见，这里认为所有人员对房间和火灾的认识都是正确且不随时间变化的，每个人员的"总危险度图"由"火灾危险度图"和"位置危险度图"叠加而成，其中"火灾危险度图"是以火源为危险等级最高点呈辐射状衰减，并有一定的影响范围，"位置危险度图"同算例1和2。在最终的"总危险度图"中，火源处的元胞危险等级最高。图5-24同样给出了逃生过程的三个典型阶段，图5-24a、b、c分别是第5、15、50个时间步时的人员分布情况（圆形阴影部分为火源及其影响区域）。可以发现火灾场景的加入使得该处的危险度急剧增大，人员相应地改变了逃生路线，绕过了火灾影响区域。

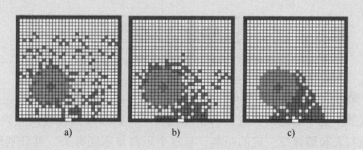

图5-24 扩展模型（火灾场景）模拟的大房间人员疏散示意图

（2）连续性模型 连续性模型又称社会力模型，它基于多粒子自驱动系统的框架，采用力学模型模拟人们恐慌时的拥挤动力学。

人的行为是混乱无序的，至少是不规则和不可预测的，但在比较简单和宽松的环境下，社会力模型可以在一定程度上模拟人员的行为特征。图5-25所示描述了行人的行进决策过程。人感观上所受的刺激会引起行为上的反应，且该反应依赖于个人目标实现和按照最大效用原则所做的行为权衡。研究发现，人的行为有以下特点：

1）行人会期望自然地行进一段距离，所以会选择一条不绕弯的且尽可能短的路线前往目的地。

2）行人的个体行为会受到其他行人的影响，其中个人的"私有空间"起了重要的作用。很自然地，一个人离陌生人越近，就会越感到不舒服，因为无法预知其是否具有侵略性。另外，由于要时刻注意避免伤害，比如不小心碰到墙壁或障碍物等，因此人们通常也会与建筑物边界、墙壁、障碍物等保持一定的距离。

3）行人有时候会被其他人（如朋友、亲人、街道艺人等）或物体（如商品展销等）吸引，这与人群中人堆形成的内在机制密切相关。实际中这种吸引力还会因个体兴趣的减弱而减弱。

4）在没有阻挡的情况下，行人会自主加速到期望速度。

基于以上四点，行人做出的选择都可以用环境或者个人目标所"施加"的影响力来描述。行人行为的改变，即速度矢量的改变，正是这些力的作用结果。因此，可列出行人受力的牛顿方程。

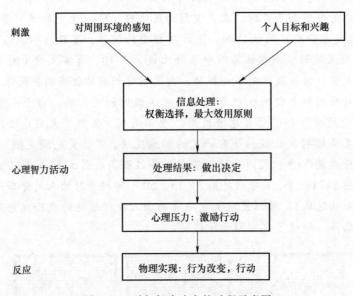

图 5-25　引起行为改变的过程示意图

假定行人 i 受到社会心理和物理的作用，质量为 m_i，期望以大小为 v_i^0、方向为 e_i^0 的速度疏散，并在疏散中会不断地调整自己的实际速度 v_i，且假设其在时间 τ_i 内加速到 v_i^0。同时，他要与其他行人和墙保持一定的距离，且这个距离与速度有关，可分别用行人 i 和行人 j 之间的作用力 f_{ij} 和及行人 i 与墙 w 之间的作用力 f_{iw} 来模拟，则社会力模型中人员速度的变化可用运动学方程表征：

$$m_i \frac{\mathrm{d}v_i}{\mathrm{d}t} = m_i \frac{v_i^0(t) \mathrm{e}_i^0(t) - v_i(t)}{\tau_i} + \sum_{J(j \neq i)} f_{ij} + \sum_w f_{iw} \tag{5-62}$$

式中，v_i 为行人 i 的实际速度，$v_i^0(t)$ 和 $\mathrm{e}_i^0(t)$ 分别为 t 时刻行人 i 的速度的期望大小和期望方向，$v_i(t)$ 为 t 时刻行人 i 的实际速度，J 和 W 分别为其他行人的总数和墙的总数。

人员位置 $r_i(t)$ 的变化可由速度 $v_i(t)$ 给出。通常情况下，行人 i 和行人 j 在行进过程中保持一定的距离，可用心理作用力来模拟。当两人之间的距离小于二者半径之和时，两人就会发生接触，此时两人之间的作用力会增大。结合起来，行人之间的相互作用力可用下式表示：

$$f_{ij} = \{A_i \exp[(r_{ij} - d_{ij})/B_i] + kg(r_{ij} - d_{ij})\} n_{ij} + kg(r_{ij} - d_{ij}) \Delta v_{ji}^t t_{ij} \tag{5-63}$$

式中，函数 $g(x) = \begin{cases} 1, x > 0 \\ 0, 其他 \end{cases}$。

类似地，人与墙之间的相互作用力可用下式表示：

$$f_{iw} = \{A_i \exp[(r_i - d_{iw})/B_i] + kg(r_i - d_{iw})\} n_{iw} - kg(r_i - d_{iw})(v_i t_{iw}) t_{iw} \tag{5-64}$$

式中，d_{iw} 为人到墙的距离（m）；n_{iw} 为切线方向；t_{iw} 为法线方向。

在每一个时间步内，模型根据行人的受力情况决定其下一个时间步的行走速度和方向。

下面是采用社会力模型进行人流现象模拟的典型例子。

研究发现人群中在行走的过程中有着相同或相近方向的人们会自发地排成队列，形成一条行走所受阻力最小的"人行道"。

图 5-26 ~ 图 5-31 是不同人数的人群在宽度不同的通道内相向人流运动模拟的结果，深红色代表运动方向向右，浅黄色代表运动方向向左。人群期望速度为均值 1.34m/s，方差 0.26m/s 的高斯分布，初始位置为随机分布。人体半径为均值 0.3m，方差 0.017m 的高斯分布。人的体重与半径成正比，均值 60kg（中国人的平均体重）。考虑到通道两侧随机产生的人流有可能会使模拟失真，故将两侧省去。

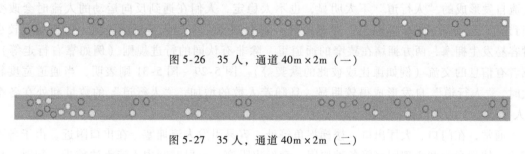

图 5-26　35 人，通道 40m×2m（一）

图 5-27　35 人，通道 40m×2m（二）

图 5-28　90 人，通道 40m×2m

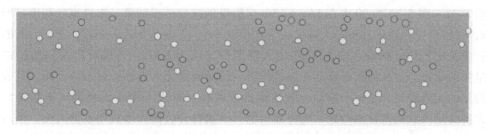

图 5-29　90 人，通道 40m×10m，"人行道"的自发形成

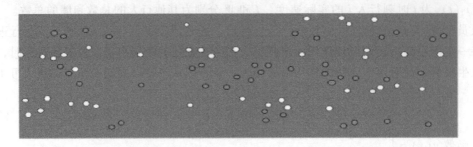

图 5-30　100 人，通道 45m×15m，"人行道"的自发形成

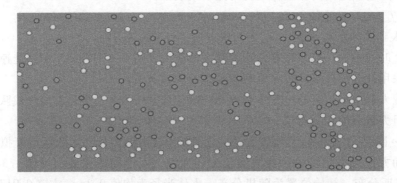

图 5-31　200 人，通道 40m×20m，"人行道"的自发形成

图 5-26～图 5-28 所示是通道宽度较小（2m）时相向人流运动的模拟结果。可以看出，人流自发形成的"人行道"不太明显，也不太稳定，人们在遇到反向运动的人流时会改变"行道"，致使形成的"人行道"是分段的。图 5-28 表明，当人群规模较大、通道宽度较小时容易发生拥塞，两方拥堵在狭窄的通道里，除非有认同的行进规则（例如靠右行走等），或者有信息的交流（例如谦让或彼此的默契等）。图 5-29～图 5-31 则表明，当通道宽度较大时，"人行道"自发形成得较明显，且随着人数的增加，"人行道"的数量和处在各个"人行道"中的人员数量也随之增加。

通常，在门口、大厅出口、楼梯拐角等处，容易引发人流拥塞。在出口附近，由于各不相让、体型影响和心理因素等各种原因，会发生阻塞。一段时间内人流无法前进，同时，后面远处的人陆续来到附近，前面的人又因此无法后退，从而使得拥阻规模不断扩大，并很可能引发挤伤、跌倒、践踏等事故。在 1994 年克拉玛依友谊馆大火事故中，人们从仅有的一个通向室外的正门向外拥挤，但越挤出得越慢，最终形成拥塞。因此，研究拥塞是如何形成的，探究避免拥塞以及解除拥塞的方法，对人员安全疏散有着重要意义。

图 5-32～图 5-33 为 90 人在 15m×15m 房间里的疏散模拟结果。出口宽度和出口厚度均为 1m，初始位置为随机分布，人体半径为均值 0.3m，方差 0.017m 的高斯分布，人的体重与半径成正比，均值 60kg。图 5-32 中的人群期望速度为 5m/s，可以看出人们拥挤在出口处，呈拱形分布。过高的期望速度和拥挤使得一段时间内无人能够通过出口，而一旦有人走出，拥堵的人群便打开了一个豁口，致使拱形破裂并"带出"若干人也得以走出出口，随后，人群又呈拱状拥塞在出口处，等待豁口的再一次打开，因而形成间歇型人流。出口处的拥塞现象是在火灾等紧急条件下人员疏散的特性之一，如何避免这种拥塞现象的发生是人员

疏散研究的一个重点。图5-33中的人群期望速度为1m/s，人群仍然呈拱状聚集在出口处，但并没有形成拥塞，人们连续有序地离开出口。这对应着平常情况下（没有发生火灾等紧急情况时）人员走出房间的情景，可以看出，人员有序地离开使得疏散效率提高，受伤的可能性也大幅降低。

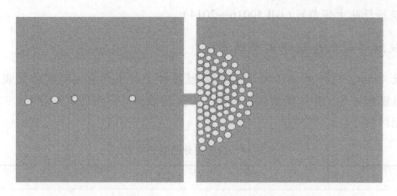

图5-32 期望速度为5m/s时的拥塞形成及间歇型人流

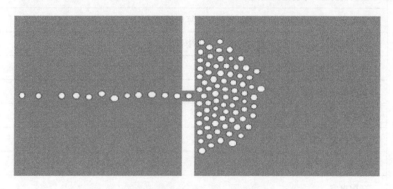

图5-33 期望速度为1m/s时的连续人流

5.5 | 人员安全疏散评估实例

以济南遥墙国际机场为例进行人员安全疏散评估。

5.5.1 疏散问题概述

根据航站楼的总体建筑特点和客流量数据，结合防排烟方案和措施以及火灾模拟研究结果，以国际通行的人在火灾场景的耐受能力判据为依据（温度、烟气层高度、CO浓度、热辐射量等），计算在最不利情况下，各层以及各防火分区人员疏散所需时间和建筑物所能提供的疏散时间以及对应的疏散通道宽度和距离，为最佳人员疏散方案提供设计参考依据。

采用经验公式、物理模拟和智能模拟（格子气模型和多粒子-自驱动模型）相结合的先进评估方法，考虑无火灾条件下的疏散以及动态火灾下的人员疏散。确保多方向疏散路线和足够的安全系数，对人员疏散进行动态仿真研究。

评估依据：

1）遥墙机场航站楼初步设计总说明。

2）济南遥墙机场航站区扩建工程平面设计图。

3）济南遥墙机场扩建工程可行性研究报告。

4）《建筑设计防火规范》（GB 50016—2014）。

5.5.2 新航站楼疏散建筑距离与通道

航站楼长 465m、宽在 40～105m 间变化。航站楼中各层的主要功能区见表 5-14，对高危险区、人员密集区和工作区需要区别对待。人员疏散的计算将同时针对一、二层平面整体和各主要功能区展开。

表 5-14　航站楼分区划分简表

所 在 层	主要功能区
一层	迎客厅，国内/国际行李提取厅，贵宾厅，包机候机厅
	空调机房，1 号弱电配线间
	各类安、边检办公室，机场办公室，计算广播机房
	国内行李分拣大厅及相关功能室，候机楼管理服务
	国际行李分拣大厅及相关功能室
	室内停车场
	加工间，面点间，厨师办公
	室内停车场旁空调机房
	高/低压间，油桶间，油机间
	变配电室
二层	送客厅，国内/国际候机厅，餐厅，咖啡厅，商业区
	各类安、边检办公室，机场办公室，商务贵宾
	备餐间
夹层	国内/国际到港旅客通道

（1）疏散距离　航站楼内的疏散距离是依民用建筑设计规范要求而定，防火区各有出口、分区疏散，让未受火和烟影响的区域内的旅客留在该区内。

一般来说，疏散危险性是随着人员荷载和疏散距离的增加而增大的。对于主要为工作区的功能建筑，人员密度低，疏散距离满足标准《建筑设计防火规范》的要求，疏散危险性较小。而对于人员密度高，空间庞大的功能建筑的最远疏散距离一般是超规的，疏散危险性相对较大。但是航站楼中包括高楼底、大空间的安全设计令旅客能有机会看见火警而做出决定离开发生事故的区域，烟也需要很长时间才能影响离火区稍远的旅客，令他们有充分时间疏散，所以航站楼内的疏散距离是可以提高的。表 5-15 列出了这些建筑空间的最大疏散距离。

表 5-15　大型功能建筑的最大疏散距离统计

所在层	功能建筑名称	最大疏散距离/m
一层	迎客大厅	66.8
	远机位候机厅	70.0
	国内行李提取厅	68.8
	国际行李提取厅	71.6
	右贵宾厅	55.2
	国内行李分拣大厅	64.4
	国际行李分拣大厅	36.4
二层	国内候机大厅	130.4
	送客大厅	84.8
	国际候机及办票大厅	204.8
夹层	国内旅客通道	187.2
	国际旅客通道	88.8

（2）疏散通道　航站楼采取了开敞、大空间的处理方式，旅客对站内的功能分布、走向能一目了然。站楼内旅客离港设施都设在二层，从车道边到登机口旅客无需换层。踏进站楼大门，旅客可看见另一侧的飞机和远处的跑道，直接的通视为旅客确立了流程的大方向。经检票、安检进入候机厅，旅客都身处在这开敞的、明了的、充满自然光线的大空间内。

各类疏散口的统计如下：

一层（38 个）：迎客大厅正门 10 个；贵宾门厅大门 2 个；远机位候机厅外开门 3 个；空侧其他各类疏散口和对外出口共 23 个。

二层（23 个）：迎客大厅正门 10 个；疏散楼梯 7 个；电动扶梯 3 组 6 个；

夹层：电动扶梯 4 组 8 个。

注意：①本疏散口的统计把位于同一位置的相邻的出口看作一个疏散口；②在保证火灾情况下电动扶梯切断电源且可使用时，可作为疏散通道。

值得注意的是登机口是否作为疏散口的考虑。见表 5-15，如把登机口当作疏散口的话，国际候机厅的最远疏散距离约 85m，如登机口不作为疏散口，国际候机厅的最远疏散距离长达 205m，这就大大增加了疏散的危险性。因此，建议将十一个登机口作为疏散口。登机口作为疏散口与否对疏散时间的影响见模型计算分析。

5.5.3　航站楼人员荷载选取和计算

航站楼合理的人员疏散评估建立在正确的人员荷载统计的基础之上，航站楼主要分为工作区和旅客区，两部分的人员荷载不尽相同，需要分别考虑。

工作区的人员主要为机场工作人员和公安、边检人员，人员密度相对较低，且在这些功能区中的工作人员对于航站楼的疏散通道相对熟悉，贵宾区和公务包机区人员密度同样较低，所以这些区域的火灾疏散危险性较小，人员荷载不作为重点考察对象，设为固定值即可。表 5-16 列出了这些功能区的人员荷载的选取。

表 5-16　一般功能区的人员荷载设定

序　　号	功能区名称	设定人员荷载/个
1	弱电配线间、气瓶间、弱电进线间等	1
2	安检办公室、空调机房、银行兑换、机场办公室等	2
3	走廊、卫生间、吸烟室、航站楼指挥、计算机房等	5
4	母婴休息室、商务、贵宾候机室、国际行李分拣等	10
5	头等舱候机室、国内行李分拣等	20
6	贵宾门厅、公务包机候机等	30

本评估的旅客区主要是指送客厅、迎客厅、国内国际候机厅、行李提取厅等旅客大量集中的区域。这些区域人员荷载变化大，人员密度密集，在天气恶劣等情况下发生的旅客滞留问题将使人员密度进一步加大。对于这些区域的人员荷载设定首先需要借鉴国内其他机场航站楼的人员密度的最大统计，然后按统计到的最大人员密度并结合遥墙机场航空业务量预测指标最终确定遥墙机场在该区域的人员荷载。

国内其他主要机场旅客吞吐量的统计见表 5-17（网站搜索），遥墙机场航空业务量预测的具体指标见表 5-18（遥墙机场航站楼初步设计总说明）。

表 5-17　国内主要机场航站楼旅客吞吐量统计

机　场　名　称	航站楼建筑面积/m²	年旅客吞吐量/(万人次/年)	高峰小时旅客吞吐量/人次
首都国际机场	336000	2169	9482
上海浦东机场	280000	2000	7120
广州白云机场	79000	1278	—
杭州萧山机场	80000	800	3600
成都双流机场	75000	760	3500
厦门高崎机场	149000	1000	4000
深圳机场	110000	770	777.5

表 5-18　遥墙机场航空业务量预测

序　　号	项　　目	统　计　数　据
1	年旅客吞吐量/万人次	800
2	飞机年起降架次/万架	8.5
3	高峰小时旅客量占年旅客量的比例（%）	0.04
4	典型高峰小时旅客吞吐量/人次	3200
5	典型高峰小时飞机起降架次	32
6	平均每架飞机载客人数	100
7	航站楼面积/万 m²	8
8	国际、国内旅客比例为	1:9
9	国内高峰小时旅客量/人次	$3200 \times 9/10 = 2880$

（续）

序　号	项　目	统 计 数 据
10	国际高峰小时旅客量/人次	3200×1/10=320
11	进出港旅客比例	1∶(1±0.2)
12	国内高峰小时进（出）港旅客量/人次	2880×0.5×1.2=1728
13	国际高峰小时进（出）港旅客量/人次	320×0.5×1.2=192

由表 5-17 可以得出，国内机场高峰小时旅客吞吐量最大极限值 9482 人次出现在 2000 年的首都国际机场，其航站楼的建筑面积约为遥墙机场的 4 倍。考虑到未来航空业务量的增加、航班延误造成的人员滞留问题以及接送人员等不确定人员因素，把遥墙机场的高峰小时旅客吞吐量最大极限值取为 9600 人次，为其业务量预测 3200 人次的 3 倍。则各旅客区的人员荷载最大极限可按以下计算：

国内旅客到港最大极限：1728 人次 ×3 = 5184 人次

分配为：国内行李提取厅极限人员荷载 5184 人次 ×0.5 = 2592 人次

迎客厅 5184 人次 ×0.5 = 2592 人次

国际旅客到港最大极限：192 人次 ×3 = 576 人次

分配为：国际行李提取厅极限人员荷载 576 人次 ×0.5 = 288 人次

迎客厅 576 人次 ×0.5 = 288 人次

迎客大厅共有 288 人次 +2592 人次 = 2880 人次

远机位候机厅极限人员荷载：1728 人次 ×3×0.1 = 518 人次

国内候机厅极限人员荷载：1728 人次 ×3×0.5 = 2592 人次

送客大厅：1728 人次 ×3×0.5 = 2592 人次

国际候机厅：192 人次 ×3 = 576 人次

餐厅、咖啡厅和商业区内人员荷载按人员密度 0.4 人/m² 设定。

5.5.4　人员疏散时间模拟计算

航站楼内的乘客一般处于清醒状态，但不熟悉建筑结构和疏散通道，其建筑使用类型和特征类似于商场、展览馆等公共建筑，参照国内外的统计数据，t_{resp} 设为 3min 是比较合理的。

t_{move} 由 Togawa 经验公式和模型模拟获得。航站楼建筑结构中的门、走廊以及其他疏散通道的宽度按照有效宽度模型计算。

（1）整层疏散模拟　对于整层做最大极限人员荷载下的人员疏散模拟，统计出各自的人员疏散时间，掌握整个航站楼的疏散情况，找出最不利于人员疏散的典型空间，为典型空间的疏散模拟做准备。

最大人员荷载情况下的疏散时间统计见表 5-19，表中的疏散人员数量综合了上述旅客业务量极限统计以及表 5-16 所列的一般功能区的人员荷载，疏散时间数值是十次模拟结果的统计平均值。从统计的疏散时间可以看出，当把登机口作为疏散口时，可以大大缩短二层的人员疏散时间，从而降低人员疏散的危险度。

表 5-19　整体及防火分区人员疏散运动时间统计

层　数	疏散人员数量	人员密度/m²	疏散时间/s
一层	6419	0.210	279.6
二层*	6425	0.212	344.3
二层	6425	0.212	637.5
夹层	1105	0.322	266.9

注："＊"表示二层疏散时把登机口当作疏散口。

通过疏散过程的模拟，提出相对疏散时间较长的典型空间有：夹层国际通道；夹层国内通道；远机位候机厅；国际行李分拣厅；国内行李分拣厅；迎客厅和行李提取厅；国内候机大厅；国际候机及检票厅；送客厅。

（2）典型空间的疏散模拟　对于人员疏散时间较长，或者人员疏散危险性较大的典型空间，需要进一步讨论其人员疏散的动态过程。为增加结果的可比性，适当增加了某些功能区域的人员荷载，如国内行李分拣厅、国际行李分拣厅等，并将最不利情况下的各典型功能区的人员全部疏散完毕时间 t_E 的模拟计算结果与经验公式计算结果进行比较。其中，t_E = 人员疏散运动时间×保险系数 + t_{alarm} + t_{resp}。本例设定探测时间 t_{alarm} 为 120s，人员反应时间 t_{resp} 为 180s，考虑到人员恐慌造成的严重堵塞情况以及其他的不可抗拒因素，对疏散运动时间模拟结果乘以保险系数 1.5，结果见表 5-20。

表 5-20　最不利情况下典型空间人员疏散时间 t_E 统计结果

层　数	空间名称	最大人员荷载/人	t_E/s 模拟结果	附加保险系数	Togawa 公式
一层	远机位候机厅	518	423	484	428
	国际行李分拣厅	100	349	374	341
	国内行李分拣厅	200	341	396	364
	送客厅和行李提取厅	5760	525	637	441
二层	国内候机厅	2592	864	1145	620
	国内候机厅*	2592	601	752	476
	国际候机及检票厅	576	602	752	458
	国际候机及检票厅*	576	498	597	420
	迎客厅	2592	512	618	394
夹层	国际通道	200	401	452	425
	国内通道	900	557	686	472

注："＊"表示二层疏散时把登机口当作疏散口。

5.5.5　结论与建议

遥墙国际机场新航站楼的设计基本能保证紧急情况下的人员疏散，但需要注意以下几点。

二层层高为 21.5m，由于具有很强的蓄烟能力，一般情况下都能保证紧急情况下人员的正常疏散。对于国内候机厅，在登机口不作为疏散口的情况下，模拟的疏散运动时间已经超过 11min，如果考虑保险系数以及报警时间和人员反应时间，最终的人员疏散时间将接近 20min。这么长的人员疏散时间将导致疏散时人群的恐慌，从而将进一步延长人员疏散的时间，为避免这种情况的出现，建议将登机口设为疏散口，但是由于登机口的疏散楼梯很狭小，必须做好疏散时的安全管理措施。

一层层高为 7.5m，蓄烟能力同样较强。疏散运动时间最长为送客厅和行李提取厅。在国内行李厅右侧通道不能正常使用情况下的疏散就接近 300s，如果考虑保险系数以及报警时间和人员反应时间，最终的人员疏散时间将为 11min。所以保证送客大厅各出口的顺利畅通，将能保证人员的正常疏散。

夹层层高为 3.5m，由于蓄烟能力较差，如果考虑保险系数以及报警时间和人员反应时间，最终的人员疏散时间将为 440s 左右，此时的烟气高度将在 1m 左右，严重影响了人员的正常疏散。但考虑到夹层只是到港旅客的暂时通道，旅客不会在本区域做停留，所以，只要加强本区域的管理，同样能保证紧急情况下人员的正常疏散。

对于只设有一个对外出口的功能区，比如夹层国际通道，应该设两个对外出口，从而可以保证一旦某个对外出口在火灾等情况下不可使用时，疏散人群可使用另一个对外疏散口。

一层和二层大厅的内侧大门不应使用旋转门。

复 习 题

1. 简述火灾损失评估的目的。
2. 火灾损失评估的基本方法有哪些？各方法之间有何区别？
3. 建筑火灾包括哪些发展阶段？各阶段有哪些特征？
4. 试述建筑火灾财产损失评估方法的流程。
5. 什么是人员安全疏散标准？
6. 简述火灾条件下的人员行为特征。
7. 简述元胞自动机模型和连续性模型的内容，并分析二者的区别。
8. 根据本章的学习内容，对于如何降低火灾损失，你有什么想法或建议？

6 第6章

火灾风险控制技术

■ **本章概要·学习目标**

　　本章主要讲述火灾风险控制的相关技术,包括阻燃技术原理及应用、火灾探测技术及火灾自动报警系统、各类灭火与应急救援技术以及人员安全疏散保障技术。要求学生了解相关技术实施方法及应用,理解火灾预防和控制的基本手段,掌握各技术的基本原理。

6.1 火灾风险控制的基本原则

　　火灾的发生对人类和社会的发展会造成巨大的破坏,不仅威胁生命财产安全,还会对环境和生态系统造成不同程度的破坏。主动防治火灾对于减少火灾损失和控制火灾的进一步发展具有重要作用。有效的预防措施和管理可以在很大程度上减少火灾的发生;完善的探测和灭火技术可以及时探测异常并迅速将火扑灭,从而抑制火灾蔓延;合理有序的人员疏散和灾后处置方案可以进一步减少火灾损失。因此,火灾风险控制应该坚持预防为主,消防结合,从安全管理和技术措施两大方面防治火灾。

　　火灾防治应根据火灾发生、发展的特点制定相应的对策,如图6-1所示。

　　防止起火是火灾防治的第一个关键环节。首先应该制定严格合理的防火安全管理制度和消防预案,加强点火源管理,增强防火意识。针对容易着火的场所和物件严格控制可燃物荷载,将可燃或易燃物的量控制在合理范围内,使用难燃或者不燃的材料。通过阻燃技术对易燃物质性能进行改进,增强材料自身的耐火性能。

　　在火灾发生早期,准确有效的探测及报警技术是实现及时灭火的重要条件。同时,应根据场所或建筑物等的结构特点及火灾特征选择合适的火灾探测技术。

　　灭火的形式多样,目前在大型建筑物中采用自动喷水系统,特别是在存在较多可燃物的建筑中,火灾发展迅速,在依靠外部消防队灭火之前,加强建筑物在火灾中的自防自救能力

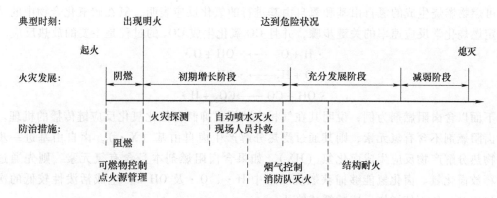

图 6-1 火灾发展的时间线以及相应消防对策

十分关键。现场人员迅速采取合理有效的灭火行动对控制火灾增长也至关重要。

控制火灾烟气的蔓延也是减少火灾危害的另一个重要方面，必须实现在烟气对人员构成危险之前就将其撤离至安全地带，并需要人员疏散管理的配合。

当火灾发展至轰然阶段时，保证建筑物结构安全成为主要目标，这依赖于建筑构件的耐火性。一旦建筑物坍塌，则依赖于建筑物的所有设施及财物均将化为乌有，且对周围建筑及人员安全构成威胁。

下面将重点介绍火灾风险控制中的阻燃技术、火灾监测监控技术、灭火技术和人员安全疏散保障技术。

6.2 阻燃技术

6.2.1 阻燃原理

提高物质材料自身的安全性是降低火灾发生风险的有效手段之一，阻燃剂是一种可用于改善可燃、易燃材料燃烧性能的化工添加剂，通常具有吸热、隔断、释放不燃气体、抑制自由基发生、抑制可燃气体发生等多重作用。添加阻燃剂加工后的材料，其安全性显著提高，特别是在物质受到外界火源攻击时，能够有效地阻止、延缓或终止火焰的传播，从而达到阻燃的作用。从原理上讲，支持燃烧的三要素包括热、可燃物、氧，中断任一要素即可有效地终止燃烧。根据影响燃烧的主要区域，阻燃机理可以系统地划分为气相阻燃机理和凝聚相阻燃机理两大类。

1. 气相阻燃机理

气相阻燃机理是指在气相中延缓或中断燃烧的阻燃作用，包括下述几种形式：①阻燃剂在受热条件下分解产生能够捕获促进燃烧链式反应增长的自由基；②阻燃剂受热生成能够促进燃烧反应自由基相互结合的细微粒子；③阻燃剂受热分解产生大量惰性气体稀释可燃气体浓度并降低燃烧反应温度；④阻燃剂受热分解释放出大量高密度蒸气覆盖可燃气体。因此，根据作用的方式，气相阻燃机理又包括物理和化学两方面的作用。

气相阻燃机理的化学作用一般是指阻燃剂在气相反应中捕获自由基。通常而言，可燃物在燃烧过程中会产生与大气中氧气反应的物质，形成 H_2-O_2 系统，通过链支化反应剧烈传播。可燃物燃烧生成的氢自由基和氧自由基进行的氧化反应表明，氧在碳氧化合物中的消耗是决定燃烧化学反应速率的关键步骤，并且 CO 氧化生成 CO_2 的过程是主要的放热反应。

$$\cdot H + O_2 \longrightarrow \cdot OH + O \cdot$$
$$\cdot O + H_2 \longrightarrow \cdot OH + H \cdot$$
$$\cdot OH + CO \longrightarrow CO_2 + H \cdot$$

下面以含卤阻燃剂为例，说明其在气相中减缓或抑制自催化氧化反应链传播的机理。如果含卤阻燃剂不含有氢元素，则其通过受热分解产生卤自由基（X·），卤自由基进一步与可燃物热分解产物反应生成卤化氢（HX）。如果含卤阻燃剂本身含有氢元素，则先通过热分解释放卤化氢。卤化氢能够捕获燃烧反应中 H·、O· 及 OH·，生成活泼性较低的次级卤素自由基，从而使燃烧反应减缓或终止。

$$\cdot H + XH \longrightarrow H_2 + X \cdot$$
$$\cdot O + XH \longrightarrow \cdot OH + X \cdot$$
$$\cdot OH + XH \longrightarrow H_2O + X \cdot$$

气相阻燃机理的物理作用，包括高密度蒸气的稀释、覆盖作用，微粒表面效应降低火焰能量。许多阻燃剂在作用过程中会产生非燃烧气体水蒸气，它可以稀释可燃气体，同时水蒸气的高热容可以吸热从而降低燃烧温度。再如氯烷基磷酸酯，它作为阻燃剂并不发生化学反应，但可以通过气化吸热有效降低温度，实现物理阻燃。

气相阻燃机理的物理作用和自由基捕获作用相辅相成，物理和化学作用对阻燃的具体贡献很难具体量化，其取决于燃烧物质和阻燃剂的具体结构和性能、阻燃元素的功能、火焰的参数及系统受热条件等多种因素。

2. 凝聚相阻燃机理

凝聚相阻燃机理是指在凝聚相中进行阻燃作用，包括下述几种形式：①阻燃剂在固相中延缓或阻止材料的热分解过程，减少或阻断可燃物的来源，阻燃剂与可燃物之间存在化学反应，且反应温度低于可燃物热分解温度；②阻燃材料受热在燃烧物质表面生成多孔的炭层，形成隔热、隔氧屏障并且能够阻止可燃气体进入气相；③含有大量无机填料的阻燃剂，具有较高的热容，通过蓄热、导热作用降低温度阻止燃烧，而且填料的引入可以稀释可燃材料；④阻燃剂受热分解吸收热量，使可燃材料达不到其热分解温度。

凝聚相阻燃机理的重要作用是成炭机理。膨胀型阻燃剂主要发挥成炭阻燃机制，通过其具体作用进一步阐释成炭过程。膨胀型阻燃剂一般由三部分组成，包括碳源、酸源及发泡剂，它们通过一系列相互作用形成炭层。在较低温度段，酸源产生能酯化多元醇和发挥脱水剂作用的酸，随着温度升高，酸与碳源发生酯化反应，酯化反应过程伴随熔化，同时伴随水蒸气生成和由气源产生的不燃性气体，熔融体系开始膨胀发泡。碳源和酯脱水碳化，形成无机物和炭残余物，进一步膨胀发泡，最终胶化和固化形成多孔炭层。从上述成炭过程可以看出，成炭可以避免可裂解产物转化为气体燃料，从而抑制燃烧；成炭过程往往伴随着水的生成，具有高热容的不可燃水蒸气可以稀释可燃气体燃料，降低燃烧可能性；炭化层可以提供热传导壁垒，保护底层可燃物；炭化层形成过程中伴随吸热反应，可以降低环境温度。成炭过程包括脱水和交联两种主要的反应模式，对于含磷化合物，其阻燃效率与被阻燃物质的脱水和成炭过程密切相关。通常，含磷化合物对于含氧量高的可燃物的阻燃效果更佳。对于纤维素需要约2%的磷，而对于聚烯烃物质，需要使用 5% ~ 15% 的磷才可以获得相同的阻燃效果。含磷阻燃剂与不含有羟基的可燃物进行反应的速度很慢，并且需要先氧化。此种条件下，当可燃物裂解时，将会有 50% ~ 99% 的磷以挥发的形式损失。对于纤维素，存在酸催化脱水和成酸剂催化脱水两种凝聚相阻燃机理，其都会导致成炭，即酯化和随后的酯热裂解与正碳离子催化反应。此外，交联也会促进纤维素裂解时的成炭性。交联会稳定纤维素的结构，在纤维素链间形成更多的共价键，但低度交联会导致纤维素稳定性降低。纤维素相邻链上羟基反应形成醚氧桥键从而快速自动交联成炭。

阻燃是非常复杂的过程，对于任何一种阻燃剂，很难用单一的、具体的阻燃机理来阐释其阻燃效能，需要结合阻燃剂自身的性质和被阻燃物质具体分析。气相阻燃机理与凝聚相阻燃机理也无法彻底分开，因为在阻燃剂发挥阻燃作用的过程中往往是几种阻燃机理共同作用。例如凝聚相阻燃剂可以通过减少挥发性热分解产物的生成而改变燃烧反应平衡，而可燃物通过高温反应生成的气体又可以使材料的流变性能发生变化从而在燃烧边界形成低导热性的炭层。由此可以看出，凝聚相中的阻燃剂必然会影响气相中的燃烧过程。与此同时，气相阻燃剂既可以降低可燃物的气化程度并抑制其燃烧，又可以促进炭层的生成从而降低火焰的释热量和增大热辐射损失。

6.2.2 阻燃剂种类及分类

1. 根据阻燃剂的加工和使用方法划分

阻燃剂种类繁多，根据阻燃剂的加工和使用方法可以将其划分为添加型阻燃剂和反应型阻燃剂。

（1）添加型阻燃剂 添加型阻燃剂与被阻燃物质基体不发生化学反应，只以纯粹的物理形式分散在基材中。添加型阻燃剂通常具有如下特征功能：①受热产生阻燃自由基阻断燃烧链式反应；②受热产生不燃或密度大的气体，干扰可燃气体与空气的接触交换；③可改变物质分解或燃烧反应模式从而降低燃烧反应热，促进成炭并阻止可燃气体的生成；④维持材料结构的物理整体性，阻碍氧气和热流通；⑤增大材料比热容或改变材料热导率，促进材料吸热或散热。添加型阻燃剂主要包括磷酸酯类、卤代烃、氧化锌、氢氧化铝和氧化锑等物质，使用时将其物理混合在被阻燃材料基体中，其分散程度越高阻燃效果也越好。目前，为了改善添加型阻燃剂的分散性和与阻燃基体的相容性，需要细化阻燃材料颗粒并对其进行表面活性处理以增强与基体材料的结合力。虽然添加型阻燃剂使用方便，应用广泛，但其对材料的性能会造成一定的影响。

（2）反应型阻燃剂 反应型阻燃剂是指其参与了被阻燃物质的化学反应，作为被阻燃基体的一部分。反应型阻燃剂通常具有如下特征功能：①使被阻燃物质在燃烧或分解过程中产生不燃或高密度气体，阻断可燃气体与空气的对流交换，干扰物质燃烧、分解和引燃，并抑制其传播；②降低被阻燃物质燃烧反应热效应；③增加被阻燃基体成炭量，维持整体结构，干扰氧和热的传输；④提高被阻燃物质热分解温度和最低引燃温度，增加热分解或引燃所需要的能量。反应型阻燃剂主要包括卤代酸酐和含磷多元醇等，它们都参与被阻燃基体的化学反应且对材料性能影响小，阻燃效果好。

2. 根据阻燃元素在元素周期表的位置划分

根据阻燃元素在元素周期表的位置来划分，绝大多数阻燃剂主要含有元素周期表中第 Ⅲ、Ⅳ、Ⅴ 和Ⅶ主族中的元素。此外，含有第Ⅵ副族元素的化合物也具有一定的阻燃效能。

为了达到较优异的阻燃效果，多元素配合的阻燃剂可以发挥协同作用。

（1）含有第Ⅲ主族元素的阻燃化合物　含有第Ⅲ主族元素的阻燃化合物主要为硼化合物和铝化合物。硼化合物主要在凝聚相中发挥阻燃作用，其机理是通过熔融覆盖在被阻燃物质表面，阻隔氧气与燃烧面的接触，减少炭层的氧化，同时，硼化合物还可以改变聚合物热分解反应模式，促进成炭反应的进行。目前市面上主要使用的是硼酸钠、硼酸、脱水硼砂、硼酸锌、五硼化铵等，其中最常用的是硼酸锌类（$xZnO \cdot yB_2O_3 \cdot zH_2O$）。目前，$2ZnO \cdot 3B_2O_3 \cdot 3.5H_2O$ 被证明具有良好的阻燃和抑烟作用，其结构推断如图6-2所示。

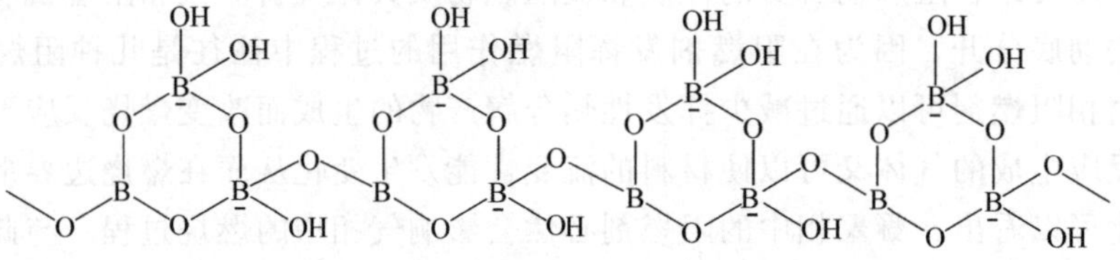

图6-2　$2ZnO \cdot 3B_2O_3 \cdot 3.5H_2O$ 硼酸锌的结构

硼酸锌在聚合物中的协效阻燃作用是通过催化卤素成分的分解使被阻燃基体进行交联和炭化。阻燃过程中生成的三氧化二硼覆盖在炭化层表面形成玻璃保护层，同时硼酸锌释放的水分还可以进一步冷却燃烧反应。含硼阻燃剂一般作为其他阻燃剂的协效剂使用，成本较低，产烟量小。它在高于482℃时与水合氢氧化铝合用会分解生成电绝缘和绝热的涂料层，因此在电线、电缆、电器外壳等中存在广泛应用，并且在一些特殊领域具有无法替代的优越性。

含铝阻燃剂的典型代表是氢氧化铝，它是填料型阻燃剂中应用最广泛的品种。其具备阻燃性好、发烟量低、价格低廉、资源丰富及无毒等多重优点。作为两性氢氧化物，其可以中和燃烧过程中释放的酸性气体。氢氧化铝在温度高于220℃时发生分解，分解吸热1.20MJ/kg，温度继续升高，释放结晶水吸收潜热，降低材料燃烧表面温度，同时由于三个结晶水的气化，生成的水蒸气又可以进一步覆盖在火焰区域，实现阻燃效果并且全过程不产生有毒有害气体。氢氧化铝阻燃剂的抑烟效果明显，在凝聚相中促进成炭并取代烟气的形成，失水产物为活性的氧化铝，其可以促进聚合物燃烧的稠环炭化，增强固相阻燃作用。氢氧化铝在被阻燃基体中添加的量越高，其阻燃和抑烟效果越好，但与此同时材料的自身强度也会随着添加量的增加而降低。因此，需要对氢氧化铝粒径进行分布调节，进行表面活性处理等。

（2）含有第Ⅳ主族元素的阻燃化合物　含有第Ⅳ主族元素的阻燃化合物主要有碳化合物和硅化合物。碳作为大多数可燃物的主要燃料，自身一般不具备阻燃性能，但是可燃物在燃烧过程中生成的炭层却具有阻燃性，能够保护下层可燃物进一步燃烧。因此，炭在凝聚相发挥阻燃作用，如添加型阻燃剂膨胀石墨在受热条件下可以急剧膨胀，碳纤维可以提高材料的阻燃性和耐火性。近年来，新型碳材料石墨烯作为阻燃添加剂成为阻燃材料研究新方向之一。相比普通碳材料，具有独特二维碳原子片层结构的石墨烯类材料具有优异的导热性、导电性以及良好的气体阻隔性能，可以显著提高材料的阻燃性能。当添加有石墨烯基的材料遇到高温或者明火时，微观上看，石墨烯片层结构整体上是密集且连续的，能够有效阻止氧气进入材料深处。此外，石墨烯材料的高导热性可以迅速将局部的过高热量传导到其余部分，避免热量的积聚。此外，石墨烯这种密集且连续的结构从宏观上来看具有极高的比表面积

（2630m²/g），高比表面积有利于吸附燃烧过程中产生的有机挥发物，并阻止其释放和扩散。相比碳元素，硅元素更具有阻燃性，不仅可以在凝聚相中促进成炭过程，而且可以在气相中捕获自由基。实践证明，添加少量的含硅阻燃剂就可以明显提高被阻燃基材的耐高温和耐火能力。硅阻燃剂被认为是环境友好性添加剂，可以分为无机硅阻燃剂和有机硅阻燃剂两类。无机硅阻燃剂以硅酸盐为典型代表，常见的有硅酸钠硅藻及聚硅酸等。聚合物-层状硅酸盐纳米复合阻燃材料的研发更是实现了被阻燃基体与无机阻燃粒子在纳米尺寸上的结合，克服了传统填料型阻燃剂的缺点，保证材料良好的力学性能。有机硅阻燃剂包含丰富的硅氧键，闪点高（大于300℃），难燃，主要包括反应型硅氧烷、聚硅氧烷、硅树脂等。将硅树脂加入到聚合烯烃中可以提高聚烯烃的防熔体滴落和阻燃抑烟性能，同时对材料的物理机械加工性能也有所改善。含硅树脂在燃烧过程中的放热量和平均热释放率都明显减少，但热释放总量与纯树脂相同。塑料中仅添加0.1%~1.0%的硅阻燃剂就可以明显改善其加工性能，添加量为1%~8%时就可以实现较低的发烟量和CO生成量。同时，在燃烧过程中，硅阻燃剂能够生成硅碳化合物，构建绝缘层起到隔热阻燃的效果。

（3）含有第Ⅴ主族元素的阻燃化合物　含有第Ⅴ主族元素的阻燃化合物主要包括氮化合物、磷化合物和锑化合物。含氮阻燃剂在发挥阻燃作用的过程中会产生氨等不燃气体，冲淡或稀释可燃气体并覆盖在被阻燃基体表面。与含卤阻燃剂相比，含氮阻燃剂低烟、低毒，环境友好。缺点是阻燃效率低，需要较大的用量，这会对材料的加工性能和力学性能造成较大的影响。因此，含氮阻燃剂通常不单独使用，一般通过与其他阻燃剂配合使用来增强阻燃效果。含磷阻燃剂种类极其丰富，具有非常好的阻燃效果，主要在凝聚相发挥阻燃作用，显著提高成炭率。含磷化合物在燃烧过程中可以生成偏磷酸并进一步聚合成多聚态，形成保护层，隔绝可燃物与氧气的接触并阻止碳氧化物的逸出。在促进成炭方面，磷化合物可以改变聚合物热分解反应的模式，抑制二氧化碳及一氧化碳的形成。此外，磷可以促进聚合物分解反应的部分氧化脱水，降低反应放热量。磷化物在阻燃过程中形成的不挥发性磷氧化物是含炭残留物质的熔流剂。磷阻燃剂性能优良，高稳定性、多功能化及低毒是其显著优势，是目前阻燃剂研究和开发的热点。但绝大多数磷阻燃剂是液体，挥发性低、耐热性差是小分子磷系阻燃剂的主要缺点，需要研究发展相对分子量大的化合物和低聚物。锑单独存在时不具备阻燃效应，并且由于三氧化二锑的熔点高达656℃，也不是合适的熔流剂，但锑是含卤素阻燃剂的良好协效剂，可以明显提高含卤阻燃剂的阻燃效率。这可能是由于在燃烧过程中，三氧化二锑与含卤阻燃剂释放的卤化氢反应生成三卤化锑或卤氧化锑，生成的卤氧化锑继续分解产生三卤化锑。在温度650℃时，固态三卤化锑会发生气化。三卤化锑可以在气相中发挥阻燃作用，捕获燃烧反应中的活泼自由基，改变气相反应模式，抑制燃烧的进行。同时，三卤化锑的分解可以释放出卤素自由基，进一步结合气相中的氢自由基等，维持长时间猝灭火焰的效果，提高阻燃效率。此外，燃烧反应中的氧自由基还会与锑结合生成氧化锑，进一步捕获氢自由基、氧自由基等，抑制燃烧并达到自熄的效果。在卤-锑协同阻燃的过程中，除了前述化学作用，还存在物理效应。三卤化锑蒸气为高密度蒸气，能有效覆盖燃烧区域，隔绝氧气和热流通。卤氧化锑的分解可以吸收热量，降低反应温度，延缓反应速率。卤-锑热裂解生成炭层阻隔材料基体和外部空气接触，并抑制可燃气体的逸出。目前，由于锑资源有限，氧化锑价格较高，仅在我国及其他少数几个国家使用。在使用过程中主要对氧化锑的粒度大小要求较高，其粒度及分布对被阻燃材料的力学性能影响较大。

（4）含有第Ⅶ主族元素的阻燃化合物　含有第Ⅶ主族元素的阻燃化合物主要包括氟化合物、氯化合物和溴化合物。氟元素是第Ⅶ主族中最轻的元素，C—F化学键具有很高的键能，气态产物密度较低，但在凝聚相中发挥着有效的阻燃作用。氟元素通常存在于聚合物链端，与C—F键相连的碳通常很难被氧化，可以提高材料的热分解温度，抑制材料的分解和引燃，在燃烧早期降低燃烧风险。此外含氟物质的分解产物通常不燃，但由于生成气体较轻，覆盖阻燃性能不佳。含氟阻燃添加剂中阻燃效率较高的是氟氯烃，它作为聚合物发泡剂时可以明显提高材料的阻燃性能。同时氟氯烃还是良好的灭火剂，但是由于氟氯烃存在环保限制，已经不再被使用。含氯元素的阻燃剂可以同时发挥凝聚相和气相阻燃作用。在气相中，氯能够捕获燃烧化学反应的自由基，改变化学反应方向或者终止燃烧化学反应，与此同时生成的含氯气态产物可以覆盖燃烧基体材料减少其进一步接触氧和热。在凝聚相中，含氯聚合物可以在燃烧或热解过程中发生氯化或脱氯化氢反应，形成具有丰富双键的化合物以促进成炭。目前，含氯化合物由于其低廉的价格应用较为普遍，但缺点是燃烧时会释放出有毒的氯化氢气体。含溴阻燃剂化合物具有和氯化物相似的性质，同样可以同时发挥气相和凝聚相阻燃作用，但由于溴的气态产物分子量更大，生成的不燃气态产物密度高，在气相中发挥着更好的覆盖作用。因此，含溴阻燃剂的阻燃效率更高，并且其加工性和物性等综合性能优良，价格适中，从而应用更为广泛。但是对于聚合物中溴化合物的使用量存在限制，过高的溴含量将会影响材料的柔韧性、机械强度和耐光性等。同样，对于含溴化合物，以多溴二苯醚为代表的阻燃剂在热分解后会释放出具有剧毒的溴化二苯并二噁英和溴化二苯并呋喃，但由于目前尚无有效替代试剂，因此仍在广泛使用。

此外位于第Ⅱ主族的镁和第Ⅵ主族的钙也存在于阻燃化合物中，如氢氧化镁、氢氧化钙、碳酸镁和碳酸钙可以发挥与氢氧化铝类似的阻燃作用，都是常见的填料型阻燃剂。

3. 根据阻燃元素的种类划分

根据阻燃元素的种类，还可以将阻燃剂划分为无机阻燃剂和有机阻燃剂两大类。有机阻燃剂主要包括含氯化合物、含溴化合物及含磷化合物；无机阻燃剂主要包括氧化锑、氢氧化铝、氢氧化镁、硼酸盐、无机磷化物及钼化物等。无机阻燃剂一般热稳定性高、不挥发、无腐蚀性、低毒低害、价格低廉，近年来发展迅速，占阻燃剂总量的60%以上，其中水和氧化铝的比重又占到了80%以上。无机阻燃剂按照添加用量可以进一步被划分为阻燃剂和阻燃填充剂。添加少量就具有阻燃效果的是阻燃剂，需要大量填充才具有阻燃效果的是阻燃填充剂。进一步地，对于无机阻燃剂又可以分为独效阻燃剂、助阻燃剂和辅助阻燃剂。独效阻燃剂是指在单独使用条件下就可以发挥阻燃作用的添加剂，而助阻燃剂需要与卤素并用才能发挥叠加阻燃效果，辅助阻燃剂需要同助阻燃剂配合使用才能产生效果。无机阻燃剂的分类如图6-3所示。

可以看出，阻燃剂种类十分丰富，根据不同的划分标准，同一阻燃剂可以属于不同的类别。这是由于阻燃剂的作用机理复杂且很少纯粹地发挥单一阻燃机理，并且对于同一阻燃元素又存在有机和无机类阻燃化合物，同时反应型阻燃剂也可能发挥填料作用，因此是十分复杂的体系。

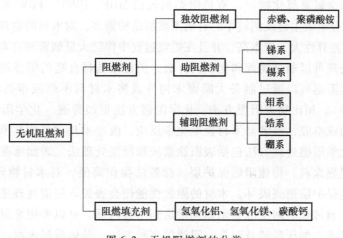

图 6-3　无机阻燃剂的分类

6.2.3　阻燃材料的应用

阻燃材料的发展及应用是人类文明的重要标志之一。阻燃科学的发展经历了从以纤维素为成分的天然纤维和木器的阻燃到合成树脂、合成橡胶和合成纤维材料的阻燃。随着新型材料的出现发展，物理、化学、纳米、高分子设计与合成等多学科交叉融合，阻燃剂在越来越多的领域实现应用。自 20 世纪 80 年代以来，对于合成材料的加工，阻燃剂成为仅次于增塑剂的用量最大的助剂。据不完全统计，全球约 18% 的塑料是阻燃化的，每年阻燃塑料消费约达 2700 万 t；在阻燃纺织品中，约有 5% 的阻燃化比例；在橡胶和涂料材料中，阻燃剂也存在广泛应用。据统计，全球近 70% 的阻燃剂用于塑料，20% 用于橡胶，5% 用于纺织品，3% 于涂料，2% 用于纸张及木材。此外，伴随科技进步，阻燃剂在一些新兴领域如锂离子电池、汽车包装、航空航天等中也有应用。自 2008 年以来的近十年，我国阻燃剂的增长率保持在 15% ~ 20%，目前年消费总量在 57 万 t 左右，2019 年消费量将增加到 84 万 t 左右。

木材作为四大建材（混凝土、塑料、木材、钢筋）之一，是公认的无毒、无害、可再生的绿色环保材料。它凭借天然材料所特有的魅力在室内装修等领域备受人们的青睐，并且随着生活水平的提高，木制家具等成为人们追求的新时尚，市场需求量逐年上升。但与此同时，木材也非常容易燃烧，存在很高的火灾隐患。木材主要由 90% 的纤维素组成，主要成分的分子结构、性质及相互间的关系是木材改性和阻燃化处理的基础。据消防部门及有关专家分析，虽然各类火灾起因各异，但绝大多数室内火灾的火势蔓延、人员伤亡、财产损失等与房屋内部装修所使用的塑料、木材、纸张等易燃、可燃材料有直接关系，因此对木材进行阻燃处理是非常必要的。

含有纤维素、半纤维素及木质素的木材是一种高分子复合体，不仅能够发生交联和热降解反应，还可以进行酯化、氧化、醚化和卤代反应。木材在燃烧过程中可以发生剧烈的热分解，释放可燃气体并且最高燃烧温度可达上千摄氏度。提高木材阻燃性能的阻燃剂既包括无机阻燃剂也包括有机阻燃剂，但以无机阻燃剂居多。目前，美国、西欧及日本等工业发达国家的无机阻燃剂消费比例达到 60%，而我国目前还不到 10%。无机阻燃剂热稳定性好、无毒、价格低廉、安全性高，目前用于木材的无机阻燃剂主要包括磷-氮化合物、卤素及其化合物、硼化合物和金属氢氧化物等。有机阻燃剂包括 MDF、UPFP、FRW 和卤代烃等，它们通常被结合在木材分子的主链或侧链中。有机阻燃剂品种繁多，对木材的物理机械性能影响较小，但是阻燃性能差异性大，成本高，并且在燃烧过程中伴随大量烟雾和有毒气体的生成。

木材的阻燃处理可以通过物理和化学的方法，关键是选择合适的阻燃剂配方和合理的阻燃处理工艺。物理阻燃可以通过制备大断面木构件或将木材与不燃或难燃材料复合（如水泥、石膏刨花板等）。相比物理阻燃方法，化学阻燃方法更加普遍。化学阻燃方法通过将阻燃剂注入木材表面或空腔，或者与木材发生化学反应，改变木基材某些基团从而影响燃烧反应过程。木材的化学阻燃处理方法包括表面涂敷法和浸渍处理法。表面涂敷法是指在木材表面涂抹阻燃剂或阻燃涂料，构建阻燃保护层。涂敷法操作简便，对木材物理性能影响很小，但耐磨性差，一旦保护层遭到破坏，木材的阻燃性能便会丧失。浸渍处理法是指将木材浸泡在阻燃剂溶液中，通过长时间浸泡将阻燃剂渗透到木材内部。可以采用常温常压浸渍、常温加热浸渍、冷热浸渍、加压浸渍及双真空浸渍等多种方法，具体根据木材、阻燃剂的性质及产品对阻燃性能的要求进行选择。一般浸渍法需要较高的设备投资和阻燃处理费。

塑料是一种合成高分子材料，凭借良好的成型性、电绝缘性和耐酸碱性等特点，已被广泛应用于工业、建筑、包装、农业、国防尖端工业以及人们日常生活等各个领域。但塑料的致命缺点是会在高温下变形、分解和燃烧，并且在燃烧过程中伴随大量的浓烟和有毒、有害气体的生成，严重危害生存环境和人类安全健康。阻燃技术在塑料材料中的应用是阻燃科学发展的重要方面。

塑料在外部热源的不断作用下，达到燃烧温度就会引发燃烧。塑料燃烧释放的热量一部分会散发，一部分会通过热辐射、热传导和对流的形式再次被塑料所吸收，此过程伴随大量可燃性气体的释放。裂解气体的产生速度、氧气浓度和塑料的吸热速度显著影响燃烧过程，同时，塑料自身的玻璃化温度、比热容及导热系数等也会有一定的影响。塑料的燃烧过程如图 6-4 所示。

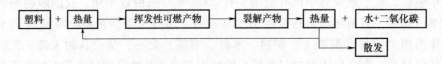

图 6-4　塑料的燃烧过程

由此可见，塑料的燃烧性能取决于燃烧过程中生成裂解可燃气的速度、氧气的浓度、可燃气与氧气发生反应的速度以及正在燃烧的塑料吸收其自身所释放出的热量的速度等。这些因素与塑料自身的玻璃化温度、比热容、导热系数等物理性质有关，同时还涉及共凝聚能、氢键、燃烧热、解离能等因素。

目前阻燃剂广泛应用于常见的聚氯乙烯、聚苯乙烯、聚烯烃、聚酯树脂和丙烯腈-丁二烯-苯乙烯（ABS）树脂等高分子材料中。聚氯乙烯塑料曾是世界上产量最大的通用塑料，在建筑材料、工业制品、人造革、管材、电线电缆等方面均存在广泛的应用。为使聚氯乙烯塑料达到难燃，一般使用氧化锑进行阻燃，此外，将氧化锑与氯化石蜡增塑剂一同使用可以获得更优的阻燃效果。聚烯烃高分子材料如聚丙烯（PP）、聚乙烯（PE）、聚苯乙烯（PS）和聚甲基丙烯酸甲酯（PMMA）应用也非常广泛，但由于这些材料非常容易燃烧，因此对阻燃性有一定要求，特别是当其作为电气、电子设备的外壳，电线、电缆的外皮时对阻燃性的要求更高。氧化锑与氯化石蜡并用虽然可以提高聚乙烯的阻燃性，但会对其拉伸强度、低温性能造成损害。对于聚丙烯树脂，其成型温度高于 200℃，因此需要热稳定性更好的阻燃剂，若使用氯化石蜡会因为其热分解而引起着色。全氯戊环癸烷对聚乙烯和聚丙烯具有较好的阻燃效果并且不易析出，阻燃效果持久。近年来，含磷烯烃类阻燃剂被报道，将这些阻燃单体与甲基丙烯酸甲酯等进行共聚可以大大提高聚合物的热分解温度和极限氧指数，并且相容性有了很大改善。对于色彩鲜明而透亮的聚苯乙烯树脂，为了避免添加剂影响其外观和用途，通常采用相容性更好的阻燃剂，如卤磷酸酯、四溴双酚 A、六溴苯等芳香族溴化物，但使用全氯戊环癸烷会导致树脂丧失透明性。ABS 树脂被广泛应用于汽车、电子电气、仪器仪表和建材等行业，其极限氧指数值为 18.8 ~ 20.2，容易燃烧，且燃烧时会释放出大量的有毒气体和黑烟。为减少其对人类生命、财产安全和生存环境的危害，迫切需要研究和开发 ABS 阻燃剂。目前改善 ABS 耐燃性的方法主要有添加小分子阻燃剂、与难燃聚合物共混及加入反应型阻燃剂等几种方式。因此，选择塑料阻燃剂时要特别注意其与被阻燃材料基体的相容性。

天然橡胶和合成橡胶都是可燃或易燃的，相比塑料，橡胶的燃烧通常需要更高的温度和更长的受热过程。目前，橡胶制品在建筑、交通、电子电气及日用制品等方面大量使用，各种橡胶具有不同的燃烧性能（表 6-1），因此对于不同的橡胶体系要采用适当种类的阻燃剂。含卤橡胶具有良好的阻燃性，经过添加阻燃剂后的硫化胶性能可以得到进一步改进；硅橡胶不含有卤素但却具有良好的阻燃性，这是由于其主链结构含有硅、氧原子，本身耐燃。在实际配用阻燃橡胶时可以根据胶种及阻燃剂的选用、搭配来实现，常用的配方路线见表 6-2。

表 6-1　常用橡胶的燃烧性能

名　　称	氧指数（%）	分解温度/℃	燃烧热/（kJ/mol）
天然橡胶（NR）	19 ~ 21	260	46.05
顺丁橡胶（BR）	19 ~ 21	382	44.80
丁苯橡胶（SBR）	19 ~ 21	378	43.54
丁基橡胶（IIR）	19 ~ 21	260	46.89
丁腈橡胶（NBR）	20 ~ 22	380	
氯丁橡胶（CR）	38 ~ 41	>180	
氯磺化聚乙烯橡胶（CSM）	26 ~ 30	>200	
三元乙丙橡胶（EPDM）	19 ~ 21		
氟橡胶（FKM）	>65	>250	
硅橡胶	26 ~ 39	>400	

表 6-2　根据不同阻燃要求所常用的配方路线

阻　燃　等　级	相应的氧指数范围（%）	主体材料选择及配方措施
低度阻燃	>20	非含卤橡胶添加适量阻燃剂
中度阻燃	20 ~ 30	非含卤橡胶添加多量阻燃剂
高度阻燃	30 ~ 40	含卤橡胶加含卤阻燃剂

橡胶自身的难燃性不是获得阻燃的唯一方式，阻燃剂的配用可以使其阻燃等级进一步提

升。含卤生胶加含卤阻燃剂虽然在阻燃性方面表现突出，但在火灾的过程中会产生大量烟雾并释放有毒的卤化氢气体，因此，目前为了适应安全和环保的需要，阻燃橡胶的配方设计需要进一步满足低毒、低烟的需要。

此外，除了对易燃材料自身的阻燃，阻燃剂在防火涂料中也存在广泛的应用。防火涂料是一种功能性涂料，具有防火性能，它除了一般涂料的基本组成之外还包含防火助剂。将防火涂料覆盖在被阻燃基体表面可以明显提高基体的耐火性。防火涂料包含膨胀型防火涂料和非膨胀型防火涂料两种。膨胀型防火涂料以高分子聚合物为基料，通过添加发泡剂、脱水成炭催化剂、炭化剂等防火组分而制成，在火焰和高温下，膨胀型防火涂料的表面涂层会熔融、起泡、隆起，形成均匀而致密的蜂窝状或海绵状炭质泡沫隔热层并释放出不燃性气体。膨胀的海绵状隔热层能很好地隔绝氧气和热的传导且涂层一般较薄，有利于满足装饰要求。非膨胀型防火涂料由难燃性树脂、阻燃剂、防火填料等配制而成。可用无机盐类制成胶粘剂，配合云母、硼化物之类的无机盐，也可用含卤素的热塑性树脂掺入卤化物和锑白粉等加工而成。这种涂料以其本身的难燃性或不燃性来达到阻燃目的，燃烧时形成的保护层比较薄，隔热较差，只能抗瞬时的高温和火焰，且涂层较厚。目前，防火涂料在建筑、非金属缆索、船舶及装饰材料等领域有着广泛的应用。

6.3 火灾监测监控技术

火灾监测监控技术是现代建筑消防智能化的重要组成部分，主要由各类火灾探测器和火灾自动报警系统组成。前者对与火灾有关的物理或化学现象进行检测与传输，是系统的"感觉器官"，后者接受并分析前者传输的各类信号，做出是否报火警或操作自动消防设备的判断。

随着电子技术与计算机软件技术的迅猛发展，越来越多的新型技术被应用于消防领域，使火灾监测监控技术更趋向于多元化、智能化、个性化。

6.3.1 火灾探测器

火灾探测器客观上是指用来响应其附近区域内由火灾产生的物理和化学现象的探测器件。它是火灾自动报警与自动灭火技术中最关键的核心部件。

在《火灾探测和报警系统 第1部分：总则和定义》（ISO 7240—1：2014）中对火灾探测器的定义为：火灾探测器是火灾自动报警系统的组成部分，它至少含有一个能够连续或以一定频率周期监视与火灾有关的适宜的物理或化学现象的传感器，并且至少能够向控制和指示设备提供一个适合的信号，是否报火警或操作自动消防设备可由探测器或控制和指示设备做出判断。简而言之，火灾探测器是消防火灾自动报警系统中，对现场进行探测和传输与火灾有关的物理或化学现象的探测设备。

1. 火灾探测器的基本功能

火灾探测器在探测火灾的过程中，会接收到一个火灾信号，这个信号与燃烧物的性质即火灾参数、火灾的发展时间、发出火灾信号位置距探测器的距离以及周围环境的噪声条件均相关。火灾探测器的敏感元件至少可以与火灾过程中的一个火灾参数发生作用（如感温元件对于火灾气流温度的热效应作用、电离室受到燃烧产物烟颗粒的吸附作用等），并在内部将这些火灾参数转化为便于传输的电信号，然后将电信号传输给后续的控制与指示设备。部分火灾探测器自身具有判断功能，可以在探测器内部对火灾参数进行阈值判断，直接输出一个开关量给火灾报警控制器。

需要强调的是，无火灾情况下，对环境噪声量的辨识与筛选能力直接关系着火灾探测器的探测精度，是火灾探测器发展中面对的问题之一。

2. 火灾探测器的分类

根据传感器的结构形式，火灾探测器可以分为点型火灾探测器和线型火灾探测器。前者是指响应一个小型传感器附近的火灾产生的火灾信号的火灾探测元件，后者是指响应某一连续线路附近的火灾产生的火灾信号的火灾探测元件。在现代建筑消防中，较多使用点型火灾探测器。

根据不同种类探测器响应火灾参数的不同，可以将火灾探测器划分为感烟式、感光式、感温式和可燃气体探测器，不同种类火灾探测器的具体分类情况见表6-3。近年来，随着图像处理技术的进步，图像型火灾探测器也得到很大发展。除此之外，还有烟温、烟光、烟温光等复合式火灾探测器。下面就常见的几类火灾探测器的工作原理与应用范围做简要介绍。

表6-3　火灾探测器分类情况

序　号	名　称	分　类		
1	感烟火灾探测器	光电式	点型	散射型
				遮光型
			线型	红外束型
				激光型
		离子式	点型	
2	感温火灾探测器	定温	点型 线型	双金属型
				半导体型
				热电偶型
				易熔金属型
				热敏电阻型
				电缆型
		差温	点型 线型	膜盒型
				双金属型
				管型
				热敏电阻型
		差定温	点型	膜盒型
				双金属型
				半导体型
				热敏电阻型
3	感光火灾探测器	紫外光型		
		红外光型		

（续）

序　号	名　称	分　类		
4	可燃气体火灾探测器	催化型		
		半导体型		
5	图像型火灾探测器	固态图像型		
		红外图像型		
		图像火焰型		

（1）离子式感烟火灾探测器　离子式感烟火灾探测器的基本工作原理是烟雾粒子改变电离室空气电离电流。它是利用放射性同位素释放的 α 射线将电离室内的局部空气电离为正、负离子，在外加电场作用下，这些正、负离子定向漂移产生离子电流。当火灾产生的烟雾粒子进入电离室后，比表面积较大的烟雾粒子将吸附带电离子从而改变离子电流大小，通过测量离子电流的变化量，可以得到与烟雾浓度有关的电测信号，用于火灾报警。典型离子式感烟火灾探测器如图 6-5 所示。

离子式感烟火灾探测器对于火灾初始阶段和阴燃产生的烟雾灵敏度较高，可测烟雾粒径范围在 $0.03 \sim 10\mu m$，较多地用于点型结构的火灾探测中。

感烟电离室是离子式感烟火灾探测器的核心部件，在其内部电极间，空气分子

图 6-5　离子式感烟火灾探测器

受到放射源不断发出的 α 射线照射而发生电离。用于产生放射线的 α 放射源有镭-266、钚-238、钚-239 和镅-241，目前普遍采用镅-241。根据电离室内所用放射源的数量，可以将离子式感烟火灾探测器分为双源感烟式火灾探测器和单源感烟式火灾探测器。

在实际设计中，内、外电离室采取反向串联连接，二者的区别在于双源感烟式的两个电离室使用两个分开的放射源，而单源感烟式的两个电离室共用一个放射源。单源感烟式火灾探测器的电路原理如图 6-6 所示。单源的设计不但可以将发生源强度降低一半，解决了双室双放射源难以相互匹配的缺点，还具有工作稳定、适应环境能力强、抗灰尘、抗污染、抗潮湿等优点。因此，单源双室式离子感烟探测器正在逐步取代双源双室式离子感烟探测器。

（2）光电式感烟火灾探测器　光电式感烟火灾探测器的工作原理是应用烟雾粒子对光线产生散射、吸收或遮挡的现象。依据烟雾粒子对光产生作用现象的不同，光电感烟探测器可以分为遮光型与散射型两种，两者的结构都是由检测室、电路、固定支架以及外壳等组成。

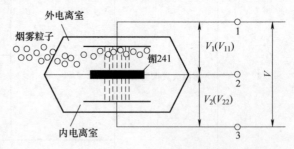

图 6-6　单源感烟式火灾探测器的电路原理

1）遮光型感烟火灾探测器。该探测器由发光元件、受光元件和检测室组成，其基本工

作原理如图 6-7a 所示。目前，市场上较为常见的遮光型感烟火灾探测器通常采用红外发光二极管作为发光元件，在脉冲控制器产生的电流控制下产生所需光线，并用球面式凸透镜将光源发出的光线转变为平行光束。光接收器通常由光敏二极管和透镜组成。透镜将经过烟雾粒子遮蔽、散射后的光线聚焦于光敏二极管，光敏二极管则将接收到的光信号转变为便于传输的电信号。检测室通常制成多孔形状，内部涂黑，因此也称为暗箱。检测室需要既能保证烟雾粒子顺利通过，又能防止外部光线射入。

当火灾产生的烟雾进入检测室后，烟雾粒子将遮挡光源发出的部分光线，使光敏二极管接收到的光能减弱。当烟雾浓度达到一定的临界值时，光敏二极管转变的电信号变化量达到某一设定阈值，此时，既可以判定火灾的发生，又可以发出报警信号。

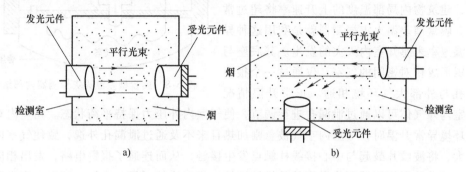

图 6-7 光电式感烟火灾探测器的基本原理

a）遮光型 b）散射型

2）散射型感烟火灾探测器。该探测器的结构组成与遮光型基本一致，但应用原理不同。散射型感烟火灾探测器是应用烟雾粒子对光线的散射作用而制成的一种火灾探测器，其基本原理如图 6-7b 所示。与遮光型不同，散射型要求光源发出的平行光线不可以直射到受光元件，因此通常在光源与光敏二极管之间加入框板。无烟雾时，光源发出的红外光线没有散射作用，光敏二极管接受不到光线。当火灾产生的烟雾进入检测室后，烟雾粒子的散射作用使部分散射光照射到光敏二极管，散射光的强度与烟雾粒子浓度相关，因此可以通过测量光敏二极管输出的电信号来确定有无烟雾，实现火灾发生与否的判定。

（3）感温火灾探测器 在火灾初始阶段，除了会产生大量烟雾，物质燃烧过程也会释放大量的热量，使周围环境温度急剧上升。因此可以采用对环境温度敏感的热敏元件制成感温火灾探测器，将温度信号转变为电信号传输给火灾报警控制器，实现火灾预警功能。尤其是经常存在大量灰尘、烟雾和水蒸气而无法应用感烟火灾探测器的场所，采用感温火灾探测器较适合。

感温火灾探测器一般对警戒范围内的某一点或某一区域周围的温度参量敏感响应，根据监测温度参数的不同，感温火灾探测器可分为定温、差温和差定温三种。

1）定温式火灾探测器。这是指在规定时间内，感受到的周围环境温度超过某一个固定值时启动报警的感温探测器。根据检测区域范围的不同，可分为点型和线型两种结构形式。其中点型结构是利用双金属片、易熔金属、热敏半导体电阻等敏感元件，在环境温度达到规定温度值时发出火灾报警信号。线型结构探测器的感温元件呈线状分布，有效监测区域为一条线带。当监测区域内某一点温度上升达到规定温度值时，可熔绝缘物融化使导线短路或采用负温度系数绝缘物质使电路产生明显的阻值变化，从而确定火灾的发生，发出报警信号。

常用的定温式火灾探测器有双金属、易熔金属和半导体等几种形式。

2）差温式火灾探测器。这是指在规定时间内，因火灾引起的温度上升速率超过了规定的阈值时启动报警的火灾探测器。该种感温式火灾探测器也有点型和线型两种结构形式，根据工作原理的不同，也可分为电子型差温火灾探测器和膜盒型差温火灾探测器。

电子型差温火灾探测器是利用两个热时间常数不同的热敏电阻对于环境温升的不同响应来使比较器产生高电平，利用这一高电平来点亮报警信号灯，达到输出报警信号的目的。

膜盒型差温火灾探测器又称为机械式差温火灾探测器，具体结构如图6-8所示。当室内发生火灾时，建筑物内局部温度的上升速率将超过常温数倍，膜盒型差温火灾探测器就是利用这种异常的升温速率来感知室内火灾的发生。其底座与感热外罩形成相对密闭的气室，仅通过一个很小的泄漏孔与外部大气环境相通。正常升温情况

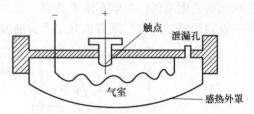

图6-8　膜盒型差温火灾探测器内部结构

下，气室内外气体可以通过泄漏孔进行调节，使气室内外压力保持平衡状态。当室内有火灾发生，环境异常升温时，气室内空气被急剧加热且来不及通过泄漏孔外逸，致使气室内气压快速增大，将波纹片鼓起与中心接线柱触点发生接触，从而连通了报警电路，发出相应的报警信号。该种差温探测器因为采用的是机械结构，相对比较可靠，应用于室内火灾也可以保证一定的高灵敏度，因此得到较广泛应用。

3）差定温式火灾探测器。该种火灾探测器结合了定温式与差温式两种感温火灾探测的原理和结构于一体，因此具有更好的灵敏度与火灾探测精度。差定温式火灾探测器一般多是膜盒式或热敏半导体电阻式等点型结构的组合式火灾探测器。按照不同的工作原理，也可以分为机械式与电子式两种。

差定温式火灾探测器是在一个探测器内同时包含差温与定温两种测温结构，当一方不适宜或失效时，另一方可以正常工作，从而提高了可靠性，在原理上并无创新之处，这里不再详细介绍。

（4）感光火灾探测器　感光火灾探测器又称为火焰探测器，是一种针对物质燃烧火焰的光谱特性、光照强度和火焰的闪烁频率进行敏感响应的火灾探测器。它能响应火焰发出的红外、紫外以及可见光部分，主要分为红外火焰型与紫外火焰型两种。按照一般火灾的发展规律，发光是在高温和烟雾之后产生，因此感光火灾探测属于火灾晚期探测器，但对于部分易燃、易爆物有特殊的作用。

1）红外火焰探测器。这是一种对火焰红外辐射敏感响应的火灾探测器。目前较多应用的红外光敏元件有硫化铅、硒化铅、硅光敏元件等，监测的红外辐射光波波长一般大于$0.76\mu m$。同时还要考虑物质燃烧时火焰的间歇性闪烁现象，常见物质燃烧火焰的闪烁频率为$3 \sim 30Hz$，该特征也是区分火灾火焰和背景光红外辐射的重要指标。

2）紫外火焰探测器。这是一种对火焰辐射的紫外线部分敏感响应的火灾探测器。紫外辐射的探测光波通常为$0.3\mu m$以下。紫外光波长短，对烟雾的穿透能力弱，因此较适用于爆炸、燃烧或无烟燃烧的火灾探测场所。纯紫外光火焰探测器的灵敏度非常高，对非火灾的紫外光鉴别能力差，容易引发误报，因此，多采用多种敏感元件组成的波长范围较宽的感光

探测器，以有效应对干扰辐射，提高预警的准确性。

（5）可燃气体火灾探测器　可燃气体火灾探测器是一种对周围环境中可燃气体含量进行实时监测并可以发出报警信号的火灾探测器。一般情况，该种探测器被设计为测量可燃气体的爆炸下限以内的含量，当周围环境中可燃气体浓度达到或超过爆炸浓度下限时，自动发出报警信号。预警点通常设为可燃气体爆炸浓度下限的 20% ~ 25%，因此，该类探测器多用于易爆、易熔的场所中。

按照使用的气敏元件或传感器种类的不同，可燃气体探测器的探测原理可分为热催化原理、热导原理、气敏原理和三端电化学原理四种。热催化原理利用可燃气体发生在铂丝催化表面的无焰燃烧引起铂丝元件的电阻变化，来探测可燃气体浓度。热导原理利用被测气体与纯净空气导热性的差异和可燃气体在金属氧化物表面燃烧的特性，通过测量热丝温度或电阻变化来测量被测气体浓度。气敏原理利用气敏半导体元件吸附可燃气体后电阻发生变化的特性来反映可燃气体浓度变化。三端电化学原理利用恒电位电解法，被测气体通过电解池薄膜达到工作电极后发生氧化还原反应，从而输出与气体浓度呈正比的电流，达到探测目的。

3. 火灾探测器的选用标准

火灾探测器的选用与设置是构成火灾自动报警系统的重要环节，关系着火灾探测器性能的发挥与火灾报警的实用价值。相关内容必须严格按照《火灾自动报警系统设计规范》（GB 50116—2013）和《火灾自动报警系统施工及验收规范》（GB 50166—2019）等有关规范执行。

（1）火灾探测器选用的一般原则　火灾初期有阴燃阶段，产热、火焰辐射较少但会产生大量烟气，应选用感烟探测器；火灾发展迅速，有强烈火焰辐射但产生少量烟、热，应选用感光火灾探测器；火灾发展迅速，短时内会产生大量烟气、热量与火焰辐射，可选用感光、感温、感烟火灾探测器或几者组合使用；会散发可燃气体和蒸气的场所，可选用可燃气体探测器；当火灾的形成复杂，难以预估时，可进行模拟试验，多种类探测器组合使用。

（2）房间高度对选用火灾探测器的影响　为保证火灾探测器使用上的有效性，需对其使用高度加以限制。一般感烟火灾探测器使用高度 $h \leqslant 12\mathrm{m}$，且随高度上升，使用的感烟火灾探测器灵敏度需相应提高。一般感温火灾探测器使用高度 $h \leqslant 8\mathrm{m}$，可用于较高房间。感光火灾探测器使用高度由其光学灵敏度范围（9 ~ 30m）决定，房间越高，要求感光火灾探测器灵敏度越高。房间高度与火灾探测器选用关系见表 6-4。

表 6-4　房间高度与火灾探测器选用关系

房间高度 h/m	感烟探测器	感温探测器 （一级灵敏）	感温探测器 （二级灵敏）	感温探测器 （三级灵敏）	感光探测器
$12 < h \leqslant 20$	不适合	不适合	不适合	不适合	适合
$8 < h \leqslant 12$	适合	不适合	不适合	不适合	适合
$6 < h \leqslant 8$	适合	适合	不适合	不适合	适合
$4 < h \leqslant 6$	适合	适合	适合	不适合	适合
$h \leqslant 4$	适合	适合	适合	适合	适合

（3）环境条件对选用火灾探测器的影响　火灾探测器的使用环境会对其工作有效性产生明显影响，如环境温度、湿度、背景光干扰、气流等，具体使用过程中需加以考虑，针对

不同场所选择合适的火灾探测器。一般感烟与感光火灾探测器工作温度应低于50℃，定温火灾探测器在10～35℃。火灾探测器在0℃以下应保证本身不结冰，低温环境多数采用感烟或感光探测器。环境中有限的正常振荡现象一般对点型火灾探测器影响较小，对分离式光电感烟火灾探测器影响较大，需定期校检。环境湿度小于95%时，一般不影响火灾探测器正常工作。雾化烟雾或凝雾会影响感烟与感光探测器，使其灵敏度降低。环境中存在的烟、灰及类似气溶胶等物质将直接影响感烟火灾探测器的使用，但对感温与感光火灾探测器影响不大，感光火灾探测器使用时只需避免湿灰尘。环境背景光对感烟、感温火灾探测基本无影响，但会降低感光火灾探测的可靠性。

选取火灾探测器时，不同环境因素将直接影响探测器探测信号的有效性，放大探测器故障或设计中的缺陷，增大误报、漏报的可能。除此之外，对探测器的定期维护与校检也是火灾探测器使用中的重要环节，应该认真对待。

6.3.2 火灾自动报警系统

火灾自动报警系统是一种应用于具体场所，实时监控周围一定区域内火灾险情的控制系统，它通过监控探测、数据判断、控制、显示及消防联动等步骤来对火灾进行控制。火灾自动报警系统通常由报警监控系统和消防联动系统构成，其核心关键技术是各类火灾探测器能够及时稳定地对监控区域内火灾引起的异常烟雾、光辐射、温度等信号进行监测以及阈值判断，然后通过控制中心联动后续的报警信号显示和应急处理措施。

火灾自动报警系统往往有针对性地应用多种类火灾探测器对目标区域的火灾险情进行早期探测，能够有效地防止火灾的进一步扩大，最大程度上保障人身以及财产安全，因此在各领域的现代消防工作中得到了广泛应用。

1. 火灾自动报警系统的发展

以下按发展历程为序介绍不同类型的火灾自动报警系统。

（1）多线制开关量式火灾探测报警系统　早期的火灾自动报警系统只有火灾探测、报警的功能，显示界面只是简单的图形灯盘，对外输出只提供火警输出点，是纯粹意义上的报警系统。该系统的容量按系统监测范围计算，监测区域数量从几个到几十个不等，每一个区域可以挂载10～20个报警点，每个报警点的探测器只有报警和正常两种状态。工作人员无须对探测器进行编码，也不能对其工作状态和工作属性进行人为分析调控。

由于报警控制器上只能显示报警区域，而不能显示具体报警点，所以还需另外配置图形灯盘，每一个报警点对应灯盘上的一盏灯，灯亮表示相应报警点报警。这种工作模式比较直观易懂，但是所需的传输路线较多，为了实现有效控制，往往需要单独配置联动控制柜，控制比较分散，且由于报警控制器与联动控制柜不是一个整体，无法实现真正意义的自动报警与消防联动，还需人工手动启动或停止消防设备。

（2）总线制可寻址开关量式火灾探测报警系统　该报警系统为二总线制，布线的数量较之前大大减少。尽管增加了对探测器进行编码的功能，报警控制器可以显示具体的报警点，但探测器仍旧只有报警和正常两种基本工作状态。

（3）模拟量传输式智能火灾报警系统　模拟量传输式智能火灾报警系统已具有初步的智能化，其火灾探测器仅作为传感器使用，不再进行报警判断，而是将模拟量信号通过总线传输至报警控制器，由报警控制器的微处理器通过软件程序来判断所接收到的每个信号的性质，从而判断是否有异常情况产生。这种自动报警系统可以查询每一个传感器的地址与具体的模拟输出量，其响应阈值可自动浮动，多级划分，从而具有了分级预警的功能，大大提高了系统的可靠性，降低了误报的概率。

（4）分布式智能火灾自动报警系统　分布式智能火灾自动报警系统可以根据现场环境自动调节运行参数，具有双向交叉传送处理能力，大大提高了其响应速度和运行能力。该系统的每一个探测器都可以看作是一台微型计算机，拥有与其他设备相区别的独属标志，还可以对自身的工作状态进行检测。例如，智能光电感烟探测器内置了8位微处理器和存储器，可对其进行电子编码，与其他探测器进行区分，同时具有一定的自我处理能力。

作为整套系统的大脑，报警控制器的功能也随之日臻完善。与传统报警控制器相比，智能报警控制器不仅可以通过总线与现场设备保持实时通信，还能通过串行通信接口与计算机进行数据备份和实时更新，而且两台控制器之间也可以彼此访问，方便查看相互间的信息。智能火灾自动报警系统实现了真正的火灾报警与消防设备联动控制一体化，智能报警控制器可以按照预先编写好的联动程序，在检测到火灾信号后自动启动声光报警器与后续消防联动措施，不再需要人工操作。分布式智能火灾自动报警系统是迄今为止应用最广泛的火灾自动报警系统。

2. 火灾自动报警系统的配套设备

《火灾自动报警系统设计规范》（GB 50116—2013）对于火灾自动报警系统的基本组成规定如下：火灾自动报警系统一般由触发器件、火灾报警装置、火灾警报装置和电源四部分组成，如图6-9所示，较复杂的系统还包括消防控制设备。

（1）触发器件　在火灾自动报警系统中，自动或手动产生火灾报警信号的器件称为触发器件，主要包括火灾探测器和手动火灾报警按钮。不同类型的火灾探测场所适用不同类型的火灾探测器，实际应用中需要结合具体环境条件恰当选择。作为应用最多的触发器件，火灾探测器的发展十分迅速，与传统有阈值的火灾探测器不同，现代火灾自动报警系统更多地使用可以输出模拟信号的模拟量火灾探测器，提高了火灾探测报警系统的准确性与智能化程度。

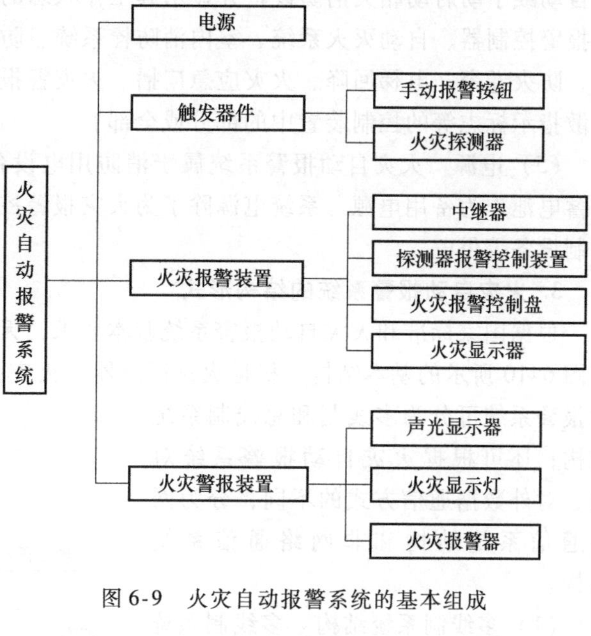

图6-9　火灾自动报警系统的基本组成

手动火灾报警按钮是用人工手动的方式产生火灾报警信号，启动火灾报警，是各种类火灾自动报警系统中不可缺少的组成部分之一。

（2）火灾报警装置　在火灾自动报警系统中，用以接收、显示和传递火灾报警信号，并能发出控制信号和具有其他辅助功能的控制指示设备称为火灾报警装置。火灾报警控制器是其中最基本的一种。火灾报警控制器具有为火灾探测器供电，接收、传输和显示火灾报警信号，并能向自动消防设备发出控制信号的完整功能，是火灾自动报警系统的核心组成部分。

按照用途不同，火灾报警控制器可以分为区域火灾报警控制器、集中火灾报警控制器和通用火灾报警控制器三种基本类型。区域火灾报警控制器的主要功能为火灾信息采集与信号处理、火灾模式识别与判断、声光报警、故障监测与报警、火灾探测器模拟检查、火灾报警计时、备电切换和联动控制等。集中火灾报警控制器用于接收区域火灾报警控制器的火灾信号或设备故障信号，显示相应的位置，记录相关信息，并协调消防设备的联动控制和构成终端显示等。通用火灾报警控制器则兼有上述两种火灾报警控制器的功能，形式多样，功能完备，可以按照其特点应用于各种类型的火灾自动报警系统。

近年来，随着相应技术发展和具有多层总线制数字网络功能的智能化火灾探测报警监测系统的逐渐应用，火灾报警控制器已不再具有上述三种类型的划分，而是统称为火灾报警控制器。

中继器、区域显示器、火灾显示盘等功能不完整的报警装置，可视为火灾控制报警器的演变与补充，应用于特定条件，同属火灾报警装置。

（3）火灾警报装置　在火灾自动报警系统中，用于发出明显区别于环境声、光的火灾警报信号的装置称为火灾警报装置。它主要以声、光方式向报警区域发出火灾报警信号，以警示人们采取安全疏散、灭火救灾等应急措施。

（4）消防控制设备　在火灾自动报警系统中，当接收到来自触发器件的火灾报警信号，能自动或手动启动相关消防设备并显示其工作状态的设备称为消防控制设备。它主要包括火灾报警控制器、自动灭火系统、室内消防栓系统、防烟排烟系统、空调通风系统、常开防火门、防火卷帘、电梯回降、火灾应急广播、火灾警报装置、消防通信设备、火灾应急照明与疏散指示标志等的控制装置中的部分或全部。

（5）电源　火灾自动报警系统属于消防用电设备，其主电源需采用消防电源，同时采用蓄电池作为备用电源。系统电源除了为火灾报警控制器供电外，还要为与系统相关的消防控制设备等供电。

3. 火灾自动报警系统的结构形式

根据国家标准和火灾自动报警系统基本要求，无论何种模式的火灾自动报警系统均应具有图6-10所示的基本结构。根据火灾探测器与火灾报警控制器间连接方式的不同，火灾自动报警系统可分为多线制和总线制系统结构；还可根据火灾自动报警系统对内、对外数据通信方式的不同，分为网络通信系统结构和非网络通信系统结构。

（1）多线制系统结构　多线制系统结构形式与早期的火灾探测器设计、火灾探测器与火灾报警控制器的连接方式有关。一般要求每个火灾探测器均采用两条或更多条导线与火灾报警控制器相连接，以确保可以从每一个火灾探测器

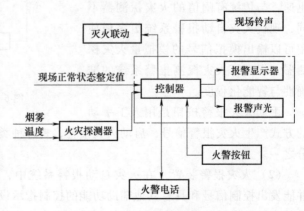

图6-10　火灾自动报警系统基本结构

发出火灾报警信号, 如图 6-11 所示。多线制系统结构所需的设计、施工与维护较为复杂, 目前已经逐步被淘汰。

（2）总线制系统结构　总线制系统结构形式如图 6-12 所示, 它是在多线制基础上发展起来的。随着微电子器件、数字脉冲电路及计算机技术的应用, 火灾自动报警系统采用了大量编码、译码电路和微处理机来实现火灾探测器和火灾报警控制器的协议通信与系统监测控制, 大大减少了系统线制, 工程布线更为灵活, 形成了支状与环状两种工程布线方式。总线制系统结构目前应用广泛, 多采用二总线、三总线、四总线制, 可模块联动消防设备, 也可硬线联动消防设备, 系统的抗干扰能力强, 误报率低, 系统总功耗低。

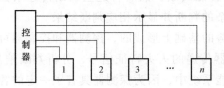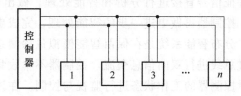

图 6-11　多线制火灾自动报警系统结构原理框图　　图 6-12　总线制火灾自动报警系统结构原理框图

（3）网络通信系统结构　网络通信系统结构主要是将计算机网络通信技术应用于火灾报警控制器, 使火灾报警控制器之间能够通过网络结构、通信协议以及专用通信干线来交换数据和信息, 实现火灾自动报警系统的层次功能设定、数据调用管理和网络服务等功能。一般在网络通信系统结构中, 作为集中火灾报警和区域火灾报警用的通用火灾报警控制器基本功能相近, 通常采用专用传输网络实现相互通信。在网络化连接的多台通用火灾报警控制器中, 可根据建筑物结构和消防控制中心的实际需求指定一台用于上级管理, 该台通用火灾报警控制器应同时具有区域控制能力, 往往通过增强其扩展功能来实现所需的系统综合信息处理功能。

随着计算机技术、信息技术和通信技术的逐步发展, 网络化计算机系统被广泛应用于消防电子产品行业, 出现了以网络拓扑节点为构思、以网络通信系统结构为主体、在小容量标准化火灾报警控制器主机配置基础上可灵活扩展每一台控制器功能和容量的新型主机结构, 从而实现了所谓"节点机系统结构"。另外, 随着现场总线技术在大型建筑对象中的广泛应用, 以通用现场总线为火灾探测器及各类火灾报警控制器相互连接方式的开放式结构火灾自动报警系统正在逐步形成。

4. 智能火灾自动报警系统

（1）智能探测器　智能探测器有别于传统探测器的地方在于其内置的微处理器, 其可以根据探测环境的变化做出响应, 并自动进行补偿, 能对探测信号进行火灾模式识别, 做出判断并给出报警信号, 在本身出现故障不能正常工作时还可以给出故障信号。因为探测器往往体积较小, 智能化程度尚处在一般水平, 可靠性不高。

（2）智能控制器　智能主要集中于火灾自动报警系统的控制部分, 又称为主机智能系统。该系统的探测器要求可以输出模拟量信号, 成为单纯的火灾传感器, 本身不再具有报警功能, 仅将感受到的火灾信号转换为电流、电压变化信号以模拟量形式传输给控制器（主机）, 由控制器的微型计算机进行统一的计算、分析、判断并做出智能化处理, 判断是否发生火灾, 发出报警信号。

该系统的优点在于：灵敏度信号特征模型可以根据探测器所在环境特点来设定；可补偿各类环境干扰和灰尘积累对探测器灵敏度的影响，并能实现分级预警功能；主机采用微处理机技术，可实现时钟、存储、密码、自检联动和联网等多种管理功能；可通过软件编辑实现图形显示、键盘控制、翻译等高级拓展功能。缺点在于整套系统的监视、判断功能完全由控制器完成，所需系统程序复杂、量大及探测器巡检周期长，可能造成探测器无法随时进行监控、系统可靠性降低及使用维护不便等问题。

（3）分布智能系统　该系统的智能同时分布在探测器和控制器中，实际上是上述两种智能系统的结合，因此也称为全智能系统。在该系统中，探测器具有一定的智能，能够对火灾特征信号直接进行分析和智能处理，做出恰当的智能判断，然后将这些判断传递给控制器。控制器再做更进一步的智能处理，完成更为复杂的判断并显示相应判断结果。

分布智能系统是在保留智能模拟量探测系统优势的基础上形成的，探测器和控制器可以通过总线进行双向信息交流。控制器不单收集探测器传递的火灾特征信号，分析判断信息，还对探测器的工作状态进行监视与控制。在该种智能系统中，因为探测器具有了一定的智能处理能力，所以大大减轻了控制器的信息处理负担，可实现更多的高级管理功能，提高了系统的稳定性与可靠性。在传输速率不变的情况下，总线可以传输更多的信息，使整套系统的响应速度与运行能力大大提高。因为该种智能系统集合了上述两种智能系统的诸多优点，成为火灾自动报警系统未来发展的主流方向。

6.4 | 灭火与应急救援技术

6.4.1　水及细水雾灭火技术

1. 水灭火技术

水具有良好的吸热能力，对燃烧物质具有显著的冷却作用，水吸收热量汽化后，产生大量的水蒸气，阻止空气进入燃烧区，从而有效降低了燃烧区中氧气浓度，因此水具有较高的灭火效率。同时，水的来源广泛，成本低廉，对环境无污染，所以水灭火技术也得到了广泛的应用。

（1）水的灭火机理

1）冷却作用。水的比热容大，为4184J/（kg·℃），即每千克的水温度升高1℃，可以吸收4184J的热量。同时，水也具有较大的汽化潜热，为2259kJ/kg，即每千克的水蒸发汽化时，可以吸收2259kJ的热量。当水流经燃烧区或者接触燃烧物时，将被加热或汽化，吸收大量的热量，从而降低燃烧区的温度，终止燃烧的进行。

2）窒息作用。当水进入燃烧区时，吸收热量后，汽化产生大量的水蒸气，体积也随之迅速膨胀，水汽化后的体积膨胀至原来的1700倍左右。大量的水蒸气占据了燃烧区，阻止了外界新鲜空气进入燃烧区，降低了燃烧区中的氧气浓度，使得燃烧减弱甚至中止。

3）稀释作用。水是一种良好的溶剂，可以有效溶解甲、乙、丙类液体，如醇、醛、醚、酮、酯等。当此类物质发生燃烧时，在条件允许的情况下，可以用水进行稀释。由于可燃物浓度的降低，可燃物产生的可燃蒸气随之减少，降低了可燃物的燃烧强度。当可燃液体的浓度降到可燃浓度以下时，燃烧中止。

4）水力冲击作用。经直流水枪等工具的喷射形成的水流具有很大的冲击力，在这种冲击力的作用下，水流遇到燃烧物时，冲击可燃物和火焰，使得燃烧难以继续，进而熄灭火焰。

5）乳化作用。使用水灭火技术扑灭油类等非水溶性可燃液体火灾时，当水流进入燃烧区时，水滴与重质油品（如重油等）相遇，在油的表面形成一层乳化层，可降低油气蒸发速度，促使燃烧停止。

（2）水流形态及适用范围

1）直流水和开花水。直流水是通过水泵加压并由直流水枪喷出的柱状水流，开花水是由开花水枪喷出的分散水流。直流水和开花水可以扑救一般固体物质的表面火灾（如木材及其制品、棉麻及其制品、粮草、纸张等），也可扑救闪点在 120℃ 以上的重油火灾。

2）雾状水。雾状水是由喷雾水枪喷出、水滴直径小于 $100\mu m$ 的水流。由于雾状水的直径较小，所以同体积下的水比直流水和开花水的表面积要大得多，大大提高了水与燃烧物或者火焰的接触面积，吸热冷却的作用也就越明显。因此，雾状水具有吸热速度快、灭火效率高、水渍损失小等优点。用雾状水可以扑救阴燃物质火灾、粉尘火灾、带电设备火灾、汽油火灾等。

（3）注意问题　使用水灭火技术时，应注意以下几个问题：

1）应有足够的水量，要防止水在高温下与碳反应分解成氢气和一氧化碳，混合成水煤气，造成爆炸。

2）应先从火源外围喷水，逐步向火源中心逼近，以免发生大量水蒸气和炽热煤碴飞溅烫伤灭火人员。

3）应保持正常通风，以便使高温水蒸气和烟气迅速排至回风流中，灭火人员要站在上风侧。

4）电气设备着火以后，应首先切断电源。在电源未切断以前，只能使用不导电的灭火器材，如用砂子、岩粉和四氯化碳灭火器进行灭火。否则未断电源，直接用水灭火，水能导电，火势将更大，并危及救火队员的安全。

5）水不能用来扑灭油料火灾。油比水轻，而且不易与水混合，可以随水流动而扩大火灾面积。

自动喷水灭火系统是水灭火技术的主要系统之一，同时也是当今世界上公认的最为有效的自救灭火设施之一，是应用最广泛、用量最大的自动灭火系统。国内外应用实践证明，该系统具有安全可靠、经济实用、灭火成功率高等优点。

2. 细水雾灭火技术

细水雾灭火技术在 20 世纪 40 年代开始应用于消防领域中，但由于应用范围较小等原因，并没有得到进一步的研究，所以发展比较缓慢。随着卤代烷灭火剂由于对大气臭氧层具有破坏作用而被逐步淘汰，细水雾灭火技术作为哈龙灭火技术的主要替代之一受到广泛关注和重视，在 20 世纪 90 年代得到了飞跃性发展，其应用领域也逐渐扩大。

（1）细水雾的定义和分类　1996 年，美国消防联合会批准通过了细水雾规范（NFPA 750，Standard on Water Mist Fire Protection Systems），该规范中细水雾的定义为：在最小设计工作压力下、距喷嘴 1m 处的平面上，测得水雾最粗部分的水微粒直径 $D_{v0.99}$ 不大于 $1000\mu m$。

《细水雾灭火系统技术规范》（GB 50898—2013）中细水雾的定义为：水在最小设计工作压力下，经喷头喷出并在喷头轴线下方 1.0m 处的平面上形成的直径 $D_{v0.50}$ 小于 $200\mu m$，$D_{v0.99}$ 小于 $400\mu m$ 的水雾滴。

细水雾的液滴是大小不一的，为了直观表示其粗细程度和便于分析，一般采用平均直径或特征直径来表示雾滴的大小。平均直径有多种形式，在描述细水雾雾滴的大小时体积平均直径和 Sauter 平均直径较为常用。特征直径是累计体积比为 f 时的所有颗粒的最大直径，用 D_{vf} 表示。如 $D_{v0.99}$ 表示雾滴液体总体积中 99% 液滴的直径小于或等于某数值，另外的 1% 液滴的直径则大于该数值。以上两种关于细水雾的定义均采用特征直径这种表示方法。

细水雾根据雾滴直径的大小可以分为不同的种类，根据 NFPA 750 中的分类标准，细水雾分为 3 级，如图 6-13 所示。

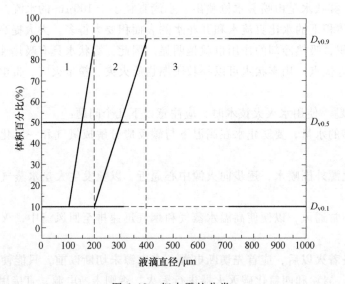

图 6-13　细水雾的分类

1）第 1 级细水雾。第 1 级细水雾为 $D_{v0.1}=100\mu m$ 同 $D_{v0.9}=200\mu m$ 连线的左侧部分，即雾滴液体总体积中，10% 液滴的直径小于或等于 $100\mu m$，90% 液滴的直径小于或等于 $200\mu m$。第 1 级细水雾为最细的细水雾。

2）第 2 级细水雾。第 2 级细水雾为 $D_{v0.1}=200\mu m$ 同 $D_{v0.9}=400\mu m$ 连线之间部分的细水雾，即雾滴液体总体积中，10% 液滴的直径小于或等于 $200\mu m$，90% 液滴的直径小于或等于 $400\mu m$。这种细水雾可由高压喷嘴、双流喷嘴或许多冲撞式喷嘴产生。由于第 2 级细水雾的液滴颗粒的特征直径要大于第 1 级细水雾，故第 2 级细水雾更容易产生较大的流量。

3）第 3 级细水雾。第 3 级细水雾为 $D_{v0.9}$ 大于 $400\mu m$，或者第 2 级细水雾分界线右侧至 $D_{v0.99}=1000\mu m$ 之间的部分。这种细水雾主要由中压、小孔喷淋头、各种冲击式喷嘴等产生。

（2）细水雾灭火机理　细水雾灭火的机理比较复杂，主要有气相冷却、稀释氧气、湿润可燃物表面、降低热辐射作用等多种灭火机理。这些灭火机理相互作用，协同灭火，对于不同的火灾类型，各个机理的作用大小不同。

1）气相冷却。火灾发生过程中，火源周围将产生大量的高温气流，细水雾通过传导与对流两种传热方式，可对高温气流和燃烧产物进行冷却，这就是细水雾的气相冷却机理。由于细水雾的粒径一般在 400μm 以下，具有较大的表面积，因此雾滴与高温气流相互作用时，可以迅速吸收热量汽化，快速降低高温气流的温度，大量的热量被带走导致火焰受到抑制甚至熄灭。

水滴的汽化速度与雾滴直径有关，当火场温度为 1000K 时，不同直径雾滴的蒸发时间见表 6-5。

表 6-5　不同直径雾滴的蒸发时间

雾滴直径/μm	2000	1500	100	500	100	50
蒸发时间/s	4.291	2.414	1.073	0.268	0.011	0.003

在一定温度下，随着雾滴直径减小，雾滴蒸发时间急剧减少。细水雾凭借着较小的雾滴直径具有很快的蒸发速度，大大提高了灭火的效率。

2）稀释氧气。细水雾与火焰相互作用时，细水雾遇热吸收热量迅速汽化，相同体积下的水在汽化后体积可以增大 1700 多倍。水蒸气的膨胀有效排除火场中的空气，稀释了火场中的氧气浓度，同时，膨胀的水蒸气在火场的周围形成屏障，阻止外界新鲜空气进入火场，使得火场中的氧气浓度降低，进而抑制或中断燃烧。

3）湿润可燃物表面。细水雾射流中直径较小的雾滴在穿过火焰时会完全蒸发，而直径较大的一些雾滴，能穿过火焰到达可燃物表面，对可燃物表面进行湿润。由于这些雾滴的温度低于可燃物表面的温度，雾滴吸收热量，对可燃物表面进行直接冷却，进一步提高了灭火效率。

4）降低热辐射作用。细水雾喷射雾滴进入火场时，水雾蒸发能够吸收火源周围的部分热辐射，在燃烧区周围形成高强度的吸热屏障，阻断热辐射的传递，降低对燃料的热反馈，帮助人员安全撤离和灭火人员接近火灾现场进行抢救，并有效抵制辐射热引燃可燃物，防止可燃物复燃发生二次火灾和火灾的蔓延。

（3）细水雾灭火技术的适用范围

1）适用细水雾扑灭的火灾。主要包括：①A 类火灾，即固体物质火灾，如纸张、木材、纺织品和塑料泡沫、橡胶等固体火灾；②B 类火灾，即可燃液体火灾，如正庚烷或汽油等低闪点可燃液体和润滑油、液压油等中、高闪点可燃液体火灾；③E 类火灾，即电气设备火灾，如包括电缆、控制柜等电子、电气设备火灾和变压器火灾等。

2）不适用细水雾扑灭的火灾。主要包括：①不能直接用于能与水发生剧烈反应或产生大量有害物质的活泼金属及其化合物火灾，如钾、钠、镁、锂等活性金属、甲醇钠等金属醇盐、碳化钙等碳化物等；②不能直接应用于可燃气体火灾，包括液化天然气等低温液化气体的场合；③不适用于可燃固体深位火灾。

（4）细水雾灭火系统的分类　根据不同的灭火标准，细水雾灭火系统主要有以下几类：

1）按供水方式分类。包括：①瓶组式细水雾灭火系统，利用储存在高压储气瓶中的高压氮气为动力，将储存在出水瓶组中的水压出，或将一部分气体混入水流中，通过管道输送至细水雾喷头产生细水雾；②泵组式细水雾灭火系统，以储存在储水箱内的水为水源，利用泵组产生的压力，使压力水流通过管道输送到喷头产生细水雾；③其他供水方式细水雾灭火系统，即采用不同于瓶组式或泵组式的其他供水方式的细水雾灭火系统。

2）按流动介质类型分类。包括：①单流体细水雾灭火系统，通过加压使液体从小孔径喷口高速喷出从而破碎成液滴形成细水雾；②双流体细水雾灭火系统，由于气体速度带动液体速度，可在低压下产生细水雾，雾滴直径小，雾化质量好。

3）按工作压力分类。包括：①低压细水雾灭火系统，工作压力小于 1.2MPa；②中压细水雾灭火系统，工作压力大于 1.2MPa，小于 3.5MPa；③高压细水雾灭火系统，工作压力大于 3.5MPa。

4）按所使用的细水雾喷头形式分类。包括：①闭式细水雾灭火系统，采用常闭喷头，在发生火灾时，只有处于火焰之中或临近火源的喷头才会开启灭火；②开式细水雾灭火系统，采用开式喷头，发生火灾时，火灾所处的系统保护区域内的所有开式喷头一起出水灭火。

（5）常见的细水雾灭火系统设备组成　细水雾灭火系统可分为固定式和移动式两大类。固定式细水雾灭火系统主要由供水装置、过滤装置、控制阀、细水雾喷头等组件和供水管网组成，被广泛应用于室内灭火。移动式细水雾灭火设备具有灵活、高效、便携等优点，逐渐得到消防人员的关注，并得到了广泛的应用。

1）细水雾消防车。细水雾消防车是在水罐消防车的基础上，将水雾化和消防车结合，在消防领域上发挥重大作用的一种消防作战设备，如图 6-14 所示。细水雾消防车具有以下特点：适用于各种类型火灾的扑救，持续灭火能力强，是消防部队最理想的消防头车；可对200m 高度及以上高层建筑实施灭火、降烟；可快速处置各种突发火灾；配置细水雾远程枪、降烟枪、细水雾炮、雾带等；配置破拆、照明、空气呼吸器加注器等；配置细水雾防火门（20L/min）和灭火枪，快速灵活处置火灾、降烟。

2）细水雾消防摩托车。细水雾消防摩托车是将细水雾灭火装置与摩托车结合组装在一起的一种新型消防设备，如图 6-15 所示。车辆装备有储水罐，设置在车体后座上部或者一侧，能够储存一定的灭火用水量，在灭火时也可进行补水，以满足长时间灭火的要求。车体另一侧装备细水雾灭火装置。

图 6-14　细水雾消防车

图 6-15　细水雾消防摩托车

细水雾消防摩托车小巧灵活、受交通拥堵的影响小、适应于相对复杂的地形，且具有较强的灭火能力。细水雾消防摩托车适合城市交通工具火灾、居民住宅初期火灾或者对火灾进行早期抑制，是一种高效、机动、灭火迅速的消防设备。

3）推车式细水雾灭火装置。推车式细水雾灭火装置是将便携式推车与细水雾泵组相结合的消防产品，如图 6-16 所示。它轻便灵活，移动方便，操作简单，装置自身存有一定的灭火用水量，可作为快速移动的微型消防站使用。当火灾发生时，可由单人手推至火场进行使用，控制和扑救初期火灾。根据驱动方式的不同可以分为动力式和气动式。

推车式细水雾灭火装置适用于扑救下列火灾：高速公路着火，汽油着火，小型电器火灾及其他公共场所火灾，可扑救 A 类、B 类、C 类、E 类火灾。推车式细水雾灭火装置是高层建筑工程、地铁、隧道、大型商场、宾馆、化工单元、中小型油库、厂房车间、变配电室、古木建筑、旅游景区、农场、城镇工业园、城镇社区和高级厨房等场所的必备消防设备。

4）背负式细水雾灭火装置。背负式细水雾灭火装置是一种便于携带的高效灭火设备，如图 6-17 所示。它具有体积小、重量轻、易启动、性能可靠、用水量少、可持续灭火能力强等特点，可由单人背负进入火场进行灭火。

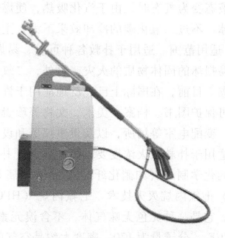

图 6-16　推车式细水雾灭火装置　　　　　图 6-17　背负式细水雾灭火装置

背负式细水雾装置可扑救 A 类、B 类、C 类及带电设备火灾，尤其适用于森林、草原、各种建筑和各种交通工具等的灭火，能够快速扑救突发的初期火灾，特别适用于城镇、社区、商场大型会议（活动）等人员密集场所，或配置于各类安防巡逻车辆上，实现巡防一体化功能。

6.4.2　气体灭火技术

水灭火技术是世界上最为广泛的灭火技术，但它的使用存在一定的局限性，不适用于扑救可燃气体、可燃液体和电气火灾，也不适用于重要文物档案库、通信广播机房、计算机房等忌水设备或场所的火灾。为了扑救上述火灾，气体灭火技术开始相继发展起来。

1. 气体灭火技术概念

气体灭火技术是指平时灭火剂以液体、液化气体或气体状态存储于压力容器内，灭火时以气体（包括蒸汽、气雾）状态喷射作为灭火介质的灭火技术，它能在防护区空间内形成各方向均一的气体浓度，而且至少能保持该灭火浓度达到规范规定的浸渍时间，实现扑灭该防护区的空间、立体火灾。气体灭火系统包括储存容器、容器阀、选择阀、液体单向阀、喷嘴和阀驱动装置等。

2. 气体灭火技术的种类

气体灭火技术一般包括二氧化碳灭火技术、七氟丙烷（HFC-227）灭火技术、三氟甲烷（HFC-23）灭火技术、全氟己酮灭火技术、水蒸气灭火技术、氮气（IG100）灭火技术、混合气体（IG541）灭火技术及烟雾灭火技术。

（1）二氧化碳灭火技术　二氧化碳灭火技术是目前适用最广泛的灭火技术之一。二氧化碳是一种惰性气体，对绝大多数物质没有破坏作用，灭火后能很快散逸，不留痕迹，又没有毒害。在常温常压下，纯净的二氧化碳是一种无色无味的气体。

1）灭火机理。二氧化碳作为一种惰性气体，对燃烧有一定的窒息作用。二氧化碳灭火技术是将二氧化碳以液态的形式加压填充进灭火器中，当二氧化碳释放到灭火空间时，由于二氧化碳极易挥发成气体，挥发后体积将扩大760倍，它将排挤、稀释燃烧区的空气，使空气中的氧气含量减少，当空间内的氧气含量低于最低需氧量时，火就会熄灭。此外，当二氧化碳由液态变为气态时，由于汽化吸热，使燃烧区的温度降低，同时部分二氧化碳会变成固态的干冰。不过二氧化碳的冷却效果不大，主要是窒息作用。

2）适用范围。适用于扑救各种可燃、易燃液体和那些受到水、泡沫、干粉灭火剂的沾污而容易损坏的固体物质的火灾。另外，二氧化碳是一种不导电的物质，可用于扑救带电设备的火灾。目前，在国际上已广泛地应用于许多具有火灾危险的重要场所。使用二氧化碳灭火技术可保护图书、档案、美术、文物等珍贵资料库房，散装液体库房，电子计算机房，通信机房，变配电室等场所，以及贵重仪器和设备。

不适用于扑救灭火浓度要求高的火灾（扑救火灾时需要34%~75%的灭火浓度）、能自身供氧的化学制品（如硝化纤维）、活泼金属和它们的氰化物（如钠、钾、镁、钛、锆等）。

（2）七氟丙烷灭火技术　七氟丙烷（HFC-227）是近几年发展起来的洁净气体灭火剂的一种，它是一种无色无味气体，不含溴元素和氯元素等污染环境元素，其化学分子式为 CF_3CHFCF_3，分子量为170，密度大约是空气的6倍，采用高压液化储存。七氟丙烷也是不导电介质，不含水性物质，不会对电气设备、磁带资料等造成损害。

1）灭火机理。主要是物理作用和化学作用相结合进行灭火。物理作用主要是吸热冷却作用，由于七氟丙烷的分子量较大，其汽化潜热也就大，因此冷却效果好；同时，七氟丙烷在燃烧区中受热分解也需要吸收热量，可以有效降低燃烧区的温度。化学作用主要是七氟丙烷受热分解产生游离基，阻止燃烧的连锁反应。由于 F 捕捉燃烧中的活性基 H·和·OH 的能力不如 Br，且产生的 HF 具有良好的稳定性，所起到的阻止燃烧的连锁反应能力小，故七氟丙烷的化学灭火作用低于哈龙灭火剂。

2）适用范围。适用于扑救以下火灾：①电气火灾，如电信通信设施、过程控制室、高价值的工业设备区等；②固体表面火灾，如图书馆、博物馆、美术馆等；③液体火灾，如易燃液体储存区等；④灭火前或同时能切断气源的气体火灾。

不适用扑救以下火灾：①硝酸纤维、硝酸钠等氧化剂及含氧化剂的化学制品火灾；②钾、钠、镁、钛、锆、铀等活泼金属火灾；③氢化钾、氢化钠等金属的氢化物火灾；④过氧化物、联胺等能自行分解的化学物质火灾。

（3）三氟甲烷灭火技术　三氟甲烷（HFC-23）是一种人工合成的无色、几乎无味、不导电的气体，密度约是空气的2.4倍，化学分子式为 CHF_3，是一种较为理想的哈龙替代物，对大气的臭氧层没有破坏作用。三氟甲烷灭火速率快、效果好，具有良好的灭火效率。

1）灭火机理。三氟甲烷的灭火机理是物理作用和化学作用共同参与进行灭火。三氟甲烷进入燃烧区，在火焰的高温下受热分解产生活性游离基，参与物质燃烧过程中的化学反应，与维持燃烧所必需的活性游离基 H·和·OH 结合生成稳定的物质，减少此类活性游离基的含量，从而抑制燃烧的进一步进行，使燃烧过程中的连锁反应中断而灭火，即三氟甲烷对物质燃烧的化学反应过程是负催化的作用。

2）适用范围。适用于扑救固体物质燃烧发生的火灾、液体物质和在燃烧条件下可熔化的固体物质燃烧产生的火灾、灭火前应能切断气源的气体物质燃烧发生的火灾和电气设备火灾。主要适用场所有：电子计算机房、电信通信设备、过程控制中心、贵重的工业设备、图书馆、博物馆及艺术馆、机器人、洁净室、消声室、应急电力设施、易燃液体储存区等，也可用于生产作业火灾危险场所，如喷漆生产线、电器老化间、轧制机、印刷机、油开关、油浸变压器、浸渍槽、大型发电机等。

（4）全氟己酮灭火技术　全氟己酮灭火剂常温下是一种透明、无色、绝缘的液体，释放后无残留，绿色环保，是哈龙和 HFCs 类灭火剂的优良替代品。全氟己酮灭火技术由全氟己酮灭火剂储存装置和驱动装置、控制系统、控制阀、管网和灭火剂释放装置等组成。

1）优点。属于化学抑制类灭火剂，其物理参数和环保指数得到美国环保署的认可，并列入了重要新替代物政策。Novec1230 以液态储存，但喷出后立即气化，完全淹没在受保护的空间。

2）适用范围。适用于扑救电气火灾、固体表面火灾、液体火灾、灭火前能切断的气体火灾；不适用扑救硝化纤维、硝酸钠等氧化剂或含氧化剂的化学制品火灾，钾、镁、钠、钛、锆、铀等活泼金属火灾，氢化钾、氢化钠等金属氢化物火灾和可燃固体的深位火灾。

（5）水蒸气灭火技术　水蒸气来源简单、无污染、对环境友好，是一种绿色灭火剂，同时具有灭火效果好，其中饱和蒸汽优于过热蒸汽，不会引起物品损坏等优点。

1）灭火机理。水蒸气灭火机理主要是冷却作用和窒息作用。水蒸气是一种不燃的惰性气体。在常压下，水温到达 100℃时，液态水迅速汽化挥发形成水蒸气。水蒸气进入燃烧区时可以降低空间内的氧气和可燃气体的浓度，同时隔绝燃烧区中的空气，具有良好的窒息灭火作用。试验表明，当汽油、煤油、柴油等易燃、可燃液体燃烧时，若该燃烧区内的水蒸气浓度达到 35% 以上，燃烧即停止，火焰熄灭。水蒸气可用来扑救高温设备和煤气管道火灾，可防止设备因热胀冷缩的应力作用，因而不会造成设备的损坏。

2）适用范围。适用于扑救容积在 $500m^3$ 以下的的密闭厂房，以及空气不流通的地方或燃烧面积不大的火灾，特别适用于扑救高温设备和煤气管道火灾，也应用于石油化工厂、炼油厂、火力发电厂、燃油锅炉房、油泵房、重油罐区、露天生产装置区、重油油品库等场所的火灾扑救。对于有蒸汽源供气的场所或工矿企业，可以采用水蒸气灭火技术灭火。

（6）氮气灭火技术　氮气是一种无色无味、不导电的惰性气体，分子式为 N_2，分子量为 28，沸点为 -195.8℃，20℃环境下，气体密度为 $1251kg/m^3$，以高压的形式存储在气体钢瓶中。氮气是天然气体，对环境无害，且在灭火过程中不会分解，是一种绿色洁净灭火剂。但是，氮气具有窒息性，使用时应考虑人员的健康和安全问题。

1）灭火机理。氮气灭火机理主要是冷却作用和窒息作用。氮气可冷却可燃物质，减缓油转化为可燃气体，并最终终止可燃气体的产生而使火熄灭。主要应用于电力变压器的油箱灭火，也称为"排油搅拌防火系统"。在变压器的油箱中，顶层热油的温度可以达到160℃，而油箱下面的油温度较低。通过从油箱底部均匀注入氮气进行搅拌，可以降低油的表面温度，同时也能消除局部热区域，防止碳氢等可燃气体的产生。

氮气作为一种惰性气体，注入燃烧区可以降低燃烧区中氧气的含量，起到窒息作用。大多数的可燃物在燃烧时，当空气中的氧浓度降到12%~14%以下时，燃烧就会终止。通过将氮气注入燃烧区中，使燃烧区中的氮气浓度达到35%~50%时，相应的燃烧区中的氧浓度就降低至14%~10%，从而实现灭火。

2）适用范围。适用于扑救电气火灾、固体表面火灾、液体火灾和灭火前能切断气源的气体火灾，适用于扑救地下仓库、地铁、控制室、计算机房、图书馆、通信设备、变电站、重点文物保护区等场所的火灾，同时也可适用于地下煤矿中的火灾。由于氮气具有窒息性，所以主要适用于无人或人员较少且能快速撤出的场所。

不适用于扑救硝化纤维、硝酸钠等氧化剂的化学制品火灾；钾、镁、钠、钛、锆、铀等活泼金属火灾；氢化钠、氢化钾等金属氢化物火灾；过氧化氢、联胺等能自行分解的化学物质火灾和可燃固体物质的深位火灾。

（7）混合气体灭火技术 混合气体（IG-54）是20世纪90年代国际上发展起来的一种新型灭火剂，由50%的氮气、42%的氩气和8%的二氧化碳混合而成。它具有清洁、无毒无害、对环境友好、灭火性能好等特点。表6-6为混合气体（IG-541）的成分及质量要求。

表6-6 混合气体（IG-541）的成分及质量要求

主要成分	比例（%）	纯度（%）	含水量（%）	含氧量（%）
氮气（N_2）	48.8~55.2	>99.99	<0.005	<0.003
氩气（Ar）	37.2~42.8	>99.97	<0.004	<0.003
二氧化碳（CO_2）	7.6~8.4	>99.5	<0.01	<0.01

1）灭火机理。混合气体（IG-541）灭火机理主要是窒息作用。它通过减少燃烧区空气中的氧气含量，从而达到灭火的目的。由于混合气体灭火剂密度略大于空气，所以灭火剂的损失率低，保持灭火效果时间长，保证了良好的灭火效果。同时，混合气体与大部分物质不发生化学反应，且对人体无害，是一种绿色灭火剂。

2）使用范围。适用于扑救以下火灾：①电气、电子设备火灾，如电气设备间、计算机房、数据库等；②易燃、可燃气体及液体火灾；③固体火灾，如地板、顶棚等；④高价值的设备和装置的建筑物，如控制室、设备间等；⑤高要求的文化场馆，如图书馆、博物馆、档案馆等。

不适用扑救以下火灾：①可在空气中迅速氧化的化学品和化学混合物，如硝酸纤维、火药等；②活泼金属，如钾、钠、钛、钚等；③自身可热分解的化学品，如某些有机过氧化物或氨化物。

（8）烟雾灭火技术 烟雾灭火技术是我国自主研究开发的一项主要用于储存甲、乙、丙类液体的固定顶和内浮顶储罐的灭火技术，由烟雾产生器、引燃装置、喷射装置等组成。它是烟雾灭火剂在烟雾灭火器内进行燃烧反应，产生烟雾灭火气体，喷射到储罐内着火液面的上方，形成均匀而浓厚的灭火气体层的灭火系统。烟雾灭火设备结构简单，无需增压气体，灭火速度快，可扑灭储罐的初期火灾。罐内式烟雾自动灭火系统从喷烟到灭火的时间仅需要 20s，罐外式仅需要 6s。

1）灭火机理。当储罐爆炸起火，罐内温度达到 110℃ 后，引燃装置的易熔合金感温元件熔化脱落，火焰点燃导火索，导火索传火至烟雾产生器内，继而引燃内部填装的烟雾灭火剂，烟雾灭火剂以等加速度进行燃烧反应，瞬间生成大量含有水蒸气、氮气和二氧化碳以及固体颗粒的灭火烟雾，在烟雾产生器内形成一定内压，经喷头高速喷入着火储罐，并在储罐内迅速形成均匀而浓厚的灭火烟雾层，以窒息、隔离和金属离子的化学抑制作用灭火。

2）适用范围。适用于扑救原油、重油、柴油、航空煤油、汽油和醇、醋、酮类水溶性液体储罐等火灾，遍及油田、石化、冶金、铁路、航空、火电、国防等领域。由于烟雾灭火系统感应灵敏，不用水、电，灭火迅速，且与泡沫灭火系统比较，可节省消防投资 60% 以上，因此特别适用于缺水、缺电和交通不便地区的储库灭火。

6.4.3 泡沫灭火技术

泡沫灭火技术是随着石油工业的发展而产生的。早在 20 世纪 30 年代，就出现了正规的泡沫灭火系统。我国从 20 世纪 60 年代开始研究并应用泡沫灭火系统。进入 20 世纪 80 年代后，随着相应技术规范的先后颁布，泡沫灭火系统成为了甲、乙、丙类液体储罐区和石油化工生产装置区的重要灭火手段。应用的主要场所有油库、地下工程、汽车库、仓库、煤矿、大型飞机库、船舶等。

1. 泡沫灭火技术的概念

泡沫灭火技术是指泡沫灭火剂水溶液充气形成大量微小气泡群悬浮于表面形成凝聚的泡沫漂浮层，这种水质的空气隔离层可以阻止可燃物蒸发，从而抑制和扑灭火灾。泡沫灭火剂是一种洁净的绿色消防产品，被联合国环境署推为卤代烷灭火剂的首位替代物。通过试验证明，该灭火技术具有安全可靠、经济实用、灭火效率高等特点，是行之有效的灭火手段。

2. 泡沫灭火剂的分类

泡沫灭火剂是能够与水混溶，并通过化学反应或机械方法产生灭火泡沫的灭火剂。泡沫灭火剂有多种不同的分类标准，一般按照其生成机理、发泡倍数、用途和泡沫基料的类型进行分类，如图 6-18 所示。

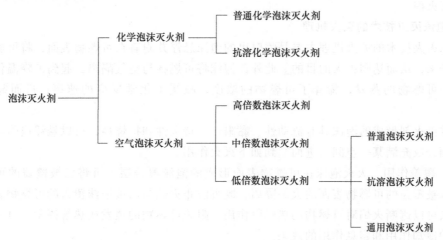

图 6-18　泡沫灭火剂分类图

（1）按生成机理分类　按泡沫的生成机理，泡沫灭火剂可以分为化学泡沫灭火剂和空气泡沫灭火剂。

化学泡沫灭火剂是通过酸性药剂和碱性药剂的水溶液发生化学反应生成泡沫的灭火剂。由发泡剂、泡沫稳定剂、耐液添加剂和其他添加剂组成。其中，泡沫稳定剂不参加化学反应，主要作用为分散反应时产生的气体，形成稳定的泡沫。

由于化学泡沫灭火剂具有灭火效果差、强腐蚀性、对人体有害等缺点，我国已停止使用此类灭火剂。

空气泡沫灭火剂是通过与水溶液混合，使用机械方法产生泡沫的灭火剂，因此也称为机械泡沫灭火剂。一般可使用空气泡沫管枪来制取空气泡沫。利用喷射的方法将浓缩的空气泡沫灭火剂与水进行混合，同时泡沫管枪吸孔吸入形成泡沫所需的空气，最终形成空气泡沫。

（2）按发泡倍数分类　发泡倍数是指泡沫灭火剂的水溶液形成泡沫后的体积膨胀倍数。按发泡倍数，泡沫灭火剂可以分为低倍数泡沫灭火剂、中倍数泡沫灭火剂和高倍数泡沫灭火剂。低倍数泡沫灭火剂的发泡倍数在 20 倍以下，中倍数泡沫灭火剂的发泡倍数在 21～200 倍，高倍数泡沫灭火剂的发泡倍数在 201～1000 倍。其中，化学泡沫灭火剂均为低倍数泡沫灭火剂，空气泡沫灭火剂大部分也为低倍数泡沫灭火剂。

（3）按用途分类　按用途，泡沫灭火剂可以分为普通泡沫灭火剂、抗溶泡沫灭火剂和通用泡沫灭火剂。

（4）按合成泡沫的基料分类　按照合成泡沫的基料，泡沫灭火剂可以分为蛋白型泡沫灭火剂和合成泡沫灭火剂。

蛋白型泡沫灭火剂以动物及植物蛋白质的水解产物为基料，再加入适量的稳定剂、防冻剂、防腐剂等添加剂混合制成。它具有原料易得、生产工艺简单、泡沫稳定性好、对水质要求低、生物降解性优良、可靠性大、安全系数高等优点，是我国在石油化工消防领域中应用最广泛的灭火剂之一。但是它也具有流动性能较差、不能长时间储存等缺点。蛋白型泡沫灭火剂主要有普通蛋白泡沫灭火剂、氟蛋白泡沫灭火剂、成膜氟蛋白泡沫灭火剂。

合成泡沫灭火剂是以表面活性剂的混合物和稳定剂为基料制成的泡沫液。主要有高倍数泡沫灭火剂，高、中、低倍通用泡沫灭火剂，水成膜泡沫灭火剂，抗溶水成膜灭火剂，A 类火泡沫灭火剂。

3. 泡沫灭火技术的灭火机理

泡沫灭火技术的灭火机理主要是喷射出的泡沫悬浮并附着在可燃物表面，将可燃物与空气分隔开来，从而达到灭火的目的。此外，泡沫将可燃物与空气隔离，起到了降温作用，同时抑制了可燃物的蒸发，稀释了可燃物的浓度，减缓了化学反应的速率，进而起到灭火作用。

泡沫灭火剂形成的泡沫具有流动性、黏附性、持久性和抗烧性，可以悬浮或附着在可燃物的表面，或充满某一空间，进而起到如下灭火作用。

（1）覆盖作用　灭火泡沫在可燃物表面形成的泡沫覆盖层，可将已被覆盖的可燃物表面与尚未被覆盖的可燃物表面的火焰隔离，既可防止火焰与已被泡沫覆盖的可燃物表面进行接触，又可以遮断火焰对可燃物的热辐射作用，阻止可燃物的蒸发或热解挥发，进一步增强了泡沫的冷却作用和窒息作用的效果。

（2）冷却作用　泡沫的本质由水溶液制成，所以泡沫析出的液体在受热挥发时会吸收热量，进而对可燃物表面起到冷却作用。

（3）稀释作用　泡沫受热蒸发出的水蒸气进入到燃烧区上方，有稀释空间内氧气浓度的作用。

4. 泡沫灭火技术的适用范围

泡沫灭火技术主要应用于液体火灾的扑救，同时也应用于某些特殊灾害场所的火灾防护。其主要适用范围如下。

（1）可燃和易燃液体储罐火灾　可燃和易燃液体储罐火灾是泡沫灭火技术作用的主要对象。实践表明，泡沫灭火技术是扑救可燃和易燃液体储罐火灾行之有效的手段。因此，泡沫灭火技术往往是扑灭可燃和易燃液体储罐火灾的首选方案。

对于在室内使用或者储存的可燃和易燃液体，当发生火灾危险时，泡沫灭火技术仍然具有不错的灭火效果。

（2）工业生产区域火灾　一些工厂在生产过程中需要使用可燃和易燃液体，这些可燃和易燃液体会通过管路输送至工业装置内部的油箱。若这种装置在生产过程中发生火灾，泡沫灭火技术可以很好地控制和熄灭火灾。

（3）未燃烧的可燃液体表面　泡沫灭火技术可以扑救可燃液体表面的火灾，也可用于覆盖尚未燃烧的可燃和易燃液体表面，阻止和抑制可燃蒸气的挥发，减少热辐射的作用，降低其着火的概率。

（4）特殊危险场所火灾　泡沫灭火技术对于一些特殊危险场所的火灾也适用。参照美国的 NFPA 标准，表 6-7 中列出了适合使用泡沫灭火技术的一些特殊危险场所，同时列出了相应的泡沫灭火系统类型。

表 6-7　适用泡沫灭火技术的特殊危险场所

适用的泡沫灭火系统类型			泡沫喷雾	高倍数泡沫	泡沫-水喷淋
参考标准			NFPA11	NFPA11A	NFPA16
场所类型	飞机	飞机库	√	√	√
		屋顶直升机停机坪	√		√
		飞机引擎测试装置	√	√	√
	核电站	轻水核电站		√	√
		核子研究反应堆		√	√
	仓库	普通仓库		√	
		货架式原料仓库		√	
		橡胶轮胎仓库		√	
		卷纸仓库		√	
		档案馆和数据存储中心的库房		√	
	轮船	机舱	√		√
	其他特殊场所	液化天然气的生产、储藏和处理装置	√	√	√
		化工、印染、制药和塑料工厂	√		√
		木材加工设备	√		
		加热炉	√		

（续）

适用的泡沫灭火系统类型			泡沫喷雾	高倍数泡沫	泡沫-水喷淋
参考标准			NFPA11	NFPA11A	NFPA16
场所类型	其他特殊场所	移动表面采矿设备	√	√	
		装卸过程中的油槽车	√		√
		汽车加油站	√		
		使用易燃或可燃液体浸渍和涂覆处理工艺的场所	√		
		有机涂料制造厂	√		
		使用化学药剂的实验室	√		√
		卧式常压储罐	√		
		泵房	√		
		浸渍槽	√		
		发动机试验间	√		
		变压器房		√	

5. 泡沫灭火系统的分类

根据泡沫灭火剂发泡倍数的不同，泡沫灭火系统可以分为低倍数泡沫灭火系统、中倍数泡沫灭火系统、高倍数泡沫灭火系统。另外，又根据喷射方式不同、设备与管道的安装方式不同及灭火范围不同组成了不同的泡沫灭火系统，如图6-19所示。

（1）低倍数泡沫灭火系统

1）固定式泡沫灭火系统。一般包括固定泡沫泵站（含有泡沫液泵、泡沫比例混合器等）、水池、泡沫混合液的输送管道、泡沫发生器等。根据泡沫喷射方式的不同又可分为液上喷射和液下喷射。

① 固定式液上喷射泡沫系统。油罐发生火灾时，经泡沫比例混合器制成的泡沫液经过运输管道到达泡沫发生器，喷射出的泡沫由反射板反射在油罐内壁，沿内壁向液面上覆盖，最终盖住燃烧的液面，达到灭火的目的。该系统的主要特点是泡沫发生器安装在油罐壁的上端，具有出泡沫快、操作简单等优点。

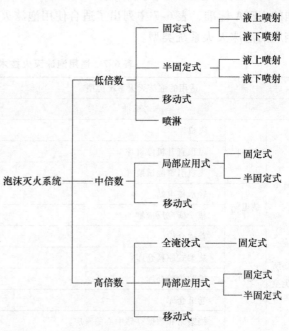

图6-19 泡沫灭火系统分类

② 固定式液下喷射泡沫系统。与液上喷射泡沫系统大致相同，不同的是泡沫管入口装在油罐的底部，泡沫由油罐底部进入，泡沫依靠自身浮力，上升至燃烧液面，通过油层覆盖燃烧液面，达到灭火的目的。该系统必须采用氟蛋白泡沫液或水成膜泡沫液，同时采用高背

压泡沫发生器。具有安全可靠、机动灵活、泡沫破坏少等优点。

2）半固定式泡沫灭火系统。不同于固定式泡沫灭火系统，半固定式泡沫灭火系统无固定的运输管路、泵站等，而是由泡沫消防车代替。从水源处吸水，水流经过泡沫消防车形成泡沫混合液，由泡沫发生器制成泡沫并喷射。另外，半固定式泡沫灭火系统根据喷射方式不同也可分为液上喷射和液下喷射。

半固定式具有设备投资低、维修费用低、机动灵活等优点，但是需要配备一定数量的泡沫消防车和消防水带，同时需要配备一定数量的操作人员。

3）移动式泡沫灭火系统。移动式泡沫灭火系统由消防栓、泡沫消防车、消防水带、泡沫枪、泡沫钩管或泡沫管架等移动消防设备组成。与半固定式液上喷射泡沫灭火系统一样，它是由泡沫钩管或升降式泡沫管架代替半固定式液上喷射泡沫灭火系统储罐上的泡沫产生器。其消防设备或器材都是可以移动的，具有安全性好、使用灵活、一次性投资少等优点。

4）泡沫喷淋系统。泡沫喷淋系统一般由泡沫泵站、泡沫混合液管道、阀门及泡沫喷头组成。通过喷淋或喷雾形式释放泡沫或水成膜泡沫混合液。其对保护的物体有冷却作用，对着火的物体附近其他设施有降低热辐射的作用，对着火设备流散到地面的甲、乙、丙类液体初期火灾能起到扑救或控制作用。

（2）高倍数泡沫灭火系统

1）全淹没式高倍数泡沫灭火系统。全淹没式高倍数泡沫灭火系统是由高倍数泡沫产生装置将高倍数泡沫按规定高度充满被保护的区域，并保持一定的时间。在保护区域内的高倍数泡沫以全淹没的方式封闭火灾区域，阻止连续燃烧所需要的新鲜空气进入燃烧区，使其窒息、冷却，从而达到灭火的目的。

2）局部应用式高倍数泡沫灭火系统。局部应用式高倍数泡沫灭火系统是指由固定或半固定的高倍数泡沫产生器直接或通过导泡筒将泡沫喷放到火灾部位的灭火系统，其可分为固定式和半固定式两种，主要用于大范围的局部场所。

3）移动式高倍数泡沫灭火系统。移动式高倍数泡沫灭火系统的灭火机理与全淹没式及局部应用式是相同的，只是设备可以移动。一般由手提式泡沫发生器或车载式泡沫发生器、比例混合器、泡沫液桶、水带、分水器、水罐消防车或手抬机动泵等组成。该系统使用灵活方便，同时可作为固定式灭火系统的补充设施。

（3）中倍数泡沫灭火系统

1）局部应用式中倍数泡沫灭火系统。局部应用式中倍数泡沫灭火系统一般由固定的泡沫发生器、比例混合器、泡沫混合液泵或水泵及泡沫液泵、水池、泡沫液罐、管道过滤器、阀门、管道及其附件等设备组成，可分为固定式和半固定式两种。当扑救油罐内火灾时，其过程与低倍数泡沫灭火系统相似，而当用于其他防护区时，与局部应用式高倍数泡沫灭火系统相似。

2）移动式中倍数泡沫灭火系统。移动式中倍数泡沫灭火系统一般由水罐消防车或手抬机动泵、比例混合器或泡沫消防车、手提式或车载式泡沫发生器、泡沫液桶、水带及其附件等设备组成。该系统可作为局部应用时中倍数泡沫灭火系统的辅助手段。

6.4.4 其他灭火技术

1. 气溶胶灭火技术

气溶胶是指以气体（通常为空气）为分散介质，以固态或液态的微粒为分散质的胶体体系。通俗地说，就是细小的固体或液体微粒分散在气体中形成的稳定物态体系。自然界常见的气溶胶有云、烟、雾等。气溶胶中粒子的尺寸多在 $10^{-5} \sim 10^{-1} \mu m$ 级，具有气体流动性、可绕过障碍物扩散等特点。

气溶胶灭火装置中的气溶胶发生剂为固态，主要由硝酸盐（S 型主要成分为硝酸锶，K 型主要成分为硝酸钾）等氧化剂和还原剂、性能调节剂组成，其通过一系列氧化还原反应后喷放出来的灭火气体即为气溶胶灭火气体。气溶胶灭火气体是一种介于气体灭火和干粉灭火之间的新型灭火剂，兼有两种灭火剂的灭火优势。它是一种固体含能化学物质，不同于其他灭火气体需要惰性气体作为灭火气体释放的推动剂，属于烟火药剂；利用电子启动器启动，使其药剂桶内的气溶胶发生剂发生氧化还原的化学反应，产生大量灭火气体和微量固体颗粒；反应后主要产物为氮气、少量二氧化碳和微量金属盐固体微粒等。

常规技术中，热气溶胶灭火剂的燃烧产物中含 40% 固体组分和 60% 惰性气体组分，灭火机理主要是在密闭空间内以单位质量中 40% 的灭火组分微粒的化学抑制作用为主，60% 的惰性气体的稀释作用为辅来实施灭火，其灭火作用机理包括：

1）冷却作用。气溶胶中的固体微粒（主要是金属氧化物）进入燃烧高温区时会进行强烈的分解吸热反应，使着火区的温度迅速下降，以达到降温灭火的作用。

2）气相化学抑制作用。由于气溶胶中的固体微粒受热分解产生的以阳离子"蒸气"为主要形式存在的金属物质，与燃烧物质分解产生的 H·、·OH、O· 等活性游离基团优先进行瞬间链式反应，从而消耗活性基团，抑制活性基团之间的放热反应，达到气相化学抑制的目的。

3）固相化学抑制作用。由于气溶胶中固体微粒直径极小，具有很大的比表面积和表面积能，因而未被分解和气化的固体微粒在与物质燃烧中产生的活性基团碰撞过程中，会被瞬时吸附，在吸附过程中会反复产生化学反应，消耗掉大量活性基团，起到对燃烧链阻断终止的固相化学抑制作用。

2. 固态材料灭火技术

（1）干粉　干粉灭火剂由具有灭火效能的无机盐和少量的添加剂经干燥、粉碎、混合而成的微细固体粉末组成。干粉可扑灭一般火灾，还可扑灭油、气等燃烧引起的火灾。干粉采用全硅化工艺，流动性能好，使用寿命长，适用于石油化工企业、工矿企业、宾馆、酒店、学校等场所。干粉灭火剂主要通过在加压气体作用下喷出的粉雾与火焰接触、混合时发生的物理、化学作用灭火。一是干粉灭火剂中无机盐的挥发性分解物与燃烧过程中燃料所产生的自由基或活性基团发生化学抑制和负催化作用，使燃烧的链反应中断而灭火；二是干粉灭火剂中的粉末落在可燃物表面而发生化学反应，在高温作用下形成一层玻璃状覆盖层，从而隔绝氧气，进而窒息灭火。干粉灭火剂灭火属于化学抑制法，存在阻燃性不高、易复燃的缺点，且储量有限，所以多用于初期火灾的扑救。

（2）沙土　沙土取自自然，适用于扑灭各种油类、电气、化学品火灾。大多数不能用水扑救的火灾都可以使用沙土。沙土具有灭火成本低、存量大、天然、不污染环境等特点。常用的消防沙成分为建筑用的干燥黄沙，通常在消防沙袋、沙桶、沙箱等器材中预先装好，便于使用。沙土主要起到覆盖窒息灭火的作用，将燃烧物所需要的氧气隔离，从而达到灭火目的。沙土也可用于泄漏物料的吸附和阻截，特别是高温液态黏稠物料着火的吸附和酸碱物质发生火灾时的阻截，防止酸碱泄漏。由于目前没有配套的机械化装备，采用人工沙土掩埋灭火方法效率很低，且沙土不能应用于爆炸情形，因为会造成二次伤害。

（3）水泥粉　水泥粉是以石灰石和黏土为主要原料，经破碎、配料、磨细制成生料，然后在水泥窑中煅烧成熟料，再将熟料加适量石膏磨细而成。水泥粉具有灭火成本低、易取用、存量大等特点。水泥粉适用于 D 类金属火灾的扑救，如钾、钠、镁、钛、锆、锂、铝镁合金等各种形态的活泼金属火灾。水泥粉采用窒息灭火法阻止空气流入燃烧区，通过用不燃物质冲淡燃烧区空气使燃烧物得不到足够的氧气而熄灭。水泥粉灭火的缺点是水泥粉较轻、易飞扬，易造成烟雾而不利于现场救援。

（4）灭火毯　灭火毯是由玻璃纤维等材料经过特殊处理编织而成的织物，能起到隔离热源及火焰的作用，可用于扑灭小火或者披覆在身上逃生。灭火毯对于须远离热源体的人或物是一个最理想和有效的外保护层，且易包扎表面凹凸不平的物体，特别适用于家庭厨房、宾馆、娱乐场所、加油站等易着火的场合。灭火毯可起到覆盖窒息灭火的作用，具有无失效期、无二次污染、绝缘、耐高温、便于携带、配置简单、能够快速使用、无破损时可重复使用等优点，但其也存在尺寸受限的缺点。

其他固态灭火材料还有硅藻土、石粉、铸铁屑粉、盐等。由于这些材料获取不便，所以应用较少。

6.4.5　应急救援技术

1. 举高消防车

在现实生活中，随着高层建筑越来越多，高层建筑火灾也层出不穷，以举高喷射消防车、登高平台消防车和云梯消防车为代表的举高类机动消防装备在高层建筑火灾救援中发挥着重要作用。举高喷射消防车由汽车底盘和两节或多节臂组成，臂的顶端单独或同时设有水炮（或水枪）、泡沫炮，在转台或地面上遥控操作。它是一种配有供水系统和泡沫系统，采用液压传动的高处喷射消防装备。

举高喷射消防车臂端的遥控喷射炮位于上臂顶端分流管的中间，由中空轴支撑，靠液压电动机实现一定角度范围内俯仰。分流管的底部装有回转节，依靠回转节，喷射炮做一定角度的左右摆头运动，这样能有效地控制较大面积的火灾。

有的举高消防车还带有破拆装置，在举高喷射装置最上节臂的顶端利用液压进行遥控操作，它能破坏高处的 20mm 厚窗玻璃、涂灰泥的墙和胶合板等，使灭火剂容易直接射入屋内，有效地实施喷射。

登高平台消防车是由汽车底盘和两节或多节臂组成，臂的前端设有载人平台，它是一种全回转、折臂升降、采用液压传动的先进的登高消防设备，除了消防装置以外，其他跟高处作业车相似。登高平台消防车适用于高层建筑火灾扑救、抢险救援和高处作业，也可以提升货物，还可以借助于照明灯为火场照明。在高层建筑和高大构筑物火灾时可借助登高平台消防车看清着火点，及时调整灭火救援方案，因此登高平台消防车能在高处作为临时高处作战指挥部。登高平台消防车顶部安装有带架炮或梳形喷管，在高处直接接近着火点喷水或泡沫，能有效地控制火情。目前，国外登高平台消防车的救援高度已达到 112m，国内登高平台消防车的救援高度达到 88m，这仍然无法满足超高层建筑火灾的救火需要。

云梯消防车是由汽车底盘和两节或多节梯组成。云梯上可带载人平台及灭火装置，它是一种全回转、直伸梯，采用液压传动或卷扬机钢索传动的先进的消防登高设备。云梯消防车根据结构和举升高度的不同，又可分为不同形式，如按是否带载人平台，可分为有载人平台云梯消防车和无载人平台消防车；按是否带消防泵，可分为带消防泵云梯消防车和无消防泵云梯消防车。

云梯的一切运动均为液压控制，分别装有一套或多套独立的液压系统。例如德国的马基路斯 DL50 云梯消防车，由 4 台液压泵控制，分别提供云梯的升、降和俯、仰、左右旋转。同时液压系统还可以供云梯的支腿伸缩，调平及安全控制系统操作，这样就可以避免云梯车上各个操作系统在同时动作时发生互相干扰，还可以避免液压系统因温度过高而引起油路故障。云梯车上还装有紧急情况下使用的手动操作云梯各项功能的装置。液压操作式云梯的优点是云梯设备几乎可以无节可变地运动，只需一人使用液压操作杆控制云梯车，各种方向的运动就可安全、轻便地完成。

直臂云梯消防车可用来通过安装在梯架顶端的固定式遥控炮或泡沫发生器喷射水流或空气机械泡沫扑救火灾。当梯架缩合时还可以作为起重机搬运重物使用，即可作小型起重机使用。

一般来讲，云梯消防车主要用于高层救人；登高平台消防车由于其机动灵活，既可以用于火灾扑救，也可救人；举高喷射消防车由于没有载人工作车，只能用于灭火。

2. 消防机器人

火灾现场通常是毒烟弥漫，这给消防救援人员和被困人员的健康带来极大威胁。为了能深入火场排除毒烟和毒气以及观察火场情况，无人操作却又行动自如的消防机器人便应运而生。如德国生产的先进排烟机器人——"陆虎60"雪炮车。这种在极度危险的环境下执行灭火任务的消防机器人技术高超，可代替消防人员处理很多危险现场。这种消防机器人其实并不像"人"，更像一台小型坦克，它有 6 个防滑轮胎，后面有两个消防水带接口，上面有一个消防水炮（能自由调转角度达 180°，水抛射程为 60~70m），机器人的眼睛是两个警灯，机器人一旦启动，警灯便闪烁并发出警报声。它虽然只有 1.5m 高，但消防人员可在 300m 之外对它进行遥控。它掉头灵活，能自行爬坡，最大爬坡角度为 30°；高达 78kW 的发动机功率可以喷出一个水流量为 400L/min、最大距离为 60m 的雾化水柱，起到降温、灭火、排烟的作用。如果在前进中遇到了障碍物，"陆虎"能够顺利地将障碍物排除，同时"陆虎"还可以安装在专门的轨道运输车上，以 40km/h 的速度，直接深入到火灾第一线，及时进行扑救。

美国有一款叫"安娜·肯达"的搜索机器人，外形像一条大蛇，它有 3m 长，共有 22 节，顶部的摄像头能转动 33 个角度，能全方位观察特定区域内情景。把这种带有视频头的机器人在着火地区，特别是可能有毒气等条件恶劣的地方能够代替消防人员搜索被困者。

机器人自 20 世纪 60 年代初问世以来，经历 50 多年的发展，已取得长足进步，社会各行各业皆可见其身影。从 1986 年日本东京消防厅首次在灭火中采用了"彩虹 5 号"机器人后，消防机器人就逐渐在灭火救灾领域得到广泛的应用，消防机器人技术也得到快速的发展。截至目前，消防机器人已经稳步向第三代高端智能机器人前进。

3. 第三代消防车

有专家把消防车划分为三代：第一代消防车是射水消防车；第二代消防车是喷射化学灭火剂的干粉和泡沫消防车；第三代消防车是喷射大流量细水雾、压缩空气泡沫、微粉态灭火剂和复合灭火剂的消防车。与前两代消防车相比，第三代消防车将大面积的灭火剂以大流量、高速射流的方式射向火场，能控制更大的三维空间，使灭火剂与火焰有更大的接触面积，显著提高了灭火剂的使用效率，减少了水渍损失和对环境的污染。其中以高速气体射流为灭火剂载体的消防车，还具有驱烟、降温、通风、吸收火灾产生的有毒烟雾、阻隔热辐射，掩护火场人员撤离的功能。第三代消防车的代表车型有涡喷消防车、细水雾消防车、复合射流消防车、冷气溶胶消防车。涡喷消防车是将航空涡喷发动机作为喷射灭火剂的喷射动力，将其安装在汽车底盘上，配置常规消防车的水箱、泡沫灭火剂箱、水泵。涡喷发动机产生出 4000kW 的喷射功率，它以高速气体射流为载体，使流量为 80L/s 的直流水与高速气体射流在加速器内发生撞击，产生出大流量的气体-细水雾射流（气体-细水雾-超细干粉灭火剂射流），实现了大比表面积灭火剂的远距离、高强度的喷射，有效射距离可达 80~100m，瞬间可覆盖 $300m^2$ 的火场面积，比常规消防车的灭火能力高出 10 倍。其功率质量比大于 100kW/t，扑灭 $80m^2$ 油池火仅需 10s，扑灭 $520m^2$ 油池火仅需 80s，是世界上具有公路行驶能力的喷射细水雾或复合灭火剂的功率最大的消防车，用于油田、石化工厂、天然气泵站、机场等需要快速扑灭油气大火的场所。

细水雾消防车利用压缩气体释压时迅速膨胀产生的动能，将水射流切割粉碎生成高射速的用于消防灭火的"气体-水雾"射流。压力为 1.0~1.2MPa 的压缩气体在释压膨胀时将水系灭火剂切割成平均直径为 $200\mu m$ 的超细水雾，水的流量达 2~5L/s。该喷射装置克服了世界上细水雾喷射的三大难题：一是克服了细水雾喷射不远的难题，使细水雾的喷射距离大于 25m；二是克服了细小水滴难以射入火焰中心区的难题，喷枪出口处的射速大于 100m/s，高射速的细水雾射流能产生出对火焰的很强冲击力，可射入火焰中心区，大幅度提高了水系灭火剂的灭火效率；三是克服了细水雾喷头不能产生泡沫珠的难题，可将水成膜灭火剂或 A 类灭火剂喷射为泡沫射流，射出的泡沫可粘贴在垂直壁面上，使泡沫灭火剂的灭火效率获得大幅度提高。细水雾还有吸收火灾产生的有毒烟气和降温散热的突出优点，有利于救助火灾中的遇险人员。细水雾消防车适合用于住宅、宾馆、医院、娱乐场所等有人场所或加油站等的消防灭火。

复合射流消防车是充分利用压缩气体爆发时的动能，将"气体-水系灭火剂-超细干粉灭火剂"以混合射流的方式射出，进行远距离喷射。其中的超细干粉灭火剂从水或泡沫灭火剂射流中分离出来，生成气溶胶灭火剂，高浓度的气溶胶灭火剂笼罩火焰而快速将火扑灭，泡沫灭火剂阻止油火复燃，发挥了"水系灭火剂-超细干粉灭火剂"的复合灭火效能，使控制火势的能力和灭火效率大幅度提高。复合射流消防车主要用于 A、B、C 类大火的快速扑救。

尽管火灾应急抢险救援装备随着装备技术进步不断推陈出新，但是仍然属于补救措施，只有牢固加强全民的安全防火意识，将火灾防患于未然，才是上策。

6.5 | 人员安全疏散保障技术

6.5.1 安全疏散系统

随着科学和技术水平的不断提高，城市化进程加快，各种高层、超高层建筑拔地而起，不断涌现，在城市发展的同时也带来了诸多隐患。大型建筑内部可燃物占比大、种类多，使得建筑物火灾危险性高；建筑物内人员密度高，流动性大，不确定性因素较多，造成危险分析和事故预防更加困难，人员疏散也更难实施。火灾发生时，建筑物内的人员会遭受烟气中毒、窒息以及被热辐射、热气流烫伤的危险，还可能因房屋倒塌造成伤亡，并且在这些场所中，由于建筑物本身的特殊性，一旦发生事故，可能造成大量的人员伤亡和财产损失。

因此，为了保护人们生命财产的安全，这些火灾危险性较高的建筑内通常需要配备相应的安全疏散辅助装备，并且遵循相关的安全疏散准则，以协助人们在火灾发生时快速有序地安全逃生。一般情况下，绝大多数的火灾现场被困人员可以安全地疏散或进行自救，脱离险境。近年来，国内外各级政府人员、科研人员、消防人员对于人员安全疏散的研究也在不断增加，对火灾条件下的人员疏散问题给予了高度关注。

1. 安全疏散的定义

安全疏散是指由于火灾或其他事故的发生引起人员由不安全区域向安全区域疏散的过程。它是火灾发生后抢救被困人员生命，挽回财产损失的重要措施。为了实现人员的安全疏散，建筑物还应根据建筑物的使用性质、容纳人数、面积大小以及人们在火灾时的生理和心理状态特点，合理地设置如安全出口、疏散楼梯、避难层（间）等安全疏散和避难设施，最大程度为人员逃生创造条件。同时，这些设施还可以为消防人员迅速接近起火部位，进行火灾现场的灭火救援工作提供辅助。安全疏散设计的主要任务就是设定作为疏散和避难所使用的空间，争取疏散行动与避难的时间，确保人员伤亡和财物损失最小。

2. 保证安全疏散的基本条件

（1）限制使用严重影响疏散的建筑材料　建筑材料作为建筑物的重要组成部分，在装修和建筑结构中广泛使用，其燃烧性能和耐火极限等一系列的性质都会对建筑物在火灾发生时的变化造成很大影响。建筑材料可以分为结构材料、装饰材料和某些专用材料。结构材料会影响火灾发生时建筑物的结构稳定性和完整性，而装修材料的燃烧速度和是否释放有毒气体等性质也会对被困人员生命造成直接影响，在防火和疏散方面应当予以重视。因此，对于火焰燃烧速度很快的材料以及火灾发生时排放剧毒性燃烧气体的材料，应当避免作为建筑材料使用，否则这部分材料在火灾现场有可能对人员安全疏散造成障碍，带来较大危险。但是事实上，对部分建筑材料的使用进行合理限制并不是很容易做到，掌握的尺度就是，不使用比普通木材更易燃的材料。在此前提下才能进一步考虑安全疏散的问题。

（2）保证安全的避难场所　安全的避难场所是指应对突发事故的用于避难者躲避火灾或其他重大突发事故的安全区域，在该区域内能够保障避难者的安全。为了达到应有的保护效果，保证建筑物内人员的安全疏散，避难场所不能受到烟气、火焰的入侵，以及破损或是其他类型的火灾危险。

针对高层建筑大面积覆盖，超高层建筑不断涌现的现状，现有的建筑物通常采用在建筑物内部或建筑物屋顶及外墙上合理设置避难场所的方式来保障安全疏散的顺利进行。常见的避难场所或安全区域有封闭楼梯间、防烟楼梯间、消防电梯、屋顶直升机停机坪、建筑中火灾楼层下面两层以下的楼层、高层建筑或超高层建筑中为安全避难特设的"避难层""避难间"等。对于现有建筑分布和城市规划而言，想要在高层或大规模建筑外部的自由公共空间设立避难场所，并且在火灾等突发公共事故发生时及时将被困人员疏散到相应的安全避难区域，往往是很难实现的。疏散过程受到灾难时人员的生理和心理的特性、猛烈的火灾扩展速度、较大的人员密度以及混乱的现场状态等因素的影响。因此，现有建筑大多是采用内部设置避难场所的方法，使用安全出口、疏散通道等设施，最大程度辅助被困人员在最短的时间内逃离不安全区域，保证人员安全疏散的有效性。

（3）保证安全的疏散通道 疏散通道作为引导被困人员向不受火灾威胁的区域撤离的专用通道，在火灾逃生人员疏散过程中起到非常重要的作用。为保证安全地撤离危险区域，建筑物内的安全疏散通道应当保持短捷通畅，安全可靠，避免出现人流、物流相互交叉，杜绝出现逆流。疏散通道在未发生事故时也不允许堵塞，还应有应急照明灯和消防指示灯。从建筑物内人员的具体情况考虑，如人流密度、人员是否具有其他特性等，疏散通道必须具有足以使这些人疏散出去的容量、尺寸和形状，同时必须保证疏散中的安全，在疏散过程中不受到火灾烟气、火和其他危险的干扰。

当有起火可能性的任何场所发生火灾时，建筑物都必须保证至少有一条能够使全部人员都可以安全疏散的通道。部分建筑物在设计时会设置两条安全疏散通道，以更快地疏散被困人员。但是从实际上来说，火灾发生时的混乱情况下，两条安全疏散通道会在一定程度上形成局部的逆流，对顺利疏散全部人员造成阻碍。因此从本质上来讲，最重要的是采取接近万无一失的措施，即使只有单方向疏散通道，也要能够确保安全。

（4）布置合理的安全疏散路线 所谓合理的安全疏散路线是指火灾时紧急疏散的路线越来越安全，也就说，当发生火灾人们紧急疏散时，应保证一个阶段比一个阶段的安全性高。人们沿着疏散路线，从着火房间或部位跑到公共走道，再到达疏散楼梯间，然后转向室外或其他安全场所，一步比一步安全，这样的疏散路线即为安全疏散路线。因此，在布置安全疏散路线时，要力求简短快捷、路线通畅、安全可靠，并且在人员疏散的行进过程中应当尽量保证单方向的疏散，避免出现人流、物流的相互交叉，不能产生逆流。设计时，还应当充分考虑人员在火灾条件下的心理状态和行为特点，在此基础上进行合理的布置。

疏散路线应选择离安全出口、疏散楼梯最近的路线，一般是沿疏散指示标志所指的方向疏散。但如果是着火层，应考虑着火的位置。着火房间附近房间的人，应向着火相反的方向疏散。竖向疏散一般先考虑向地面疏散，因为疏散到地面是最安全的。但是对于现有的大多数高层建筑来说，火灾发生时，竖直方向上烟气蔓延迅速，可用于逃生的时间非常短暂，紧急向地面疏散对于所在楼层较高的被困人员往往不容易实现。此时应当考虑到竖向通道万一被封堵，较低楼层的人员尽可能向建筑外的地面疏散，较高楼层的人员也可以向楼顶疏散。对于设有避难间、避难层的高层建筑或超高层建筑，在发生火灾时可考虑向避难间、避难层疏散。

一般地说，靠近电梯间布置疏散楼梯是较为有利的。因为发生火灾时，人们习惯跑向经常使用的电梯，当靠近电梯设置疏散楼梯时，就能把经常使用的路线与紧急疏散路线有机地结合起来，从而达到迅速有效疏散被困人员的目的。

（5）保证安全可靠的安全疏散设施 消防安全疏散设施不完善往往影响疏散的顺利进行。因此，除设置疏散楼梯外，高层建筑应根据需要增设相应的辅助安全疏散设施，如救生软梯、救生绳、救生袋、缓降器等。这些辅助安全疏散设施要构造简单，方便操作，安全可靠。

6.5.2 安全疏散辅助装备

为确保人员逃生，完整的安全疏散过程应事先制定疏散计划，研究疏散方案和疏散路线，如撤离时途经的门、走道、楼梯等，确定建筑物内某点至安全出口的时间和距离，计算疏散流量和全部人员撤出危险区域的疏散时间，保证走道和楼梯等的通行能力。此外，还必须设置指示人们疏散、离开危险区的视听信号。建筑的安全疏散和避难设施主要包括疏散门、疏散走道、安全出口或疏散楼梯（包括室外楼梯）、避难走道、避难间或避难层、疏散指示标志和应急照明，有时还要考虑疏散诱导广播等。

1. 疏散出口、安全出口和紧急出口

建筑物内发生火灾时，为了减少损失，需要把建筑物内的人员和物资尽快撤到安全区域，这就是火灾时的安全疏散。凡是符合安全疏散要求的门、楼梯、走道等都称为安全出口。如建筑物的外门、着火楼层梯间的门、防火墙上所设的防火门、经过走道或楼梯能通向室外的门等都是安全出口。

（1）设置原则　布置安全出口要遵照"双向疏散"的原则，即建筑物内常有人员停留在任意地点，均宜保持有两个方向的疏散路线，使疏散的安全性得到充分的保证。

（2）安全出口的数量　安全出口数量的确定对保证人身安全和物资疏散极为重要。但是，设置过多的安全出口又会带来经济上的不合理性，所以也不是数量越多越好。一般来说，每个防火分区安全出口的数量不得少于两个。不过人员较少或面积较小的防火分区，以及消防队能从外部进行扑救的范围，由于其失火率相对较低，疏散与扑救较为便利，因此也可以适当放宽，不完全强调设两个安全出口。安全出口数量的具体规定如下：

1）公共建筑或厂房、仓库的安全出口不应少于两个。剧院、礼堂、电影院、体育馆的观众厅及候车室、商场、展览馆等人员密集的公共场所，则必须根据容纳的人数确定安全出口数量，且在开放时能保证使用。

2）地下室、半地下室每个防火分区的安全出口不应少于两个，而且每个防火分区必须有一个直通室外的安全出口。

3）凡符合下列情况的，可只设一个安全出口：

① 甲类厂房，每层面积不超过 $100m^2$ 且同一时间的生产人数不超过 10 人者；乙类厂房，每层面积不超过 $150m^2$ 且同一时间的生产人数不超过 10 人者；丙类厂房，每层面积不超过 $250m^2$ 且同一时间的生产人数不超过 20 人者；丁、戊类厂房，每层面积不超过 $400m^2$ 且同一时间的生产人数不超过 30 人者。

② 地下室、半地下室的面积不超过 $50m^2$，且人数不超过 10 人者。

③ 单层公共建筑（托儿所、幼儿园除外），面积不超过 $200m^2$，且人数不超过 50 人者。

④ 塔式住宅，九层及九层以下，每层不超过 6 户，建筑面积不超过 $400m^2$ 者；十层至十八层，每层不超过 8 户，建筑面积不超过 $500m^2$，且设有一座防烟楼梯和消防电梯的。

⑤ 仓库的占地面积不超过 $300m^2$ 者；库房的地下室、半下室面积不超过 $100m^2$ 者。

2. 疏散楼梯和楼梯间

疏散楼梯是供人员在火灾紧急情况下安全疏散所用的楼梯，具体是指有足够防火能力可作为竖向通道的室内楼梯和室外楼梯。当建筑物发生火灾时，普通电梯没有采取有效的防火、防烟措施，且供电中断，一般会停止运行，上部楼层的人员只有通过楼梯才能疏散到室外的安全区域。因此，作为安全出口的楼梯是建筑物中的主要垂直交通空间，它既是人员避难、垂直方向安全疏散的重要通道，又是消防队员灭火的辅助进攻路线。疏散楼梯按照结构和功能的不同可以分为普通楼梯、封闭楼梯、防烟楼梯及室外疏散楼梯等四种。疏散楼梯

（室外疏散楼梯除外）均应做成楼梯间，围成楼梯间的墙皆应是耐火极限不低于 2.50h 的非燃烧体。

（1）楼梯间的分类及适用范围

1）普通楼梯间。普通楼梯即敞开楼梯，是指建筑内由墙体等围护构件构成的无封闭防烟功能的，且与其他使用空间相通的楼梯间。通常是在平面上三面有墙，一面无墙无门的楼梯间。由于楼梯间和走道之间无任何防火分隔措施，所以一旦发生火灾就会成为烟气蔓延的通道，因此敞开楼梯的隔烟阻火作用最差，在建筑中作疏散楼梯时，要限制其使用范围。一般在低层建筑中广泛使用：11 层及 11 层以下的单元式住宅；建筑高度在 24m 以下的丁、戊类厂房；单、多层各类建筑。

2）封闭楼梯间。设有能阻挡烟气的双向弹簧门（对单、多层建筑）或乙级防火门（对高层建筑）的楼梯间称为封闭楼梯间，如图 6-20 所示。封闭楼梯间用耐火建筑构件分隔，能较为有效地防止烟和热气进入楼梯间。适用于：12～18 层的单元式住宅；11 层及 11 层以下的通廊式住宅；建筑高度不超过 24m 的医院、疗养院的病房楼；设有空调系统的多层旅馆；超过 5 层的公共建筑；高层建筑的裙房；高度不超过 32m 的二类高层民用建筑；甲、乙、丙类厂房和高度在 32m 以下的高层厂房。

3）防烟楼梯。平面设计时，在楼梯间入口之前设有能阻止烟火进入的前室（或设专供排烟用的阳台、凹廊等）、且通向前室和楼梯间的门均为乙级防火门的楼梯间称为防烟楼梯间。防烟楼梯间具有防烟前室和防排烟设施并与建筑物内使用空间相分隔，如图 6-21 所示。其形式一般可分为：带封闭前室或合用前室的防烟楼梯间，用阳台作前室的防烟楼梯间和用凹廊作前室的防烟楼梯间等。应设置防烟楼梯间的建筑物有：一类高层民用建筑；除单元式和通廊式住宅外的建筑高度超过 32m 的二类高层民用建筑；塔式高层住宅；19 层及 19 层以上的单元式住宅；超过 11 层的单元式住宅；建筑高度超过 32m 且每层人数超过 10 人的高层厂房；建筑高度超过 32m 的高层停车库的室内疏散楼梯。

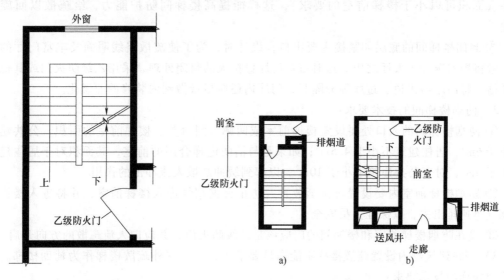

图 6-20　封闭楼梯间　　　　　　　图 6-21　带封闭前室的楼梯间

4）室外疏散楼梯。室外疏散楼梯是指利用耐火结构与建筑物分隔的楼梯，其特点在于设置在建筑物外墙上，全部开敞于室外，且常布置在建筑端部，如图 6-22 所示。它不易受到烟火的威胁，主要用于人员应急疏散，必要时可作为辅助防烟楼梯使用，还可以作为消防人员登上高楼扑救的辅助设施。在结构上。它利于采取简单的悬挑方式，不占据室内有效的建筑面积。此外，侵入楼梯处的烟气能迅速被风吹走，也不受风向的影响。因此，它的防烟效果和经济性都很好，当造型处理得当时，还可为建筑立面增添风采。但是，它也存在一些问题：由于只设一道防火门而防护能力较差，且易造成心理上的高处恐怖感，人员拥挤时还可能发生意外事故，所以安全性不高，宜与前两种楼梯配合使用。适用于：高度超过 32m，且每层人数超过 10 人的高层厂房；塔式住宅；一类

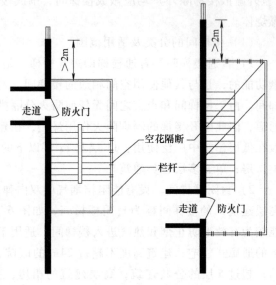

图 6-22　室外疏散楼梯间

高层建筑；高度超过 32m 的二类高层建筑；11 层以上的通廊式住宅。

（2）楼梯间的一般设置要求

1）封闭楼梯间的技术要求：

① 封闭楼梯间应靠外墙设置，能直接进行天然采光和自然通风，以利排除楼梯间的烟气。

② 封闭楼梯间要设置耐火的墙和乙级防火门，将楼梯与走道隔开。防火门应有自动关闭措施，并应向疏散方向开启。有条件的还可以把楼梯间适当加长，设置两道防火门而形成门斗（面积可以小于楼梯前室的要求），这样能提高楼梯间防护能力，给疏散以回旋的余地。

③ 封闭楼梯间的底层如紧接主要出口，设计时，为了使疏散路线明确及丰富门厅的处理，常将楼梯敞开于大厅之中。这时可对门厅做扩大的封闭处理，采用乙级防火门或其他防火措施，将门厅与走道、过厅等分隔开，门厅内还应尽量做到内装修的非燃化。

2）防烟楼梯间的技术要求：

① 防烟楼梯间的入口处要设置楼梯前室或凹廊、阳台等。楼梯前室的面积，公共建筑不小于 $6m^2$，居住建筑不小于 $4.5m^2$；如果是与消防电梯合用的前室，其面积对于居住建筑不小于 $6m^2$，对于公共建筑不小于 $10m^2$，以起到缓冲疏散人流冲击的作用。

② 防烟楼梯前室内要设置防排烟装置，防止火灾烟气进入楼梯前室，并将进入楼梯间的烟气迅速排出去，以保证人员安全。

③ 设在防烟楼梯前室和楼梯间的门应该是乙级防火门，并应向人流疏散的方向开启。

3）当在建筑物内设置疏散楼梯不能满足要求时，可设室外疏散楼梯作为辅助楼梯。室外疏散楼梯的技术要求：

① 为了保障人员的顺利疏散，室外楼梯净宽度应不小于 90cm，楼梯栏杆扶手的高度应不小于 1.1m，楼梯的倾斜度不大于 45°。

② 为了保证楼梯的安全使用，室外疏散楼梯不得采用无防火保护的金属梯，应采用钢筋混凝土等非燃烧材料制作，耐火极限不得低于1.00h。

③ 为了防止室内火灾的烟火烧烤室外疏散楼梯，在距楼梯至少2m范围的墙面上，除开设疏散用的门洞外，不能再开设其他门窗洞口。

④ 建筑物内通向室外疏散楼梯的门应该是乙级防火门，并向疏散方向开启。

3. 疏散走道和通道

从建筑物着火部位到安全出口的这段路线称为疏散走道，一般是疏散时人员从房间内至房间门，或从房间门至疏散楼梯或外部出口等安全出口的室内走道，也就是指建筑物内的走廊或过道。火灾发生时，人员想要顺利逃生，疏散走道是必经之路，是首先需要保证安全的位置。从防火的角度看，对疏散走道的要求如下：

① 疏散走道的顶棚应为耐火极限不低于0.25h的非燃装修。同时，走道与房间隔墙应砌至梁、板底部并填实所有空隙。

② 疏散走道不宜过长，应该能使人员在有限的时间内到达安全出口。

③ 在疏散走道内应该有防排烟措施。

④ 疏散走道应宽敞明亮，尽量减少转折。

疏散走道上的门应该是防火门，在门两侧1.4m范围内不要设台阶，并不能有门槛，以防人员拥挤时跌倒。

⑤ 疏散走道内应有疏散指示标志和事故照明。

4. 消防电梯、避难层（间）、屋顶停机坪

（1）消防电梯　高层建筑发生火灾时，要求消防队员迅速到达起火部位，扑灭火灾和救援遇难人员，如果消防队员从楼梯登高体力消耗很大，则难以有效地进行灭火战斗，而且还要受到疏散人流的冲击，因此高层建筑必须设置专用或兼用的消防电梯，以利于队员迅速登高。而且消防电梯前室还是消防队员进行灭火战斗的立足点，和救治遇难人员的临时场所。

1）下列建筑物应设消防电梯：①建筑高度超过32m的高层厂房和仓库；②一类公共建筑；③塔式住宅；④12层及12层以上的单元式住宅和通廊式住宅；⑤高度超过32m的其他二类公共建筑。

2）消防电梯的技术要求：

① 消防电梯必须设置前室。前室的面积居住建筑不应小于4.5m^2，公共建筑不应小于6m^2。前室与走道之间应设乙级防火门或具有停滞功能的防火卷帘，还应设有消防专用电话、专用操纵按钮和事故照明。在前室门外走道上应该设置消火栓和紧急用插座。

② 消防电梯间前室宜靠外墙设置，在首层应设直通室外的出口或经过长度不超过30m的通道通向室外。

③ 消防电梯的井壁、机房隔墙的耐火极限应不低于2h，井道顶部要有排烟措施。

④ 消防电梯应有备用电源，使之不受火灾时断电的影响。

⑤ 消防电梯前室门口宜设挡水设施，井底应有排除积水的设施。

⑥ 由于火灾并非经常发生，所以平时应将消防电梯与服务电梯兼用，但必须满足消防电梯的要求。另外，在控制系统中要设置转换装置，以便在发生火灾时能迅速改变使用条件。

（2）避难层　避难层是高层建筑中用作消防避难的楼层。建筑高度超过100m的公共建筑，应设置避难层（间），并应符合下列规定：①避难层的设置，自高层建筑首层至第一个避难层或两个避难层之间，不宜超过15层；②通向避难层的防烟楼梯应在避难层分隔、同层错位或上下层断开，但人员均必须经避难层方能上下；③避难层的净面积应能满足设计避难人员避难的要求，并宜按5人／m²计算；④避难层可兼作设备层，但设备管道宜集中布置；⑤避难层应设消防电梯出口；⑥避难层应设消防专线电话，并应设有消火栓和消防卷盘；⑦封闭式避难层应设独立的防烟设施；⑧避难层应设有应急广播和应急照明，其供电时间不应小于1h，照度不应低于1lx。

（3）直升机停机坪　建筑高度超过100m，且标准层建筑面积超过1000m²的公共建筑，宜设置屋顶直升机停机坪或直升机救助的设施，并应符合下列规定：①起降区的大小，主要取决于可能接受的最大机种的全长。为了保证直升机的安全起降，起降区的长、宽应为最大机种全长的1.5～2.0倍。在此范围内，不得设有高出屋顶的塔楼、烟囱、金属天线、航标灯杆等障碍物。②屋顶停机坪要有明显标志，其四周要设边界标志，还需设有灯光标志。③屋顶直升机停机坪要设置等待区，等待区要能容纳一定数量的避难人员，在其周围设安全围栏。等待区与疏散楼梯间顶层有直接联系，出入口不少于2个，以利于人员集结。④直升机停机坪须配备灭火抢险的工具和固定灭火设施。

5. 消防应急照明和疏散指示标志、火灾应急广播

（1）消防应急照明和疏散指示标志　建筑物发生火灾时，正常电源往往被切断，为了便于人员在夜间或浓烟中疏散，需要在建筑物中安装事故照明和疏散指示标志。

1）设置火灾事故照明和疏散指示标志的场合：①体育馆、影剧院、展览馆、多功能礼堂、商业建筑、医院病房楼等公共建筑；②高层民用建筑；③乙、丙类的高厂房。

2）火灾事故照明和疏散指示标志的安装部位：①封闭楼梯间，防烟楼梯间及其前室，消防电梯及其前室；②消防控制室、配电室、消防水泵室、自备发电机房；③观众厅、展览厅、多功能厅、餐厅、商场营业厅、地下室等人员密集的场所。

3）火灾事故照明和疏散指示标志的安装要求：①安装在疏散走道、疏散门、太平门和居住建筑内长度超过20m的内走道的墙面上、顶棚上、门顶部、转角处；②安装高度距本楼层地面1.5～1.8m处；③安装在非燃烧材料或难燃烧材料上，并应有玻璃或其他非燃性材料制成的透明保护罩；④事故照明和疏散指示标志应有备用电源，并有一定的光照度。

（2）火灾应急广播　在安装有事故照明和疏散指示标志的场所，应同时安装事故广播系统，以便在紧急情况下同时有声光效应，使人员尽快有秩序地疏散。事故广播系统可与火灾报警系统联动，并按现行国家标准《火灾自动报警系统设计规范》的有关规定设置。

6.6　火灾控制技术的可靠性分析

6.6.1　阻燃和防火技术的可靠性分析

大量研究事实表明，科学使用阻燃和防火技术可以有效减少火灾的发生，抑制火灾的蔓延，减少因火灾造成的损失。目前，各类阻燃剂根据被阻燃基体的具体需求合理地应用于各行各业，是降低火灾风险的有效手段。但与此同时，阻燃剂的使用并不是完全无限制的，还存在一些问题尚需解决。对于高分子材料而言，阻燃剂能够有效降低因电气故障等因素所引起的火源导致周围易燃物着火的概率，从而实现防火的目的，但却不能使高分子材料完全不燃。此外，阻燃剂对材料阻燃性能的改善依赖于添加的剂量，阻燃剂含量越高，阻燃性能越好，但高添加量会对被阻燃材料的机械性能等造成明显的影响，需要合理优化阻燃体系添加配方和添加技术。更重要的是，近年来随着人类环保意识的增强，阻燃剂对环境的污染问题也逐步受到重视。这是因为，除了少数的无机阻燃剂外，几乎大多数阻燃剂都具有毒性，特别是含卤阻燃剂。这些毒性较强的阻燃剂不仅会在阻燃的过程中释放有毒气体而且可能会导致生物细胞的病变。

传统阻燃剂面临着来自社会发展和其他技术替代的考验，迫切需要解决自身品种和技术缺陷问题。毒性低的无机阻燃剂成为开发重点，目前采用微细化、表面改性、微胶囊化等技术进一步改善其与被阻燃基体的相容性。在此过程中也需要进一步优化绿色生产技术，减少有毒有害原料的使用。此外，多功能阻燃剂开发异常活跃，将现有较好的阻燃剂进行复配，实现更低的成本、良好的阻燃和抑制烟气效果。与此同时，应该建立科学的阻燃材料评价体系，科学制定阻燃剂和阻燃材料的选用标准，确保阻燃材料消防安全，环境友好，生物无害。

6.6.2 火灾监测监控技术的可靠性分析

1. 火灾探测器的可靠性指标

火灾探测器作为火灾探测报警及消防联动控制系统中的火灾现象探测装置，其本身须长期处于监测工作状态。因此，火灾探测器的灵敏度、稳定性和维修性是其产品质量优劣以及能否保证火灾探测报警与消防联动控制系统长期正常工作的重要指标，可以从该方面对其可靠性进行分析。

（1）火灾探测器的灵敏度　灵敏度是指火灾探测器响应某些火灾参数的相对敏感程度。由于火灾探测器的作用原理和结构设计不同，各类火灾探测器对于不同火灾的灵敏度差异很大，大致见表6-8。

表 6-8　各种火灾探测器的灵敏度

火灾探测器类型	A 类火灾	B 类火灾	C 类火灾
定温	低	高	低
差温	中等	高	低
差定温	中等	高	低
离子感烟	高	高	中等
光电感烟	高	低	中等
紫外火焰	低	高	高
红外火焰	低	高	低

感烟式火灾探测器可以探测 70% 以上的火灾，因此火灾探测器的灵敏度指标更多的是针对感烟式火灾探测器而规定。在火灾探测器生产和消防工程中，通常所指的火灾探测器灵敏度，实际是火灾探测器的灵敏度级别。

（2）火灾探测器的稳定性　火灾探测器的稳定性是指在一个预定的时间周期内，火灾探测器不间断运行期间，能够以不变的灵敏度重复感受火灾，并随时能够执行其预定功能的能力。在较为严酷的环境条件下，使用寿命长的火灾探测器可靠性较高。一般来说，感烟式火灾探测器使用的电子元器件较多，长期不间断使用过程中电子元器件的失效可能性大，因此其长期运行的稳定性较低，探测器运行期间的维护保养十分重要。

（3）火灾探测器的维修性　火灾探测器的维修性是指对可以维修的探测器产品进行修复的难易程度。感烟式火灾探测器和电子感温式火灾探测器要求定期检查和维修，确保火灾探测器敏感元件和电子线路处于正常工作状态。

需指出的是，上述三种性能指标一般不能精确测定，只能进行一般性的估计，因此通常采用灵敏度级别作为火灾探测器的主要性能指标，对其进行可靠性评估。表6-9给出了常用火灾探测器的主要性能指标评价，可作为一般性参考使用。

表6-9　常用火灾探测器的主要性能指标评价

火灾探测器类型	灵敏度	稳定性	维修性
定温	低	高	高
差温	中等	高	高
差定温	中等	高	高
离子感烟	高	中等	中等
光电感烟	中等	中等	中等
紫外火焰	高	中等	中等
红外火焰	中等	低	中等

2. 火灾自动报警系统的可靠性分析

火灾自动报警系统主要由电子监控元器件（火灾探测器）和火灾报警控制器组成，它们均是由许多电子元器件、敏感元件以及机电零部件组成。一般来说，电子元器件的寿命与一般的简单机械零件寿命不同，并不是简单的具体数值，可以线性判断，而是一种具有很大离散程度的随机变量，需要进行寿命试验或积累实际现场数据，只有在特殊情况下才可以采用仪器直接测量。其次，电子元器件和传感器敏感元件寿命的离散性会随环境参量的变化而变化，这一特点在实际应用中的体现就是火灾自动报警系统正常工作的可靠性随不同环境而变，且该可靠性无法定性测定，只能采用一般方法进行估计描述。

火灾自动报警系统的可靠性可以由可靠度和失效率来表示。可靠度表示火灾自动报警系统在规定的正常工作条件下在规定时间内完成规定功能的概率。失效率又称为故障率，表示工作到某一时刻后发生故障的概率。火灾自动报警系统是一个能够完成规定功能的复杂综合体，它由许多元器件以及子系统组成，系统的可靠性不仅取决于各部分子系统的可靠性，还取决于各子系统之间相互配合的方式。因此，对火灾自动报警系统的可靠性进行分析不仅需要综合考量各部分电子元器件和子系统模块的工作可靠性，还要考虑到各部分彼此间协同完成规定功能的可靠程度。以上可靠性的评估均需要对实际场所应用情况的数据进行统计分析。

火灾自动报警系统是否具有正常工作的高可靠性直接关系着整套系统能否正常工作，关系着大量人民的人身财产安全。因此，保证火灾自动报警系统的可靠性是一项旷日持久的工作，需要严格按照有关规定对系统进行长久的数据统计，并按规定定期检查维护。目前，自检能力较强的智能化火灾自动报警系统在这方面具有较明显优势，因而得到了广泛应用，该方向也成为未来的主要发展趋势。

6.6.3　灭火技术的可靠性分析

灭火技术可靠与否直接关系着火灾能否顺利扑灭。不同灭火技术形成的灭火系统一般由不同的单元组成，例如灭火剂、灭火器、管网、控制器等。因此，灭火系统是一个典型的动态功能系统，在其服役期间，由于受到各种不确定性因素的影响，例如灭火剂失效、喷头堵塞、管网损坏等，灭火系统可靠性具有强烈的随机性与模糊性。设计人员及决策人员可以整数规划与非线性规划来找出优化灭火技术可靠性的具体方法，为了达到这一要求，设计人员必须要结合灭火技术所应用场所的实际情况及工程总造价，来优化消防系统设计方案，购置并安装相应的消防器材与配件，以此来提高灭火技术的可靠性。

1. 灭火剂

灭火剂的选取是影响整个消防灭火技术最为关键的要素，也是影响灭火技术可靠性的主要部分。灭火剂主要有水、气体、泡沫等。对于以水作为灭火剂的水及细水雾灭火技术来说，供水量是重要的影响因素之一。水及细水雾灭火系统一般由多个子系统组成，各个子系统的供水量之和为总供水量，但是在设计过程中，设计人员还需要考虑多个变量，例如子系统的个数、各子系统的用水量等，这些均是不确定的因素，需要设计人员结合场所的实际情况，在做好概率分析的基础上结合分布规律来合理安排子系统的布置及用水量的控制，提高供水量的可靠性。对于以气体和泡沫作为灭火剂的气体灭火技术和泡沫灭火技术来说，灭火剂的量仍是影响整个灭火系统可靠性的主要因素。除了需要考虑剂量以外，还需要考虑气体或者泡沫内添加剂是否会发生变质。发生变质的灭火剂往往会造成灭火效果的降低，进而降低灭火技术的可靠性。对于需要压力进行驱动的灭火技术，需要保证压力在服役期间的稳定。

2. 优化可靠度

灭火技术可靠性的主要衡量依据为：在火灾发生时，灭火系统能否在规定的时间内扑灭火灾，后续灭火剂量和压力能否达标；在没有火灾的情况下，灭火剂量和压力能否达到设计值。为了减少变量因素的影响，切实提高灭火技术的可靠性，设计人员需要尽可能配置备用系统，以确保灭火系统的正常使用。此外还要保证灭火系统的各个子系统达到设计要求，提高各子系统的可靠度，安排人员定期对系统进行维护和修理，保证子系统的正常使用。上述措施势必会增加灭火技术的成本，但如果不进行维护和修理，一旦发生火灾，造成的损失也将会是巨大的。因此，这需要设计人员进行优化设计评估，平衡好二者之间的关系，提高灭火技术的可靠性。

6.6.4　人员安全疏散技术可靠性分析

火灾风险控制技术过程中自始至终每一个步骤都存在不确定性的问题。建筑火灾人员安全疏散作为性能化防火设计的首要安全目标，同样也存在不确定性问题。安全疏散是建筑物发生火灾后确保人员生命财产安全，避免室内人员因火烧、缺氧窒息、烟雾中毒和房屋倒塌造成伤亡，同时尽快抢救，转移室内的物资和财产，以减小火灾造成损失的重要措施。人员在火灾环境中是否能够成功疏散受到各方面主观及客观因素的影响。

1. 个体人员本身素质及疏散心理

身处火场的人们往往需要承受巨大的心理压力，不同的性别、心理素质、受教育程度、阅历和经验等，会导致人在遭遇火灾时呈现与正常情况下不同的心理反应和生理行为。例如是否接受过消防教育培训、对周围环境的熟悉程度、是否接触过消防或者经历过火灾以及性别等因素都会对疏散开始前人的心理及行为产生重要影响，从而在确认火灾威胁程度之后以及采取逃生行动过程中就会表现出完全不同的心理和行为，如紧张、恐惧、绝望和从众心理等。

2. 安全疏散时间的不确定性

安全疏散时间作为安全疏散的重要参数，是指建筑物发生火灾时人员离开着火建筑物到达安全区域的时间。它的定量主要考虑火灾烟气对人员构成的危险，根据相应的性能判据，计算达到危险状态所需的时间，从而确定可用于安全疏散时间。火灾对人员构成的危险通常有以下四种性能判据。

（1）火焰和烟气的热辐射　根据人体对辐射热耐受能力的研究，人体对烟气层等火灾环境的辐射热耐受极限是 $2.5kW/m^2$，一旦超过这个限度将会造成严重灼伤。一般认为，上部烟气层的温度高于180℃时，它对人体的辐射危害就会达到这种程度。

（2）烟气层高度　火灾中的烟气层伴有一定的热量、胶质、毒性分解物等，是影响人员疏散行动与救援行动的主要障碍。在疏散过程中，烟气层只有保持在人群头部以上一定高度，才能使人在疏散时避免从烟气中穿过或受到热烟气流的辐射热威胁。由于不同地域、不同国家人员的平均身高存在一定的差异，因此烟气层危险高度的取值也有所不同。

（3）烟气中的有毒气体浓度　研究表明，烟气中含有许多窒息性和刺激性的气体，当这类气体的浓度超过极限值，人可能发生严重的机能丧失。毒性产物的作用部分取决于暴露剂量，部分取决于浓度。例如，当 CO 浓度达到 $1400cm^3/m^3$ 时 30min 内人将失去知觉；当 CO 浓度达到 $2500cm^3/m^3$ 时 30min 内可致人死亡。一般以 $1400cm^3/m^3$ 作为 CO 浓度达到危险状态的临界值。

（4）环境能见度　弥漫在建筑空间内的烟尘颗粒使能见度降低，逃生时确定逃生途径和做决定所需的时间都将延长。除导致建筑物内人员判断出口位置困难外，还会影响疏散速度和心理因素，一般以能见度小于 10m 为达到危险状态的判据。

3. 安全疏散设施的可靠性

建筑物发生火灾时，室内人员大多因火烧、缺氧窒息、烟雾中毒和房屋倒塌而伤亡。国内外群死群伤的大量恶性火灾事故的统计分析表明，大部分伤亡原因是没有可靠的安全疏散设施和管理不善，从而导致人员不能及时疏散到安全的区域。因此，必须根据建筑物不同的使用性质，不同的火灾危险性，对其安全疏散设施进行合理设计，以保证人员和物资的安全疏散，这是建筑防火设计的重要内容，应引起高度重视。

复 习 题

1. 分别简述气相阻燃机理和凝聚相阻燃机理。
2. 列举一种具体的塑料阻燃剂并简述其作用机理。
3. 细水雾的定义是什么？
4. 简述气体灭火技术的灭火机理。

5. 常用的泡沫灭火剂有哪些？

6. 简述安全疏散的概念。

7. 什么是安全出口？安全出口的设置需遵循哪些原则？

8. 疏散楼梯间分为哪几种？各有什么特点？

9. 简述采用灵敏度级别作为火灾探测器的主要性能指标的原因。

10. 火灾自动报警系统的可靠性可以由可靠度和失效率来表示，请简述二者的具体含义。

第7章
基于火灾保险的火灾风险控制

■ **本章概要·学习目标**

　　本章主要讲述火灾保险、火灾公众责任险及其费率的厘定，以及火灾保险与火灾风险互动的若干保障措施。要求学生了解火灾保险和火灾公众责任险的概念，理解火灾保险和火灾公众责任险的费率厘定，掌握将火灾风险评估应用到火灾保险费率厘定中的方法，并能够将其运用到实际案例中。

7.1 | 火灾保险

7.1.1 保险及火灾保险的概念

1. 保险

　　保险源于风险的存在，是指投保人根据合同约定，向保险人支付保险费，保险人对于合同约定的可能发生的事故因其发生而造成的财产损失承担赔偿保险金责任，或者当被保险人伤残、死亡和达到合同约定的年龄、期限时承担给付保险金责任的商业保险行为。

　　在法律上，保险是一种合同行为，投保人向保险人支付保费，保险人在被保险人发生合同规定的损失时给予补偿。保险的本质是一种社会化安排，是被保险人通过保险人组织起来，从而使个人风险得以转移、分散，由保险人组织保险基金，集中承担。当被保险人发生合同规定的损失时，可以从保险基金中获得补偿。也就是说，一人损失，大家分摊。可见，保险本质上是一种互助行为。

　　作为一种处理危险的普遍可靠的方法，保险企业的防灾防损工作走在社会防灾防损工作的前列。这里的保险防灾防损是指保险人对其所承保的保险标的可能发生的危险采取各种组织措施和技术措施，以减少保险标的发生灾害事故的可能，以及在灾害事故发生时，尽可能降低保险标的损失的程度。保险防灾防损主要包括以下两部分内容：

（1）积极参与社会的防灾防损工作

1）保持和加强与各专业防灾防损部门的联系，积极指派人员参加各部门的防灾防损活动，配合各级公安消防部门、防洪防汛指挥部、气象中心、地震局以及各种安全管理机构开展防灾防损的宣传工作。

2）要经常对保户进行防灾防损检查，不断发现危险隐患，减少不安全因素。在灾害发生时，要与被保险人以及社会防灾防损部门一起，组织抢救保险财产。在灾害发生后，要与被保险人对受灾财产进行整理，保护和妥善处理损余财产。

3）要广泛开展灾情调查，实事求是地收集、整理灾情资料，并按照档案资料管理规章，妥善保管。同时，保险人要主动与社会防灾防损部门合作，以实现资料共享。

4）保险人可以结合保险业务的开展，从保费中提取一定比例的金额作为社会防灾防损的补助费用。也可以针对具有共性的、覆盖面积大的灾害事故或新的防灾防损技术，与各大专院校、科研机构进行合作，提供课题费用。

（2）把防灾防损贯穿于整个保险经营实务中

1）对保险标的进行检查。熟悉被保险人的基本情况，进行防灾防损措施和安全管理制度的全面检查，提出整改建议并摘录存档，予以复查。

2）通过理赔过程了解出险的直接原因以及相关的制约条件和因素所在。综合分析收集到的大量出险信息，找出导致出险的内在规律和外在制约条件，将保险的防灾防损工作与理赔相结合。

2. 火灾保险

火灾保险（Fire Insurance）又称火灾财产险，属于保险的一种，是投保人根据合同约定，向保险人支付保险费，保险人对承保的财产因遇火灾而遭受的损失或由此进行施救所造成的财产损失以及所支付的合理费用负赔偿责任的商业保险行为。

火灾保险可以将火灾风险转移给保险公司，来降低个人或企业所承担的风险。同时，火灾保险通过灾后对承保财产损失的经济补偿，减轻个人或企业的负担和政府的救助压力，减少公共财政的支出。随着社会的发展和进步，人们对风险保障的需要也增加，为了迎合客户需求，火灾保险所承保的风险范围也日益扩展。火灾保险的承保责任已由单一的火灾扩展到风暴、洪水、地震等非火灾风险，承保的财产也从房屋扩大到各种固定资产和流动资产。因此，火灾保险已逐渐为各种综合性的财产保险所替代。例如，目前我国开办的家庭财产保险和企业财产保险都是以火灾保险为基础发展起来的。虽然有的国家沿用了火灾保险的说法，但我国已经将火灾保险改称为财产保险。在本章中，火灾保险只单纯考虑火灾风险。

火灾保险的主要功能是火灾事故赔付，但是火灾保险并不仅仅是起"收保费、付赔款"的简单"蓄水池"作用。促进保户加强减灾防损，减少火灾事故的发生，以及降低火灾发生时所造成的财产损失和人员伤亡，则是火灾保险的另一个重要功能。其实现途径主要有两种：一是加强火灾风险管理，包括承保前的风险辨识以及承保后的风险检查，并在必要时投入相应的资金，采取有效措施减少、抑制和转移风险等；二是借助经济杠杆作用，调动或激励保户主动加强减损防灾，包括设立免赔额、实行共保，即保户也承担部分损失责任，以及厘定差别费率，使保户所承担的保费和其标的风险相一致。

7.1.2 保险费的构成与费率计算

保险费简称保费，是投保人为获得经济保障而支付给保险人的费用，其决定因素如图 7-1 所示。

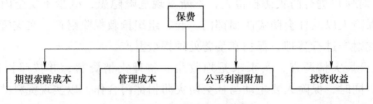

图 7-1 保费的决定因素

通常，保费的计算可简化为两部分：第一部分是纯保费，根据损失概率计算，用以支付保险事故发生时的给付费用；第二部分是附加保费，用以支付保险业务开支等。除此之外，财产保险的重大危险都有一定的"安全系数"，即安全费，用以弥补统计误差。

$$保险费 = 纯保费 + 附加保费 + 安全费$$

保险费率是指单位保额的保费：

$$保险费率 = \frac{保险费}{保险单位数}$$

通常，火灾保险以保险期间 1 年、保险金额 1000 元为一保险单位，故保险费率可用下式表示：

$$保险费率 = 纯费率 + 附加费率 + 安全费率$$

式中，纯费率为单位保额的纯保费，即保额损失率。

$$线费率 = 损失额度 \times 损失频率 = \frac{损失总额}{理赔次数} \times \frac{理赔次数}{保险单位数} = \frac{损失总额}{保险单位数}$$

附加费率为单位保额的附加保费：

$$附加费率 = \frac{业务开支总和}{保险单位数}$$

安全费率作为风险附加，通常为保额损失率的一次、二次或多次均方差。

7.1.3 费率厘定的基础

1. 费率厘定的基本原则

在形式上保险是一种经济补偿活动，而从经济角度看，则是一种商品交换行为。故而，制定保险商品的价格，即厘定保险费率，是保险的一个重要环节。费率的厘定应遵循以下基本原则：

(1) 保证充足原则　保险人收取的保费应当足以应付索赔支出、各种营业费用、税收及预期的利润。充足性原则是为了保障保险人拥有充足的偿付能力。

(2) 公平合理原则　费率在投保人与保险人之间及各投保人之间要体现公平合理性。

(3) 促进防损原则　费率的厘定要有助于促进投保人加强减灾减损、减少事故的发生。

(4) 稳定灵活原则　保险费率应保持相对稳定性。如果费率时常发生波动，则会诱发投保人的投机心理，进而给保险公司的财务核算带来困难，也会影响其声誉，不利于保险业务的开展。

2. 费率厘定的数学原理

火灾作为可承保的风险之一，其发生有一定的规律，符合大数法则和中心极限定理，这正是火灾保险得以开办的基础所在。

（1）大数法则　设随机变量 $X_i(i=1,2,\cdots,n)$ 表示某一投保人的损失，n 为被保险人的数量。假设 X_i 符合独立同分布，且期望为 μ，标准差为 σ，则对于任意 $\varepsilon>0$：

$$\lim_{n \to \infty} P\left\{\left|\frac{1}{n}\sum_{i=1}^{n} X_i - \mu\right| < \varepsilon\right\} = 1 \tag{7-1}$$

式（7-1）表明，在被保险人数 n 很大的情况下，损失金额的平均数与每个人的期望损失额非常接近。即数量越大，预期损失率越稳定。

（2）中心极限定理　设变量符号的含义和大数法则中的一致。中心极限定理表明，随着 n 的增大，平均损失将接近于均值为 μ，方差为 $\sigma/\sqrt{n}$ 的标准正态分布：

$$\lim_{n \to \infty} P\left\{\left|\frac{\frac{1}{n}\sum_{i=1}^{n} X_i - \mu}{\sigma/\sqrt{n}}\right| < x\right\} = \int_{-\infty}^{x} \frac{1}{\sqrt{2\pi}} e^{-\frac{1}{2}t^2} dx \tag{7-2}$$

式（7-2）表明，随着被保险人数的增多，损失分布的方差变小，即风险减少了。

大数法则和中心极限定理共同表明，只要保险人能够聚合足够多的同质风险，就能够准确地预测损失分布。所以，大量地汇集承保的保费可以抵消少数小概率事件发生所造成的较大额度的赔付。

7.1.4　火灾保险费率的影响因素

公平合理是保险费率厘定的一个基本原则，即保险标的的费率要与其风险状况相一致。从这个角度看，凡是能对保险标的的火灾风险状况产生影响的因素都能影响费率。这些因素主要包括：

（1）占用性质　火灾保险标的的有关建筑物或场所的使用性质是影响其火灾风险状况的一个重要因素。

（2）建筑结构　建筑物的建筑结构直接决定了火灾发生后，火灾蔓延、人员疏散的难易程度以及财产损失的严重程度。

（3）消防措施及安全管理水平　若建筑物具有完备的消防设备和措施，则能够尽早地识别火灾的发生并扑灭火灾，避免造成更大的损失。若投保人的消防安全管理水平较高，则能够有效地降低火灾发生的可能性。

（4）地理位置及周边环境　地理位置主要考虑到由于气候、植被、人口和经济状况等因素造成的各地火灾发生率的不同。

（5）历史损失数据　历史损失数据能够真实地反映投保标的的火灾风险状况，凡是影响火灾风险状况的因素都会在历史损失数据中得到体现。

（6）市场竞争　在销售保单时，保险公司面对市场竞争要对费率进行微量的调整，以赢得更多的客户。

7.1.5　火灾保险的费率厘定方法

在实际应用中，费率厘定的常用方法主要有三种，即观察法、分类法和增减法。这三种方法并存互用，并不互相排斥。

（1）观察法 观察法是对个别标的的风险因素进行分析，根据有关经验以及对现在和未来发展趋势的预测，估计其损失概率的方法。

（2）分类法 分类法是现代保险经营中费率厘定的最主要的方法，其将性质相同的风险进行归类，然后针对同一类的风险单位，根据它们共同的损失概率制定相同的保险费率。分类费率的计算方法有两种，即纯保费法和损失率法。

1）纯保费法。纯保费法在纯保费的基础上，得到基于每一风险单位的指示费率，即能弥补期望索赔损失和费用支出，并提供适当利润。

$$R = \frac{P + F}{1 - V - Q} \tag{7-3}$$

式中，R 为每一风险单位的指示费率；P 为纯保费，是根据损失经验预测到的最终损失；F 为每一风险单位的固定费用；V 为可变费用因子；Q 为利润因子。

在采用纯保费法厘定费率时，需要严格定义的、一致的风险单位。如果风险单位难以认定或不一致，则不应选用纯保费法。

2）损失率法。采用损失率法得到的是指示费率的变化量。指示费率 R 可由当前费率 R_0 乘以一个调整因子得到，调整因子等于经验损失率 W 和目标损失率 T 之比。

$$R = \frac{W}{T} R_0 \tag{7-4}$$

其中，经验损失率可用下式表达：

$$W = \frac{1 - V - Q}{1 + G} \tag{7-5}$$

式中，V 表示可变费用因子，或与保费直接相关的费用因子；Q 表示利润因子；G 表示与保费不直接相关的费用与损失之比。

目标损失率可用下式表达：

$$T = \frac{L}{ER_0} \tag{7-6}$$

式中，L 为经验损失；E 为经验期限内的风险单位；R_0 为当前费率。

由于损失率法需要当期费率和保费经验的记录，故该方法不适用于新业务的费率厘定。

（3）增减法 增减法根据被保险人的实际损失经验，在同一费率类别中对保险费率进行调整。在实际实施中，增减法有以下几种具体方式。

1）表定法。首先在分类中对各项特殊显著的风险因素设立客观标准，当投保人购买保险时，以客观标准来测度风险的大小。例如，根据建筑物火灾的影响因素设立调整幅度表，见表7-1。

表7-1 表定法举例

风险因素	调整幅度
A：用途	-5% ~ 5%
B：构造	-5% ~ 5%
C：位置	-5% ~ 5%
D：防护措施	-10% ~ 10%

2）经验法。根据被保险人过去的损失经验，对按照分类费率制定的保险费率进行增减

变动。其调整方法如下。

$$M = \frac{A - E}{E} CT \tag{7-7}$$

式中，M 为保险费调整的百分比；A 为经验时期被保险人的实际损失；E 为被保险人适用某分类时的预期损失；C 为信赖因子；T 为趋势因子，主要考虑平均补偿金额支出趋势和物价指数变动等。

3）追溯法。以保险期内被保险人的实际损失为基础，计算被保险人当前应交的保险费。它是一种与经验法相对的增减法。

在采用追溯法时，先在保险期开始前，以其他方式确定预缴保险费 X，然后在保险期满时，对已交保险费进行增减调整。在使用追溯法计算保险费时，会受到最大额 M 和最小额 m 的限制。被保险人实际应交付的保险费可表示如下：

$$P = \begin{cases} m & (\text{当 } X \leq m) \\ X & (m \leq X \leq M) \\ M & (\text{当 } X \geq M) \end{cases} \tag{7-8}$$

4）折扣法。保险公司出售保单的各种费用，并不按比例随保费增加。折扣法就是在不采用追溯法基础上，对某些保费很大的被保险人，用折扣法减少一定的保费。

综上所述，增减法结合了观察法的灵活性和准确性以及分类法的广泛适用性的特点。在使用增减法厘定费率时，具有预防损失的鼓励作用，这正是这种方法被普遍采用的主要原因。但由于增减法成本较高，并且只有保费比较大时才有增减的必要，因此，增减法只适用于少数保额较大的被保险人。

7.2 火灾保险的费率厘定

7.2.1 基于保险业务统计的火灾保险费率厘定及信度分析

基于保险业务统计来厘定保险费率，就是收集整理承保理赔数据，根据概率统计理论对数据进行分析处理，并厘定保险费率。这已经是保险精算中比较成熟的理论，作为保险精算的一项核心内容，已得到广泛的应用。

1. 保险业务统计方法介绍

（1）损失分布拟合　根据大数法则，保险人必须具备足够多的同质风险，用以将承保风险的保费大量汇聚，来抵消少数小概率事件发生所导致的较大额度的赔付。实施这项工作的一个基本前提是要对保险标的损失分布进行拟合，主要包括两个方面，即损失的频度和每次损失的额度。

获得一个随机变量概率分布的方法有：数理统计方法、贝叶斯方法和随机模拟方法（又称 Monte Carlo 方法）。下面分别对这三种方法进行介绍。

1）数理统计方法。利用数理统计方法获得损失变量的概率分布的步骤如下：

① 利用已获得的历史记录作为线索，获得损失分布的大体轮廓。

② 从已知的理论概率分布类型中选择一种作为所寻求的概率分布模型，比如正态分布、伽马分布、韦伯分布等。

③ 估计所选择分布类型中的相关参数来确定损失分布。

2）贝叶斯方法。在非寿险精算中，往往难以获得足够的样本，这就需要对损失分布掺入一定的主观假设，用已获得的样本数据修正原来的假设，以解决小样本的统计问题。具体步骤如下：

① 设 $X \sim F(x, \theta)$，假定先验分布服从 $\theta \sim F(\theta), f(\theta)$。这种假设是建立在研究者的经验和知识的基础上，也可以是一种纯主观的判断。

② 确定似然函数。通过实验和观察获得一些变量 X 的信息，假设观察值为 $x_1, x_2, \cdots, x_n$，构造似然函数：

$$f(x_1, x_2, \cdots, x_n \mid \theta) = \prod_{i=1}^{n} f(x_i \mid \theta)$$

③ 确定后验分布。根据贝叶斯原理，可以求得关于参数 θ 的后验分布：

$$f(\theta \mid x) = \frac{f(x \mid \theta) f(\theta)}{\int f(x \mid \theta) f(\theta) \mathrm{d}\theta}$$

④ 选择损失函数。选择损失函数来刻画参数的真实值和估计值之间的差异程度。比如平方函数：

$$y = x^2$$

⑤ 根据所选择的损失函数和参数的后验分布，通过求损失函数期望值的最小值的解，用来作为参数 θ 的贝叶斯估计值。即求解：

$$\min \int (\hat{\theta} - \theta)^2 f(x \mid \theta) f(\theta) \mathrm{d}\theta$$

3）随机模拟方法。在非寿险精算中，随机模拟方法得到了非常广泛的应用，它既可以用于确定性问题，又可以用于随机问题的处理。当某一问题借助传统的方法处理时，遇到较大的困难或计算过于繁杂，可以采用随机模拟方法。

4）拟合优度检验。损失分布拟合是否恰当，需要进一步检验，常用的方法是 χ^2 检验。首先将观察记录按照大小分组，比如分成 n 组，统计每个分组中出现频数的"观察值 O_i"，并计算出所选择分布模型的"理论值 E_i"。然后，利用下面的近似公式做检验：

$$\chi^2 = \sum_{i=1}^{n} \frac{(O_i - E_i)^2}{E_i} \sim \chi_f^2 \tag{7-9}$$

这里 χ_f^2 表示自由度为 f 的 χ^2 分布。自由度等于 n 减去估计参数的个数，若观察记录是完整的，还要再减去1。

（2）短期聚合风险模型　短期聚合风险模型是将同类保单视为一个整体，将每次理赔作为基本对象，按理赔发生的时间顺序将所有的理赔量累加起来。

若用 X_i 表示某类保单的第 i 次理赔额，N 表示在单位时间（比如一年）内所有这类保单发生的理赔次数，记这一年内这类保单的理赔总量为 T：

$$T = X_1 + X_2 + \cdots + X_N = \sum_{i=1}^{N} X_i \tag{7-10}$$

为了使该模型具有可操作性，通常假定随机变量 $N, X_1, X_2, \cdots, X_N$ 之间相互独立，并且 $X_1, X_2, \cdots, X_N$ 是具有相同分布的随机变量，即 X_i 为同质风险。不难看出，研究聚合风险模型，首先要明确 N、X_i 的分布，才能研究 T。对于 N，通常选择泊松分布或负二项分布等离散型分布；对于 X_i，通常用正态分布、对数正态分布，伽马分布或其他分布。

1）T 分布的计算方法：矩母函数法，迭代法，正态近似，平移伽马近似。

2）理赔总量 T 的均值和方差：利用概率统计知识，可以导出理赔总量 T 的均值 ET 和方差 $VarT$。

$$ET = EN \times EX \tag{7-11}$$

$$VarT = (EX)^2 \times VarN + EN \times VarX \tag{7-12}$$

式中，EN 表示期望理赔次数；EX 表示期望理赔额。

3）假定损失数据足够充分，满足统计要求：用 n 表示保单数量，在求出保单理赔总量 T 之后，可以算出每份保单的平均纯保费 P：

$$P = \frac{ET}{n} \tag{7-13}$$

（3）信度理论　在非寿险精算中，纯保费的估算主要依据两类数据：一类是通过观察得到的本险种一组保单的近期损失数据；另一类是同险种保单早期损失数据或类似险种保单的同期损失数据，由于这些都是根据人们的主观选择得到的数据，所以称为先验信息数据。所谓信度理论，在这里，就是研究如何合理利用这两类信息，用两类保险费的加权平均，作为保险费的估计值 C。

$$C = (1 - Z)M + ZT \tag{7-14}$$

式中，T 为本险种一组保单的近期损失；M 为先验信息数据；Z 为信度，$0 \leqslant Z \leqslant 1$，显然，当 Z 的值接近于 1 时，表明实际损失数据提供的信息相当充分，据此足以获得正确的估费。

信度理论有两种基本方法：最大精度信度和有限波动信度。最大精度信度方法旨在使估计误差尽可能地小，其发展最完善的方法就是最小平方信度，即使估计误差平方的期望值最小。有限波动信度方法则试图控制数据中的随机波动对估计的影响。

记 C 的估计量为 $\hat{C}$：

$$\hat{C} = (1 - Z)M + ZT \tag{7-15}$$

1）最小平方信度方法，即找出 Z，使得：

$$E[\hat{C} - C]^2 = E[(1 - Z)M + ZT - C]^2$$

达到最小。用这样的 Z 计算出来的 $\hat{C}$ 被称为低 C 的最小平方信度估计。

2）有限波动信度方法，即求使 $\hat{C}$ 与 C 的相对误差不超过一定限度的概率足够大的 Z 值：

$$Pr\left(\left| \frac{\hat{C} - C}{\hat{C}} \right| < k \right) > 1 - p \tag{7-16}$$

式中，k，p 都是给定的很小的正数。

在有限波动理论中，$\hat{C}$ 可以表示如下：

$$\hat{C} = (1 - z)M + ZET + Z(T - ET)$$

等式右端第三项表示总损失的随机波动。现在要对给定的 k、p 选择 Z，满足：

$$Pr\left(\frac{|Z(T - ET)|}{ET} < k \right) > 1 - p$$

对于对称分布 $(T - ET)$ 或近似对称分布，上式可以改写成如下形式：

$$Pr(Z(T - ET) < kET) > \frac{1 - p}{2}$$

也就是：

$$Pr\left(T \geqslant \left(\frac{k}{Z} + 1 \right) ET \right) < 1 - \frac{1 - p}{2} = \frac{1 + p}{2}$$

可以解出：

$$\left(\frac{k}{Z} + 1\right)ET = t_\alpha \tag{7-17}$$

式中，$\alpha = \frac{1+p}{2}$，t_α 表示损失分布 T 的 α 百分位点。

NP（Normal Power）近似方法是对正态近似在偏斜度方面做一定的调整，也就是在已知 T 分布的数学特征的基础上，T 分布的 α 百分位点：

$$t_\alpha \approx ET\{1 + C_T[U_\alpha + S_T(U_\alpha^2 - 1)/6]\} \tag{7-18}$$

最终可以求得信度：

$$Z = k/[U_\alpha \sqrt{m_2/EN} + (m_3/m_2)(U_\alpha^2 - 1)/6EN] \tag{7-19}$$

这里用到了前面的聚合风险模型，损失 T 用理赔总量来代替：

$$T = X_1 + X_2 + \cdots + X_N = \sum_{i=1}^{N} X_i \tag{7-20}$$

m_2 和 m_3 是理赔总量 T 的分布的形状参数，

$$m_2 = n_2 + C_X^2, m_3 = S_X C_X^3 + 3n_2 C_X^2 + n_3$$

其中，索赔额 X 的标准差系数 $C_X = \dfrac{VarX}{EX}$，偏度系数 $S_X = \dfrac{E(X-EX)^3}{VarX^{1.5}}$，

$$n_i = E(N - EN)^i/EN \quad (i = 1, 2, \cdots, N)$$

U_α 为标准正态分布的 α 百分位点，$\alpha = \dfrac{1+p}{2}$。

从式（7-19）可以看出，当知道理赔总量 T 的分布后，信度 Z 的大小只取决于期望理赔次数 EN。

2. 保险业务统计的费率厘定及信度分析实例

基于保险业务的统计数据来厘定保险费率，首先，需要对理赔额和理赔次数的分布进行拟合，其次，需要利用短期聚合风险模型计算出该组火灾保险单的赔付总量，进而求出平均纯保费，最后还需要对求解结果进行信度分析。

[**例7-1**] 用随机模拟方法产生了一组火灾保险单，总共售出 7821 份，总保险金额 1 亿元，发生理赔 81 次。每次的理赔额记录和理赔次数分布分别见表 7-2 和表 7-3。

表 7-2 理赔额记录 （单位：万元）

随机模拟方法下产生的理赔额记录（共 81 次）								
16.2540	12.09118	4.37626	2.07969	2.17547	18.39953	5.51708	11.28515	1.11476
3.65626	0.71554	4.10847	18.7556	1.01468	2.36829	2.62842	0.75785	2.05437
7.20443	1.17777	19.46549	0.7844	2.06736	6.67349	0.49473	7.54852	5.3547
3.58501	2.95777	1.2728	9.01844	1.37462	2.79099	1.66206	6.60188	4.70958
1.3596	3.05543	2.72626	0.69106	1.91188	0.72305	5.8539	1.48631	3.64641
0.78962	1.22267	4.03126	7.57622	3.14438	0.70351	1.10509	1.20864	1.6849
9.87252	0.62272	1.23111	7.97848	0.55647	1.45587	1.12482	1.28395	1.74148
4.32721	1.10587	3.68089	8.91997	3.72827	2.47884	3.69689	2.1071	5.09622
9.29014	3.87074	6.25142	4.30721	3.28668	1.73926	13.88406	0.92738	1.63063

表 7-3　理赔次数分布

理赔次数 j	发生 j 次理赔保单数目
0	7742
1	77
2	2
其他	0
合计	7821

（1）理赔额的拟合　拟合损失分布不仅要选定合适的分布类型，还需要对理赔额记录（表 7-2）进行统计分析。借助统计软件 SPSS 10.0，得出了理赔额的一些统计参数，见表 7-4。对理赔额按损失大小进行分组，见表 7-5，以此为依据，做出频数/理赔额曲线，如图 7-2 所示。

表 7-4　理赔额统计参数

参　　数	统 计 值	参　　数	统 计 值
样本量	81	最小值	0.49
中间值	2.7263	最大值	19.47
众数	0.49	范围	18.97
总和	343.21	方差	39.29
平均值	4.50	标准偏差	6.268
均值误差	0.4836		

表 7-5　理赔额分组统计

序号	组别/万元	频数	序号	组别/万元	频数	序号	组别/万元	频数
1	0~0.5	1	9	4.0~5.0	6	17	12.0~13.0	1
2	0.5~1.0	10	10	5.0~6.0	4	18	13.0~14.0	0
3	1.0~1.5	15	11	6.0~7.0	3	19	14.0~15.0	0
4	1.5~2.0	6	12	7.0~8.0	4	20	15.0~16.0	0
5	2.0~2.5	7	13	8.0~9.0	1	21	16.0~17.0	1
6	2.5~3.0	4	14	9.0~10.0	3	22	17.0~18.0	2
7	3.0~3.5	3	15	10.0~11.0	0	23	>18.0	1
8	3.5~4.0	7	16	11.0~12.0	1			

通过观察理赔额统计参数（表 7-4）及频数/理赔额曲线（图 7-2）的特征，选定对数正态分布进行拟合，$X \sim \ln N(\mu, \sigma^2)$，

由于对数正态分布满足：$EX = e^{\mu + \frac{1}{2}\sigma^2}$　$VarX = e^{2\mu + \sigma^2}(e^{\sigma^2} - 1)$

又由表 7-4 的统计结果：$EX = 4.50$　$VarX = 39.29$

可以求得：$\mu = 1.0$　$\sigma^2 = 1.0$

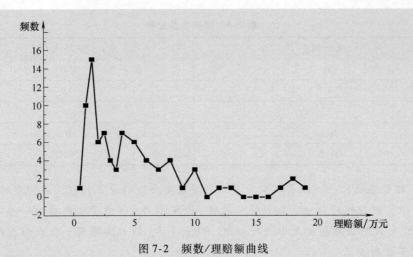

图 7-2　频数/理赔额曲线

下面对拟合结果进行检验。表 7-6 给出了每一理赔金额分组区间出现频数的观察值 O_i 及理论值 E_i。拟合优度检验如图 7-3 所示。

表 7-6　拟合优度检验

序号	理赔额组别 /万元	O_i	E_i	序号	理赔额组别 /万元	O_i	E_i	序号	理赔额组别 /万元	O_i	E_i
1	0 ~ 0.5	1	3.66	9	4.0 ~ 5.0	6	6.36	17	12.0 ~ 13.0	1	0.81
2	0.5 ~ 1.0	10	9.19	10	5.0 ~ 6.0	4	4.61	18	13.0 ~ 14.0	0	1.66
3	1.0 ~ 1.5	15	9.51	11	6.0 ~ 7.0	3	3.41	19	14.0 ~ 15.0	0	0.55
4	1.5 ~ 2.0	6	8.37	12	7.0 ~ 8.0	4	2.58	20	15.0 ~ 16.0	0	0.46
5	2.0 ~ 2.5	7	7.06	13	8.0 ~ 9.0	1	1.99	21	16.0 ~ 17.0	1	0.39
6	2.5 ~ 3.0	4	5.88	14	9.0 ~ 10.0	3	1.56	22	17.0 ~ 18.0	2	0.33
7	3.0 ~ 3.5	3	4.90	15	10.0 ~ 11.0	0	1.24	23	> 18.0	1	0.28
8	3.5 ~ 4.0	7	4.10	16	11.0 ~ 12.0	1	1.00				

根据前面提到的 χ^2 检验法，得出：

$$\chi^2 = \sum_{i=1}^{n} \frac{(O_i - E_i)^2}{E_i} = 27.20$$

查 χ^2 分布表，在置信水平 99.9% 下的值为 28.41，即 $\chi^2_{1-0.1} = 28.41 > \chi^2$。

所以认为，用 $X \sim \ln N(1.0, 1.0)$ 拟合该组理赔额是恰当的。

（2）理赔次数的拟合　根据理赔次数分布（表 7-3），求出每份保单的理赔频率，并和泊松分布（$\lambda = 0.01$）概率理论值进行对比，见表 7-7。

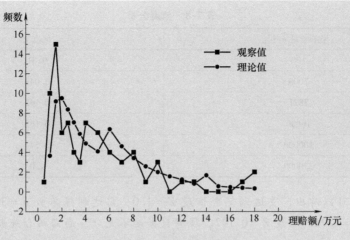

图 7-3　拟合优度检验

表 7-7　每份保单理赔次数分布

理赔次数 j	发生 j 次理赔保单数目	理 赔 频 率	泊松分布（$\lambda = 0.01$）概率理论值
0	7742	0.9899	0.99004984
1	77	0.0098	0.009900498
2	2	0.0003	4.95025E-05
其他	0	0	< 0.00001
合计	7821		

通过比照发现，每份保单的理赔次数 M 近似服从泊松分布（$\lambda = 0.01$），且 $EM = 0.01$，$VarM = 0.01$。其中，EM 表示每份保单的期望理赔次数，$VarM$ 表示每份保单的理赔次数方差。

从而，该组保单理赔次数 N 的期望值和方差分别为：

$EN = nEM = 0.01 \times n$，$VarN = nVarM = 0.01 \times n$，$n$ 为保单数量，这里 $n = 7821$。

（3）理赔总量及平均纯保费的计算　依据短期聚合风险模型，将前面的拟合结果：

$$EN = 0.01 \times n,\ VarN = 0.01 \times n,\ EX = 4.50,\ VarX = 39.29$$

代入式（7-11）、式（7-12），可以得到理赔总量 $T = \sum_{i=1}^{N} X_i$ 的期望值和方差：

$$ET = 0.045 \times n = 0.045\ 万元 \times 7821 = 352\ 万元$$

$$VarT = 0.60 \times n = 0.60\ 万元 \times 7821 = 4693\ 万元$$

$$保单份数\ n = 7821$$

假定数据充分，由式（7-13），求出该组保单的平均纯保费

$$P = \frac{ET}{n} = 0.045\ 万元$$

（4）信度分析　依据有限波动信度确定信度 Z 的方法，给定参数 $k = 0.05$，$p = 0.9$，根据式（7-19）计算出了不同保单份数所对应的信度值，见表 7-8。

表 7-8　信度分析

保单数量 n/份	信度 Z
100	0.01
1000	0.044
7821	0.142
10000	0.163
100000	0.544
330000	1.0

从表 7-8 可以看出，要达到完全信度 $Z=1.0$，需达到保单数 $n=330000$。在本例中，保单数 $n=7821$，信度 $Z=0.142$，现有数据远不充分，尚需结合先验信息数据来厘定费率。

7.2.2　基于事件树分析法的企业火灾风险评估及费率厘定

1. 事件树分析法在企业火灾风险评估中的应用

在本书第 4 章、第 5 章已对事件树分析方法的定义、特点、实施步骤等进行了介绍，特别是基于事件树的火灾风险评估方法以及火灾损失评估的事件树分析方法已分别在 4.5 节、5.2 节、5.3 节进行了详细讨论。这里对事件树分析方法的基本内容不再做过多介绍，重点是对事件树分析法在量化企业火灾风险方面内容进行分析。

在我国近年的火灾事故中，商业、交通运输业和农产品加工业火灾严重。据中国人保山东分公司统计，1999 年商贸行业火灾财产损失就占到火灾总损失的 27%。所以，这里以一商贸类企业为例，来说明如何应用事件树分析法来量化火灾风险。

[例 7-2] 某商贸企业，投保火灾保险，标的的基本情况如下：

占用性质：普通类（商贸），建筑面积 10000m^2。

消防设施：配备了火灾探测、自动扑救、手动扑救等一整套消防系统。

资产情况：建筑资产 1000 万元，设备资产 1000 万元，仓储资产 1000 万元。

企业投保火灾保险，其财产主要可以分为建筑资产、设备资产、仓储资产三类。为了定量评估后果，根据其损失严重程度进行了等级划分，见表 7-9。

表 7-9　企业财产损失等级划分

资产类别	损失等级	损失比例（%）	等效比例 K（%）	等级描述
建筑资产 [S1]	1	0~0.1	0.05	几乎不影响
	2	0.1~1	0.25	轻微损失，修复容易
	3	1~10	5	有一定伤害，修复代价较大
	4	10~70	40	损失较严重，修复代价很大
	5	70~100	100	损失很严重，只好作废

（续）

资产类别	损失等级	损失比例（%）	等效比例 K（%）	等级描述
设备资产［S2］	1	0 ~ 0.1	0.05	几乎不影响
	2	0.1 ~ 1	0.25	轻微损失，修复容易
	3	1 ~ 10	5	有一定伤害，修复代价较大
	4	10 ~ 70	40	损失较严重，修复代价很大
	5	70 ~ 100	100	损失很严重，只好作废
仓储资产［S3］	1	0 ~ 0.1	0.05	可以忽略的损失
	2	0.1 ~ 1	0.25	轻微损失
	3	1 ~ 10	5	损失了很小部分
	4	10 ~ 50	30	部分损失
	5	50 ~ 100	75	大部分损失

为了用事件树分析方法评价、预测标的的火灾财产损失，首先必须知道不同功能建筑的火灾发生频率，及消防设备的可靠性和有效性的统计数据。由于国内关于火灾发生频率及消防设备的可靠性和有效性统计的统计数据不全，故火灾发生频率的取值参考了日本东京消防厅统计数据，见表 7-10。各种消防设备的可靠性和有效性统计数据参考相关文献，见表 7-11。

表 7-10　不同功能建筑火灾发生频率

标的占用性质	火灾发生频率/［次/(m² · 年)］
办公楼	6.67×10^{-7}
商贸	4.12×10^{-6}
住宅	6.43×10^{-6}

表 7-11　消防设施成功/失败概率

消防设施	成功概率	失败概率
探测系统	［B1］= 0.94	［$\overline{B1}$］= 0.06
自动扑救系统	［C1］= 0.81	［$\overline{C1}$］= 0.19　［$\overline{C2}$］= 1.00
手动扑救系统	［D2］=［D3］= 0.51	［$\overline{D2}$］=［$\overline{D3}$］= 0.49
消防队扑救	［E3］=［E4］= 0.97	［$\overline{E3}$］=［$\overline{E4}$］= 0.03

表 7-12 给出了企业火灾风险评估的事件树，下面将说明所涉及的参数的计算方法。

1）年起火频率，查表 7-10，可知该标的的年起火频率：

$$［A］= (4.12 \times 10^{-6} \times 10000) 次/年 = 0.0412 次/年$$

2）各支线的概率、事故后果的货币价值和火灾财产损失值。

表 7-12　企业火灾风险事件树

起火频率	消防系统运作成功概率				事故可能性		事故后果严重度				火灾财产损失
	探测系统	自动扑救系统	手动扑救系统	消防队扑救	支线概率		资产损失等级			货币价值	$[L]=$ $[F][v]$/万元
					编号	$[F]$	建筑	设备	仓储	$[V]$/万元	
	0.81 $[C_1]$				1	0.0314	1	1	1	1.5	0.047
	0.94 $[B_1]$	0.51 $[D_2]$			2	0.0038	2	2	1	5.5	0.021
成功 ↑	0.19 $[\overline{C_1}]$	0.49 $[\overline{D_2}]$	0.97 $[E_3]$		3	0.0035	3	3	3	150	0.524
0.0412 [A]			0.03 $[\overline{E_3}]$		4	0.00011	5	5	4	2300	0.249
失败 ↓		0.51 $[D_3]$			5	0.0013	2	2	2	7.5	0.01
	0.06 $[\overline{B_1}]$	1.00 $[\overline{C_1}]$	0.97 $[E_4]$		6	0.0012	3	3	4	400	0.470
		0.49 $[\overline{D_3}]$	0.03 $[\overline{E_4}]$		7	0.000036	5	5	5	2750	0.100
									火灾风险 $[L]$/(万元/年)：		1.421

以支线 1 为例，计算方法如下：

支线 1 的概率：

$$[F_1] = [A][B_1][C_1] = 0.0412 \times 0.94 \times 0.81 = 0.0314$$

支线 1 事故后果的货币价值：

要评估事故后果严重度，首先要分别评估各种资产的损失等级，损失等级的划分方法见表 7-9。根据下面的公式计算该支线的事故后果的货币价值：

$$[V_1] = \sum_{i=1}^{3}([S_i]K)$$

$$= (1000 \times 0.05\% + 1000 \times 0.05\% + 1000 \times 0.05\%)\text{万元} = 1.5\text{万元}$$

式中，$[S_i]$ 为第 i 类资产的总价值，$i = 1, 2, 3$；K 为该类资产的损失等级所对应的等效比例。

从而，支线 1 的火灾财产损失：

$$[L_1] = [F_1][V_1] = 0.0314 \times 1.5\text{万元} = 0.047\text{万元}$$

3）火灾风险。知道了各支线的发生概率和事故后果严重度，就可以求出该标的总的火灾风险：

$$[L] = \sum_i [F_i][V_i] = (0.047 + 0.021 + 0.524 + 0.249 + 0.01 + 0.47 + 0.1)\text{万元}/\text{年}$$

$$= 1.412\text{万元}/\text{年}$$

所有参数的取值或计算结果一并列于表 7-12 中。

2. 基于事件树分析法的企业火灾保险费率厘定模型

（1）模型的建立　基于保险业务统计来厘定火灾保险费率，首先需要有足够多的面临同质风险的保单数据。然而，由于火灾保险的特殊性，保险公司往往缺乏足够的保单数据。而且，各个保险标的占用性质、消防措施、风险管理水平以及人文地理环境等都有所不同，所面临的火灾风险也存在较大差异。

火灾风险评估技术是面向具体对象合理量化火灾风险的专门技术方法。但是，由于火灾本身包含确定性和随机性双重规律，现有的火灾风险量化评估方法很难准确给出火灾风险评估。

基于上述考虑，将保险业务统计和火灾风险评估结合起来，利用信度理论共同厘定火灾保险费率，是一种面向保险标的合理厘定火灾保险费率的办法。

现建立如下基于保险业务统计和火灾风险评估相耦合的火灾保险费率厘定模型：

$$R = (1 - Z)R_f + ZR_b \tag{7-21}$$

式中，Z 为信度，由信度理论求得；R 为火灾保险纯费率；R_f 为火灾风险期望损失率，即由火灾导致的单位保额的可能损失，由火灾风险评估来量化，它可以通过下式计算得到：

$$R_f = \frac{\text{投保标的火灾风险}[L]}{\text{投保标的保险金额}[S]}$$

保额损失率 R_b，即火灾保险单最近一年的单位保额的平均损失，可以由保险业务统计求出，它可以通过下式计算：

$$R_b = \frac{\text{理赔总量}\ T}{\text{总保险金额}\ S}$$

（2）算例　下面将 [例 7-1] 和 [例 7-2] 综合起来考虑，用 [例 7-3] 说明如何利用该模型来厘定火灾保险费率。

[**例 7-3**]　[例 7-2] 中的商贸企业投保 [例 7-1] 中所提到的火灾保险。火灾保险和商贸企业的基本情况见 [例 7-1] 和 [例 7-2] 所述。

[例7-1] 的统计结果表明，该火灾保险的保额损失率和信度分别是：

$$R_{\mathrm{b}} = \frac{\text{理赔总量 } T}{\text{总保险金额 } S} = \frac{4.50 \text{ 万元}}{1 \text{ 亿元}} = 0.045\%$$

$$Z = 0.142$$

在 [例7-2] 中，应用事件树分析法评估得到了该商贸企业的火灾风险火灾风险期望损失率：

$$R_{\mathrm{f}} = \frac{\text{投保标的火灾风险}[L]}{\text{投保标的保险金额}[S]} = \frac{1.421 \text{ 万元}}{3000 \text{ 万元}} = 0.0474\%$$

现该商贸企业投保该类火灾保险，应用基于保险业务统计和火灾风险评估相耦合的火灾保险费率厘定模型，可以求得该商贸企业的火灾保险纯费率：

$$R = (1 - Z)R_{\mathrm{f}} + ZR_{\mathrm{b}} = 0.0471\%$$

可以看出，如果单纯依据保险业务统计数据来厘定费率，其火灾保险费率应为 0.045%。结合信度分析结果，该统计结果的信度只有 0.142，故需根据风险评估结果来调整费率。该模型的计算结果表明，费率需上调至 0.0471%。

7.2.3 基于层次分析法的建筑火灾风险评估及费率厘定

层次分析法（Analytic Hierarchy Process，AHP）是美国匹兹堡大学教授萨蒂（T. L. Saaty）在 20 世纪 70 年代提出的一种系统分析方法，是依据研究工作的需要创造和发展的一种综合定性和定量分析、解决多因素复杂系统特别是难以定量描述的系统的分析方法。

1. 层次分析法在建筑火灾风险评估中的应用

（1）层次分析法介绍 层次分析法的基本原理是：把一个复杂问题中的各个影响要素通过划分它们之间的关系分解为若干有序的层次，一般可划分为最高层（目标层）、中间层（准则层）和最低层（指标层）。基于对一定客观事实的判断，对每层中的指标按照两两比较判断的方式确定它们的相对重要性，进而建立判断矩阵。然后，利用数学方法计算各层次在判断矩阵中各指标的相对重要性权数。最后通过各层次相对重要性权数的组合，得到全部指标的累积权重。主要步骤如下：

1）分析系统中各影响因素之间的关系，建立递阶层次指标体系。

2）构造判断矩阵，求解各指标相对权重。

① 构造两两成对比较的判断矩阵。判断矩阵元素的值反映了人们对因素关于目标的相对重要性的认识。假设要比较某一层 n 个元素 A_1、A_2、$\cdots$、A_n 对上一层因素 C 的影响，则每次取出两个元素 A_i、A_j，用 a_{ij} 表示它们对 C 的影响之比，比较结果构成判断矩阵：

$$A = \begin{pmatrix} a_{11} & a_{12} & \cdots & a_{1n} \\ a_{21} & a_{22} & \cdots & a_{2n} \\ \vdots & \vdots & & \vdots \\ a_{n1} & a_{n2} & \cdots & a_{nn} \end{pmatrix}$$

判断矩阵中对 a_{ij} 的赋值采用 1~9 标度法，见表 7-13。

表 7-13　判断矩阵标度及其含义

标　度	含　义
1	表示因素 i 与因素 j 相比，具有同等重要性
3	表示因素 i 与因素 j 相比，因素 i 稍重要
5	表示因素 i 与因素 j 相比，因素 i 明显重要
7	表示因素 i 与因素 j 相比，因素 i 强烈重要
9	表示因素 i 与因素 j 相比，因素 i 极端重要
2，4，6，8	上述两相邻判断的中值
倒数	因素 i 与 j 比较得判断 a_{ij}，因素 j 与 i 比较得判断 $a_{ji} = 1/a_{ij}$

② 计算各元素的相对权重。对于权重的计算，可以采用多种方法。这里采用的是方根法，计算步骤如下：

a）计算判断矩阵每一行元素乘积 m_i：

$$m_i = \prod_{j=1}^{n} a_{ij}(i = 1,2,\cdots,n) \tag{7-22}$$

b）计算 m_i 的 n 方根 w_i：

$$w_i = \sqrt[n]{m_i} \tag{7-23}$$

c）将向量 $\boldsymbol{W} = (w_1,w_2,\cdots,w_n)^{\mathrm{T}}$ 归一化：

$$w_i' = \frac{w_i}{\sum_{j=1}^{n} w_j} \tag{7-24}$$

d）计算判断矩阵 $\boldsymbol{A}$ 的最大特征值 $\lambda_{\max}$。

③ 判断矩阵的一致性检验。要求判断矩阵具有一致性，是为了避免出现 "A 指标比指标 B 重要，指标 B 比指标 C 重要，而指标 C 又比指标 A 重要" 等违反常识的判断，这将导致评价失真。检验方法如下：

定义判断矩阵 A 的一致性比率 $C.R.$（Consistency Ratio）：

$$C.R. = \frac{C.I.}{R.I.} \tag{7-25}$$

式中，$C.I.$（Consistency Index）为矩阵的相容指标，其计算式如下：

$$C.I. = \frac{\lambda_{\max} - n}{n - 1} \tag{7-26}$$

$R.I.$（Random Index）为随机构造的正反矩阵的平均随机一致性指标，其取值方法见表 7-14。

表 7-14　平均随机一致性指标（$R.I.$）

n	1	2	3	4	5	6	7	8	9
$R.I.$	0	0	0.52	0.89	1.12	1.24	1.32	1.41	1.45

一般认为，若 $C.R. \leqslant 0.10$，就可以认为判断矩阵 A 具有一致性，据此计算的权重集就可以接受，否则需要调整判断矩阵。

3）确定最低层指标的累积权重。计算出各指标在其所属层次及类别中的相对权重后，采用权重乘积的方式，可以确定所有评价指标对于总目标的累积权重。

假定最低层指标 C_i 所属的中间层指标为 B_j，而 B_j 所属的最高层指标为 A_k，则指标 C_i 的累积权重：

$$W_{Ci} = w_{Ak} w_{Bj} w_{Ci} \qquad (7-27)$$

4）建立指标评价尺度和系统评价等级。通过以上工作，确立了评价指标体系和各评价指标的权重，经过研究和分析，给出如下指标评价尺度和系统评价等级，见表 7-15 和表 7-16。

表 7-15　指标评价尺度

各指标的定性评价	好	较好	中等	较差	差
各指标对应的分数	5	4	3	2	1

表 7-16　系统评价等级

系统安全分区间	$[4.5,5]$	$[3.5,4.5)$	$(2.5,3.5)$	$(1.5,2.5]$	$[1,1.5]$
各指标对应的分数	5	4	3	2	1

上表中，系统安全分是所有评价指标得分与其累积权重乘积的和，计算方法如下：

设最低层评价指标 C_i 的得分为 P_{Ci}，其累积权重为 W_{Ci}，则系统安全分 $S.V.$ 按下式计算：

$$S.V. = \sum_{i=1} P_{Ci} W_{Ci} \qquad (7-28)$$

（2）建筑火灾风险评估指标集的建立及权重的求解　通过对消防规范、标准以及火灾保险理赔数据的研究，针对建筑火灾风险应用层次分析法，构造了建筑火灾风险评估指标集，见表 7-17。主要采用专家会议法，由五名火灾学专家及中高级核保人员，建立评价指标判断矩阵并求解出各评价指标的相对权重及累积权重。

1）第一层指标（$A_1 - A_2 - A_3$）的判断矩阵及相对权重。

① 构造判断矩阵 $A = \begin{pmatrix} 1 & 1 & 5 \\ 1 & 1 & 3 \\ 1/5 & 1/3 & 1 \end{pmatrix}$。

② 计算判断矩阵 A 中每一行元素的乘积 $m_i = \prod_{j=1}^{n} a_{ij}$ 计算结果如下：

$m_1 = 1 \times 1 \times 5$；$m_2 = 1 \times 1 \times 3$；$m_3 = 1/5 \times 1/3 \times 1$。

③ 计算 m_i 的 n 方根 $w_i = \sqrt[n]{m_i}$，

$W_1 = \sqrt[3]{5} = 1.7099$；$W_2 = \sqrt[3]{3} = 1.4423$；$W_3 = \sqrt[3]{1/15} = 0.4803$。

④ 对向量 $\boldsymbol{W} = (w_1, w_2, w_3)^T$ 归一化：

$$\boldsymbol{W} = (w_1, w_2, w_3)^T = (0.480, 0.405, 0.115)^T$$

这里记为 $(w_{A1}, w_{A2}, w_{A3})^T = (0.480, 0.405, 0.115)^T$；

⑤ 计算判断矩阵 A 的最大特征值 λ_{max}，可以求得 $\lambda_{max} = 3.029$。

⑥ 一致性检验：$C.I. = \dfrac{\lambda_{max} - n}{n-1} = 0.014$

$$C.R. = \frac{C.I.}{R.I.} = \frac{0.0145}{0.52} \approx 0.03 < 0.1$$

故其满足一致性要求。

2）其他指标的判断矩阵及相对权重。依照以上构造判断矩阵及求权重的方法，可得出其他指标的判断矩阵和权重，结果如下：

① 指标（$B1—B2—B3$）：

$$\begin{pmatrix} 1 & 1 & 2 \\ 1 & 1 & 2 \\ 1/2 & 1/2 & 1 \end{pmatrix} \quad \begin{array}{l}(w_{B1},w_{B2},w_{B3})^{\mathrm{T}} \\ =(0.400,0.400,0.200)^{\mathrm{T}}\end{array}$$

② 指标（$B4—B5$）：

$$\begin{pmatrix} 1 & 2 \\ 1/2 & 1 \end{pmatrix} \quad \begin{array}{l}(w_{B4},w_{B5})^{\mathrm{T}} \\ =(0.667,0.333)^{\mathrm{T}}\end{array}$$

③ 指标（$B6—B7$）：

$$\begin{pmatrix} 1 & 1/2 \\ 2 & 1 \end{pmatrix} \quad \begin{array}{l}(w_{B6},w_{B7})^{\mathrm{T}} \\ =(0.333,0.667)^{\mathrm{T}}\end{array}$$

④ 指标（$C1—C2—C3$）：

$$\begin{pmatrix} 1 & 3 & 3 \\ 1/3 & 1 & 1 \\ 1/3 & 1 & 1 \end{pmatrix} \quad \begin{array}{l}(w_{C1},w_{C2},w_{C3})^{\mathrm{T}} \\ =(0.600,0.200,0.200)^{\mathrm{T}}\end{array}$$

⑤ 指标（$C4—C5—C6—C7$）：

$$\begin{pmatrix} 1 & 1 & 2 & 4 \\ 1 & 1 & 2 & 4 \\ 1/2 & 1/2 & 1 & 2 \\ 1/4 & 1/4 & 1/2 & 1 \end{pmatrix} \quad \begin{array}{l}(w_{C4},w_{C5},w_{C6},w_{C7})^{\mathrm{T}} \\ =(0.364,0.364,0.182,0.090)^{\mathrm{T}}\end{array}$$

⑥ 指标（$C8$）：$\qquad w_{C8}=1.000$

⑦ 指标（$C9—C10—C11—C12$）：

$$\begin{pmatrix} 1 & 2 & 1/3 & 1 \\ 1/2 & 1 & 1/6 & 1/2 \\ 3 & 1/6 & 1 & 3 \\ 1 & 2 & 1/3 & 1 \end{pmatrix} \quad \begin{array}{l}(w_{C9},w_{C10},w_{C11},w_{C12})^{\mathrm{T}} \\ =(0.268,0.134,0.329,0.269)^{\mathrm{T}}\end{array}$$

⑧ 指标（$C13—C14—C15—C16—C17$）：

$$\begin{pmatrix} 1 & 1 & 1/3 & 1/2 & 1 \\ 1 & 1 & 1/3 & 1/2 & 1 \\ 3 & 3 & 1 & 2 & 3 \\ 2 & 2 & 1 & 1 & 2 \\ 1 & 1 & 1/3 & 1/2 & 1 \end{pmatrix} \quad \begin{array}{l}(w_{C13},w_{C14},w_{C15},w_{C16},w_{C17})^{\mathrm{T}} \\ =(0.120,0.120,0.381,0.026,0.119)^{\mathrm{T}}\end{array}$$

⑨ 指标（$C18—C19$）：

$$\begin{pmatrix} 1 & 1/2 \\ 2 & 1 \end{pmatrix} \quad \begin{array}{l}(w_{C18},w_{C19})^{\mathrm{T}} \\ =(0.333,0.667)^{\mathrm{T}}\end{array}$$

⑩ 指标（$C20—C21$）：

$$\begin{pmatrix} 1 & 1 \\ 1 & 1 \end{pmatrix} \quad \begin{aligned} (w_{C20}, w_{C21})^{\mathrm{T}} \\ = (0.500, 0.500)^{\mathrm{T}} \end{aligned}$$

3）评价指标累积权重。利用累积权重的求解公式式（7-28），就可以得到最低层各指标的累积权重。现将各层指标的相对权重以及最低层指标的累积权重一并列于表 7-17 中。

表 7-17　建筑火灾风险评估指标集

最高层指标及相对权重	中间层指标及相对权重	最低层指标及相对权重	累计权重（%）
A1 建筑自身因素 0.480	B1 建筑等级 0.400	C1 建筑材料 0.600	11.52
		C2 楼层高度 0.200	3.84
		C3 使用年限 0.200	3.84
	B2 消防设计 0.400	C4 防火分区 0.364	6.99
		C5 防烟分区 0.364	6.99
		C6 消防通道 0.182	3.49
		C7 与消防队距离 0.090	1.73
	B3 火灾荷载 0.200	C8 荷载密度 1.000	9.60
A2 消防设备因素 0.405	B4 主动灭火系统 0.667	C9 火灾探测系统 0.268	7.24
		C10 火灾报警系统 0.134	3.62
		C11 自动灭火系统 0.329	8.89
		C12 手动灭火系统 0.269	7.27
	B5 被动防火系统 0.333	C13 诱导系统 0.120	1.62
		C14 疏散设备 0.120	1.62
		C15 防排烟系统 0.381	5.14
		C16 防火门 0.260	3.51
		C17 通风系统 0.119	1.60
A3 人为管理因素 0.115	B6 人为因素 0.333	C18 消防意识 0.333	1.28
		C19 消防培训 0.667	2.55
	B7 管理因素 0.667	C20 安全管理 0.500	3.83
		C21 专职值班 0.500	3.83

（3）建筑火灾风险指标评价尺度的建立　经研究和分析相关法规、标准、规范以及火灾保险赔付案例，给出了指标评价尺度，并建立建筑火灾风险调查表，见表 7-18。

表 7-18　建筑火灾风险调查表

序号	指　标	评 分 标 准	判分	权重（%）	指标得分
1	建筑材料	钢筋混凝土	3	11.52	3
		砖瓦、钢结构	2		
		木材结构及其他	1		
2	楼层高度	地上且 15 层以下	3	3.84	3
		15～24 层或 50m 以上或地下 1 层	2		
		25 层或 90m 以上或地下 2 层以上	1		

（续）

序号	指　标	评 分 标 准	判分	权重（%）	指标得分
3	使用年限	1～10 年	5	3.84	5
		10～30 年	3		
		30～50 年	2		
		50 年以上	1		
4	防火分区	按标准设置	4	6.99	4
		不设置	2		
5	防烟分区	按标准设置	4	6.99	2
		不设置	2		
6	消防通道	设置且畅通	4	3.49	4
		设置但不畅通	2		
		没有设置	1		
7	与消防队距离	1km 以内	5	1.73	3
		1～6km	3		
		6～11km	2		
		11km 以上	1		
8	荷载密度	低	5	9.60	3
		中	3		
		高	1		
9	火灾探测系统	设置且性能良好	5	4.92	1
		设置但性能一般	3		
		没有设置	1		
10	火灾报警系统	设置且性能良好	5	2.46	1
		设置但性能一般	3		
		没有设置	1		
11	自动灭火系统	设置且有效防护范围达到总面积 50% 及以上	5	14.72	3
		设置且有效防护范围达到总面积 50% 以下	4		
		没有设置	3		
12	手动灭火系统	设置且及时维护	5	4.92	2
		设置但不及时维护	2		
		没有设置	1		
13	诱导系统	设置且指示清晰	5	1.68	5
		设置且指示效果一般	3		
		没有设置	1		
14	疏散通道	完全符合标准	5	1.69	3
		基本符合标准	3		
		不符合标准	1		

（续）

序号	指 标	评 分 标 准	判分	权重（%）	指标得分
15	防排烟系统	设计合理且性能良好	5	5.06	3
		设计一般且性能一般	3		
		没有设置或性能不好	1		
16	防火门	设置且耐火等级为甲级	5	3.37	3
		设置且耐火等级为乙、丙级	4		
		没有设置	3		
17	暖通系统	防火合格	4	1.69	4
		防火不合格	2		
18	消防意识	居民消防意识很强	5	1.28	5
		居民消防意识一般	3		
		居民消防意识较差	1		
19	消防培训	有消防培训	4	2.55	4
		没有消防培训	2		
20	安全管理	有明确的安全管理规定且执行很好	5	3.83	3
		有一定的安全管理规定且执行一般	3		
		没有明确的安全管理规定或执行得不好	1		
21	专职值班	有人专职值班	4	3.83	4
		无专职值班	2		
	系统安全分 S. V.				3.0548

注：评分标准中，3 分表示一般常见情况，评价等级为中等；5 分表示评价等级为好；1 分表示评价等级为差。不同类别的建筑可以依据具体情况做适当的调整。

2. 基于层次分析法的建筑火灾保险费率厘定模型

（1）模型的建立　在我国，火灾保险包含在财产保险之中。财产保险基本险的保险责任主要包括四大类，即火灾、雷击、爆炸、飞行物体及其他空中运行物体坠落、"停电、停水、停气"造成的直接损失。财险年费率的确定按占用性质分为三大类 13 小类，见表 7-19。

表 7-19　我国财产基本险年费率表（按保险金额每千元计算）

大　类	小　类	占用性质	财险年费率	火险纯费率（推算）
工业类	1	第一级工业	0.6	0.130
	2	第二级工业	1.00	0.217
	3	第三级工业	1.45	0.315
	4	第四级工业	2.50	0.543
	5	第五级工业	3.50	0.760
	6	第六级工业	5.00	1.085
仓储类	7	一般物资	0.60	1.130
	8	危险品	1.50	0.326
	9	特别危险品	3.00	0.651
	10	金属材料、粮食专储等	0.35	0.076

（续）

大　类	小　类	占 用 性 质	财险年费率	火险纯费率（推算）
普通类	11	社会团体、机关、事业单位	0.65	0.141
	12	综合商社、饮食服务业、商贸、写字楼、展览馆、住宅、输电设备等	1.50	0.326
	13	液化石油气供应站、日用杂品商店、废旧物资收购站、文化娱乐场所等	2.50	0.543

可以看出，我国的财产保险基本险费率仅取决于投保标的的占用性质，而忽略了建筑物的结构设计、消防设施，以及投保者的安全管理情况等因素对费率的影响，过于简单粗略。

基于风险评估结果来厘定火灾保险费率，使标的的保险费率与其风险状况相一致，将更加科学，并能促进投保者加强减灾防损工作。

参考我国台湾地区火灾保险费率的调整办法，现建立如下基于层次分析法的建筑火灾保险费率模型：

假定某建筑投保火灾保险，其对应的火灾保险基本费率为 R_b，并且基于建筑火灾风险调查表（表 7-18）得出的系统安全分为 $S.V.$，则该建筑火灾保险费率 R：

$$R = R_b \times [1 - 10\% \times (S.V. - 3)] \qquad (7-29)$$

值得说明的是，我国没有开设专门的火灾保险，火灾风险是财产保险的承保风险之一，所以缺乏火灾保险基本费率的数据。由于火灾是财产保险基本险中最主要的保险责任，建筑火灾保险费率模型中，火灾保险费率 R_b 用财产保险基本险年费率来代替。建筑火灾保险费率模型中，以 3 分为标准得分，最高分为 5 分，最低分 1 分，费率浮动范围设定在基本费率的 ±20%。即安全等级高的保险标的，费率最多可优惠 20%；反之，安全等级低的保险标的，费率最高可加收 20%。

（2）火灾保险费率的推算　理论上讲，火灾保险（简称火险）的纯保费，应等于期望火灾损失。通过火灾损失统计可以获得期望火灾损失，但由于我国火灾损失方面的统计数据缺乏，因而通过火灾损失统计来厘定火灾保险费率难度较高。这里给出一种从财险费率中推算火险费率的粗略方法：

火险纯费率 = 财险费率 × 财险中火灾导致的赔付比重 × 财险中纯费率比重　（7-30）

其中：

$$财险中火灾（含爆炸引发火灾）导致的赔付额比重 = \frac{财险中火灾导致的赔付额}{财险总赔付额} \qquad (7-31)$$

$$财险中纯费率比重 = \frac{财险纯费率}{财险费率} = \frac{财险总赔付额}{财险总保费收入} \qquad (7-32)$$

表 7-20 是中国人保山东省企业财险出险原因的统计结果，可以得到：财险中火灾（含爆炸引发火灾）导致的赔付额比重 = 27.96% + 9.44% = 37.4% = 0.374。

表 7-21 是中国人保 1985—2003 年财险保费收入及赔款支出统计。由于 2002 和 2003 年的统计结果是净保费和净赔付数据，故选取 2002 年及 2003 年的统计结果，可得：

财险中火险纯费率比重 = (412700 + 328500) 万元 / (634600 + 643700) 万元 = 0.58

根据式（7-31），可从财险费率中推算出火险纯费率，计算结果见表 7-19。

表7-20 中国人保山东省××××年企业财险业务统计

序 号	出险原因	起 数	占总起数比例（%）	赔款/万元	占总赔款比例（%）
1	火灾	2609	19.47	9601	27.96
2	爆炸	268	2.00	3240	9.44
3	雷击	571	4.26	1132	3.30
4	洪水	178	1.33	1779	5.18
5	台风	31	0.23	88	0.26
6	暴风雨	2259	16.86	5996	17.46
7	雪灾	19	0.14	22	0.06
8	空中运行物体	12	0.09	6	0.02
9	其他	7455	55.36	12470	36.32
合计		13402	100	34332	100

表7-21 中国人保 1985—2003 年财产保险保费收入及赔款支出统计（单位：万元）

年份	1987	1988	1989	1990	1991	1992
保费收入	161673	195671	235659	278482	324456	400476
赔付金额	64069	77517	92877	97858	252704	225308
年份	1993	1994	1995	……	2002	2003
保费收入	423739	462627	513061	……	634600（净）	643700（净）
赔付金额	231185	319471	296527	……	412700（净）	328500（净）

（3）算例 下面以某高校某办公楼为例，应用该模型来厘定火灾保险费率。

[例7-4] 某学校教学办公楼建于 20 世纪 90 年代末，5 层楼高。楼内消防设计基本符合标准，但配备的消防设备比较简陋。师生的消防意识很强，会定期接收消防培训，但管理较为松散。通过对该办公楼的实地调查，依据表7-18 所列项目依次对各评价指标进行打分，可得出该办公楼的系统安全分：

$$S.V. = (11.52 \times 3 + 3.84 \times 3 + 3.84 \times 5 + 6.99 \times 4 + 6.99 \times 2 + 3.49 \times 4 + 1.73 \times 3 +$$
$$9.6 \times 3 + 4.92 + 2.46 + 14.72 \times 3 + 4.92 \times 2 + 1.68 \times 5 + 1.69 \times 3 + 5.06 \times 3 +$$
$$3.37 \times 3 + 1.69 \times 4 + 1.28 \times 5 + 2.55 \times 4 + 3.83 \times 3 + 3.83 \times 4) \times 0.01 = 3.0548$$

查表7-19 可知此例基本费率 $R_b = 0.15\%$，代入式（7-29），可以得到该建筑的火灾保险费率：

$$R = 0.15\% \times [1 - 10\% \times (3.0548 - 3)] = 0.1402\%$$

保险费率的调整幅度：$\Delta R = R - R_b = 0.1402\% - 0.15\% = -0.0098\%$

7.3 火灾公众责任险及其费率厘定方法

7.3.1 火灾公众责任险的基本知识

据初步统计，全世界每天发生火灾 1 万多起，数百人死亡。我国每年平均发生火灾 20

多万起，死亡 2 千人以上，伤 4 千多人，直接经济损失几十亿人民币。近年来，火灾事故具有商场、市场、饭店、歌舞娱乐场所等公众聚集场所和生产加工场所等重点消防单位多发的特点。一些火灾造成非常严重的人员伤亡，巨大的赔偿金额，严重危害人民群众生命和财产安全，如果财产损失和受害人得不到及时赔偿，极有可能影响社会稳定。因此急切需要一种完整的保障机制，火灾公众责任险就是在这种背景下应运而生的，它是专门以公共营业场所为主要承保对象的单一险种。

1. 火灾公众责任险的定义、功能和责任范围

（1）火灾公众责任险的定义及其风险　火灾公众责任险又称第三方火灾公众责任险，是指被保险人公众聚集场所进行生产或经营过程中，因发生火灾事故而导致第三者人身和财产受到损害，以被保险人依法应承担的经济赔偿责任为保险标的的保险，当火灾事故发生以后，由保险公司代替被保险人向受害者提供经济赔偿的一种责任保险。

根据定义可知，公众责任险经营中可能面临以下风险：

1）道德风险。公众责任是一种对他人应承担的赔偿责任，受害对象具有不确定性，这导致了由责任险引发的道德风险。

2）可保风险。可保风险指的是保险公司可接受的风险。根据其发生概率和后果，火灾风险通常为四大类：风险最大型、较大型、较小型和最小型。

（2）火灾公众责任险的功能

1）转嫁业主经营风险。随着公众自我维权意识的增强，火灾事故第三方索赔事故日益增多。一旦发生火灾，企业需同时面对自身经济损失和高额的赔偿费，很多企业难以承担其金额而面临破产。此时，企业可选择购买第三方火灾公众责任险，转嫁大部分风险给保险公司，由其承担火灾事故经济赔偿责任。

2）降低火灾事故发生的概率。在承保火灾公众责任险之前，保险公司会派专人检查企业消防灭火设施，同时对场所火灾风险进行评估，根据评估结果实行差别费率。

3）减少政府财政开支，维护社会稳定。若经营者投保了公众责任险，由保险机构承担经济损失对受害者进行赔偿，将避免产生社会纠纷，有效化解社会矛盾。

（3）火灾公众责任险承保的责任范围和适用范围　火灾公众责任险承保范围为在保险有效期内，保险机构对被保险人在其经营场所内依法从事生产经营活动过程中因火灾事故造成的下列损失进行赔偿。

1）第三方受害者人身或财产损失。人身财产损失是指对受害者身体上的伤残和死亡，包括治疗费用。

2）投保人对受害方应承担的合理费用。包括人员伤亡和医疗费用、抢救费用、通过诉讼以外其他方式的中间调节费用等。

3）事先协商好的诉讼费用。包括案件的受理费、申请费和其他诉讼费。

2. 国内外火灾公众责任险的发展情况

从国际上看，在经济发达国家如美国、日本、德国、瑞士、英国、法国、俄罗斯、韩国等非常注重消防与保险的相互协作，火灾责任险的发展依靠建立法定责任保险制度来加以推动，即从事特定活动而可能承担损害赔偿责任的主体必须依据法律规定购买相应的责任保险，火灾公众责任险已经成为一种综合性的公众责任险，得到普遍的强制推行。保险业在承保之前通过火灾风险评估体系积极主动进行火灾风险评估，根据火灾评估结果厘定相应的保险费率。承保之后也会定期或不定期对其加强监管，减小保险财产的火灾风险。

我国火灾公众责任保险起步晚，2002 年全国人大常委会《消防法》执法检查组提出了"实行单位消防安全强制保险制度，鼓励保险公司介入消防工作。利用市场经济机制调节火灾风险"的建议。直到 2006 年公安部、保监会联合印发《关于积极推进火灾公众责任保险，切实加强火灾防范和风险管理工作的通知》后，我国火灾公众责任保险才步入实质实践阶段。2008 年修订实施的《消防法》首次在国家法律中对发展火灾公众责任保险做出规定。2019 年新修订的《消防法》实行，规定："国家鼓励、引导公众聚集场所和生产、储存、运输、销售易燃易爆危险品的企业投保火灾公众责任保险；鼓励保险公司承保火灾公众责任保险。"建立火灾公众保险制度，有利于利用市场机制和经济手段调节火灾风险、进行灾后赔偿。

目前关于火灾公众责任险费率的确定方法通常是根据公众聚集场所的人员的多少来确定的。显然，收费办法非常粗略，也不科学，它基本没有考虑不同投保对象的风险水平，特别是相同功能建筑在不同消防投入和管理水平基础上体现出的不同风险水平，这对于投保者很不公平。因此，必须科学地厘定火灾公众责任险的费率，才能真正实现保险对消防的促进作用。

7.3.2 火灾时人员风险预测方法

结合学者 Hall 等人提出的火灾风险计算公式，火灾风险定义为火灾场景发生的概率及该场景火灾对应后果的乘积：

$$Risk = \int_{-\infty}^{+\infty} g(s')P(s = s')\mathrm{d}s' \tag{7-33}$$

式中，$g(s')$ 表示火灾事故后果函数；s' 表示火灾事故后果。

由于火灾风险评估考虑的火灾场景往往是有限的，将式（7-33）转化为如下形式：

$$Risk = \sum_{i=1}^{n} g(s_i)P(s = s_i) \tag{7-34}$$

式中，n 为所考虑的火灾场景的数目；$g(s_i)$ 为火灾场景 i 可能导致的后果的函数；$P(s = s_i)$ 为火灾场景 i 出现的概率。

由式（7-34）得出，确定火灾场景出现的概率和计算每个火灾场景可能造成的伤亡人数是预测人员火灾风险的两项主要任务。

通常情况下，评价人员能否安全疏散的标准是比较所需安全疏散时间 RSET（Required Safe Egress Time）与可用安全疏散时间 ASET（Available Safe Egress Time）的相对大小。如果前者小于后者，则可以认为在火灾危险状态来临之前，该建筑物的人员是可以疏散至安全区域的；如果前者大于后者，则表示当危险状态来临时，仍有部分人员未能疏散至安全区域，那么这些人员就有受伤甚至死亡的危险，此时对应的人数即为火灾可能造成的伤亡人数。然而，火灾与人员疏散过程十分复杂，均包含许多随机性的因素。若只采用简单比较 RSET 与 ASET 大小的方法，则未考虑各自的随机性因素。如：RSET 中的火灾探测报警时间、人员疏散准备时间均取为定值，ASET 仅考虑特定火灾场景下的火灾动力学特征等。此外，简单比较 RSET 与 ASET 大小关系，作为某种特定火灾场景条件下人员能否安全疏散的判据尚可，若用于评估可能造成的伤亡人数，则不够合理。

1. 火灾场景出现的概率

（1）基于事件树分析可能导致的火灾场景　在火灾中物质燃烧或热解产生的烟气，是悬浮固体、液体粒子和气体的混合物，其具有遮光性、毒性和高温的特点，对人员造成极大的威胁。烟气的存在极大降低建筑物内的能见度，延长了人员的疏散时间，使他们遭受较长时间的高温、毒害窒息作用。统计结果表明，在火灾造成的所有死亡中，烟气致死率达到了85%以上，其中大部分死亡者吸入了烟尘及有毒气体而昏迷致死。因此，在进行人员面临的预期火灾风险评估时，需要考虑影响火灾发展与烟气运动的相关因素。除了可燃物特性与建筑环境之外，建筑物内的防灭火措施工作的可靠性和有效性也是十分重要的影响因素。防灭火措施将会影响到火灾发展与烟气蔓延的后果，进而导致不同的火灾场景。例如，火灾报警可由水喷淋动作反馈的信号启动，也可被感烟探测器联动或人员手动启动。当水喷淋或感烟探测器正常工作，火灾报警能自动发出信息；若水喷淋或感烟探测器出现故障，就只能依靠人员手动进行火灾报警。一般而言，影响火灾发展与烟气蔓延的主要防灭火措施有自动水喷淋、火灾探测、人员发现火灾、机械排烟。图7-4所示的事件树展示了可能导致的火灾场景。

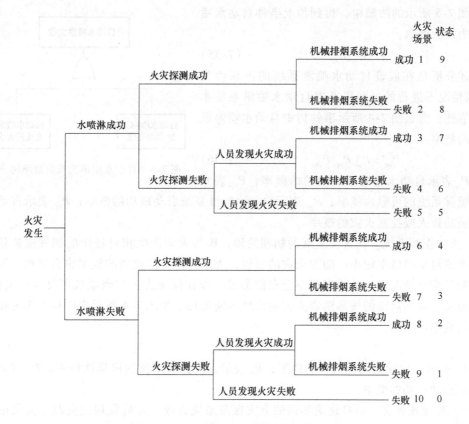

图7-4　基于防灭火措施的事件树及可能的火灾场景

由图7-4所示的事件树可知，如果已知每个影响事件的概率，则可得到每个火灾场景出现的概率。一般情况下，通常使用防灭火措施的可靠概率作为对应影响事件的概率。然而，有些影响事件的概率值是随着时间变化的，而非一个定值。比如，假定自动水喷淋系统可靠率达到100%，在火灾发展的早期阶段，由于顶棚温度未达到使得水喷淋动作的阈值，此时事件树对应的水喷淋启动成功的概率就为0。随着时间的推移，水喷淋启动成功的概率逐渐增加。再者，在火灾的初期发展阶段，建筑物内的人员很难发现火灾，但是随着时间流逝，火灾规模逐渐扩大，人员总会发现火灾。此外，在评估人员火灾风险时，需要考虑人员疏散与危险状态随时间的变化情况。因此，为了得到更加合理的火灾风险评估结果，需要考虑每个影响事件概率的认识不确定性问题，以得到火灾场景出现的概率随时间的变化情况。

1）自动水喷淋系统。自动水喷淋的工作过程包括两步：启动和扑灭或控制火灾。对于启动过程，在火灾发展的早期，室内的温度未达到水喷淋动作的温度，因此自动水喷淋启动成功的概率较低。随着火灾的发展，室内温度不断上升，自动水喷淋成功启动的概率逐渐增加。因此，可将自动水喷淋启动成功的概率表达为累积概率分布的形式。对于扑救火灾过程，由于火灾发展的初期阶段火灾功率较小，自动水喷淋比较容易扑灭或控制火灾。随着火灾功率的增大，成功扑灭或控制火灾的概率将会越来越低。采用故障树分析方法来计算自动水喷淋成功扑灭或控制火灾的概率，如图7-5所示。

由图7-5所示的故障树，得到顶上事件自动水喷淋系统失败的概率：

$$1 - P_{spa}P_{spc} \qquad (7\text{-}35)$$

上述分析是在假设自动水喷淋系统的可靠性为100%的情况下进行的，如果考虑自动水喷淋系统本身的可靠性，那么图7-4所示事件树中自动水喷淋系统成功的概率：

$$P_{sp} = P_{spr}P_{spa}P_{spc} \qquad (7\text{-}36)$$

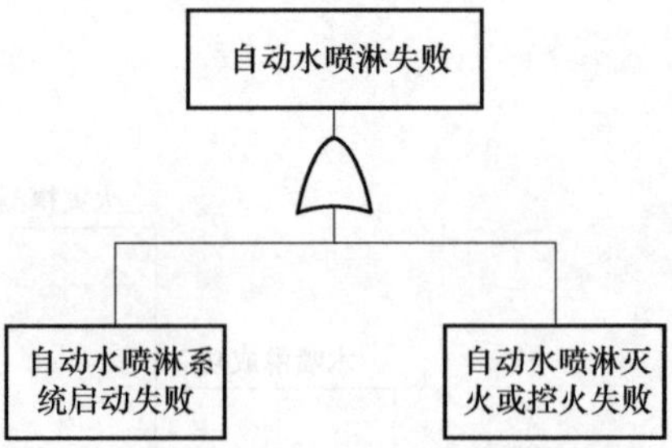

式中，P_{sp}表示自动水喷淋系统成功的概率；P_{spr}表示自动水喷淋系统的可靠性概率；P_{spa}表示自动水喷淋系统启动成功的概率；P_{spc}表示自动水喷淋系统成功扑灭或控制火灾的概率。

图7-5　自动水喷淋失败的故障树分析

2）火灾探测系统。在火灾发展的初期阶段，因为火灾产生相对较少的烟气或热量，火灾探测系统启动的概率较小。随着火灾的发展，火灾探测系统启动的概率将会增加，可将其值随时间的变化情况表达为累积概率分布的形式，即在保证火灾探测系统可靠性的前提下，火灾探测系统成功启动的概率随着火灾的发展不断增加。则图7-4所示事件树中火灾探测系统成功的概率：

$$P_d = P_{dr}P_{da} \qquad (7\text{-}37)$$

式中，P_d表示火灾探测系统成功的概率；P_{dr}表示火灾探测系统的可靠性概率；P_{da}表示火灾探测系统启动成功的概率。

3）人员发现火灾。一旦建筑物内的火灾探测系统失效，人员发现火灾对于人员的及时疏散、消防设施的手动开启将十分重要。在着火初期，建筑物内人员发现火灾的可能性较低。然而，随着火灾的发展，人员发现火灾的可能性将不断增大。使用累积的概率分布函数来表示人员发现火灾的概率随时间的变化。

4）机械排烟系统。烟气对人员疏散的威胁极大，机械排烟系统的及时启动对于延缓上部烟气层沉降的速度，为人员逃生争取更多的时间起着非常重要的作用。往往火灾探测失效或人员未能及时发现火灾都可能导致机械排烟系统的启动失败。在火灾的早期，机械排烟系统启动成功的概率较小，随着火灾的发展，机械排烟系统启动的概率将越来越高。用累积的概率分布函数表示机械排烟系统启动的概率随时间的变化。考虑机械排烟系统的可靠性，则图 7-4 事件树中机械排烟系统成功的概率：

$$P_s = P_{sr}P_{sa} \tag{7-38}$$

式中，P_s 表示机械排烟系统成功的概率；P_{sr} 表示机械排烟系统的可靠性概率；P_{sa} 表示机械排烟系统启动成功的概率。

（2）火灾场景出现概率随时间变化的随机性分析　图 7-4 所示事件树中每个防灭火措施的概率是随火灾发展的时间而变化的，因此每个火灾场景出现的概率也是随着火灾发展时间变化的。此外，对于人员火灾风险评估而言，主要是比较人员疏散和火灾烟气蔓延随着时间变化的关系，如果人员疏散时间小于火灾危险状态来临时间，则认为人员可以疏散至安全区域。如果人员疏散时间大于火灾危险状态来临时间，则认为当危险状态来临时，仍然有部分人员未能疏散至安全区域，那么这些人员就有受伤甚至死亡的危险。那么危险状态来临，部分人员未疏散至安全区域这个时刻，所对应的火灾场景的发生概率对于人员火灾风险的预测极其重要。因此，在分析每个火灾场景发生概率的时候，非常有必要考虑其随火灾发展时间变化的情况。

基于前面的分析，可采用 Markov 链的方法对每个火灾场景在不同时刻的变化进行随机分析。本书利用离散时间 Markov 链分析每个火灾场景发生概率随火灾发展时间变化的情况。如果对任何一列状态 $i_0, i_1, \cdots, i_{n-1}, i, j$，及对任何 $n \geq 0$，随机过程 $\{X_n, n \geq 0\}$ 满足 Markov 性质：

$$
\begin{aligned}
P\{X_{n+1} = j \mid X_0 = i_0, \cdots, X_{n-1} = i_{n-1}, X_n = i\} \\
= P\{X_{n+1} = j \mid X_n = i\}
\end{aligned} \tag{7-39}
$$

则称 X_n 为离散时间 Markov 链。简而言之，一个随机过程如果给定了当前时刻 t 的值 X_t，未来 $X_s (s > t)$ 的值不受过去值 $X_u (n < t)$ 的影响就称为是有 Markov 性。

假定将火灾发展时间分为 n 个时刻，每个时刻有 j 个状态，那么任一时刻 i 的状态向量：

$$S_i = (s_{i,0}, s_{i,1}, \cdots, s_{i,j}), i = 1, 2, \cdots, n \tag{7-40}$$

因为风险评估关心的是每个状态在任意时刻的概率，可以将在时刻 i 的概率向量表示为

$$P(S_i) = (p(s_{i,0}), p(s_{i,1}), \cdots, p(s_{i,j})) \tag{7-41}$$

根据离散时间 Markov 链的性质，可以通过时刻 i 的概率向量和转移矩阵计算得到在时刻 $i+1$ 的概率向量：

$$P(S_{i+1}) = P(S_i)P_{i+1} \tag{7-42}$$

式中，P_{i+1} 为 $i+1$ 时刻的转移矩阵。

具体到人员伤亡预期风险评估而言，可以将火灾发展时间划分为若干离散的时刻，而状态则可依据火灾场景来划分，火灾场景和状态的对应关系如图 7-4 所示。当火灾发生时，建筑内温度未达到防灭火措施的启动温度且人员未发现火灾，故认为建筑物内所有的防灭火措施都没有启动工作；而火灾场景 10 对应的影响事件是水喷淋失败，火灾探测失败，人员发现火灾失败，可以认为该场景所对应的防灭火措施都没有动作，因此将火灾场景 10 作为火灾发生时的初始状态。依据图 7-4 所示的事件树及各火灾场景之间的关系，可以得到各状态之间的状态转移图。

将图 7-4 所示的事件树中的防灭火措施实施成功的每个状态，即火灾场景 1、3、6、8 作为吸收状态，是本分析过程的末状态。其他状态有可能向吸收状态转移，初始状态 0 有可能向其他任何一个状态转移。每个状态都有可能出现三种转移情形：一是自身状态的转移，二是来自其他状态的转移，三是向其他状态的转移。这里认为每个火灾场景对应的状态都存在第一种转移情形。而对于后两种转移情形，总的规则是防灭火措施失败对应的状态转移到防灭火措施成功对应的状态，但还需根据事件树对应的实际情形确定。

依据图 7-6 所示的状态转移图，可以得到转移概率矩阵

$$\boldsymbol{P} = \begin{pmatrix} P_{00} & P_{01} & \cdots & P_{09} \\ P_{10} & P_{11} & \cdots & P_{19} \\ \vdots & \vdots & & \vdots \\ P_{90} & P_{91} & \cdots & P_{99} \end{pmatrix} \tag{7-43}$$

式中，P_{ij} 表示状态 i 向状态 j 的转移概率，当 $P_{ij} = 0$ 时，表示状态 i 没有向状态 j 转移；当 $P_{ij} > 0$ 时，表示存在状态 i 向状态 j 的转移过程；图 7-6 中状态 i 向其他状态转移的概率为式 (7-43) 转移概率矩阵的第 i 行。

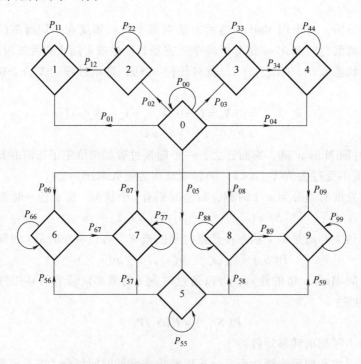

图 7-6 火灾场景对应各状态之间的状态转移图

根据离散 Markov 链的性质，由于概率是非负的，而且过程总要转移到某一状态去，所以很自然地有，对任何 $i,j \geq 0$，

$$P_{ij} \geq 0 \text{ 且} \sum_{j=0}^{9} P_{ij} = 1, i = 1,2,\cdots,9 \tag{7-44}$$

基于图 7-4 所示的事件树分析，可以得到转移概率矩阵

$$P = \begin{pmatrix}
\bar{p}_{sp}\bar{p}_d\bar{p}_m & \bar{p}_{sp}p_d p_m\bar{p}_s & \bar{p}_{sp}\bar{p}_d p_m p_s & \bar{p}_{sp}\bar{p}_d p_s & \bar{p}_{sp}\bar{p}_d p_s & p_{sp}\bar{p}_d p_m & p_{sp}\bar{p}_d p_m\bar{p}_s & p_{sp}\bar{p}_d p_m p_s & p_{sp}\bar{p}_d p_s & p_{sp}\bar{p}_d p_s \\
0 & \bar{p}_s & p_s & 0 & 0 & 0 & 0 & 0 & 0 & 0 \\
0 & 0 & 1 & 0 & 0 & 0 & 0 & 0 & 0 & 0 \\
0 & 0 & 0 & \bar{p}_s & p_s & 0 & 0 & 0 & 0 & 0 \\
0 & 0 & 0 & 0 & 1 & 0 & 0 & 0 & 0 & 0 \\
0 & 0 & 0 & 0 & 0 & \bar{p}_d\bar{p}_m & \bar{p}_d p_m\bar{p}_s & \bar{p}_d p_m p_s & \bar{p}_d p_s & \bar{p}_d p_s \\
0 & 0 & 0 & 0 & 0 & 0 & \bar{p}_s & p_s & 0 & 0 \\
0 & 0 & 0 & 0 & 0 & 0 & 0 & 1 & 0 & 0 \\
0 & 0 & 0 & 0 & 0 & 0 & 0 & 0 & \bar{p}_s & p_s \\
0 & 0 & 0 & 0 & 0 & 0 & 0 & 0 & 0 & 1
\end{pmatrix}$$

$$(7\text{-}45)$$

式中，p_m 表示人员成功发现火灾的概率。

由于火灾场景 10 是初始状态，那么其对应的概率向量为 $P(S_0) = (1, 0, \cdots, 0)$，根据式（7-42）与式（7-45）可得每个时刻火灾场景的概率向量，即火灾场景随时间的变化情况。

2. 火灾危险状态来临时间的随机性分析

通常采用火灾危险状态来临时间量化评价火灾对人员生命构成的危险状态。危险状态来临时间是指从火灾发生到产生有毒气体浓度超过人体可接受范围，对人身构成危险的时间。通常用火场烟气温度、CO 或 CO_2 浓度、能见度等指标来衡量。火灾危险状态来临时间受到如火灾荷载、点火源、房间内衬材料的热特性、房间高度和通风状况、火灾产物的特性、火灾探测与报警系统、控火或灭火设备等多方面因素的影响，与火灾的蔓延以及烟气的流动密切相关。由此可见，火灾危险状态来临时间受到诸多不确定性因素的影响。

在火灾风险评估中，只有较为科学地设定火灾并选取合适的火灾热释放速率随时间变化的曲线，才能得到合理的火灾危险状态来临时间，进而合理地进行人员伤亡的预期风险值评估。火灾风险评估中往往对火灾进行人为的假设，假设越合理，依据它进行的模拟计算所得到的结果就越真实。火灾发展情况通常用火灾的热释放速率表示，热释放速率的决定因素包括可燃物的化学能、几何状态、空气的供给量以及建筑环境等，情况较为复杂。评估人员面临的火灾风险时，人们关心的仅是火灾发展到对人生命有危险的时间，往往只需考虑火灾发生后的 10min 或 15min，在这个时间段内建筑物内人员可能逃生至安全区域。火灾初期阶段的热释放速率大体按 t^2 规律增长：

$$Q = \alpha t^2 \qquad (7\text{-}46)$$

式中，α 表示火灾增长系数（kW/s^2）；t 表示点火后的时间（s）。

火灾的初期增长可分为慢速、中速、快速、超快速四种类型，对应的火灾增长系数依次为 0.002931、0.01127、0.04689、0.1878。α 的取值是由火源热释放速率分别在 600s、300s、150s 和 75s 达到 1055kW 时计算所得，火灾热释放速率曲线如图 7-7 所示。

普遍认为，使用粗木条、厚木板制成的家具的初期火灾属于慢速增长火灾，装饰性的家具、床垫、沙发等物品的初期火灾属于中速增长火灾，纸箱、衣物等较薄物品的初期火灾属于快速增长火灾，可燃液体与塑料的初期火灾为超快速增长火灾。然而，实际火灾发展情况的火灾增长系数可能位于两种增长类型之间，而非刚好是人为按照大小划分而成的这四种火灾增长类型。在进行火灾对人员造成的风险评估时，火灾增长系数选取的偏差很可能导致人员面临火灾风险值的差异，故在火灾风险评估过程中，需考虑火灾增长系数的不确定性。大量火灾数据统计的结果表明火灾增长系数服从对数正态分布。

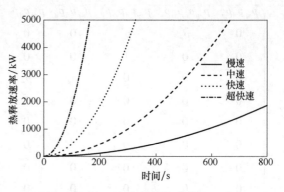

图 7-7　火灾增长的 t^2 模型

由于主要面向大型公共建筑进行人员火灾风险评估，而这些建筑多为大空间建筑结构，故以大空间类型建筑为例，分析火灾危险状态来临时间的随机性。在自然填充烟气情况下，火源初期为 t^2 规律增长时，基于区域模型思想的烟气填充计算方程：

$$Z = \left[0.075 \left(\frac{\alpha g}{\rho_0 c_p T_0 A^3} \right)^{\frac{1}{3}} t^{\frac{5}{3}} + H^{-\frac{2}{3}} \right]^{-\frac{3}{2}} \tag{7-47}$$

式中，Z 表示烟气层下表面距地面的高度（m）；g 表示重力加速度（m/s²）；ρ_0 表示环境空气的密度（kg/m³）；c_p 表示空气的定压比热 [kJ/(kg·K)]；T_0 表示环境空气的温度（K）；A 表示地板面积（m²）；t 表示火灾初期发展时间（s）；H 表示房间高度（m）。

式（7-47）可以转化为

$$Z^{-\frac{2}{3}} - H^{-\frac{2}{3}} = 0.075 \left(\frac{g}{\rho_0 c_p T_0 A^3} \right)^{\frac{1}{3}} \alpha^{\frac{1}{3}} t^{\frac{5}{3}} \tag{7-48}$$

危险状态来临时刻定义为热烟气层降至与人体直接接触的高度时，即烟气层界面低于人眼特征高度时。人眼的特征高度为 1.2~1.8m，一般取烟气层的高度下降到 1.5m 高度达到危险状态来临时刻，即 $Z_c = 1.5$。

$$\frac{Z_c^{-\frac{2}{3}} - H^{-\frac{2}{3}}}{0.075 \left(\frac{g}{\rho_0 c_p T_0 A^3} \right)^{\frac{1}{3}}} = \alpha^{\frac{1}{3}} t_c^{\frac{5}{3}} \tag{7-49}$$

式中，t_c 为火灾危险状态来临时间。

令 $\dfrac{Z_c^{-\frac{2}{3}} - H^{-\frac{2}{3}}}{0.075 \left(\frac{g}{\rho_0 c_p T_0 A^3} \right)^{\frac{1}{3}}} = k_c$，在一定的建筑环境下，$k$ 为一常量，则有：

$$k_c = \alpha^{\frac{1}{3}} t_c^{\frac{5}{3}} \tag{7-50}$$

式（7-50）两边取自然对数：

$$\ln t_c = -\frac{1}{5} \ln \alpha + \frac{3}{5} \ln k_c \tag{7-51}$$

由于火灾增长系数 α 服从对数正态分布，即 $\ln \alpha$ 服从正态分布，由正态分布的性质可知，$\ln t_c$ 也服从正态分布。如果服从对数正态分布的火灾增长系数 α 的平均值和标准差分别

为 μ_α 与 σ_α，则正态分布 $f(\ln\alpha)$ 的平均值和标准差：

$$\mu_{\ln\alpha} = \ln \frac{\mu_\alpha}{\sqrt{1 + \dfrac{\sigma_\alpha^2}{\mu_\alpha^2}}} \tag{7-52}$$

$$\sigma_{\ln\alpha} = \sqrt{\ln\left(1 + \frac{\sigma_\alpha^2}{\mu_\alpha^2}\right)} \tag{7-53}$$

根据正态分布的性质，$f(\ln t_c)$ 的函数式及其平均值和标准差：

$$f(\ln t_c) = \frac{1}{\sqrt{2\pi}\sigma_{\ln t_c}} \exp\left[-\frac{(\ln t_c - \mu_{\ln t_c})^2}{2\sigma_{\ln t_c}^2}\right] \tag{7-54}$$

$$\mu_{\ln t_c} = -\frac{1}{5}\ln \frac{\mu_\alpha}{\sqrt{1 + \dfrac{\sigma_\alpha^2}{\mu_\alpha^2}}} + \frac{3}{5}\ln k_c \tag{7-55}$$

$$\sigma_{\ln t_c} = \frac{1}{5}\sqrt{\ln\left(1 + \frac{\sigma_\alpha^2}{\mu_\alpha^2}\right)} \tag{7-56}$$

由式（7-54），可知 $f(t_c)$ 服从对数正态分布，即火灾发展到对人员生命构成危险的临界时间服从对数正态分布，其函数式：

$$f(t_c) = \frac{1}{\sqrt{2\pi}\sigma_{\ln t_c} t_c} \exp\left[-\frac{(\ln t_c - \mu_{\ln t_c})^2}{2\sigma_{\ln t_c}^2}\right] \tag{7-57}$$

$f(t_c)$ 的平均值与方差为

$$\mu_{t_c} = \exp\left(\mu_{\ln t_c} + \frac{1}{2}\sigma_{\ln t_c}^2\right) \tag{7-58}$$

$$\sigma_{t_c}^2 = \exp\left(\sigma_{\ln t_c}^2 + 2\mu_{\ln t_c}\right)\left[\exp\left(\sigma_{\ln t_c}^2\right) - 1\right] \tag{7-59}$$

若取 $H = 3.5\text{m}$，$g = 9.8\text{m/s}^2$，$\rho_0 = 1.2\text{kg/m}^3$，$c_p = 1\text{kJ/(kg} \cdot \text{K)}$，$T_0 = 300\text{K}$，$A = 500\text{m}^2$，那么 $k_c = 7286.8$。

根据文献中关于商业类型建筑火灾增长系数的统计数据，火灾增长系数 α 的自然对数的平均值和标准差为 $\mu_{\ln\alpha} = -5.4$，$\sigma_{\ln\alpha} = 1.9$。

由式（7-55）与式（7-56），可得：

$$\mu_{\ln t_c} = 6.42 \tag{7-60}$$

$$\sigma_{\ln t_c} = 0.38 \tag{7-61}$$

由式（7-58）、式（7-59）可得 t_c 的对数正态分布的平均值和标准差：

$$\mu_{t_c} = 661 \tag{7-62}$$

$$\sigma_{t_c} = 261 \tag{7-63}$$

火灾发展到对人员生命造成危险的临界时间的自然对数的正态分布曲线 $f(\ln t_c)$ 与 t_c 的对数正态分布曲线 $f(t_c)$ 分别如图 7-8、图 7-9 所示。

3. 人员疏散时间的随机性分析

（1）火灾探测报警时间的随机性分析　在社会公共建筑和办公建筑中，通常安装有火灾报警系统，系统中的声音警示系统等发出报警信号是火灾觉察的重要方式。建筑物内某处发生火灾后，人们未必能即时发现，只有当火灾发展到一定规模被火灾探测系统探测并发出报警信号时，人们才能察觉火灾。而当人们接收到火灾报警信号时，就会开始准备疏散。因此，准确估测火灾探测报警时间对于合理计算人员疏散时间十分重要。

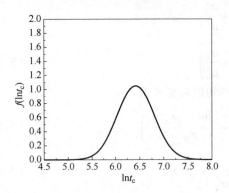

图 7-8　火灾危险状态来临时间的
自然对数的正态分布曲线

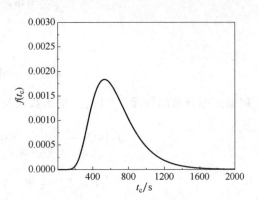

图 7-9　火灾危险状态来临
时间的对数正态分布曲线

受火灾发展初期动力学特征、起火区域的建筑环境与探测报警装置特性的影响，火灾探测时间与报警时间可以根据火灾蔓延模型以及探测系统的特性进行计算和预测。以感烟火灾探测器为例，工程计算常将烟气高度沉降到房间高度 5% 以下作为响应时间。火灾烟气高度经验公式有两点假设：一为房间的顶棚面积、地板面积以及各处标高相同；二为火灾初期按照 t^2 规律增长。

$$Z = \left[0.075 \left(\frac{\alpha g}{\rho_0 c_p T_0 A_r^3} \right)^{\frac{1}{3}} t_d^{\frac{5}{3}} + H_r^{-\frac{2}{3}} \right]^{-\frac{3}{2}} \tag{7-64}$$

当 $Z = 0.95 H_r$ 时，

$$\alpha^{\frac{1}{3}} t_d^{\frac{5}{3}} = \frac{(0.95 H_r)^{-\frac{2}{3}} - H_r^{-\frac{2}{3}}}{0.075 \left(\frac{g}{\rho_0 c_p T_0 A_r^3} \right)^{\frac{1}{3}}} \tag{7-65}$$

式中，t_d 表示火灾探测时间（s）；H_r 表示房间净高（m）；A_r 表示房间地板面积（m²）。

令 $k_d = \dfrac{(0.95 H_r)^{-\frac{2}{3}} - H_r^{-\frac{2}{3}}}{0.075 \left(\dfrac{g}{\rho_0 c_p T_0 A_r^3} \right)^{\frac{1}{3}}}$，对式（7-65）两端取自然对数：

$$\ln t_d = -\frac{1}{5} \ln \alpha + \frac{3}{5} \ln k_d \tag{7-66}$$

由火灾增长系数 α 服从对数正态分布可知，$\ln \alpha$ 服从正态分布。对于特定的建筑场景，k_d 为常量，$\ln t_d$ 也服从正态分布。$f(\ln t_d)$ 的平均值和标准差：

$$\mu_{\ln t_d} = -\frac{1}{5} \mu_{\ln \alpha} + \frac{3}{5} \ln k_d \tag{7-67}$$

$$\sigma_{\ln t_d} = \frac{1}{5} \sigma_{\ln \alpha} \tag{7-68}$$

还以商业类型建筑为例，$A_r = 500 \text{m}^2$，$H_r = 3.5 \text{m}$。根据火灾增长系数的统计数据，火灾增长系数 α 的自然对数的平均值和标准差为 $\mu_{\ln \alpha} = -5.4$，$\sigma_{\ln \alpha} = 1.9$，那么 $k_d = 243.6$。则

$$\mu_{\ln t_{\rm d}} = 4.38, \quad \sigma_{\ln t_{\rm d}} = 0.38 \tag{7-69}$$

$$\mu_{t_{\rm d}} = 86.1, \quad \sigma_{t_{\rm d}} = 33.9 \tag{7-70}$$

图 7-10、图 7-11 分别表示火灾探测时间的自然对数的正态分布曲线 $f(\ln t_{\rm d})$ 与火灾探测时间的对数正态分布曲线 $f(t_{\rm d})$。

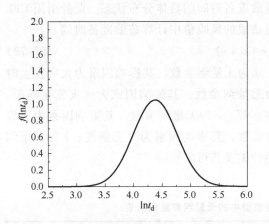

图 7-10　火灾探测时间的自然对数的正态分布曲线

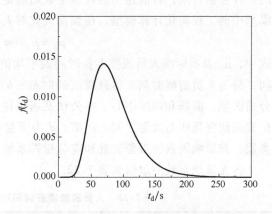

图 7-11　火灾探测时间的对数正态分布曲线

（2）疏散准备时间随机性分析　发生火灾时，通知人们疏散的方式不同，建筑物的功能和室内环境不同，人们得到发生火灾的消息和准备疏散的时间也不同。依据大量火灾后的问卷调查和未事先通知的疏散演习的数据，疏散准备时间占人员疏散时间的一个相当的比例，并且有时其值还会大于运动时间。除此之外，疏散准备阶段的人员行为对运动时间至关重要。疏散准备时间包括认识时间和反应时间。认识时间表示从明确的火灾提示如火灾报警出现，到人员意识到出现了火灾等紧急情况并开始做出反应的时间，其主要与建筑物类型、人员的清醒状态、人员熟悉建筑物程度、报警系统类型等因素有关。反应时间指的是从人员意识到火灾报警等火灾提示之后，到开始向安全出口移动的时间。人员的行为在这个阶段差异较大，如寻找火源、试图灭火；通知或协助他人撤离；报火警，向消防队请求灭火支援；收拾财物，准备逃离；直接逃离现场；出现恐慌行为，无法自主行动或盲目从众等。通过火灾后的问卷调查和未提前通知的疏散演习收集到的数据表明，疏散准备时间为服从概率分布的随机变量。当取正态分布时，如果疏散准备时间平均值比较小，人员疏散时间主要受人员密度的影响；当疏散准备时间平均值逐渐增加，人员疏散时间受人员密度变化的影响逐渐减小。而当取为定值时，无须考虑人员疏散准备时间的长短，人员疏散时间均随人员密度的增加而增加。疏散准备时间对疏散时间的影响情况在上述两种情形下截然不同。研究表明，在进行人员疏散时间计算时将疏散准备时间取为一定值计算得出的疏散时间不准确，此种方法不能反映真实的疏散过程。

为了得到更加合理的所需安全疏散时间，建议将疏散准备时间取为概率分布，这里取为正态分布：

$$f(t_{\rm p}) = \frac{1}{\sqrt{2\pi}\sigma_{\rm p}}\exp\left[-\frac{(t_{\rm p}-\mu_{\rm p})^2}{2\sigma_{\rm p}^2}\right] \quad t_{\rm p} > 0 \tag{7-71}$$

式中，$f(t_{\rm p})$ 表示疏散准备时间的概率密度函数；$t_{\rm p}$ 表示疏散准备时间；$\mu_{\rm p}$ 表示疏散准备时间的平均值；σ_p 表示疏散准备时间的标准差。

国外的一些学者对建立疏散准备时间的量化模型进行了相关研究，基于概率密度分布函数模拟建立了估计火灾情况下疏散准备时间的随机模型。同时，基于网络逻辑图对火灾紧急情况下人员认知行为进行了建模。然而，对于不同建筑类型和人员特征，因为疏散准备时间的统计数据有限，目前还不能较为准确地确定疏散准备时间的具体分布状态。此处引用 CFE 模型中的工程简化计算模型，在预测火灾对人员造成的风险值中计算疏散准备时间。

$$\mu_p = \bar{\mu}_p b(a + c + d + e) \tag{7-72}$$

式中，$\bar{\mu}_p$ 表示标准人员疏散准备时间的平均值；a 为无量纲参数，其影响因素为火灾发生时间，分为人员清醒时刻、休息或沉睡时刻；b 为无量纲参数，其影响因素为火灾发生场所，分为医院、商场和娱乐中心、办公楼及居民住宅区等；c 为无量纲参数，其影响因素为火源位置或研究场所与火源之间的距离；d 为无量纲参数，其影响因素为火灾强度；e 为无量纲参数，其影响因素为报警装置和应急指挥系统的种类及其可靠性。

各无量纲参数的取值见表 7-22。

表 7-22　人员疏散准备时间计算模型中的无量纲参数取值表

无量纲参数	对应特征及取值				
a	清醒		休息		沉睡
	1		1.2		1.5
b	商场及娱乐活动区	办公楼及厂房	住宅或学校宿舍	旅馆或公寓	医院或疗养院
	0.5	1.0	1.2 ~ 1.5	1.6 ~ 1.8	≈2.0
c	与着火房间相隔的房间数/10				
d	火灾强度大		火灾强度中		火灾强度小
	-0.1		0		0.1
e	现场语音广播	录音消防报警	警铃等声光报警		无
			准确	误报率高	
	-0.2	-0.1	-0.1	0.2	0.1

4. 单个火灾场景下可能导致的伤亡人数

对人员疏散时间与火灾危险状态来临时间大小关系进行简单比较是人员伤亡预期风险评估的一个基本判据。假如在火灾危险状态来临之前人员未能安全逃生，则此时建筑物内剩余的人数被视作当前火灾场景下可能导致的伤亡人数。通用的安全疏散时间示意图如图 7-12 所示。

通用的人员火灾风险评估未考虑人员疏散时间与火灾危险状态来临时间中的随机性，将火灾危险状态来临时间、火灾探测报警时间与人员疏散准备时间均考虑为定值。依据火灾探测报警时间的随机性分析，假如将火灾增长系数考虑为服从对数正态分布的随机变量，那么火灾探测报警时间 t_d 呈对数正态分布。当疏散准备时间较长，人员密度较低或出口较宽时，若没有形成严重的拥塞与排队现象，当疏散准备时间服从正态分布时，疏散时间包括人员疏散准备时间和运动时间（即 $t_{ev} = t_p + t_m$），也服从正态分布并向右平移一个值。当火灾探测报警时间 t_d 服从对数正态分布，疏散时间 t_{ev} 服从正态分布时，就可以得到总的疏散时间的

概率密度函数 $f_E(t)$。$f_E(t)$ 为仅考虑火灾探测报警时间概率分布与疏散准备时间概率分布得到的联合密度函数，需依据实际情况确定具体的表达式。

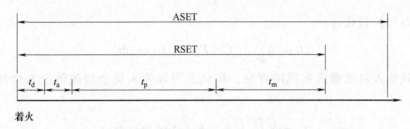

着火

图 7-12　传统的 ASET/RSET 时间线火灾风险评估示意图

基于火灾危险状态来临时间的随机性分析，火灾危险状态来临时间在火灾增长系数为对数正态分布时为服从对数正态分布的随机变量。那么可通过概率密度函数表示火灾危险状态来临时间与疏散人数随时间的变化情况，如图 7-13 所示。

图 7-13 中，$f_E(t)$ 为人员疏散时间的概率密度函数，$f_c(t)$ 为火灾危险状态来临时间的概率密度函数。$f_E(t)$ 与 $f_c(t)$ 表示的概率密度分布曲线重叠部分表示火灾危险临界状态来临时建筑物内未逃生至安全区域的部分人员。

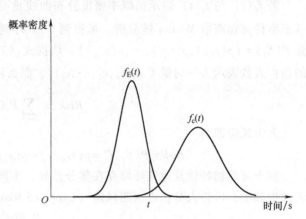

图 7-13　疏散时间与火灾危险状态来临
时间的概率分布示意图

假定火灾发生时建筑物内的人数为 N，如果在任意时刻 t 火灾危险临界状态来临，则在时刻 t，未逃生至安全区域的人数：

$$N\int_t^\infty f_E(t)\,\mathrm{d}t \tag{7-73}$$

同理，火灾危险临界状态来临的概率：

$$f_c(t)(t+\mathrm{d}t) - f_c(t)t = f_c(t)\,\mathrm{d}t \tag{7-74}$$

在现实火灾中，火灾危险状态来临时间主要受到火灾蔓延以及烟气流动的影响，与人员疏散的相关性较小，而人员疏散过程主要受到火灾发展状况的影响。由此可认为，两个事件：火灾危险临界状态来临与危险状态来临时仍有人员未疏散相互独立。则在时刻 t 可能导致的伤亡人数：

$$\left[N\int_t^\infty f_E(t)\,\mathrm{d}t\right]f_c(t)\,\mathrm{d}t \tag{7-75}$$

对式（7-75）积分，得到火灾发生时可能导致的伤亡人数 C：

$$C = \int_0^\infty \left\{\left[N\int_t^\infty f_E(t)\,\mathrm{d}t\right]f_c(t)\right\}\mathrm{d}t \tag{7-76}$$

根据概率密度函数的定义，人员疏散时间的累积概率分布函数 $F_E(t)$：

$$F_E(t) = \int_0^t f_E(t)\,\mathrm{d}t \tag{7-77}$$

又

$$\int_0^t f_{\mathrm{E}}(t)\,\mathrm{d}t + \int_t^\infty f_{\mathrm{E}}(t)\,\mathrm{d}t = 1 \tag{7-78}$$

那么，式（7-76）转化为：

$$C = N\int_0^\infty \left\{ [1 - F_{\mathrm{E}}(t)]f_{\mathrm{c}}(t) \right\}\mathrm{d}t \tag{7-79}$$

针对建筑物人员疏散火灾风险评估，积分上限取为人员全部疏散至安全区域的时间 t_{eva}，则：

$$C = N\int_0^{t_{\mathrm{eva}}} \left\{ [1 - F_{\mathrm{E}}(t)]f_{\mathrm{c}}(t) \right\}\mathrm{d}t \tag{7-80}$$

5. 人员伤亡的预期风险

若 $f_{\mathrm{E}}(t)$ 与 $f_{\mathrm{c}}(t)$ 表示的概率密度分布曲线重叠部分位于离散时刻 $i-1$ 与时刻 i 之间，基于事件树和离散 Markov 链分析，可得到 $i-1$ 时刻与 i 时刻区间内火灾场景的概率分布向量 $\boldsymbol{P}(\boldsymbol{S}_i) = (p(s_{i,0}),p(s_{i,1}),\cdots,p(s_{i,9}))$。依据式（7-80），也可将每个火灾场景下可能导致的伤亡人数表示为一向量 $\boldsymbol{C} = (c_0,c_1,\cdots,c_j)^{\mathrm{T}}$。那么可以量化火灾风险值：

$$Risk = \sum_{i=1}^n P_i C_i \tag{7-81}$$

火灾风险即为

$$Risk = \boldsymbol{P}(\boldsymbol{S}_i)\boldsymbol{C} = p(s_{i,0})c_0 + p(s_{i,1})c_1 + \cdots + p(s_{i,9})c_9 \tag{7-82}$$

鉴于可燃物特性及建筑环境存在部分差异，不同类型的建筑起火概率差别较大。引入火灾发生频率，可得人员伤亡预期风险（Expected Risk to Life，ERL）为

$$\mathrm{ERL} = \frac{P_{\mathrm{if}}Risk A_{\mathrm{f}}}{N} \tag{7-83}$$

式中，P_{if} 表示建筑物发生火灾的频率（$1/(\mathrm{m}^2\cdot\text{年})$）；$A_{\mathrm{f}}$ 表示建筑物的地面面积（m^2）。

6. 工程算例

以下通过一个工程算例对本章提出的预测人员伤亡预期风险评估方法进行说明。评估对象是平面面积为 $5250\mathrm{m}^2$，层高为 5.5m 的一座单层大型商业超市，其建筑平面示意图如图 7-14 所示，其中黑线标注的为本算例计算区域。

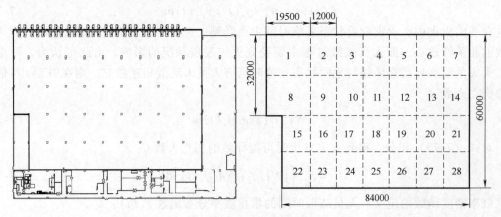

图 7-14　建筑平面图及划分单元区域平面图

对于火灾烟气蔓延状况，采用双层区域模拟模型进行模拟计算，这里计算工具采用 CFAST。通常，双区域模型将计算空间分为上下两层，即上层热烟气和下层冷空气。然而，由于本算例为典型的大空间建筑，烟气分层不均匀，所以这种传统的双区域模型不适合模拟计算此种情况下的火灾烟气蔓延情况。如果将计算空间划分为若干单元区域，那么就可以减少 CFAST 对预测这类大空间建筑烟气情况的不确定性。划分单元区域越多，计算结果越合理，但由于 CFAST 本身的限制，最多只能划分 30 个单元区域。结合本算例建筑平面图，这里将计算空间划分为 28 个单元区域（图 7-14）。其中，区域 1 和区域 8 的面积是 19.5m × 16m，区域 15~28 的面积都是 12m × 14m，其他区域的面积是 12m × 16m。

人员荷载的计算按照《商店建筑设计规范》（JGJ 48—2014）第 4.2.6 条的规定，自选营业厅的面积可按每位顾客 $1.35m^2$ 计，当采用购物车时，应按 $1.70m^2$/人计。根据该超市的相关资料，设定营业厅中提篮购物的顾客占 30%，推购物车的顾客占 70%，设计得到的人员荷载见表 7-23。

表 7-23 计算区域的人员荷载设计

计算分区	超市人员使用面积/m^2	换算系数/（人/m^2）		设计人员荷载
		推车（70%）	提篮（30%）	
超市	5250/3377	1/1.7	1/1.35	2141

对于火灾探测报警时间，将烟气高度沉降到房间高度的 5% 以下作为响应时间。而在图 7-4 所示的事件树分枝中，人员发现火灾成功的概率比较难以估计，这里认为烟气高度沉降到 10% 房间高度时，人员可以发现火灾。人员发现火灾失败对应的探测时间取值为 300s。

人员疏散时间采用 CFE 模型进行计算，该模型基于中国人的身体特点，考虑了火灾产物对人的生理和心理的影响，它集格子气模型与社会力模型的优点于一身，对拥挤动力学的模拟具有较高的准确性和计算效率。疏散准备时间考虑为正态分布形式，依据式（7-72）取值，可得不同疏散准备时间情形下对应的人数，如图 7-15 所示。

基于 CFE 模型的计算可以得到未疏散人数随时间的变化曲线，即式（7-80）中的 $1 - F_E(t)$，如图 7-16 所示。

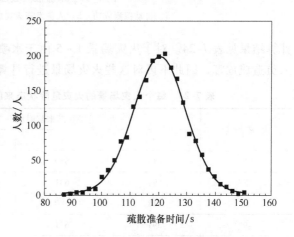

图 7-15 超市算例的人员疏散准备时间

火灾初期热释放速率按照 t^2 规律增长，根据商业建筑火灾增长系数的统计数据，选取 $0.027kW/s^2$，$0.04689kW/s^2$ 与 $0.06kW/s^2$ 分别作为最小值、最可能值和最大值来设定火灾曲线。火灾发展到对人员造成危险的临界时间由以下判定标准得到：当上部烟气层降至距离地面 2.1m 时，烟气层温度超过 100℃，或在人头部高度累积 CO 浓度每分钟超过 1.5%，或人体接受的热辐射通量超过 $2.5kW/m^2$。

对于火灾危险状态来临时间的概率分布，这里将其简化为三角分布，其最小值 a、最可能值 c 和最大值 b 分别对应于 $0.06kW/s^2$，$0.04689kW/s^2$ 与 $0.027kW/s^2$ 所设定的火灾曲线，

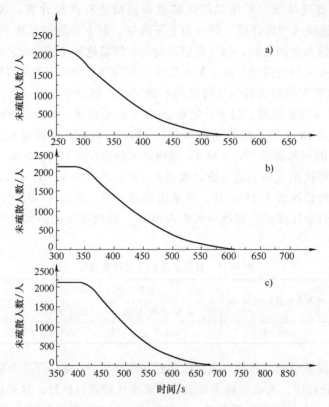

图 7-16 未疏散人数随时间变化曲线

a）自动探测成功 b）人员发现火灾成功 c）人员发现火灾失败

计算结果见表 7-24。对于火灾场景 1～5 由于水喷淋启动成功，火灾会被及时控制，不会对人员造成危害，因此不再对这些火灾场景进行计算。

表 7-24 每个火灾场景的火灾危险状态来临时间，人员疏散时间与伤亡人数

火灾场景	火灾危险状态来临时间/s			人员疏散时间/s	伤亡人数
	a	c	b		
6	618	680	847	556	0
7	591	631	772	556	0
8	618	680	847	624	0.16
9	591	631	772	624	7.52
10	591	631	772	696	68.24

由图 7-16 的疏散时间曲线与表 7-24 中火灾危险状态来临时间的取值，根据式（7-80）可得到每个火灾场景可能导致的伤亡人数，计算结果见表 7-24。

如果可以得到不同时刻式（7-44）所示的转移矩阵，根据离散 Markov 链的性质，就可以得到每个火灾场景在不同时刻出现的概率值。对于人员安全而言，主要是考虑人员可能逃生至安全区域对应的建筑火灾发展的 10min 或 15min。因此，这里选取最大时间为 15min，即 900s。从 0s 到 900s 划分为 8 个离散的时间段，分别为 60s，120s，180s，300s，400s，

500s，700s 与 900s。

图 7-4 事件树中各防灭火措施的概率随时间变化情况见表 7-25。火灾自动探测报警成功概率分布的平均值是当火灾增长系数为 0.04689kW/s² 时，上部烟气层降至房间高度的 5% 时所对应的时间，即 145s。根据正态随机变量在 $[\mu - 3\sigma, \mu + 3\sigma]$ 之内的概率为 0.9974，标准差取值为 45s。由于机械排烟系统通常是由火灾探测信号联动启动，故将其启动概率随时间的变化情况考虑成与火灾自动探测一致。相似地，人员发现火灾成功概率随时间变化情况表示为累积正态分布，其对应的概率密度分布为 $N(300, 100^2)$。根据 DETACT-QS，当火灾增长系数为 0.04689kW/s² 时对应的水喷淋启动时间平均值 160s，标准差取为 50s。

表 7-25 防灭火措施的概率随时间变化情况

防灭火措施	累积概率分布	表 达 式
水喷淋启动	正态分布	$t \sim N(160, 50^2)$
水喷淋控制或扑灭火灾	—	$P = 1 - \dfrac{1}{700}t$
自动探测	正态分布	$t \sim N(145, 45^2)$
人员发现火灾	正态分布	$t \sim N(300, 100^2)$
机械排烟系统	正态分布	$t \sim N(145, 45^2)$

对于自动水喷淋扑救火灾而言，在火灾发展的初期阶段，比较容易被扑灭或控制。随着火灾功率的增大，成功扑灭或控制火灾的概率将会越来越低。这里假设表达式为扑救成功概率随着时间呈线性减少。建筑物内的防灭火措施的可靠性概率见表 7-26。

表 7-26 防灭火措施的可靠性概率

防灭火措施	可靠性概率
水喷淋（商业建筑）	0.93
自动探测（商业建筑）	0.72
机械排烟系统	0.97

对于表 7-25 中所示的概率是以累积概率分布的形式表示，在计算过程中需要利用贝叶斯定理转化为条件概率。例如，火灾自动探测在时刻 i 到 $i+1$ 之间成功探测，即火灾自动探测在时刻 i 之前未发现火灾。那么，火灾自动探测在时刻 i 之前未发现火灾的前提下，在时刻 i 到 $i+1$ 之间成功探测的概率：

$$P(A_i^{i+1} \mid \overline{A_0^i}) = \frac{P(A_i^{i+1})P(\overline{A_0^i} \mid A_i^{i+1})}{P(A_0^1)P(\overline{A_0^i} \mid A_0^1) + \cdots + P(A_i^{i+1})P(\overline{A_0^i} \mid A_i^{i+1}) + \cdots + P(A_{M-1}^N)P(\overline{A_0^i} \mid A_{N-1}^N)}$$

(7-84)

式中，$P(A_i^{i+1})$ 表示火灾在时刻 i 到 $i+1$ 之间成功探测的概率；$P(\overline{A_0^i})$ 表示火灾自动探测在时刻 i 之前未发现火灾的概率。

在本算例中，$N = 8$，那么式（7-84）可以转化为：

$$P(A_i^{i+1} \mid \overline{A_0^i}) = \frac{P(A_i^{i+1}) \times 1}{P(A_0^1) \times 0 + \cdots + P(A_i^{i+1}) \times 1 + \cdots + P(A_7^8) \times 1} = \frac{F_{i+1} - F_i}{1 - F_i} \quad (7-85)$$

式中，F_i 表示时刻 i 对应的累积概率。

基于式（7-36）~式（7-38）及表7-25中防灭火措施的概率随时间表达式，通过式（7-85）可以得到每个时刻对应的条件概率，结果见表7-27。

表 7-27　事件树中各影响事件在不同时间区间的概率

影响事件	不同时间区间的概率							
	0 ~ 60s	60 ~ 120s	120 ~ 180s	180 ~ 300s	300 ~ 400s	400 ~ 500s	500 ~ 700s	700 ~ 900s
水喷淋	0.020	0.151	0.390	0.526	0.308	0.00027	0	0
自动探测火灾	0.022	0.195	0.500	0.716	0.199	0.00001	0	0
人员发现火灾	0.007	0.028	0.083	0.436	0.682	0.85	0.94	0.022
机械排烟系统	0.030	0.263	0.674	0.966	0.269	9.2E−6	0	0

将表7-27中的数值代入到式（7-44）所示的转移矩阵中，根据离散markov链性质，就可以计算得到火灾场景概率分布，如图7-17所示。

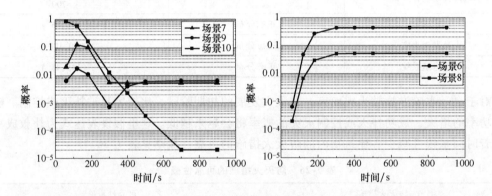

图 7-17　火灾场景概率分布

根据表7-27的火灾危险状态来临时间，结合图7-17所示的火灾场景概率分布，可知在500s ~ 700s仍有部分人员未能逃生至安全区域。此时的火灾场景概率向量：

$$P(S_7) = (0.00002, 0.0064, 0.052, 0.0054, 0.4283) \tag{7-86}$$

此时对应的可能导致的伤亡人数向量：

$$C = (68.24, 7.52, 0.16, 0, 0)^{\mathrm{T}} \tag{7-87}$$

那么，火灾风险：

$$Risk = P(S_7)C = 0.058 \tag{7-88}$$

如果引入商业建筑的火灾发生频率4.12×10^{-6}次/（$\mathrm{m}^2 \cdot$年），就可以得到人员伤亡预期风险（Expected Risk to Life，ERL）：

$$ERL = \frac{4.12 \times 10^{-6} \times 0.058 \times 5250}{2141} = 5.86 \times 10^{-7} \tag{7-89}$$

如果计算得到的人员伤亡预期风险ERL小于可接受火灾风险水平，则表示当前的火灾安全设计能够满足人员安全的需求。然而我国目前尚未建立可接受火灾风险标准体系。故这里将计算得到的人员伤亡预期风险ERL与我国火灾伤亡情况做简单地比较，根据我国1998—2005年的火灾统计数据，平均每年火灾导致的伤亡率为4.81×10^{-6}。可见，计算得到的ERL小于火灾统计结果，除了风险评估方法本身以及计算过程带来的误差之外，其原因可能是：由于缺乏我国商业建筑火灾发生频率的统计数据，所选取的国外数据可能偏小；算例的消防设施较为完备，而统计结果所涉及的火灾发生场所的消防水平一般会低于本算例；火灾统计的伤亡率是基于全国火灾统计数据得到的总体情况，而算例只是针对一个具体的消防设备齐全，管理较完好的商业建筑而言。

7.3.3　火灾公众责任险保费的厘定

1. 火灾公众责任险保费的厘定模型

保险费率厘定是保险公司在经营过程中的一项核心内容，保险公司不仅要保证经营利润，还需维持赔付能力。因此，科学合理的公众责任费率厘定机制是保险公司可持续发展的基础。公众责任保险费率主要由纯费率和附加费率两部分构成：纯费率是火灾事故发生后用于赔付损失的费用；附加保费用于维持保险公司经营利润，同时支付公司营业费、管理费等业务费用。此外，保险公司为防范重大风险，保险费中会设定一个安全费用，通常取纯费率的倍数或者二次方差。对于公众聚集场所，其地理位置、空间结构、占用性质、是否配备消防灭火设施等因素都会影响火灾发生的频率和火灾造成的后果。如果火灾公众责任险的收费标准仅按照目前粗线条的方式实行，完全不考虑不同投保对象的风险水平，不仅对投保者很不公平，还有可能引起道德风险和逆选择的发生。因此为真正实现保险对消防的促进作用，必须科学依据实际的人员火灾风险来厘定火灾公众责任险的费率。

7.3.2 节中介绍的火灾时人员风险评估方法是具有面向具体对象合理量化特点的人员风险评估专门技术，但是，因为火灾具有确定性和随机性双重规律，以及现有的火灾统计基本数据尚不完备，所以无法得到非常准确的火灾人员风险量化评估结果。因此需要综合考虑火灾人员伤亡预期风险以及火灾造成人员伤亡的统计结果，在此基础上建立火灾公众责任险的费率厘定模型。式（7-90）为本书提出的火灾公众责任险纯费率的厘定模型。

$$M = \alpha N \times \mathrm{ERL} \times C + (1 - \alpha) N \times \mathrm{ERL_s} \times C + M_p \tag{7-90}$$

式中，M 表示标的理论上应收取的火灾公众责任险的保费；M_p 表示火灾公众责任险中赔付第三者财产损失应收取的保费，如果不对第三者财产投保，则 $M_p = 0$；C 表示赔付额（元/人）；N 表示标的内容纳人员的总人数（人），通常取人数的上限；$\mathrm{ERL_s}$ 表示火灾造成的与标的相同功能建筑的人员死亡率；α 表示火灾人员风险评估可靠性因子，建议取值范围 $0.5 \sim 1$，如果人员火灾风险评估中使用的统计数据很准确、火灾动力学规律也很清楚，α 可以取得比较大，可以接近 1。

而实际收取的火灾公众责任险保费必须考虑保险公司的日常运营费、附加风险费和盈利等费用，必须在上述纯理论保费的基础上乘上一个大于 1 的系数：

$$M_a = kM \tag{7-91}$$

式中，M_a 表示实际收取的火灾公众责任险的保费；k 表示考虑保险公司日常运营、盈利等因素在内的附加因子。

2. 不同消防及管理条件下火灾公众责任险保费算例比较

依然以 7.3.2 节中的某单层大型商业超市进行比较说明，此处考虑两种不同的情况，一是消防设施齐全，且消防设施按统计得到的概率值正常启动；二是所有消防设施均没有，且消防管理混乱，即最差的极端情况（相当于图 7-4 的火灾场景 10）。

当消防设施齐全，且消防设施按统计得到的概率值正常启动时，前面已经算出它的预期

风险是 5.68×10^{-7}。在此主要计算第二种状态的人员预期风险，依据火灾烟气蔓延和人员疏散时间计算结果，人员伤亡预期风险（Expected Risk to Life，ERL）为

$$ERL = \frac{4.12 \times 10^{-6} \times 68.24 \times 5250}{2141} = 6.89 \times 10^{-4} \quad (7\text{-}92)$$

根据我国 1998～2005 年的火灾统计数据，平均每年火灾导致的伤亡率为 4.81×10^{-6}。

鉴于人员火灾风险评估中所用统计数据较为准确，该类型建筑的火灾动力学规律也很清楚，所以火灾人员风险评估可靠性因子 α 取为 0.6。对于赔付额的限额，目前保险业界还没有统一的标准，这里依据当前保险公司的参考数据，取为每人 10 万元，且不考虑火灾公众责任险中赔付第三者财产损失应收取的保费。计算火灾公众责任险保费所需的参数见表 7-28。

表 7-28　火灾公众责任险的保费计算所需参数及结果

参　　数	最　差　情　况	防灾设施齐全
火灾人员风险评估可靠性因子 α	0.6	0.6
投保标的容纳人数 N/人	2141	2141
赔付额 C/元	100000	100000
相同功能建筑火灾的人员死亡率 ERL_s	4.81×10^{-6}	4.81×10^{-6}

依据式（7-91），计算得到的不同灭火设施及管理情况下火灾公众责任险的保费理论值见表 7-29。

观察表 7-29 可以发现，消防投入程度、消防设备情况和消防管理水平对相同功能建筑的人员伤亡预期风险 ERL 影响非常大，消防设施及管理极端差的建筑与消防设施齐全、管理良好的保险对象相比其人员伤亡预期风险要大 100 多倍。而依据提出的火灾公众责任险费率模型，收取的火灾公众责任险的保费也相差 100 多倍。很显然基于火灾人员伤亡预期风险来收取火灾公众责任险的保费是一种较为科学的方法，并且有利于加强消防设施的投入及提高消防管理水平。这样一来，消防与保险互动才将真正实现保险对消防的促进作用。

表 7-29　不同灭火设施及管理情况下火灾公众责任险保费的计算结果

消防设施管理情况	人员伤亡预期风险 ERL	理论上公众责任险纯保费	目前实际收取
消防设施及管理极端差	6.89×10^{-4}	74272	
消防设施全管理良好	5.68×10^{-7}	636	
不考虑消施及管理情况			5000

7.4　火灾保险与火灾风险互动若干保障措施

7.4.1　火灾保险与火灾风险互动认识的误区

保险具有不同的属性，为了分析火灾保险及其与火灾风险的关系，有必要认识这些属性。首先由于保险与投保人之间存在供求关系，则其是一种经济行为。大量标的面临着同样的危险，与之有利益关系的社会主体希望获得保障，在考虑到成本后，宁愿付出一定代价在

损失后获得赔偿，从而对保险产品产生需求；保险人收取一定保险费用，通过技术手段降低标的火灾风险水平，并对标的发生火灾事故后对投保人进行补偿，保险人由此获取利益，则保险产品存在供给，因此保险是一种商业活动。其次，保险是一种金融行为。保险公司通过收取保费募集资金，在标的发生火灾后再将这些资金运用出去，则保险公司起到了中介机构的作用，并在社会范围内起到了资金融通的作用。但是保险与借贷不同，投资方向受到了严格控制，经营中被保险人和保险人主要以货币收支的形式进行，所以具备典型的金融行为特征。最后，保险具有国民收入再分配的作用。保险人通过对保险标的进行调查，确定保险费率，对投保人收取保费。当某一个投保人受到损失时，可以从保险公司获得补偿，因此，保险起到了国民收入再分配的作用。此外，保险人与投保人双方在法律地位平等的基础上，以自愿的原则签订合同，因此保险也是一种合同行为。根据合同，双方具有相应的权利和义务。保险公司具有检查投保企业火灾风险水平以及向投保人收取保费的权利，在投保企业单位发生火灾事故后具有支付保险赔付金额的义务；投保人在企业发生火灾事故造成损失后有向保险公司索要赔付款项的权利，在投保前及投保期间具有向保险公司支付保险费，并根据保险公司风险评估结果改善自身安全状况的义务。

在社会生产、生活中，危险客观存在，包括火灾在内的各种自然灾害作为人类正常生产工作和生活秩序的威胁，是人力不可抗拒的自然规律。危险发生后往往带来某些损失，如人员伤亡和财产损失。危险还是普遍性和不确定性共存的，危险无处不在，但损失是否发生、何时何地发生、损失的大小均是不确定的。对危险的处置方法各种各样，如危险回避、损失控制、危险自留等。保险将所有的危险集中在一起，将企业或个人的风险转移到保险公司，变个体对付危险为大家共同对付危险的、从整体上提高对危险事故承受能力的一种危险损失转移机制。从补偿的观点看，保险不同于损失防范，保险并不能减少损失财产的数额，它只是从包括财产损失的那些财产所有者在内的许多财产所有者那里汇集保费，以补偿财产不幸受到损失的所有者。

消防是国家的一种行政手段，消防部门是其执行者。消防部门以"预防为主、防消结合"为原则，以消防法律、法规和规章制度为基础，有着监督检查、建筑工程消防审核、验收、火灾原因调查、行政处罚、紧急处置、行政强制等职权，从而预防事故的发生。同时，消防部门训练出一支有素的消防队伍，在火灾发生时及时奔赴现场扑救火灾。

消防和火灾保险是人类在预防和控制火灾实践中形成的，两者都是社会、经济发展的必然产物。前者重在火灾的预防和控制，后者重在对损失的补偿和分摊，两者相辅相成，已经成为防控减灾的两个重要组成部分。1995 年 2 月 20 日，国务院批准并转发了公安部制定的《消防改革与发展纲要》，首次提出了在消防工作中应更好地发挥商业保险的作用，要求重点企业、易燃易爆化学危险品场所和大型商场、宾馆、饭店、影剧院、歌舞厅等公共场所必须参加火灾保险和公众责任保险。2001 年 5 月 9 日，国务院又批准并转发了公安部关于"十五"期间消防工作发展的指导意见。意见指出要充分利用保险费率这一经济杠杆，使之与投保单位的消防安全挂钩，促使投保单位自觉改善消防安全条件，提高自身防范火灾的能力。2009 年新修订的《消防法》提到"国家鼓励、引导公众聚焦场所和生产、储存、运输、销售易燃易爆危险品的企业投保火灾公众责任保险；鼓励保险公司承保火灾公众责任险"，并将深圳、上海、天津等地列为试点地区。保险公司虽然与消防机构不属于同一个行业、同一经济领域，并且承担不同的社会职能，但二者在控制灾害、预防火灾发生方面都是一致的，这对消防机构来说是目的，对保险公司来说是达到目的的手段。保险与消防相互促进，共同发展，在火灾预防中具有重要作用。

根据国内外的相关研究，消防与火灾保险的互动多以火灾风险与火灾保险互动的形式进行。通常认为，火灾风险为潜在火灾事件的后果及其发生的概率。火灾风险的度量常用所有火灾事件发生概率与预期后果的乘积再加和的形式。衡量火灾风险时预期后果主要考虑三种类型：第一种类型即人员风险；第二种类型为财产风险（包括营运终端，常以经济损失度量）；第三种类型为环境风险。火灾风险评估的方法包括定性、半定量和定量分析。由于严格的定量分析需要火灾事故发生的概率以及事故发生造成的后果，因此长期以来火灾风险评估仍以定性和半定量分析为主。火灾风险评估在消防工作中具有重要的作用，主要包括城市消防规划、火灾预测预警、日常消防监管和应急预案制定等。在消防规划方面，以城市不同区域为研究对象，使用火灾风险评估方法进行火灾风险评估，根据评估结果划分区域火灾风险等级，包括重点消防区和一般消防区。首先对整个城市消防布局及消防力量的匹配进行评估，结合城市已有消防布局进行优化。对多个重点消防区相距较近的情况，若没有消防站则建立新的消防站；若已建立消防站，分析消防力量是否与区域火灾风险水平相匹配，若不相匹配，应增加消防站消防人员、消防设备，加大消防经济投入。在火灾预测预警方面，根据不同消防区域火灾风险水平，制定以地理信息系统（GIS）为表现形式的风险地图，对人民群众进行消防安全教育，使人民群众参与到火灾预防中，提高火灾预防能力。在日常消防监管方面，对火灾风险等级较高的单位提高检查频次和力度，对具有火灾隐患的单位使用处罚的形式督促单位进行整改，从而降低区域火灾风险水平。在应急预案制定方面，使用风险评估方法分析建筑火灾风险水平，根据火灾风险水平选择最不利灭火救援场景制定相应应急预案，从而在火灾发生时实现有效灭火。

风险评估的起源就是保险从业的需求，火灾风险评估结果一般会影响火灾保险费率的厘定。然而目前火灾保险费率的制定未包括保险标的的具体火灾风险水平，更没有考虑标的火灾风险水平的变化。因此分析火灾风险在消防和火灾保险中的作用并注重消防和火灾风险二者与火灾保险的互动具有重要意义。然而由于多年来我国计划经济模式在人们思想中的潜在影响，加之有些宣传方面的误导，人们对保险业与消防和火灾风险在认识上存在不少误区。

（1）消防与火灾保险减灾防损上的认识误区　消防具有控制火灾损失的功能。首选在火灾发生前，消防机构根据消防法律法规对企事业单位进行消防检查，评估火灾风险水平，排查火灾隐患。对于火灾风险水平高以及具有火灾隐患的企事业单位，消防机构对其提出整改意见，使其降低自身火灾风险水平，排除火灾隐患。对不按要求整改的企业，消防部门甚至可以勒令其停业整顿。基于此，企事业单位能够降低火灾发生的可能，并减少火灾发生造成的损失。在火灾发生时，消防官兵及时赶往现场，控制火情，扑灭火灾，可以减少由于火灾造成的损失。保险是一种危险损失转移机制，即通过合理的措施，将危险从一个主体转移到另一个主体。保险的立足点是一种财务型的危险转移，即通过购买保险将可能发生的危险损失由保险人来承担，转移的是危险程度的不确定性。因此，消防和保险在包括火灾在内的危险处理方法上是不同的。笼统的称消防和保险都是预防和减少包括火灾在内的危险损害的说法是不严谨的。但是实现消防和保险的良好互动，的确能起到减灾防损的作用。

（2）消防与火灾保险目标上的认识误区　消防工作是政府统一领导下提供公共消防安全的公益事业，这在目前世界无论何种制度的国家都大体如此。我国的消防工作以广大人民群众的生命财产安全为基础。尽管消防服务于经济建设，消防安全状况也受制于经济发展水平，但消防界本身不会把追逐经济利益作为目标。而保险业本身以营利为目的，本质上是一种经济行为，其作为企业必然以追求利润最大化为目标。因而消防与保险业是有着完全不同的追求目标，绝不能混为一谈。

（3）火灾保险在降低火灾风险上的认识误区　如前文所述，保险是一种危险损失转移机制。单位购买了火灾保险并不是代表该单位就没有了火灾风险或者火灾风险降低了。火灾风险仍客观存在。保险公司为抢占市场份额，不关注保险标的的火灾风险水平，降低保险费率，这将导致保险费率在火灾风险调节中的作用下降。某些单位认为购买了保险甚至减少消防经费投入，而保险公司又缺乏承保后对标的的消防监督、管理，可能造成投保单位火灾风险增加的后果。因此应建立火灾保险与火灾风险互动机制，保险公司建立有效的火灾风险评估体系，对保险标的火灾风险水平进行评估，根据标的火灾风险水平及其变化浮动火灾保险费率，督促投保单位降低自身火灾风险水平。

7.4.2　火灾保险费率与消防分离的问题

随着社会经济的快速发展，消防工作遇到了许多新情况、新问题。消防不能仅靠消防机构一家进行监督管理。在新形势下，只有充分发挥社会各个部门的作用才能保证消防社会化的实现，才能使消防工作适应形势发展的需要。消防与保险是两个性质、职能、手段都不同的部门，但二者在降低火灾风险，预防火灾事故的发生中具有重要作用。研究两者之间的关系有利于火灾预防与防控，从而巩固和强化社会防灾体系。

我国在新中国成立之前就已经有保险公司。新中国成立后，1951 年国家制定了新火灾保险条款，经修改后名称改为"财产保险"，为了与广义的财产保险区分开，名称前又加了指定实施范围的专称，如家庭财产保险、企业财产保险。因此，在我国人们通常所说的财产保险是在火灾保险的基础上不断扩大其保险责任并充实保险内容逐渐演变而成的。

国外消防与保险最初的合作是以保险公司利益最大化为基础的。当时两者的合作较为简单，一般仅限于在保险条款中规定与消防有关的制约条件。虽然两者的合作一定程度上预防了火灾的发生，减少了火灾的损失，但是其目的只是尽可能多地获取保险费，尽可能少地赔付损失。未能最大化发挥保险与消防合作以降低火灾风险水平，预防火灾发生，减少火灾损失的作用。

我国在 20 世纪 80 年代开始恢复保险，此后消防部门和保险开始有了合作关系。由于社会以及经济的发展，我国用火、用电增多，新能源、新材料层出不穷，火灾也伴随着不断增加，火灾形势相当严峻，重特大火灾在政治、经济及其他方面造成了许多影响。保险和消防的合作逐渐得到重视，各种指导性文件相继出台。

然而我国的保险和消防仍处于相互独立状态，二者的交流较少。保险公司在承保后未对保险标的进行监督管理，将这些任务完全交给了消防部门；而消防部门对企事业单位的消防检查及火灾风险评估结果也不向保险部门通报，不利于保险公司对保险财产核定保险费率和开展灾后核损和理赔。由此引发一些问题，如保险费率的经济杠杆作用被大大地削弱，企事业单位的消防安全状况长期得不到有效的改观；同时保险财产风险增加，发生事故的可能性加大，扩大了保险金支出。消防界与保险业的这种陌生关系，使本来的"双赢"局面变成了"双损"的结果。

消防与保险合作中存在的问题主要包括两个方面：

1）第一个方面是参保单位的问题。政府部门减少了对企业的行政干预和指令，企业自主权扩大，但其消防预防措施却降低。究其原因，是其对火灾保险认识的不足以及防火意识淡薄。企业认为"投了保"后，发生火灾损失能够得到补偿，就可以不重视消防预防，防火安全责任制落实不到位，甚至对于防火部门检查发现的火险隐患不重视整改。此外，企事业单位投保后减少了消防组织的支出，减少了消防设备的投入，有不少投保企业在精简非生产人员时将原安全干部及防火干部并入其他部门。

2）第二个方面是保险业的问题。首先保险业过分追求投保数量，占据市场份额，出现了"重赔偿、轻消防"的状况。保险公司放松了投保条件，使一些明显存在重大火险隐患的单位还能安然处在"保险"的庇护之下，导致一部分人产生了"重保险、轻消防"的思想。其次，保险公司并没有把防火作为自己的职责，出现了只承保，不承担对企业单位的监督管理，将企业的消防管理完全给了消防部门。最后，"利益刚性"导致防灾费拨付上的困难。防灾费本是用于提高防灾能力的，但拨付还停留在"规划"的阶段。

以上问题一直限制了两者合作的发展，因此只有解决相关问题，才能强化两者合作的作用。两者的合作有利于加大消防灾费的投入，减少经济利益问题带来的阻力；同时两者的合作使保险公司保单增加，使投保单位火灾风险水平降低，火灾发生次数和损失降低，保险业的社会效益、经济效益相应提高。随着社会的发展，两者间的合作将会更加广泛和具体。我们在探索我国消防与保险合作前景的同时，不妨借鉴西方发达国家的某些做法，使两者的合作更加深入、完善。

7.4.3　火灾保险与火灾风险互动机制的建立

1. 火灾保险与火灾风险互动的意义

从消防方面讲，火灾是在时间和空间上失去控制的燃烧所造成的伤害。从人类开始使用火起，火灾就一直伴随着人类的生活、生产过程。随着我国社会和经济的发展，新材料、新能源和设备不断更新，并且生活中用火、用电的情况不断增多，火灾已经成为当前社会最普遍的威胁公共安全、经济建设和社会安全的一种灾害。火灾保险具有危险转移的功能，它将保险标的所承受的火灾风险转移给了保险公司。它是保险人对承保的财产因遇火灾而遭受的损失，或由此进行施救所造成的财产损失以及所支付的合理费用负责赔偿的一种保险。目前我国的火灾保险仍然存在一些弊端。首先没有独立的火灾险种。虽然火灾公众保险在2005年的"消防与保险论坛——携手挑战高风险国际研讨会"会议上提出，并被公安部、中国保险监督管理委员会等以深圳、上海、天津等地为试点推行；2009年新修订的《消防法》也鼓励相关企业投保火灾公众责任险，但是未能在全国范围内推广及普及。其次火灾保险费率的厘定不科学，未考虑保险标的的火灾风险状况。大多数保险公司根据保险标的的建筑面积或者火灾历史情况进行火灾费率厘定。保险费率起不到督促企业降低火灾风险的作用。此外，保险公司重在抢占市场份额，忽略了承保后对保险标的的监督管理。最后，我国的消防经费一直完全由国家和地方政府拨款，保险公司没有"消防经费"的拨付，造成政府负担很重，公共消防设施、装备和消防队伍的建设与发展不协调。消防本着"预防为主、防消结合"的方针，根据消防法律、法规和规章制度执行消防审核、验收、火灾原因调查、紧急处置、消防处罚等职权，从而预防火灾的发生，并且训练一支有素的消防队伍在火灾发生后及时救火。消防在降低企业火灾风险中起着重要的作用，然而目前的消防安全管理缺乏科学的火灾风险评估体系，评判的结果常由消防部门检查验收人员决定，评估的结果缺乏科学性。此外，消防对企业的消防管理大包大揽养成了单位的依赖思想，没有真正担负降低自身火灾风险的责任。火灾发生的次数和造成的损失将会直接影响保险公司的收益；消防通过加大消防管理可以降低火灾发生的次数和损失；保险公司对参保单位的消防工作提出建议并推动其改革将会促进消防事业的发展；参保单位为了降低参保金额并避免消防处罚则必须对自身火灾风险进行控制。为了降低企事业单位火灾风险，火灾保险、消防和火灾保险投保单位三者互动具有作用。火灾保险与火灾风险互动机制的建立有利于促进三者相互促进、相互发展。

2. 国外火灾保险与火灾风险互动的经验

国外发达国家和地区火灾保险事业发展较早。1667 年，牙科医生尼古拉斯开始承保房屋火灾，开创了近代火灾保险的先河。经过不断发展，火灾保险已经成为各国应对火灾事故的一个重要策略。在火灾保险发展较为成熟的发达国家，消防与保险的渗透和协同作用很被重视。一些保险公司成立有自己的火灾研究实验室，通过研究火灾机理以及预防措施为降低火灾风险水平提供指导。消防机构则通过加强火灾预防监管，降低火灾风险水平；另一方面，消防机构加强消防设施、设备建设，并提升消防力量，从而能够更有效地扑灭火灾，减少火灾造成的财产损失、人员损失和环境损失等，减少了支付保险金的概率和数额，相应地减少了火灾危害。

（1）火灾风险评估体系调控企业火灾风险水平　欧美、日本、新加坡等国家已经建立了一套自有的成熟的火灾风险评估体系，该体系与火灾保险费率杠杆相结合可以促进企业降低自身火灾风险水平，从而预防火灾的发生。具体内容为使用火灾风险评估方法评估保险标的火灾风险水平，对于火灾风险水平高的企业采取较高的保险费率，反之亦然。在合同有效期内，保险公司还可以采用浮动费率。保险公司对保险标的进行监督检查，如果企业降低了自身火灾风险水平，则相应地降低保险费率。若企业未能按要求降低风险，保险公司有权提高保险费率或者中止合同。对于有重大安全隐患的企业，保险公司有权不进行承保。通过保险费率的杠杆作用，可以督促企业加强自我防范，主动降低火灾风险，这不仅有利于提高企业自身的效益，也关系到企业自身的生存与发展。只有降低了火灾风险，企业才能被社会认可，从而获得相应的经济、政治地位，在日益激烈的市场竞争中获得优势。

（2）保险业促进防灾防损并降低火灾危害　为了降低保险财产风险，减少火灾保险支出，国外保险业采取一系列措施促进投保企业的防灾防损工作。根据保险合同，保险公司根据投保企业规模大小分配相应的安全检查人员到各个单位进行安全检查。有些保险公司根据企业实际情况以及安全检查表理论编制专业的安全检查表，从而实现保险标的各项防灾防损措施能有效施行，如促使保险标的不断维修、保养、维护设备，减少由于设备设施故障等造成火灾事故；促使保险标的完善自身消防设备设施，提高火灾发生后的防灾能力。欧美、韩国的一些保险公司还大力资助火灾防范和安全技术的研究。近年来，国外的保险公司进驻中国，为中国带来了先进的防灾防损技术和理念，促进了中国火灾保险事业以及火灾预防的发展。1997 年，瑞士丰泰公司成为第一家进入我国的欧洲保险公司。该公司具有丰富经验和专业知识的安全工程师随时免费为客户提供防灾防损服务。首先，他们对投保企业进行火灾风险评估，确定相应的费率；然后对企业所具有的火灾风险提出相应措施，帮助企业降低自身火灾风险，减少由于火灾带来的损失。最后，他们还为投保企业提供消防演习和消防设施布置和安装相关建议等。

（3）保险事业促进消防事业发展　国外发达国家和地区大多消防经费充足，消防设施完善，消防力量完全满足要求，这与发达国家和地区的经济发达有一定的关系。另一方面还在于消防税的收取。许多发达国家和地区的保险公司直接缴纳消防税。德国、英国、澳大利亚等许多国家除了向保险公司征收消防税外，也向个人征收，用于补贴消防经费。保险业还促进国家或地区消防相关标准和规范的制定。美国的一些保险商业协会直接参与相关火灾标准的制定和火灾科学的研究。美国保险商实验室（UL）是美国从事安全试验与鉴定的最具权威的民间结构，拥有一整套严密的组织管理体制、标准开发和产品认证程序。它对美国的消防标准做出了莫大的贡献，美国的许多防火标准来自于此。而全球工商业财产保险公司（FM Global）不仅参与消防标准的制定，而且从事火灾科学相关研究和开发经营。"绝大多数财产损失都是可以预防的"和"事前预防胜过事后赔偿"是 FM Global 一直坚守的核心信条。基于此，他们获取了巨大的利润。基于其强大的经济实力，FM Global 目前有几千名技术和科研人员从事评估、咨询和研究开发工作。它的 FM 标准成为通行全美、享誉世界的标准。英国消防产品的认真也有一条非常完整的机制，英国防损认证结构（LPCB）专门致力于防火工程，并且非常重视标准的制定与修订。它的 LPC 认证促进了火灾保险在英国火灾预防中的作用。此外，德国保险业联合会（GDV）的 VDS 认证为消防和安全器材及系统的产品认证提供了标准，对生产厂商提供全程支持，缩短产品上市时间，提高产品竞争优势。

3. 建立我国火灾保险与火灾风险互动机制的措施

我国保险业发展较晚。新中国成立前，我国的火灾保险一般采用发达国家通用的火灾保险条款。在局势震荡的条件下，火灾保险没有得到稳定的发展条件。中华人民共和国成立后，中国人民保险公司成立，并于 1951 年制定了自己的火灾保险条款，开创了我国火灾保险研究的先河。经过多年的发展，我国的火灾保险业虽然取得了一定的成果，但与发达国家相比，在保险理念、风险评估、防灾防损措施等方面都很薄弱。目前我国保险业险种数量稀少，处于粗放型增长阶段，保险质量不高，专业人才不足。为了进一步拓展市场，促进自身发展，除了加强保险宣传，优化保险产品，提高服务意识，培养相关人才外，提高防灾防损水平也是一个重要的方面。保险业与消防、投保企业三方互动，通过降低企业火灾风险水平，减少火灾发生的频次和损失，减少了保险公司的赔付金额，也为投保企业挽回了经济损失并避免了消极的社会效应。

目前我国火灾保险或消防的互动已取得了部分成果。2005 年举行的"消防与保险论坛——携手挑战高风险国际研讨会"提出了建立健全保险与消防互动协调机制。2006 年，公安部与中国保险监督管理委员会联合发表文件推行火灾公众责任保险，加强火灾保险在风险管理中的作用。在我国部分地区已经建立了相应的火灾保险与消防互动机制，并取得了良好的效果。但完善、统一的互动机制还未成熟，仍需大量的工作去进行完善。此外，从减少火灾损害的社会利益和双方防灾防损工作考虑，火灾保险与消防互动具有重要意义。

（1）建立火灾风险评估机制，发挥保险费率杠杆作用　目前我国火灾保险还存在很多问题，火灾保险费率设置不合理是其中一个重要的方面。目前火灾保险费率一般根据企业和事业单位规模来确定，如投保用户被保财产或人员的数量。这种形式仅考虑了企业单位的危险程度，而忽视实际的安全状况。单位的财产多、人员多，缴纳的保险费就多，反之亦然；

危险品企业缴纳的保险费多，一般企业则较少，未考虑保户消防设施如何以及人员的安全意识水平。对于一些一般企业，消防机构或派出所对其关注不够或无暇关注，企业是否有消防设施以及消防设施的好坏都没有保证，企业开展的安全教育和培训也可能不足，人员安全意识较差。企业为了自身的经济效益不做任何改善，则一般企业发生火灾的概率会大大增加；对于危险化学品等危险品生产、存储和经营的企业，由于危险性较大，消防机构对其特别关注，而企业本身也会认识到自身的危险，从而积极开展安全培训进行安全知识宣传，企业消防设施完善，则即使危险性较大的企业，其火灾发生的概率会很低。因此只从危险性出发确定保险费率具有巨大缺陷，有失公平，并且保险公司承担的风险会很大，作为消防事业，又很难起到扩大消防的社会面。因此可以吸取国外的一些先进做法，根据投保企业单位的风险水平确定火灾保险费率，并采取火灾保险费率浮动的形式。

1）开展火灾风险评估，促进消防与保险健康发展。根据常用的火灾风险的定义以及衡量标准，火灾风险是火灾时间发生概率以及造成事故后果严重程度的函数。根据火灾风险水平确定火灾保险费率更具有科学性和公正性。因此保险公司在进行承保前需要对投保企业的火灾风险进行评估，也即对其消防安全状况进行打分。但我国的消防安全管理通常是根据国家的法律、法规和技术规范对企业进行对比，从行政上确定企业是否存在火灾隐患，如若有则责令其整改，未考虑单位是重缺陷还是轻缺陷。此外，对一个企业的评判由一两个监督者说了算，缺乏科学性。目前消防与保险行业都没有对单位消防安全状况设立一个完成的评估体系，这更需要消防和保险行业的相互配合。为了对一个企业的安全状况进行评估，首先应成立评估机构。保险公司应积极培训消防相关专业人才，设立评估机构，保险标的的火灾风险评估由公司专家评估委员会认定；邀请消防机构进行评估，这要求消防机构具有专业、科学和可靠的评估体系，避免执法的随意性和执法人员的腐败。对于单位是否存在重大火灾隐患，应有一个明确的标准。此外还可以扶持中介评估机构。在保险业逐渐发展的过程中，保险公估人作为保险辅助服务机构，将会发挥重大的作用。保险监督部门应鼓励中介机构的发展。消防部门也可以委托中介机构实施火灾原因调查、损失统计、计算等。中介评估机构也可接受保险公司委托参与火灾风险评估，火灾承保后的防灾防损以及火灾理赔工作。如美国 **FM Global** 的咨询机构提供了许多评估结果并被许多保险公司认可。评估机构的人员应经过严格的专业知识培训和考核。并且评估机构应具有中立性，对自己的评估结果承担法律责任。除了成立评估机构，还需要确定评估的范围。评估范围包括保险标的有关消防的各个方面，包括建筑物、构筑物的消防审批和验收情况；平面布局情况；用火、用电、用气等安全情况；疏散、逃生和防排烟设施情况；防火分隔、内装修情况；消防设施的完整和好用情况；人员消防安全培训和消防安全意识情况；规章制度和消防组织的建立和落实情况；消防责任制和消防管理情况；消防经费的保障情况等。

2）建立浮动费率体系。保险公司应该评估保险标的火灾风险水平并进行分级，并建立与之对应的费率浮动系数。对不同火灾风险水平的企业收取不同的保费对于火灾保险公司和企业都具有积极作用，也体现公平的原则。风险高的企业收取高保费，风险低的企业收取低保费，这样能够降低保险公司承保的风险。对于企业能够督促其降低自身风险水平，预防火灾事故的发生。对于火灾风险评估较好的企业，可以在保费上分层次优惠或采取奖励，对具有重大火灾隐患的不合格企业，保险公司可以拒绝承保，或加收保费；对已参加火灾保险的企业，保险公司可定期进行检查，若企业风险水平降低，可参照档次的优惠比例适当予以奖励；对于多年无事故的单位，如果风险水平不断降低，消防安全条件不断改进，根据评估情况可逐年降低保费，如果企业消防安全状况未变，即使长期不发生火灾也不应降低保费，从而督促企业改善消防安全条件。

（2）火灾保险企业与消防互动，降低火灾风险

1）消防与保险相互支持合作。消防工作单靠消防机构一家监督管理难免会顾此失彼，这也是我国多年来重特大火灾事故不断发生的一个原因。2002 年，公安部第 61 号令《机关、团体、企业、事业单位消防安全管理规定》提出"隐患自查，风险自担，责任自负"，将消防工作社会化。然而消防机构监督面难以扩大以及有些人员消防认识不足，消防工作社会化的进程举步维艰。火灾保险通过经济杠杆作用使企事业单位降低自身火灾风险，有利于消防社会化进程的发展。

由于我国保险事业仍处于发展阶段，有些企事业单位对火灾保险的作用认识不足，虽然自身单位具有火灾风险，但拒绝购买火灾保险。消防部门具有执行行政管理职能，可以通过消防行政干预手段促进火灾保险的推广，如易燃易爆化学危险物品的生产、储存、使用和经营企业未参加火灾保险的不予办理消防行政审批。

消防与保险相互支持合作还需要保险公司与消防部门实现资源互享。随着我国保险事业的迅速发展，相关法律法规的健全，投保者和投保的金额越来越多，事故的频繁发生和赔偿金额的增加会导致保险公司盈利减少。为了避免重复劳动，提高工作效率，消防和保险公司要经常沟通。保险公司将投保部门相关资料提交给消防部门，消防部门将企事业单位审核、验收的相关资料告知保险公司，从而实现资源共享。

2）消防与保险相互补充。火灾危险与人们的生活、生产密切相关，它是客观存在的，是人力不可抗拒的自然规律。然而火灾事故是可以预防的，火灾风险水平是可以降低的，火灾损失是可以减少的。消防和保险事业在防火控火中具有重要作用，然而目前我国火灾保险和消防各有其缺陷存在。消防与保险相互弥补能够更大地发挥两者在降低火灾风险水平，预防火灾的作用。

火灾公众责任保险是社会公益性很强的险种，投保单位发生火灾后，将由保险公司向受害第三方及时提供赔偿，保证了公民和消费者的合法权益，有利于维护社会稳定。但是由于我国保险事业发展较晚，人们对火灾保险的认识不足，火灾公众责任险未能全面普及。建立完善的消防和保险法规政策可以促进火灾公众责任险的普及，发挥保险的作用。1995 年以来，我国政府出台了一系列法规、规章及相关文件，如国务院和国务院办公厅先后转发了公安部《消防改革与发展纲要》和《关于"十五"期间消防工作发展指导意见》，对推行火灾保险和建立消防与保险良性互动机制提出了要求；2002 年，全国人大常委会消防法执法检查组提出了"实行单位消防安全强制保险制度，鼓励保险公司介入消防工作，利用市场经济机制调节火灾风险"的建议；2006 年 3 月 24 日，公安部、中国保险监督管理委员会联合发文《公安部、中国保险监督管理委员会关于积极推进火灾公众责任保险，切实加强火灾防范和风险管理工作的通知》（公通字〔2006〕第 34 号）要求积极推进火灾公众责任保险；2006 年 8 月 17 日，在《安全生产"十一五"规划》的第二个主要任务"深化重点行业和领域专项整治与监督管理"中提出"建立消防中介技术服务组织和消防职业资格制度，形成消防与保险良性互动机制"。然而目前我国的相关法律法规仍需进一步完善。

我国《消防法》和公安部令第 61 号《机关、团体、企业、事业单位消防安全管理规

定》都对单位消防安全责任做了明确规定。但是单位和保险公司对消防安全仍然重视不够，在遵守法律法规方面仍存在漏洞。相关部门及公司应该完善自身管理体系。政府应要求职能部门加强对消防工作的配合，如对新建、改建、扩建工程履行消防审批手续；消防机构应加强对企业单位的消防监督管理，督促其加强防范；保险公司应加强对投保公司的检查力度，弥补消防监督的不足；企业单位应加强消防安全意识。

对企业的消防检查，消防和保险公司可以相互弥补。消防检查出的火灾隐患，在督促企业单位进行整改的同时可以抄送保险公司；保险公司对保险标的进行检查，检查出的火灾隐患也可以抄送消防机构。二者实现信息共享，避免重复工作。针对检查结果，二者可以相互配合，督促单位进行整改。消防可以通过行政处罚的方式甚至让企业停业整顿的方式使企业单位整改自身消防隐患；保险公司可以通过提高保险费率甚至拒绝承保的方式使投保单位整改自身隐患。另外，保险公司也可以提出在公司发生火灾后减少赔付金额甚至不赔付，从而使企业整改自身消防隐患。消防和保险公司也可以邀请对方共同对企业单位的火灾隐患进行排查，从而提高消防检查已经火灾风险评估的科学性。对单位存在的整改难度较大火灾隐患或投入整改资金较多的火灾隐患，保险公司可以协助整改。

在火灾事故发生后的事故调查方面，消防机构应和保险公司合作，互通信息，互相合作。然而目前我国的火灾事故调查，保险公司和消防往往独立进行。消防机构核定的损失和保险赔付存在巨大差距。有的火灾事故被消防认为责任事故火灾，但保险公司却全额赔付，对单位起不到警示作用。因此，消防机构应制定科学、准确的火灾损失计算标准尤其对火灾中的水渍损失、停产停业损失，应进行合理计算，既方便当事人主张财产权利，又便于开展保险企业理赔。保险公司应该根据消防机构核定的火灾损失进行理赔，避免理赔不公起不到警示作用。此外，对于按要求安装消防设施扑救火灾造成的水渍及其他损失，保险公司应合理理赔。消防机构要将火灾情况与保险公司共享，从而使保险公司对火灾事故发生的原因、损失进行分析、研究，科学计算保险费率，减少保险单位经营风险。

多年来，消防安全宣传一直由消防机构一力承担。但是由于经费不足，人力有限，消防安全知识普及不足。保险公司应该加入到消防安全宣传中来，弥补消防机构消防安全知识宣传不足的缺陷。保险公司应放弃"重保费，轻投入"的观念，加强消防宣传、消防培训或基础设施建设，提高人们消防意识，有利于降低社会火灾风险水平。

复 习 题

1. 什么是火灾保险？
2. 如何科学地厘定火灾保险费率？
3. 保险业务统计方法有哪些？
4. 如何对火灾保险进行费率厘定及信度分析？
5. 简述火灾公众责任险的定义和意义。
6. 简述我国火灾公众责任险推广面临的困难，就如何推广火灾公众责任险发表自己的看法。
7. 简述火灾保险与消防以及火灾风险认识上的误区。
8. 简述我国火灾保险与火灾风险互动机制的建立。

第8章
火灾风险管理与火灾事故应急管理

■ **本章概要·学习目标**

　　本章主要讲述火灾风险管理的基本内容、理论方法及实际应用。首先从风险管理的目的及意义入手，明确了风险管理的定义；接着确定了火灾风险管理的框架体系与要素；进而重点介绍了火灾事故应急管理，包括应急机制体制、应急预案、应急响应、应急恢复等；最后从法律法规与制度、安全教育与培训、日常防灾演练三个方面对火灾风险管理培训教育与防火演练进行了解读。本章要求学生学习火灾风险管理体系，掌握火灾事故安全培训教育的内容，了解掌握火灾事故应急管理方法，提高应对和处理火灾风险事故的能力。

8.1 | 火灾风险管理概述

8.1.1　火灾风险管理的定义

　　风险的概念详见4.1节。人们对火灾风险的通用定义为潜在火灾事件产生的后果及其发生的概率，基本表达式如下：

$$R = \sum_i (P_i C_i) \tag{8-1}$$

式中，P_i表示单个火灾事件的发生概率；C_i表示该事件产生的预期后果。

　　通常，衡量风险时主要考虑以下三种后果类型：人员风险；财产风险（包括营运中断，常以经济损失度量）；环境风险。不同分析目的需要考虑不同的风险类型，同时应采用相应的风险度量单位；一项研究中可能需要同时对几种风险进行分析。

　　20世纪30年代诞生的风险管理科学于70年代以后得到了迅速发展，在世界各地都得到了广泛应用。风险管理是人类在不断追求安全和幸福的过程中，结合历史经验和近代成就而发展起来的一门新兴学科。它以信息论、控制论、运筹学、概率论与数理统计为理论基础，运用系统工程的方法，结合风险管理领域专业技术知识去分析风险，能预测事故发生的可能性，全面、系统地识别复杂系统存在的各种风险因素，从而采取有效的管理技术去控制、预防风险的产生。风险管理就是通过风险识别、风险评估以及风险管理方案的实施，实现风险成本最小化和企业利益最大化的管理过程。从某种意义上来说，在风险管理整个周期中，风险处理手段的选择，即风险管理决策，是整个风险管理周期的重点，它直接影响风险管理的成效。而能否做出科学的风险管理决策又取决于风险管理决策方法的合理与否。风险具有普遍性，因此风险管理的涵盖面较广。从不同的角度，不同的学者提出了不尽相同的定义。

克里斯蒂（James C. Cristy）在其《风险管理基础》一书中提出："风险管理是企业或组织为控制偶然损失的风险，以保全获得能力和资产所做的一切努力。"威廉姆斯（C. Arthur Williams. JR）和汉斯（Richard M. Heins）在 1964 年出版的《风险管理与保险》中提出："风险管理是通过对风险的识别、衡量和控制，以最低的成本使风险所致的各种损失降到最低限度的管理方法。"罗森布鲁姆（Jerry S. Rosenbloom）在 1972 年出版的《风险管理案例研究》一书中提出："风险管理是处理纯粹风险和决定最佳管理技术的一种方法。"在众多的说法中，美国学说和英国学说影响最大，其他的各个学说也都是它们的分支或在其基础上派生出来的。其中，最具有代表性的是由国际标准化组织在其标准《风险管理原则与指南》（ISO—31000—2009）中给出的定义："风险管理是组织为控制其风险所采取的综合措施。"这里，"组织"是一个泛指的概念，可以是个人、机构、企业等，也可以是某个政府部门，其要加以管理的风险则因组织的目的而异，而综合措施自然包括各种手段，例如，对于企业安全问题的风险管理，可以运用"3E"对策。此外，我国学者刘钧教授提出的定义从另一个角度针对风险管理的内涵进行了阐述："风险管理是研究风险发生规律和风险控制技术的科学。"依据此定义，可以将安全风险管理理解成"事故发生的规律风险控制技术"。但是，无论是何种说法，风险管理的概念均可以体现在以下几个方面：

1）风险管理是管理科学的一个重要组成部分，它极大地丰富了管理科学的内涵，促进了管理科学的发展。并且随着社会的发展及研究的深入，人类逐渐认识到风险管理的理论与实践对于做好管理工作的重要性。

2）风险管理的应用范围极其广泛。所有的管理决策都存在风险因素，都有风险事件发生的可能性，所以所有管理决策都要防范与之相关的风险损失，故而都需要应用风险管理的理念与方法去更好地面对问题。换言之，风险管理无处不在，且需融合于相应的管理学科之中，才能更好地发挥其作用。其中，安全生产管理、安全防范管理和企业经营管理等学科中风险管理的应用尤为重要。

3）风险管理的实质是通过各类手段合理地安排风险。也就是说，对管理对象实施风险管理，其目的并非只是降低或消除风险。有时候，也可以运用风险回避或者风险转移的方法达到目的。

4）风险管理以既定的风险事件未发生为前提。一旦既成事实，则风险管理也就无从谈起。安全管理以事故预防为核心，故而理所当然地可以应用风险管理的各类手段去管理其所必须面对的各种安全风险，从而达到防患于未然之目的。所以也可以说 21 世纪的安全管理是以风险管理为核心的。

火灾风险管理科学目前在火灾风险管理中的作用并没有得到充分的发挥。因此加强火灾风险管理研究，并将风险管理技术科学运用到火灾场景中，是一个长期的工作。火灾风险管理的内容包括风险分析与风险决策两大部分，而前者又可细化为风险识别、风险估计和风险评估，具体如图8-1所示。

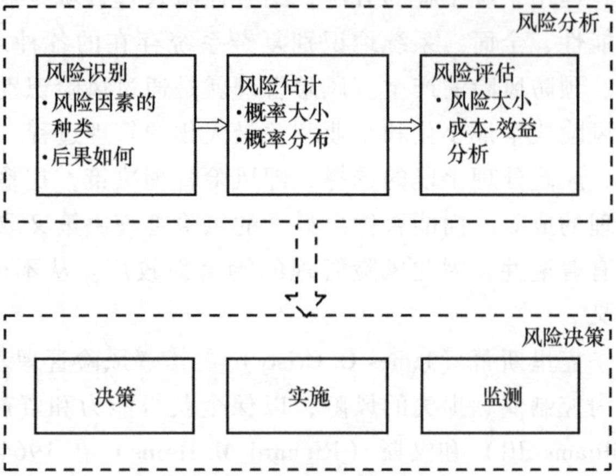

值得注意的是，由以上几个阶段组成的一个火灾风险管理周期结束后，仍需要信息的反馈和继续，即在实践中要不断发现新的火灾风险因素，并及时修正决策方案，使火灾风险管理更为科学有效。

图 8-1　火灾风险管理的内容

风险决策主要包含实施和监测两大部分，前者主要是指风险应对，后者特指风险的监测和检查。风险应对指的是选择并执行一种或多种措施降低风险（降低危险发生概率或降低危险发生造成的损失）。风险应对决策应当充分考虑各种环境因素，包括内部和外部利益相关者的风险承受度，法律、法规和其他方面的要求等，在此基础上综合分析得出。风险监测贯穿于风险管理全过程，包括事件监测，分析变化及其趋势并从中分析规律吸取教训；找寻内外部环境信息的变化，包括风险本身的变化、可能导致的风险应对措施及其实施优先次序的改变；监督并记录风险应对措施实施后的剩余风险，以便在适当时做进一步处理。检查活动包括常规检查、监控已知风险、定期及不定期检查。

8.1.2　火灾风险管理的目的

风险管理的主体是各个经济单位，即个人、家庭、企业、政府等单位，其客体或对象是各个经济单位潜在致险因素，其目的是防止和减少损失，保障社会生产及各项活动的顺利进行，其实质是以最经济合理的方式消除风险导致的灾难性后果。

火灾风险管理最主要的目的是控制与处置火灾风险，以减少和阻止火灾损失，保障社会生产及各项活动的顺利进行。因此，以风险实际发生时间为界，风险管理目标可分为损前目标和损后目标。损前目标是指在风险发生前即做好对风险的辨识、分析、控制与防范工作，实现客观、准确地认识火灾危险性，最大程度降低风险发生的可能性，从而管理和控制风险。损后目标是针对已发生的风险损失，采取必要措施，努力减少或消除风险损失所带来的后果，维持风险主体的正常运作秩序，尽快恢复到损失前的状态。

8.1.3　风险管理技术

风险管理技术分为控制型和财务型两类。前者的目的是降低损失频率和减少损失幅度，或减少损失的不利差异；后者的目的则是提供基本的方式，消纳发生损失的成本。任何一种风险管理技术都有一定的适用范围，只有在了解了它们的性质、内容和适用范围之后，才能针对实际情况，合理选择管理技术。图8-2所示描绘了风险管理技术的分类。

8.1.4　火灾风险管理的必要性及应用背景

1. 火灾风险管理的必要性

1) 火灾风险管理为全面、合理地处置火灾风险提供了可能性。作为一种科学系统的方法，风险管理以对风险的识别衡量和科学分析为基础，使其能够为风险损失的出现与衡量提供科学、准确的计算基础，正确识别、衡量风险，为管理、处置风险

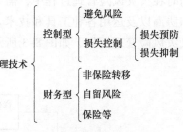

图 8-2　风险管理技术的分类

提供科学决策基础；又能够用科学、系统的方法，对各种风险对策的成本及效益加以比较，从而得到各种对策的最佳组合。

2) 火灾风险管理综合利用各种控制风险措施，在风险的处置上具有科学性和综合性。火灾风险管理既注重防止火灾风险的发生，使火灾风险发生所带来的损失最小，又注重在火灾风险发生造成损害时，有预先制定的方案作为后备，尽快降低火灾事故的损害。通过综合利用风险的避免和排除以及风险的自留和转移等方式，采取不同的组合以期达到总体效果的优化。因此，风险管理克服了那种传统的以单一手段处置风险的局限性，而且风险管理的综合协调也有利于降低成本，减少费用。

2. 火灾风险管理应用背景

火灾风险管理可以更加客观、准确地认识火灾的危险性，为组织的运行和决策，人们预防火灾、控制火灾和扑灭火灾提供依据和支持。由于火与人们的生产、生活息息相关，所以火灾风险管理同样有着很强的应用背景，主要体现在以下三个方面。

1) 为建筑物的消防安全管理提供依据。由于当今功能复杂的大型建筑、超大型公共娱乐场所以及具有重大火灾危险性的化工企业的大量建设，再加上城市人员集中，建筑物密集，人员疏散困难等原因，一旦发生火灾就有可能造成巨大的财产损失和人员伤亡，并造成严重的社会影响。单靠建筑内的主动防火设计以及事故发生后的人员灭火救援无法有效降低火灾风险。科学合理的火灾风险管理能够帮助人们认识火灾的危险程度以及可能造成的损失状况。

2) 促进火灾风险决策的科学化、合理化，减少决策的风险性。风险管理在充分分析存在的火灾风险基础上，帮助管理人员梳理存在的风险，从而有效管理和处置各种风险，并及时制定相应的预防措施及处置预案，为防灭火对策的制定提供科学的指导。

3) 具有极大的经济效益，可以促进资源的有效配置、企业经营效益的提高以及社会经济的稳定发展。风险管理是一种以最小成本达到最大安全保障的管理方法，提高了风险的应对水平，从而间接提高经营效益。同时，风险管理的实施有助于消除风险给经济、社会带来的灾害及由此而产生的各种不良后果，有助于社会生产的顺利进行，促进经济稳定发展和效益的提高，对整个经济、社会的正常运转和不断发展都有着重要的作用。

8.2 | 火灾风险管理框架体系与要素

8.2.1　火灾风险管理框架体系

火灾风险管理框架遵循一般的风险管理原理，结合了待分析对象消防安全管理的特性，

同时在火灾风险管理过程中，需要持续不断地对火灾风险管理进行学习和创新、不断地沟通和协商以及运用各种工具和技术。这些要素相互作用，相互影响，有机地组成了一个完整的火灾风险管理框架，如图 8-3 所示。

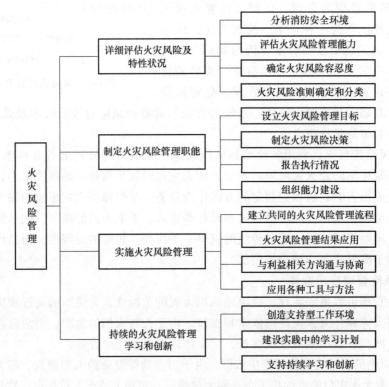

图 8-3　火灾风险管理框架

8.2.2　火灾风险管理要素

人类认识和研究风险的目的在于有效地管理风险。随着研究的深入，风险管理已逐步发展成为研究风险发生规律和防范与控制技术的一门新兴管理学科。各经济单位在风险辨识、风险衡量、风险评估的基础上优化组合各种风险管理技术，实施有效的风险控制并妥善处理风险所致损失的后果，期望达到以最小的成本获得最大安全的保障目标。按以上对风险管理概念的描述，从系统的角度对火灾风险管理框架的基本组成要素做如下分析。

1. 评估火灾风险及特性状况

对于一个待分析场景的消防安全环境的分析和火灾风险及其特性状况进行详细的阐述是火灾风险管理的基础，只有详细了解了火灾风险，按照第 4 章介绍的方法对人员风险、财产风险、环境风险等风险类型进行评估，后续的火灾风险管理活动才能开展。详细阐述火灾风险及其特性状况的目的是根据消防管理的任务、目标和可以利用的资源，审查待分析场景潜在的火灾危险及危险的严重程度。此外，识别和评估现有的火灾风险管理能力也是详细阐述城市火灾风险特性状况的一个重要组成部分。所以此部分的任务是在充分分析消防安全环境的基础上，运用科学合理的评估手段对火灾风险能力现状进行公正的评估，并确定相应的火灾风险容忍度，进而制定火灾风险准则。

（1）分析消防安全环境　消防安全环境分析是指系统全面地对待分析场景的消防安全环境进行审查，找出蕴含的火灾威胁，即辨识分析致险因素，并分析其成因及后果。需要考虑建筑耐火极限、火灾荷载、防火隔断、疏散通道、消防系统、人员素质等方面。致险因素简单来说就是导致系统产生风险的潜在或面临的外部环境和内部条件，对致险因素的辨识分析就是对各类致险因素加以判断、识别、归类，并对风险性质进行定性描述及鉴定的过程。在火灾风险评估方法的指导下，做好致险因素的辨识分析是风险管理后续工作的基础。

（2）评估火灾风险管理能力　火灾风险管理能力反映了现阶段管理火灾风险的水平，集中体现在火灾预防及扑救的消防安全管理工作中。影响火灾风险管理能力的因素有很多，需要重点考虑的是：消防安全责任制的执行力度、消防管理规章制度的合理制定及执行力度、消防工作人员的专业能力、消防系统的工作能力等。

（3）确定火灾风险容忍度　火灾风险容忍度表示在规定的时间内或某一行为阶段可接受的总体风险水平，它为风险分析以及制定减小风险的措施提供了参考依据。因此，应在正式进入火灾风险评估之前根据待分析对象的实际情况，参考同类别的分析实例，综合分析后给出。在确定时还要充分了解各利益相关方（即员工、政府、单位、消防组织及市民等）风险容忍度的现状。不同利益相关方对相同风险的风险容忍度、同一利益相关方对不同风险的风险容忍度都是不同的。因此，在详细阐述火灾风险特性状况时，需要与各利益相关方进行广泛的沟通和协商，充分评估利益相关方对什么样的风险以及何种水平的风险能够接受，以便决策什么样的风险必须进行管理、如何管理以及管理到何种程度。

（4）火灾风险准则确定和分类　火灾风险准则是对火灾风险进行度量、决策和应对所依据的原则。火灾风险准则的确定和分类，对城市消防安全目标确定、消防安全决策和规划、消防资源配置具有较大的影响。

火灾风险管理主体在确定风险管理目标时应遵循以下基本原则：

1）经济单位的主体总目标是其一切管理活动的出发点和归宿，风险管理作为经济单位全部管理活动的一部分，其目标的制定应该而且必须符合主体发展总目标的要求。

2）对风险进行有效控制和防范所需投入的人力和资源等成本的大小应与风险所带来的损失或报酬相权衡，以考察风险管理的必要性。

3）对风险的管理是一种预期行为，其行为结果只有在将来才能得到反映，近期投入的风险成本，必然相应减少目前的收益，增加未来收益的可能性。因此，风险管理主体要有长远的观点，做好未来风险收益与近期利益损失的权衡。

4）风险管理往往由多个相互联系、相互作用的组成部分构成有机整体（系统），其各个组成单元都存在各自的风险问题。处理局部风险应以整体风险管理为出发点，从全局降低系统的整体风险。

火灾风险准则的确定和分类要综合考虑待分析对象的消防安全环境、火灾风险管理能力现状以及各利益相关方的风险容忍度，同时还需考虑决策者对待风险的态度、方案的风险度以及每种方案的益损期望值，不同分析对象的火灾风险准则是不一样的。尽管如此，火灾风险准则的确定也会遵循一些相通的原则。比如，要尽可能地反映消防安全目标以及行为特征；要符合现有的消防法律、法规及公认的行业标准；应满足日常消防安全工作的安全需要等。

火灾风险准则一般可分为人员风险准则、财产风险准则和环境风险准则三类。根据具体的消防安全工作，火灾风险准则可进一步细分和有所侧重。基于各种影响因素的分析和它们对风险管理决策的影响程度，火灾风险管理的准则应该是：首先必须考虑对待分析对象可能产生致命影响的生存风险度，对生存风险度大于或等于1的方案应首先予以排除，然后再对决策者的风险态度以及每种方案的风险度做出评判。

2. 制定火灾综合风险管理职能

通过详细阐述火灾风险及其特性状况，对火灾风险及其特性状况有系统、详细的了解和把握后，在此基础上，需要在城市各级消防组织制定火灾风险管理职能，类似于火灾风险管理的"基础设施"，目的是在内部增进对火灾风险问题的了解和沟通，提供明确的消防安全管理方向和获得员工及领导的支持。要使火灾风险管理有效实施，就要使其符合消防安全的总体目标、共同关注点、战略方向和安全文化。

（1）设立火灾风险管理目标　火灾风险管理目标的设立对确保风险管理职能成功整合到现有组织中是至关重要的。要建立一个共同的关注点，这是开展消防安全工作、确定消防优先事项和配置消防安全资源的方向。

火灾风险管理的根本目标包含三个方面的内容：

1）最大限度地满足日益增长的消防安全需求。随着社会的进步，人民生活水平的提高，对于消防安全的标准也在逐步提升，所以火灾风险管理必须与时俱进。

2）更好地优化现有消防安全工作实践。

3）更好地优化城市消防安全资源配置。

这三个方面的目标体现在组织的消防安全工作中，就是要尽量减少火灾数量、尽量降低人员伤亡、尽量缩小财产损失、尽量减少环境污染和尽量降低社会政治影响。在应用时需要对这些目的进行具体的量化和细分。

（2）制定火灾风险管理决策　风险管理要达到用最小的成本获得最大的安全保障的总目标，必须进行风险管理决策。火灾风险管理决策的制定需要遵循以下原则：火灾风险管理决策是以火灾可能造成的损失结果为对象，根据成本和效益的比较原则，选择成本最低、安全保障最大的方案。火灾风险管理决策属于不确定情况下的决策，而未来不确定性的描述常常借助概率分布，因此概率分布成为火灾风险管理决策的客观依据。同时，决策人的主观风险态度构成了决策的主观依据。因此，非保险手段成为火灾风险管理决策的一个显著特点。由于火灾具有随机性和多变性，火灾成因还具有隐蔽性和抽象性，因此，必须定期评估决策结果，并适时进行调整。

适用于火灾风险的决策方法有：损失期望值决策法、效用理论决策法和数理统计决策法等。

1）损失期望值决策法以损失期望值为决策依据，在不同的决策原则下，选择最佳方案。

① 建立损失模型。损失模型就是用来揭示在不同方案下，火灾的损失额、费用额与决策效果之间数量关系的模型。损失模型应该反映出以下情况：火灾的发生概率及损失后果的大小；针对火灾拟定的措施和行动方案；不同方案的成本大小。

② 忧虑价值的影响。由于火灾发生的不确定性，管理者对所选择的方案总存在着某种担心和忧虑，这种忧虑在损失模型中以价值形态及货币价值额进行反映，这就是忧虑价值的概念。在损失模型中考虑适当的忧虑价值，可以使决策方案更为完善、更符合实际。忧虑价值对决策方案的影响表现在：决策者的忧虑价值越大，则越倾向于保守方案的选择；决策者的忧虑价值越小，则越倾向于冒险方案的选择。

③ 方案的确定原则。将一定时期内最大的潜在损失减少到最低限度，即"最大最小化"。比较各种方案在最坏的情况下可能出现的最大损失额，以损失额最小者为优。将一定时期内潜在的最小损失减少到最低程度，即"最小最小化"原则。在火灾不发生的情况下，选择成本最低的方案为最优。在损失概率能够确定时，决策原则是将一定时期内预期的损失额减少到最低限度。但需要注意的是，在损失期望值决策法中，仅仅考虑决策方案的期望值，却忽略了方案本身的风险程度以及决策者对待风险的态度，实际上对决策者而言，除关心期望值外，更关心的是其中的风险程度；同时，决策者个人行为，包括其经验、能力、技术水平、个人性格等因素，不仅会影响决策方法的合理选择，在很大程度上还会影响决策成功与否。

2）效用理论决策法。效用理论是由金融经济学上的效用观念和心理学上的主观概率而形成的一种定性分析理论。效用是指决策人对待风险事件的期望收益及损失所持独特的兴趣、感觉或取舍的反应。效用代表决策人对风险的态度。因为决策者的选择会受到涉及的风险的影响，要在决策中应用效用理论，就必须为每一种可能的结果确定效用值，这种期望收益与选择之间的关系通常以效用函数来表示。效用理论是关于决策者个人的心理和行为反映的定性决策理论，其定性分析表现在对于决策者个人主观意愿的测验与反映。因此，效用值通常可通过问卷调查、询问和心理测试等方法获得。诺曼（Johnson Neumann）和摩根斯坦（Oskar Morgenstein）在 1944 年出版的《Theory of Games and Economic Behavior》一书中，共同创立的"N-M"心理测试法，也称"标准赌术"法，就是通过心理测试来求得与风险型期望损益值等价的确定型损益值，用来作为一次性决策的标准。这种方法是目前国外常用的方法，但应用起来比较麻烦，因为要对决策者进行反复提问，而应用数学模型法直接给出效用函数计算效用值则便利得多。

在应用数学模型法时一般给出如下假设：①对于给定的同类风险，无论外部条件是否变化和怎样变化，行为人都将以恒定水平的风险偏好特性，去规避该类风险，或去角逐该类风险，或者保持中立态度，直至结局出现，这种风险反应称为定常风险偏好特性；②对于给定的同类风险，当客观条件发生变化，即行为人经济实力或可支配财富发生变化，其风险偏好特性水平也将随之改变，这种风险称为可变风险偏好特性。两种风险偏好特性均有相应的效用函数。由于在大量的工程风险决策中，行为人决策所涉及的财产损失或收益较行为人的经营规模和既有财富来说，均不足以影响行为人的风险偏好特性水平，或者某一管理层次行为人，其决策所涉及的财产均有一定的限制，故其风险偏好特性也总是定常的。在火灾风险管理决策中，决策者的个人主观风险偏好特性，即风险态度，对风险管理决策的影响重大，在考虑决策者的风险偏好特性时，有必要简化一些次要的影响因素，因此定常风险偏好特性效用函数在实际应用中就显得尤为重要。

对于效用理论决策法，虽然得到了货币所对应的效用值，但货币的组合与其对应的效用组合并不一致，因而，从某种程度上说又忽略了货币价值对决策的影响。因此，在风险管理决策中，为了最大限度地减少风险的损失，必须全面衡量各种因素，综合考虑。

3）数理统计方法。这种方法通过对火灾统计资料的分析，在建立火灾发生概率和损失程度的基础上，最终确定是采取风险自留还是购买保险或将二者结合起来的对策。应当指出：不同的决策方法会影响决策结果，决策者个人的主观偏好也会影响决策的结果。

同时有效的火灾风险管理不能孤立地实施，必须要纳入到城市现有的组织结构、消防安全决策和平时的消防安全管理工作中。因为火灾风险管理是一个城市良好的消防安全管理的重要组成部分，将火灾风险管理智能纳入城市现有的消防安全规划和消防安全工作中，确保火灾风险管理是城市日常消防安全活动不可分割的一部分。此外，火灾风险管理也可以利用现有的城市消防安全能力、功能和资源。

（3）形成火灾风险管理执行情况报告　火灾风险管理活动的评估和报告机制的制定，将反馈给企业管理层和在该级消防组织及城市政府管辖范围内的其他相关方。这些活动的结果可以确保火灾风险管理是长期有效，且是多方监督互建的，而作为反映消防安全工作实践中火灾风险的信息，火灾风险管理活动应纳入城市消防安全环境分析进程中。报告可以通过正常的管理渠道（执行情况报告、持续监测、评估）制定出来，并可作为与火灾风险管理相关的咨询职能的一部分。

火灾风险管理执行情况报告有利于通过评估成功和失败、监测资源的使用和传播信息的最佳实践及经验教训来学习和提高决策水平，各级组织应当定期评估其火灾风险管理过程的有效性。

（4）组织能力建设　组织能力也就是火灾风险管理能力的建立在火灾风险管理中应当是一项持续的工作，主要体现在两个关键领域：人力资源、工具和流程。除此之外，仍然需要关注新领域和活动，以及火灾风险管理技能、过程和需要加以发展及加强的实践活动。

3. 实施火灾风险管理

（1）建立共同的火灾风险管理流程　一个共同的、持续的火灾风险管理流程有助于充分理解、全面管理和便捷沟通火灾风险。持续的火灾风险管理的步骤因具体的消防安全环境而不尽相同，流程中各步骤所强调的内容可能也会有所不同，但基本的步骤却是类似的。一般都包括火灾风险识别、火灾风险评估、火灾风险应对、火灾风险控制等内容。图 8-4 所示是一个侧重于火灾风险管理方法的持续火灾风险管理过程流程图。

（2）火灾风险管理结果应用　由于消防管理的强制性管理模式，在传统的消防观念中企业往往处于被监督的被动地位，并因此导致部分企业对于消防管理的应付心理和轻视态度。然而，站在企业风险管理的角度思考，企业是火灾风险损失的承受者，因此

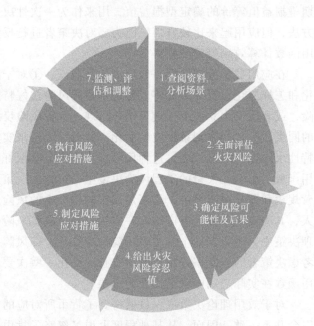

图 8-4　持续火灾风险管理过程流程图

有效的火灾风险管理才真正符合企业自身的利益。在火灾风险控制的具体操作中，从人员因素到财产状态的管理，都需要企业自己来完成。所以，企业在火灾风险管理中理所当然是主要角色，而政府只是监督管理的辅助角色。因此企业需要从根本上转变观念和态度，应当采用主动的火灾风险管理模式取代被动的消防管理模式。

由于火灾风险管理具有较高的专业性，部分生产企业常常由于管理人员缺少相关专业知识和对建筑设计规范的理解不够深入而无法充分了解自身的火灾风险状况，从而无法实施科学有效的火灾风险管理，并使企业财产常常处于高火灾风险的环境之中。因此，全面提高企业火灾风险管理水平，必须首先提升人员的专业素质和水平，使其具备识别火灾风险和控制火灾风险的能力。在人员条件不具备的情况下，企业可以借助外部专业公司的力量作为自身专业能力的补充，确保建筑的财产安全。与此同时，企业还应当通过主动接受政府相关部门的监管发现自身在消防管理中的不足，充分利用政府部门的专业资源和管理提升企业的火灾风险管理水平。

风险管理是一门系统管理科学，人是各项管理活动中最活跃的要素。首先人是风险事故的主要受体之一，意外风险事故的发生往往导致人员受到伤害。其次风险因素的产生主要源于人与人、人与物、人与环境以及物与环境的相互作用，可见人是产生风险因素的主要来源之一。另外人又是对风险进行有效管理中最重要的力量。由此可见风险管理各个环节都离不开人的参与。火灾风险管理应坚持"以人为本"的理念，首先从建筑消防的人性化设计入手，提高建筑耐火性能、提升消防设施配置水平并考虑应急通道等的疏散设施的合理设置，以增加建筑的本质安全型；其次作为风险因素主要来源以及火灾风险管理的重要主体，各级人员一方面要遵守相关管理制度，降低人为风险事故的发生，另一方面要不断提高专业素质和管理水平，积极主动地防范风险，避免火灾风险事故对企业人员和财产造成重大损失。

火灾风险管理的结果应综合纳入相应的消防安全政策、计划和工作实践中，包括本级组织内部及本级组织的上级和下级部分。在制定应急预案时应将火灾风险评估和火灾风险应对考虑在内，这些内容将在整个城市的消防规划中予以考虑，重大风险将被纳入整个城市的应急预案和资源配置中。

（3）火灾风险管理的工具和方法　在技术层面上，有各种工具和技术可用于火灾风险管理。如各种描绘火灾风险的来源和类型的火灾风险图；分析最不利火灾场景的各种建模工具；模拟火灾发生及发展过程以及人员疏散过程等的计算机模拟软件，如 FDS、CFAST、EVAG、AIMULAX；各种火灾风险评估方法，如安全检查表、基于事故树的火灾风险评估方法、火灾风险指数方法、古斯塔方法、NFPA101M 火灾安全评估系统等。目前，在我国火灾风险管理中工程法是运用最多的控制型风险管理技术，而对财务型管理技术应用较少，更没有将几种技术有机地结合起来。对最佳方案的合理选择，就是风险管理决策的目的。在所有的风险管理技术中，适用于火灾风险的管理技术见表8-1。

表 8-1　火灾风险管理技术

火灾风险所处阶段	可采用的风险管理技术	具 体 方 法
潜在阶段	控制型风险管理技术	1. 工程法：具体为建筑防火设计的各种方案，旨在提高建筑物自身耐火等级 2. 教育法：消除人为火灾风险
实际出现阶段	控制型风险管理技术	通过火灾探测系统及时发现火情并采取措施处理，通过人工或自动灭火方式在火灾发生后，尽早将火扑灭
造成后果阶段	财务型风险管理技术	1. 自留风险 2. 购买保险等

在开发提供火灾风险管理指南的方法时，部门内不同层次的准备程度和经验以及现有的资源变化都需要考虑到。因此，这就需要方法是灵活的和简单的，使用明确的语言以确保交流畅通。

以下提供一个针对森林火灾风险管理的案例。森林火灾主要是指森林火势失去人为控制，在林地不断扩展蔓延，对森林以及周围的环境造成一定危害的灾害。一旦发生火灾就会烧毁林木，烧毁林下植物资源，危害野生动物，引起水土流失，导致下游河流水质下降，污染空气，给人们的生命财产安全带来一定的威胁。因此需要做好森林火灾扑救和风险管理措施，使火灾造成的损失减少到最低程度。森林火灾的风险管理可以分为风险预防、风险抑制和风险隔离三部分开展。

1）风险预防。

① 提高森林风险防火意识。消防部门要加大宣传，要注重提高民众的防火意识，使其清晰地了解安全的重要性与产生危险的严重性。可以通过开展一系列的安全防火培训，提高防范风险的意识。比如开展安全讲座、模拟危险事故进行分析、发放安全小册子等，宣传火场自救知识，使其切身体会到防火安全的重要性和危险的影响性。积极利用网络平台宣传森林防火知识，将防火知识整理归纳到相关网站，使每个公民都能够直接上网查询。

② 扩大防火队伍，保障防火经费，注意提高防火人员的综合素质。防火人员应该积极参加防火训练，进行考核内容的深化，注意提高自身的技能水平。充分地利用各种资源来建立高素质的防火队伍，控制损失。

③ 加大执法力度。相关部门监督打击森林违章用火行为，对于违章行为给予一定的处罚，同时实施失火披露制度和野外用火申报审批制度，避免火灾的发生。

④ 建立预警应急体系。成立相关的预警应急中心，设立火场前线部门，并进行应急预案编制和演练，明确各个部门的工作职责，定期进行防火隐患排查，加大对野外生产活动的监督力度。

2）风险抑制。

① 建立空中灭火机制，通常森林火灾发生在山区，消防车辆难以及时到达，严重影响灭火工作。因此可以考虑应用消防直升机，在空中投放灭火剂的方式来扑灭森林火灾。

② 安装自动报警系统及定位系统，通过应用该系统能够准确及时地实施灭火行动。可以采用全球卫星定位系统和移动通信系统、红外成像技术等收集森林图像，进行实时监测，采取措施扑灭森林火灾。

3）风险隔离。通过实施"绿色防火工程"来隔离火灾，营造不易燃的林带或以林木混交方式来实现防火隔离；通过实施"白色防火工程"，放置菌类帮助实现落叶的分级，达到良好的防火效果。

（4）与利益相关方的沟通和协商　实施火灾风险管理的一个基本的要求是通过与利益相关方（包括内部和外部）不断协商和沟通，制订消防安全计划或增加消防设施，这些利益相关方可能参与进来或受到组织的决定和行动的影响。在消防安全监督部门中，一些常见的火灾风险问题的解决将受益于各部门人员积极主动的参与。在制定消防安全政策时，消防安全管理人员的经验和相关投入，确保了城市消防安全方面的资料更加完整，可以促进更切合实际和有效的消防安全政策的制定。火灾风险的沟通涉及一系列活动，包括消防安全问题的识别和评估、消防安全环境（包括利益相关方的利益和关注）的分析、协商和沟通战略的制定、信息开发、与媒体合作以及公众对话的监测和评估。消防管理部门拥有向政府消防机构报告和与政府沟通的责任。

4. 持续的火灾风险管理学习和创新

持续学习对更加明智的和积极的消防安全决策是必不可少的，有助于更好地对火灾风险进行管理，加强组织能力并促进将火灾风险管理纳入组织结构中。

（1）创造支持型工作环境　支持型工作环境是持续学习的一个关键组成部分。重视从经验中学习、分享最佳实践和经验教训及创新，这些都是支持型工作环境的组织特征。建立一个具有支持型工作环境的组织，可以实现以下目标：

1）促进学习。营造一种环境，激发人们的学习兴趣；重视新知识、新观念和新关系的价值，作为培养创新创造力的重要方面；强调战略计划的学习等。

2）从经验中学习。重视经验的价值，对利益和后果进行评估；分享、学习成功与失败的经验；在规划工作时使用"教训"和"最佳实践"等。

3）表明管理领导权。选择好的领导和员工；通过提供机会、资源和工具表明承诺和支持员工；对事件、资源分配，通过定期审查以衡量成功与否等。

（2）建设实践中的学习计划　由于持续学习有助于提高管理火灾风险的能力，将学习计划纳入火灾风险管理战略十分重要。作为一个单位风险管理策略的一部分，学习计划用来确认每个员工的培训和发展需要。有效的学习计划反映了火灾风险管理的学习策略，并与日常消防工作和组织的消防安全战略相关联。而火灾风险管理学习目标考勤是一种持续的火灾风险管理学习的有效方法。

（3）支持持续学习和创新　在实施一个持续的火灾风险管理学习计划时，重要的是要认识到并非所有的火灾风险都可以预见或完全避免。目标不会总是得到满足，创新不一定会导致预期的结果。但是，如果火灾风险管理行动是知情的并汲取了经验教训，那么促进持续学习的实践将鼓励创新，同时仍可以尊重组织的风险容忍度。关键的问题是要表明：火灾风险正在妥善管理，且问责制得以保持，同时能认识到从经验中学习是非常重要的。

除了展开问责制、透明度和尽职调查，适当的文件也可以被用作学习工具。实施火灾风险管理应支持创新、学习和个人、团队及组织的持续改善。

8.3 | 火灾事故应急管理

8.3.1　应急机制与应急体制

1. 应急机制

应急机制在应急管理中是一个相对宏观的主要部分，它规定应急管理需要遵循的规则和规律。我国的《国家突发公共事件总体应急预案》中在第三部分"运行机制"中将其分为四个部分：预测与预警、应急处置、恢复与重建、信息发布。其中预测与预警主要说明了预警级别和发布；应急处置中主要说明了信息报告、先期处置、应急响应和应急结束；恢复与重建中主要说明了善后处置、调查与评估、恢复与重建。

根据我国今年来对应急管理机制的建设与改革，应急机制应该包括监控与启动机制、处置与协调机制、运行与评估机制、监督与奖惩机制、终止与补偿机制。

（1）监控与启动机制　如图8-5所示，监控与启动机制的流程包括监控过程和启动过程。监控包括了风险源的识别与评估、预警信号的确定、预警信号阈值的确认与验证等，启动则是在可以监控的突发事件本身的参数超过给定阈值，或者突发事件的影响范围或程度满足给定条件时，可以启动相关应急措施。

对于应急机制来说，监控与启动机制位于整个应急管理周期中较为靠前的位置，是决定是否运行应急管理的阀门，对它的设置直接影响整个应急机制的运行。所谓监控与启动机制，就是在灾害发生之前，对风险事件进行一系列的监视和控制，当被监控的突发事件参数超过一定的阈值，或者突发事件的影响

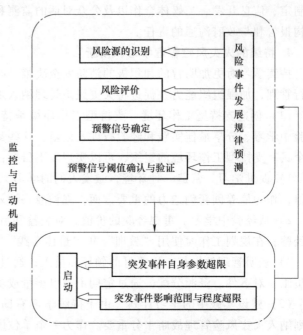

图8-5　监控与启动机制流程图

范围或程度满足一定条件时，就需要启动相关应急措施。应急管理中的监控与启动机制是在突发事故的发生阶段发挥作用的。监控应该在风险事件发生质变之前就开始运行，并且贯穿于整个应急管理过程。启动一般发生在风险事件爆发之后，具体的运行时间因事件的类型不同而不同。

（2）处置与协调机制　处置机制与协调机制是应急管理中不可分的两个机制，因为在开始处置突发事件时，必然会涉及多个主体，因此处置机制启动的同时，协调机制也相继启动。如图8-6所示，处置机制需要遵循以人为本原则、资源优化原则、分级切换原则等多个基本原则；协调机制中包括的对象较多，主要的有同级政府机构、上级政府机构、下级政府机构、受灾人员、相关企业和媒体等。处置机制很多原则都是在考虑到突发事件的具体情况和环境的前提下给出的规定。

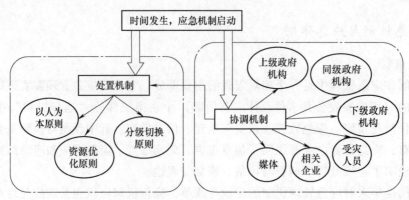

图8-6　处置机制与协调机制图

（3）运行与评估机制　运行与评估机制是应急人员在坚持"统一指挥，分工协作"的原则上，在适当的时候实施并及时切换应急机制，对整个突发事件的发生、发展、演化和应急管理的效率、效果、效益进行评估的整个过程。该机制要求应急人员能够根据实际需要将比较严重的状态切换至相对较轻的状态或者将比较轻的状态切换到相对严重的状态，对资源的可获得性进行适当的协调，对灾难中人员的伤亡、环境的损失及其可恢复性、灾害的后果及其可减缓性进行评估。

（4）监督与奖惩机制　监督与奖惩机制伴随着整个应急管理过程，从应急机制启动开始，到处置机制、协调机制开始起作用，再到运行与评估机制，都应该处于监督与奖惩机制的范围内。在监督与奖惩机制中，监督的主要类型有舆论导向监督、法律法规监督、应急物资监督、应急技术监督、协调管理监督；监督的主要过程有预备监督、响应监督、处置恢复监督、事后监督。奖惩机制虽然伴随着整个应急过程，但是它一般在应急管理过程完全结束之后启动，旨在对那些应急管理过程中存在措施不当而造成负面效果的行为进行追责。监督与奖惩机制可以促使应急管理各部门充分发挥自身作用，提高各部门的整体执行力，激发各应急管理部门的主人翁精神。

（5）终止与补偿机制　终止与补偿机制是应急管理机制中最后一环，也是必不可少的一部分。缺少终止与补偿机制带来的主要问题有灾情的反复、资源的浪费、引发新的灾情以及救援组织不撤销等。终止与补偿机制一般在应急恢复之前，将应急状态终止，进入常态，完成对灾民的转移和补偿，为应急恢复做好准备。当终止与补偿机制启动后，当前的灾害发展基本被遏制或者被限制在一定范围内。终止与补偿机制作为应急状态的终点，在于规范应急状态的终止活动，包括释放与回收应急资源、撤出或重新安排救援人员、撤销或新建临时机构等，从而确保应急管理的效果。

以上介绍的五项机制便构成了应急机制的所有内容，使得应急管理在灾害发生后能够更有效地降低灾害的影响和后果，从而尽快完成应急管理过程。

2. 应急体制

应急体制是指为保障公共安全，有效预防和应对突发事件，避免、减少和减缓突发事件造成的危害，消除其对社会产生的影响而建立起来的以政府为核心、其他社会组织和公众共同参与的有机体系。应急体制的建立要遵循统一领导、综合协调、分类管理、分级负责、属地为主的基本原则。

从功能上看，应急体制应当包括行政责任与社会责任系统、事件响应与评估恢复系统、资源支持与技术保障系统、防御避难与救护救助系统。

行政责任与社会责任系统包括两个子系统：行政责任系统和社会责任系统。行政责任系统主要是指与突发事件应急管理相关的政府机关及其管理效率评估等辅助规则；社会责任系统应该包括非政府组织、各类企业及普通公众等责任主体，以及他们之间的关系界定。

事件响应与评估恢复系统可以划分为信息收集与加工子系统、预警与现场指挥子系统、灾害评估子系统、灾害恢复重建子系统。其中，灾害评估子系统又包括灾前预评估，灾中可挽救性、可恢复性、可减缓性评估及灾后实测性损失评估等。

资源支持与技术保障系统一方面包括应急资源的存储、调拨与集成功能，另一方面还包括能够保证业务持续发展的技术支持手段。

防御避难与救护救助系统包括三部分：一是工程防御子系统，主要是提供人员和设备免受攻击或减少冲击影响的保障；二是避难子系统，在灾害时间到来时为受伤人员提供临时避难设施和场所；三是救援子系统，主要是处理事件发生后的现场救援问题。

在突发事件应急管理过程中，行政责任与社会责任系统明确了应急管理主体及其关系界定，是基础主体定义层；资源支持与技术保障系统则确保了具体应急处置过程中的有效性和稳健性；事件响应与评估系统是应急管理主体按照相关法律和规则识别与解决突发事件的应用实施层；防御避难与救护援助系统则是直面突发事件的现场处置层。

从纵向上看，行政责任与社会责任系统定义的主体属于应急处置的底层结构，所有具体的应急管理都离不开它们；事件响应与评估恢复是应对突发事件的两大基础工作，属于体制的中层架构；防御避难与救护援助是最能体现应急工作特色与效率的两个方面，属于顶层架构。从横向上看，资源支持与技术保障系统为具体的应急管理工作提供了后方支持，保障了应急处置的高效与稳定，其余三个系统则递进而带有重叠式地从应急管理的后方逐步转移到前方。可见，这四个系统是紧密联系且相互依赖的，是应急体制不可缺少的组成部分。

8.3.2　应急预案

火灾事故应急预案是指政府或企业为有效预防和控制可能发生的火灾事故，最大程度减少事故及其造成损害而预先制定的工作方案。火灾事故应急预案是在辨识和评估潜在的火灾危险、火灾类型、发生的可能性及发生过程、事故后果及影响程度的基础上，对应急机构职责、人员、技术、装备、设施、物资、救援行动及指挥与协调等方面预先做出的具体安排。火灾事故应急预案是应对突发火灾事件的行动方案、行动指南和行动向导。

1. 应急预案的编制目的和编制原则

"凡事预则立，不预则废。"火灾事故应急预案能够保证火灾事故发生后，政府或企业能够根据事先制定的应急预案采取各种紧急措施，将损失降低到最小，而不至于在火灾发生后无所适从或者仓促应对，来保证政府或企业行为的科学性、合理性和高效性。

（1）应急预案的编制目的

1）实现火灾事故的预警预防。预警预防是应急预案最为重要和最为积极的目的。通过应急预案制定的预警预防相关内容，促进人们认识预防火灾事故的意义，学习火灾事故预防的方法，在生产生活出现一定风险状态时及时进行预警，采取控制措施来控制不安全因素的发展，从而避免火灾事故的发生。

2）提高应急救援行动的科学性和及时性。火灾事故的发生打破了原有的正常生产生活状态，使之陷入混乱之中。如果没有应急预案，企业和政府就难以组织高效的应对行动。应急预案的编制使应急活动做到有章可循，减轻人们的心理紧张感，减少决策的时间和决策压力，提高应急资源配置的优化，避免或减少火灾事故所造成的损害，从而实现应急行动的科学性、快速性、有序性和高效性。

3）指导应急人员的日常培训。应急措施能否有效实施，在很大程度上取决于预案与实际火灾情况的符合与否，以及准备的充分与否。预案的编制和预案的培训演练是互相依赖和互相促进的两个方面。一方面，应急救援行动的培训与演练需要事先预定的预案作为依据，从而提高各类应急人员操作应急设备和实施救援行动的熟练程度，提高应急救援的有效性；另一方面，通过预案的培训和演练，可以发现预案中的不完善或不切合实际的地方，为预案的调整、完善提供依据。

（2）应急预案的编制原则

1）科学性。科学性是应急预案编制的首要原则。应急预案编制的科学性是指应急预案的指导思想、形成过程、实施措施等都是在科学论证的基础上确定的，在实际演练中检验的，符合火灾事故发生和发展的机理，具备一定的科学性。应急预案的编制要确立科学的指导思想和目标、遵循科学的程序，按照科学的方法，充分考虑不同火灾事故的情景以及客体、主体之间的相互关系，研究不同火灾事故发生和发展的机理，制定切合实际的应急对策措施和应急方法，以保证应急预案在实施过程中能真正发挥效果。

应急预案的科学性首先体现为其应该具备很强的针对性。应急预案应针对那些可能造成企业、系统人员伤亡或严重伤害、设备或环境受到严重破坏的火灾事故。为保障应急预案的针对性，一般要求根据实际情况，按火灾事故的性质、类型、影响范围和后果严重程度等分级制定相应的应急预案。

2）可操作性。应急预案是针对可能发生的火灾事故制定的，其主要目的是在火灾事故发生之时能根据应急预案来进行力量部署、采取处置对策、组织实施，将损失降到最低，为火灾事故的有效处置打下扎实基础。因此作为行动指南的应急预案编制一定要保证可操作性。应急预案在制定时，内容尽量具体，翔实，不可过于原则和抽象。这样政府部门、企业和公民才知道面临突发事件时，需要做什么、怎么做、谁负责，防止照抄照搬、华而不实。

3）系统性。完备的应急预案应该具有系统性，要求在编制应急预案时要客观考虑、全面考虑。注意从编制应急预案的目的、原则、政府或企业的应急权力和职责、公民和企业的基本权利和义务、应急程序、应急体制、应急机制等方面，全面、客观、系统地为火灾事故应对提供科学、统一的依据。应急预案的系统性主要体现在两个层次上：一是火灾事故的分类、分级和资源状况的评估要成系统；二是生成应急预案的方法、原则、程序等也应形成严密的体系。这些系统之间不是独立的，而是具备有机联系、相互制约的。具备系统性的应急预案不仅对火灾事故应对过程有重要意义，也为应急预案日后的补充和完善奠定了基础。

4）动态性。火灾往往是复杂多变的，任何详尽的应急预案都不可能全部概括各种可能的情形。一方面，在火灾事故发生的过程中，情景是动态变化的，甚至有些情况是不可预测的；另一方面，各种火灾类型随时发生，而有些火灾事故又可能是预案中没有提及的。因此，应急预案必须具有动态可调整性，必须对于某些超常火灾情形灾变留有余地。只有这样，当火灾事故变化时，才能使得各级预案主体既能有案可依，又能随机应变。应急预案的动态性还要求经常检查修订应急预案，以保证先进科学的防灾、减灾设备和措施被采用。

5）远瞻性。在系统性的视野下，应急预案对应急工作要进行统筹谋略和统一安排，既要考虑到应急体系内部的状况，将应急系统作为一个有机整体来对待，同时还要考虑应急体系外部的各种因素，全面衡量应急体系与内外部环境的动态变化，在科学分析的基础上设计应急预案的各项内容。火灾事故虽然具有不可预测性，但人们通过对火灾基础理论、火灾机理和已经发生的火灾事故研究，在火灾事故的发生和发展上找到一些规律，预测未来火灾事故的发生情景与趋势。所以编制火灾事故应急预案一定要保证其远瞻性，这样才能在未来火灾事故发生时产生最佳效能。

2. 应急预案的类型

应急预案的分类方法有很多种，从不同的角度按照不同的标准，可以将应急预案分为不同的类型。

（1）按照应急预案的功能和目标分类　按照应急预案的功能和目标，可以将应急预案分为综合应急预案、专项应急预案和现场处置应急预案。综合应急预案是整体全面的应急预案，在整体的应急方针、政策指导下，阐述应急组织机构和相应的职责，还包括应急行动、措施和保障等基本内容，是应对各类事故的综合性文件。专项应急预案是政府部门或企业针对某些特定的具体事故，或者针对重要生产设施、重大危险源、重大活动等内容而制定的应急预案。现场处置应急预案是政府或企业根据不同事故类别，针对某些具体场所或情景制定的应急预案。

上述内容提到的火灾事故应急预案大多是专项应急预案，也有部分是现场处置应急预案。

（2）按照应急预案的适用对象分类　按照应急预案的适用对象，可以将应急预案分为自然灾害类应急预案、公共卫生类应急预案、事故灾难类应急预案、社会安全类应急预案和战争状态应急预案。

自然灾害类应急预案是主要针对由于自然原因导致的灾害而制定的应急预案。事故灾难类应急预案是针对各种事故灾难而制定出的应急预案。事故灾难是指人为原因造成，涵盖人类活动或者人类发展所导致的计划之外的事件或事故，主要包括工矿商贸等各类安全事故、交通事故、公共设施和设备事故、环境污染事故等。公共卫生类应急预案是针对由病菌、病毒引起的大面积疾病流行等公共卫生事故而制定的应急预案。社会安全类应急预案是指针对恐怖袭击事件、经济安全事件、涉外突发事件等在内的社会安全事件而制定的应急预案。战争状态应急预案是指针对国家遭受武装侵犯或必须履行国际间共同防止侵略的条约情况下决定进入戒严状态或战争状态而制定的应急预案。

本节所提到的火灾事故应急预案大多属于事故灾难类应急预案。当然，有些火灾事故应急预案，例如由于干燥造成的特大森林火灾事故应急预案则属于自然灾害类应急预案。

（3）按照应急预案的编制主体分类　按照应急预案的编制主体，可以将火灾事故应急预案分为政府部门火灾事故应急预案和非政府部门火灾事故应急预案。

政府部门火灾事故应急预案是指各级政府及相关部门针对火灾事故制定的应急预案。根据应急预案的定制、实施主体的级别，可以将其划分为中央政府部门火灾事故应急预案和地方政府部门火灾事故应急预案。

中央政府部门火灾事故应急预案是指针对全国或性质特别严重的火灾事故的危机处置而采取的以场外应急指挥为主的应急预案。此类应急预案大多是国务院及其相关部门为应对火灾事故而制定的应急预案。

地方政府部门火灾事故应急预案与中央政府部门火灾事故应急预案大体类似，但涉及的火灾事故具有区域针对性，针对其管辖范围内的区域。目前，我国所有省、市、自治区都形成了各自的火灾事故应急预案。地方政府和相关部门在制定应急预案的过程中，一定要符合相关法律、法规、规章的规定和要求，不能与之相抵触。此外地方政府部门的应急预案要与上级部门和中央政府部门的应急预案保持一致，不能与之相抵触。

非政府部门火灾事故应急预案是由企业、事业单位或其他组织针对火灾事故制定的应急预案。此类应急预案大多是现场处置应急预案，以场内应急指挥为主，要突出应急预案的可操作性。此类应急预案的制定应当以政府部门应急预案为指导，尽量做到具体详细。

3. 应急预案的内容

应急预案根据其类型不同，其内容也不相同。政府部门的应急预案和非政府部门的应急预案的内容有很大的不同。

（1）政府部门应急预案内容　政府部门的应急预案包括的主要内容有总则、组织体系和应急人员职责、监测预警、应急响应、后期处置、保障措施、监督管理和附则。

1）总则。总则应当包括应急预案的编制目的、编制依据、工作原则、适用范围和应急预案体系等内容。其中，适用范围编制内容包括应急预案的对象效力范围、空间效力范围和时间效力范围；应急预案体系包括应急预案文本体系和应急预案操作体系。

2）组织体系。组织体系及应急人员职责主要包括组织机构及其职责和应急相关人员的职责。其中，组织机构一般包含应急指挥机构、应急管理办公室、专项应急指挥机构、现场指挥机构、支持保障机构、信息发布机构、技术顾问机构和专家咨询机构；应急相关人员职责一般包括政府领导人员、应急指挥人员、应急职能部门人员、专业应急人员和现场应急人员的职责。

3）监测预警。监测预警主要包括信息收集、传报、处理和预警。其中预警信息包括突发事件的类型、预警级别、起始时间、可能影响的范围、警示、应采取的措施和发布机关等。

4）应急响应。应急响应一般包括报警、接警、事态分析、确定相应级别、启动预案、应急处置、扩大应急、应急结束和应急恢复等过程。

5）后期处置。后期处置是指在应急工作结束后所进行的善后处理、恢复重建、影响评估和信息发布等内容。善后处置主要包括人员安置和财产补偿两个方面的问题。

6）保障措施。保障措施内容主要包括人力资源保障、财力保障、物资保障、基本生活保障、医疗卫生保障、交通运输保障、治安维护、人员防护、通信保障、公共设施和科技支撑等保障措施。

7）监督管理。监督管理主要包括应急预案的演练、应急预案的宣传和培训、完善应急预案中的责任追究制。

8）附则。附则是政府应急预案的最后一部分的内容，主要是针对应急预案中的专业术语加以注释，对应急预案的管理和实施时间进行说明。

（2）非政府部门应急预案内容　非政府部门的火灾应急预案内容主要包括单位的基本情况、应急组织机构、火情预想、报警和接警处置程序、扑救初期火灾的程序和措施、应急疏散的组织程序和措施、通信联络和安全防护救护的程序和措施、灭火和应急疏散的计划图和注意事项。

单位的基本情况包括单位的基本概况，消防安全重点部位情况，灭火器材、消防设施情况，消防组织、义务消防对人员及装备配备情况等内容。

应急组织机构主要包括火场指挥部、灭火行动组、疏散引导组、安全防护救护组、火灾现场警戒组、后勤保障组和机动组。

火灾预想是根据火灾的蔓延机理和传播理论知识，对可能发生的火灾做出比较切合实际的设想，主要包括重点部位和主要起火点、起火物品及蔓延条件、火灾面积和蔓延方向、火灾变化趋势、可能产生的后果等。

报警和接警处置程序主要包括报警形式、报警程序、报警对象、报警内容和接警采取的主要处置措施。

扑救初期火灾的程序和措施是指各部门在火灾发生后采取的灭火救援行动，主要包括起火位置现场员工、灭火器材和设施附近的员工、电话或火灾报警按钮附近员工、消防控制室或单位值班人员、安全出口处人员和各个应急组织机构所采取的处置程序和措施。

应急疏散的组织程序和措施主要包括疏散通报的方式和内容，疏散安全区，疏散责任人，变更与修正等内容。

通信联络和安全防护救护的程序和措施主要包括建筑外围安全防护、建筑首层出入口安全防护、起火部位的安全防护、在安全区对伤员的救助、相关人员的通信保障、消防车和救护车的接应等内容。

灭火和应急疏散的计划图是在应急预案中对假设着火部位绘制灭火和疏散路线图。图中应该明确标志灭火进攻的方向、灭火设施和器材分布位置、消防水源、物资和人员疏散路线、人员和物资停放地点和指挥员指挥位置等。

4. 应急预案的演练

应急预案是一个预想的作战方案，其实际效果如何需要在实践中进行检验。制定应急预案的目的是为了在火灾事故发生后能够快速有效地对事故进行处置，减少人员伤亡和财产损失。但是要想达到应急预案的设计目的，离不开平时的演练。

(1) 应急预案演练目的和原则　进行应急预案的演练具有一定的目的性，其主要目的有检验应急预案、完善应急准备、锻炼应急队伍、磨合应急机制、应急科普宣教。通过应急预案的演练，查找应急预案中存在的问题，进而完善应急预案，提高应急预案的实用性和可操作性；检查应对火灾事故的应急队伍、物资、设备和技术等方面的准备情况，及时发现不足并改进；增强应急演练各部门、人员对应急预案的熟练程度和协调作战能力；明确应急过程中各部门和人员的职责，完善应急机制；普及科学应急知识，提高公众风险防范意识和自救互救能力。

应急预案演练的主要原则有结合实际、合理定位；着眼实战、讲求实效；精心组织、确保安全；统筹规划、厉行节约。应急预案的演练应当紧密结合应急管理工作的实际，明确演练的目的，根据资源条件确定演练方式和规模。应急预案的演练应当以提高各部门应对火灾事故的能力为着眼点，重视对演练效果的评估和考核。应急预案演练的过程应当精心策划，科学设计演练方案，周密组织演练活动，制定并严格遵守有关安全措施。统筹规划应急预案演练活动，适当开展综合性演练，充分利用现有资源，提高资源利用率。

(2) 应急预案演练的分类　应急预案演练按照组织形式划分，可以分为桌面演练和实战演练。桌面演练是指参加演练的人员根据地图、计算机等手段，针对事先假设的火灾情景，展开讨论，推演应急决策和现场处置的过程。实战演练是指参加演练的人员利用应急处置设计的物资和设备，针对事先设定好的火灾情景及其后续的发展，通过实际的决策、操作和指挥，完成火灾事故应急过程。桌面应急演练一般在室内完成，这种形式的演练可以节约资源，减少演练过程的损失，但是其演练的效果比较差。实战演练需要在室内室外结合进行，演练过程更加符合实际，演练效果比较好，但是演练过程耗费大量的人力、物力和财力。

应急预案演练按照演练内容分为单项演练和综合演练。单项演练是指只涉及应急预案中特定应急响应过程的演练活动，注重针对某一个或几个岗位的重点演练。综合演练是指涉及应急预案中多个或者全部应急过程的演练活动，注重演练过程中各部门和岗位的协调作战能力。

应急预案演练按照演练目的和作用分为检验性演练、示范性演练和研究性演练。检验性演练是检验应急预案的可行性、应急预案准备的充分性、应急机制的协调性和应急人员的应急能力。示范性演练是为了向观摩人员展示应急能力或者提供示范教学，严格按照应急预案规定程序开展的演练。研究性演练是指为研究和解决突发火灾事故应急处置的重点问题，检验新方法、新技术、新设备进行的演练活动。

（3）应急预案演练规划和准备　应急预案演练组织单位要根据实际情况，依据法律法规和相关规定，制定年度应急预案演练计划，按照"先单项后综合，先桌面后实战，循序渐进"等原则。消防安全重点单位应当每隔半年开展一次灭火和应急疏散预案的演练，其他单位应当每年开展一次应急预案演练。

应急预案的演练要进行一定的准备工作。主要的准备工作有：制定演练计划，设计演练方案，演练动员与培训，应急预案演练保障。

（4）应急预案的实施　应急预案的演练步骤主要包括三步：

第一步，应急预案演练启动。应急预案演练启动前一般要进行简短的仪式，由演练总指挥宣布应急演练开始并启动应急演练活动。

第二步，演练执行。各个相关部门按照指定的应急预案演练计划执行演练，演练过程中注意与其他部门的协调合作。

第三步，演练结束与终止。演练完毕，由总策划发出演练结束信号，演练总指挥宣布演练结束。所有参加演练人员停止演练活动，按照预先制定的方案集合，进行现场总结讲评，然后组织疏散。相关负责人清理和恢复演练现场。

（5）应急预案演练评估与总结　应急预案演练完毕后要进行综合评估和总结，以提高演练的效果。演练评估是在全面分析演练记录及相关资料的基础上，对比参演人员的表现与演练目标的要求，对演练活动及其组织过程做出客观评估，并编写演练评估报告。应急预案演练报告的主要内容一般包括演练执行情况、应急预案的合理性和可操作性、应急指挥人员的指挥协调能力、参演人员的处置能力、演练所用设备装备的适用性、演练目标的实现情况、演练的成本效益分析、对完善应急预案的建议等。演练评估和总结完毕后，相关单位应当将应急预案演练计划、应急预案演练方案、应急预案演练评估报告、应急预案演练总结报告等资料归档保存。

8.3.3　应急响应

应急响应是针对发生的事故，有关组织或人员采取的应急行动。应急响应是应急管理中最核心的阶段。

1. 应急响应的特点

（1）应急响应具有紧迫性　应急响应的紧迫性体现在"急"上。造成应急响应紧迫性的原因主要有两个：一是应急响应具有一定的时效性。任何应急管理活动都具有一定的时效性，但是应急响应的时效性更加明显和突出。在应急响应中超过时限的活动没有任何意义。二是应急响应会影响事故的严重程度。应急响应不及时会造成严重的后果，造成事故的扩大和蔓延，从而造成严重的人员伤亡和经济损失。应急响应的这两个过程决定了应急响应的紧迫性。

（2）应急响应具有复杂性　应急响应的复杂性是由火灾事故的复杂性决定的，主要体现在其不确定性和多样性。应急响应过程的不确定性是因为现实的不确定性和未来的不确定性。所谓现实的不确定性是指人们对火灾中情况认知不准确，获取信息不全，给应急响应带来了很大的影响。所谓未来不确定性是指火灾的多变性。火灾事故本身、环境和火灾载体都会不断变化，而且有很多变化往往是很难预知的，只有在变化发生后才能采取应对方案。火灾事故具有多样性，而且环境和火灾载体具有多样性，火灾事故的类型很多，不同类型的火灾事故应急响应过程也不同。火灾事故的不确定性和多样性决定了其复杂性，进而决定了应急响应过程的复杂性。

（3）应急响应具有临时性　应急响应不可能时时进行，如果时时进行就不再是应急响应，就变成了日常管理。应急响应过程的临时性体现在组织机构的临时性，人员职责的临时性，协调合作的临时性。

（4）应急响应具有危险性　在应急响应过程中，危险时时存在。应急响应过程的危险性一方面是火灾本身带来的，在火灾控制过程中，应急人员就会收到火灾的威胁。另一方面，火灾事故会引发一些衍生事故，如建筑物崩塌、容器炸裂等，这些都会给应急响应带来危险。

2. 应急响应的原则

国务院发布的《国家突发事件总体应急预案》提出了六项基本原则，即："以人为本，减少危害；居安思危，预防为主；统一领导，分级负责；依法规范，加强管理；快速反应，协同应对；依靠科技，提高素质"。根据这六项基本原则，应急响应过程也要遵守一定的原则，主要原则有：

（1）以人为本、减轻伤害的优先权原则　在应急响应过程中，要始终把人的生命放在首位。火灾发生后，人员伤亡和生产、生活设施、基础建设、服务等各方面的财产损失扰乱了正常的生活秩序，打破了原有的组织界限，使社会系统的正常运转受到了严重妨碍，安全和救助成为人们的第一需要。但是，应急救援目标往往有多个，在火灾发生时和应急响应过程中，要明确救援的优先权。必须把人员生命拯救放在第一优先权，牢固树立"以人为本"的原则，始终把火灾对人的影响放在优先次序，并及时采取救援措施。在确保所有人员得到救助之后，把火灾事故的稳定放在第二优先权，防止事故的蔓延和发展。财产保护是第三优先权。以人为本、减轻伤害的优先权原则也是《安全生产法》中以人为本思想的体现。

（2）积极避险，科学逃生的原则　在火灾发生后，必须迅速做出反应，及时准确判断事故的性质，以便统一认识、统一思想、统一目标，及时做出一系列正确决策。在应急响应过程中，必须学会并鼓励他人积极避险、科学逃生。

（3）协调一致原则　火灾的复杂性、综合性和其应急过程的艰巨性，要求应急和救援阶段各有关部门必须协调一致。任何一场火灾事故都会涉及社会的各领域、各行业、各层面，如交通、通信、消防、搜救、食品、物资支持和医疗服务等，有的还需要调用武警救灾。只有在领导指挥者的统一指挥下，各相关部门协同配合，才能准确全面地把握火灾的发展状况，及时形成正确决策，迅速控制火势的发展。

（4）必须掌握科学应急原则　面对火灾事故时，切记蛮干，必须要用科学的处置方法进行应急。火灾事故的发展具有一定的规律性，不同类型的火灾事故的发展机理和发展趋势是不同的。不同的火灾事故应当采取不同的灭火方法和应急措施。在火灾事故应急响应过程中，要依靠科学技术，广泛征求火灾领域专家的意见，避免出现盲目决策。

（5）迅速高效原则 由于火灾的形式瞬息万变，不确定性强，这就要求根据实际需要，采取更加迅速和高效的应急方法。在火灾发生时，应当根据实际的火情简化程序，从而迅速控制火势发展，最大程度减少火灾造成的损失，挽救更多的人员和财产。

（6）重视信息传播原则 在当今这个网络技术高速发展的时代，信息传播的速度往往是很迅速的，封锁信息是徒劳的，而且会让谣言、错误的信息和观点影响公众的判断力，在民间产生混乱。因此，在火灾发生后，为了让公众正确了解和全面理解，必须向广大公众传播准确的信息，从而通过信息控制舆论导向。

3. 应急响应过程

应急响应的过程可以分为四个阶段：信息获取、有效反应、救援与重点应对、快速恢复。

（1）信息获取 火灾事故的发生对于应急管理来说是标志性信号。那么，从应对主体的角度来看，获知事故发生的信息成为应急响应的第一步。信息获知的主要途径有：根据监测系统捕捉的火灾预警信号变化的信息而得知；根据相关人士采用电话、网络、短信和面对面的方式报警信息而得知；事故衍化成其他事故，应根据事故之间的逻辑关系推断得知。

（2）有效反应 应急响应的第二个阶段是有效反应。在获知火灾事故后，往往会由于相关信息的高度缺失等原因，造成盲目反应的现象。有效反应主要有以下要点：对获知的事故发生信息进行分析处理，并从多个渠道验证消息的准确程度；将事故相关信息传达给恰当的人员；随时准备接收更多的相关信息；能够清楚掌握处置该事故所需的资源，以及资源的可获取性；在尽可能小的成本投入下，基本完成应急处置的各种准备。

（3）救援与重点应对 应急响应的第三个阶段是现场处置与相应的救援，尤其是针对重点受灾区域和人群实施重点应对。重点应对应有以下内容：应急管理在考虑势态可控制、损失过程可减缓、原有均衡状态和恢复、人员财产可挽救的前提下进行介入；利用所掌握的信息和临机决策方法确定重点对象——区域或人群；对资源在全面应急的前提下实施重点投入；重点应对的区域、人员、财产作为瓶颈来协助完成整个应急管理过程，不至于产生更加难以应对的衍生事故或次生事故。

（4）快速恢复 恢复过程可以分为快速恢复和长期恢复两个过程。其中，长期恢复一般是在整个应急管理过程之后；而快速恢复则是在应急管理过程中的恢复，它能帮助受灾人群保持基本的生活和工作秩序，并为下一步的长期恢复提供一个良好的基础。

8.3.4 应急恢复

1. 应急恢复基本概念

在火灾事故发生后，尽快安置受灾群众，恢复灾区人群的正常生产生活，有序有效地做好灾后重建工作，尽快恢复灾区正常的经济社会秩序，重建美好家园，这个过程称为应急恢复。应急恢复是应急管理周期的最后一个阶段。在美国《全国突发事件管理系统》中，对恢复的释义是："制定、协调、实施服务和现场复原预案，重建政府运转和服务功能，实施对个人、私人部门、非政府和公共的援助项目，以提供住房和促进复原，对受影响的人们提供长期的关爱和治疗，以及实施社会、政治、环境和经济恢复的其他措施，评估突发事件以汲取教训，完成事件报告，主动采取措施减轻未来突发事件的后果"。具体来说，应急恢复包括针对灾难造成的物质损失和社会损失两个方面。物质层面的损失包括基础设施的破坏，企业财产损失，家庭财产损失等；社会层面的损失包括人员伤亡，经济破坏，心理创伤和环境破坏等。

应急恢复根据恢复时间不同可以分为快速恢复和长期恢复。快速恢复是在应急响应过程中，应急部门采取一系列紧急措施，恢复受到破坏的各种机构和设施的基本功能，并且采取相应措施，避免对它们造成进一步的破坏。长期恢复侧重于对突发事故中受损的各种基础设施、住房等建筑物的重建，以及对经济、环境乃至受到灾难创伤的人们心理的恢复。

2. 应急恢复的基本原则

应急恢复不是对灾前景观的简单复原，应急恢复的实施过程要遵守一定的原则，主要有以下几点：

（1）坚持资源整合的原则　整合现有资源，建立分工明确、责任落实的保障体系。应急恢复要实现组织、资源、信息的有机整合，充分利用现有资源，进一步理顺管理体制、工作机制，努力实现各个职能部门之间的协调配合，建立起统一指挥，反应灵敏，功能齐全，运转高效的应急管理机制。通过组织整合、资源整合、行动整合等应急要素的整合，形成一体化的灾后善后处理与恢复重建系统。

（2）坚持因地制宜、科学规划的原则　灾后的应急恢复必须依据当地的具体情况，必须进行实地考察，具体掌握房屋和基础设施的受损程度，并通过解读地形图、卫星图进行科学选址。坚持因地制宜，城乡统筹，突出重点，局部利益服从全局利益；受灾地区自力更生，生产自救与国家支持、对口支援相结合；就地恢复重建与异地新建相结合；立足当前和兼顾长远相结合；经济社会发展和生态文明建设相结合，实现人与自然和谐共处。

（3）坚持以人为本的原则　在事故的应急恢复和重建工作中，要切实履行政府的社会管理和公共服务职能，高度重视人民的生命权和健康权，把保障公众健康和生命财产安全作为首要任务，充分依靠广大群众的力量，采取有效的措施，最大限度地减少突发事故的发生和人员伤亡，切实加强对应急工作人员的安全防护工作。

（4）坚持统一领导、属地管理为主的原则　在事故的应急恢复和重建工作中，要在政府部门的统一领导下建立健全分类管理、分级负责、条块结合、属地管理为主的应急管理体制，在各级党委领导下，实行领导责任制，充分发挥应急指挥机构的作用，将灾后的应急恢复和重建工作层层落实，逐级量化。

（5）坚持依法规范、加强管理原则　在应急恢复过程中，要依据有关法律和法规，加强应急管理，妥善处理应急措施与常规管理的关系，合理把握非常措施的运用范围和实施力度，使应急恢复和重建工作规范化、制度化、法制化。

（6）坚持注重质量与效率相结合原则　灾后的应急恢复和重建工作的各个环节都要确保质量和效率的结合，建立健全快速反应机制，及时获取充分而准确的信息，果断决策，迅速处置，最大程度地减少危害和影响。加强应急管理队伍建设，建立联动协调制度，充分动员和发挥乡镇、社区、企业、社会团体和志愿者的作用，高质量、高效地进行应急恢复工作。

（7）坚持科技先导、公众参与的原则　加强公共安全科学研究和火灾科学研究，加快公共安全技术开发，采用先进的监测、预防和应急处置技术和设施，充分发挥专家队伍和人才库的作用，提高应对火灾和其他事故的科技水平和指挥能力，避免次生、衍生灾害事故。加强宣传和教育培训工作，普及科学常识，形成由政府、企业和志愿力量相结合的应急体制，提高公众自救、互救和应对突发事故的综合素质。

3. 应急恢复的内容和过程

应急恢复过程包括善后处置、救助补偿、调查评估和灾后重建四部分的内容。

（1）善后处置　善后处置是指在火灾事故发生后，针对正常的社会和经济活动遭到严重破坏、各类基础设施遭到破坏和人员伤亡等实施善后的相关措施的过程。善后处置是应急恢复过程的初始阶段，主要的工作内容是在应急响应结束后，根据事态的发展情况，及时停止应急措施，采取相应的程序防止次生、衍生事故的发生，对灾区和灾民的需求进行快速评估，制定救助补偿方案，然后对社会治安秩序进行恢复，对通信、交通、供水、事物等必要公共需求进行准备工作。

（2）救助补偿　救助补偿是指在火灾发生后，对受到灾害影响的地区和民众提供足额的食品和日常生活用品，保障灾区和灾民的基本生活。救助补偿主要包括以下几方面的内容：①补偿赔偿，针对应急响应阶段紧急征用和借用情况，进行合理的补偿和赔偿；②灾后安置，设计对灾民的中长期转移和安置、紧急救援物资的统筹分配、救灾物资和款项的发放预公示、恢复重建过程的争端问题解决；③心理援助，针对灾害事故对灾民心理的创伤进行救助。

（3）调查评估　调查评估是在应急响应过程结束后，对事故发生的原因进行调查，对事故的应急处置过程、结果进行总结式的论断。评估结果对于应急管理制度的完善和发展有重要的促进作用，定期和不定期的调查评估有助于推进应急管理制度的完善。这个过程的主要内容有：对发生的事故进行调查，调查应急过程的程序和人员的完成情况，对应急救援人员进行补偿和表彰；根据调查评估的结果对相关责任部门和责任人进行处理；整改学习，提出改进应急管理工作的对策和措施；对于事故可能造成的损失、正在造成的损失和已经造成的损失进行定量的评估和估算。

（4）灾后重建　当火灾事故可能引发的次生、衍生事故都基本消除，正常的社会秩序基本恢复后，由相关机关宣布应急期结束，结束有关紧急应急措施，进入长期恢复重建阶段。具体而言，规划重建主要包括恢复重建规划方案的制定和重建规划方案的实施。

4. 应急恢复的主要措施

从应急管理的角度来看，应急恢复就意味着让建筑物、人和其他环境等组成的系统恢复到火灾发生之前或者更好的状态，它是应急管理的最后一个阶段。在应急恢复中应该采取以下八个措施：

（1）灾后灾民安置　在火灾事故发生之后恢复工作中，灾民的过渡性临时安置和救助工作是应急恢复的重中之重。过渡性安置可以根据灾区的实际情况，采取就地安置与异地安置、集中安置与分散安置、政府安置与自行安置相结合的方式。对于投亲靠友或者采取其他自行安置方式的受灾群众，政府应当给予其适当的补助。在实施安置过程中，尽量不占用或少占用农田，避免对生态系统的破坏，尽量占用废弃地、空旷地。

（2）进行心理干预　在火灾事故发生后，受灾群众会因为遭受灾难的损失和重建的困难而感到强烈的失落，而且这种灾难对人们的心理创伤是长期的。所以，心理干预是应急恢复过程中重要度不亚于物质重建的恢复内容。心理干预主要的措施有社会支持、认知干预和危机干预。社会支持是指来自家庭、亲友、政府和其他组织的精神和物质的帮助。认知干预是通过教育宣传等途径，提高个体对应激反应的认知水平，纠正其不合理思维，提高其应对生理、心理的应激能力。危机干预是相关人员对受灾群众进行心理辅导，消除其心理危机。

（3）医疗救助　医疗救助是应急恢复过程中以人为本原则的最高体现，包括应急救护和疾病防疫两方面内容。在火灾事故发生后，首先要进行的应急恢复工作就是应急救护工作，除此之外，由于群众的正常生活秩序被打乱，传染性疾病容易暴发和传播，还应当进行疾病防疫工作。

（4）维护社会治安　火灾事故发生后，尤其是特别重大火灾事故，由于事故的突发性和强打击力，往往会对人的心理产生巨大冲击，使得有些人丧失社会规范意识，容易滋生犯罪。在这种特殊情况下，加强治安能力建设，打击违法犯罪活动，保障灾区的安全与稳定尤其值得关注。

（5）生态文明建设　生态文明建设是指在火灾事故发生之后，对事故发生地区的生产生活环境进行清理整治，使生态系统恢复到正常状态。在火灾的损害程度较小时，生态文明建设主要由各地地方政府和相关部门完成恢复工作；当受灾程度比较大，当地政府及相关部门无法完成恢复工作时，需要申请上级政府派遣救援力量，辅以志愿者队伍开展恢复工作。

（6）提升监管能力　在火灾事故发生后，监管将贯穿于整个应急恢复过程。首先，要确保救灾物款的正确合理使用。其次，要提高救灾物资的使用效益和公开透明度，把公开透明原则贯穿于救灾物资使用的全过程。再者，强化对救灾物资的跟踪审计监督。最后，加强对救灾物资管理使用情况的纪律检查。在应急恢复过程中，坚决杜绝应急物资的浪费、随意分配、截留克扣、挤占挪用、贪污私分等问题，充分利用应急物资进行应急恢复。

（7）社会动员　社会动员是灾后应急恢复的有效手段。重大事故发生后，造成的损害一般也是非常巨大的，应急恢复工作就成为了相当艰巨的任务。社会动员能够帮助政府及有关部门迅速整合社会的人力、财力、物力等资源，依靠社会的力量有效地使应急救援工作快速进行。

（8）灾情评估　灾情评估根据时间维度可以分为灾前评估、灾中评估和灾后评估。在应急恢复过程中的灾情评估也就是灾后评估。灾后评估主要是指调查、统计、上报、核查实际的损失，为灾民救济、保险理赔、制定恢复计划和方案提供依据；同时，也可以为评估决策成败及减灾效益提供依据，为应急预案和应急响应过程的修改和提升提供依据。

8.4 | 火灾风险管理培训教育与防火演练

8.4.1　火灾风险管理法律法规与制度

火灾风险管理相关法律法规主要有《中华人民共和国消防法》《中华人民共和国安全生产法》《危险化学品安全管理条例》《烟花爆竹安全管理条例》《国务院关于特大安全事故行政责任追究的规定》《国务院关于加强和改进消防工作的意见》《社会消防安全教育培训规定》《火灾高危单位消防安全评估导则（试行）》《全民消防安全宣传教育纲要实施意见

（2011—2015）》《消防安全尝试二十条》等。

8.4.2　消防安全教育与培训

1. 消防安全教育与培训概述

火灾风险管理安全教育与培训是一种有组织的安全知识传递、技能传递、标准传递、信息传递、理念传递和管理训诫的行为，是通过一定的形式和手段帮助人们提高火灾安全意识，掌握基本的常识和防灭火技能。

近年来，我国的消防工作有了很大发展。同时在新的形势下，火灾预防、灭火救援等工作也遇到许多新情况、新问题，特别是一些公民法制观念和安全意识比较薄弱，消防知识缺乏，全民抵抗火灾的整体能力仍然较低，重特大恶性火灾时有发生。

消防安全教育与培训是火灾风向管理的重要组成部分，是提高全民安全意识的主要方法，是构筑安全防火墙的重要基石。按照"政府统一领导、部门依法监管、单位全面负责、公民积极参与"的原则，"预防为主，防消结合"的方针，落实安全教育与培训责任制。通过开展安全教育与培训工作，可以有力地加强全民火灾安全意识、提高公民消防安全素质、增强全民抵御火灾的能力，共同维护社会消防安全，提高全社会防控火灾的能力。

2. 消防安全教育与培训的依据

《消防法》第六条规定"各级人民政府应当组织开展经常性的消防宣传教育，提高公民的消防安全意识。机关、团体、企业、事业等单位，应当加强对本单位人员的消防宣传教育。公安机关及其消防机构应当加强消防法律、法规的宣传，并督促、指导、协助有关单位做好消防宣传教育工作。教育、人力资源行政主管部门和学校、有关职业培训机构应当将消防知识纳入教育、教学、培训的内容。新闻、广播、电视等有关单位，应当有针对性地面向社会进行消防宣传教育。工会、共产主义青年团、妇女联合会等团体应当结合各自工作对象的特点，组织开展消防宣传教育。村民委员会、居民委员会应当协助人民政府以及公安机关等部门，加强消防宣传教育。"

《国务院关于加强和改进消防工作的意见》就新形势下扎实做好消防安全教育与培训工作提出了意见和要求。

《社会消防安全教育培训规定》明确了各相关机构部门应当履行的职责，细化了各类单位进行安全教育与培训的内容及要求，并提出了落实安全教育与培训的奖惩制约措施。

在消防安全管理活动中，凡是涉及消防技术的管理活动，均要以有关消防部门的国家标准或者当地的消防技术规范为管理依据。同时，有些法律依据往往具有滞后性，所以还要以党和国家制定的有关政策为指导原则和依据。

3. 消防安全教育与培训的内容与形式

只有熟悉消防安全教育与培训的内容与形式，才能在原有基础上不断创新形式并改进方法，实现火灾风险管理安全教育与培训对象的公众化、形式多样化和工作的实效化。针对不同的群体及单位企业，消防安全教育与培训的内容与形式也不尽相同，但熟知火灾发生发展的基本原理、灭火器的使用、疏散逃生等基本消防知识是非常重要的。下面以商场、易燃易爆场所的安全教育与培训内容与形式为示例进行分析。

（1）商场　商场是人们日常消费购物的主要场所，火灾危险性主要包括可燃物高度集中、火灾荷载大，用火用电多、致火致灾因素复杂，建筑结构复杂、火灾蔓延迅速，人流量大、疏散困难等，极易造成人员的重大伤亡和财产的重大损失，因此在这类场所进行火灾安全教育与培训是非常必要的。通过展板、专栏、电视等开展宣传教育，对在岗人员每半年至少进行一次消防安全教育，利用点名、例会以及交接班时间进行安全教育，讲评消防工作。

商场防火安全检查培训内容包括火灾安全制度、火灾安全管理措施以及火灾安全操作规程的执行和落实情况；用火、用电、人员住宿、室内装修等是否有违章现象；是否存在违章经营和使用易燃易爆危险物品，是否违章储存物品；疏散通道、安全出口以及消防车通道是否畅通；安全疏散指示标志、应急照明装置是否完好；消防水源是否充足；消防器材、设施是否完好有效；消防控制室在岗情况，消防控制设备运行及相关记录情况；员工本岗位消防知识的掌握情况；防火巡查、火灾隐患整改以及预防措施是否落实。

开展预防火灾巡查培训内容包括用火、用电是否有违章现象；疏散通道、安全出口是否通畅；常闭式防火门是否处于关闭状态；防火卷帘下方是否有堆放物品等；灭火器、消火栓等器材设施以及消防安全标示是否完好；门窗上是否有影响逃生和灭火救援的障碍物；重点部位人员在岗情况。

岗位防火安全检查培训内容包括用火、用电是否有违章现象；疏散通道、安全出口是否通畅；灭火器、消火栓等器材设施以及消防安全标示是否完好、有效；营业场所有无吸烟现象；是否存在遗留火种。

组织人员疏散培训内容包括熟悉本商场疏散逃生路线以及引导疏散人员程序，掌握避难逃生设施的使用方法，具备火灾现场自救逃生的基本技能。

（2）易燃易爆场所　易燃易爆场所是生产和储存易燃易爆产品的主要场所，火灾危险性主要包括产品的易燃易爆特性；火灾发生后造成事故后果的严重性。此类场所一旦发生火灾等事故，会造成重大人员伤亡和财产损失，因此通过展板、专栏、电视、网络等开展安全教育与培训极其重要。

易燃易爆场所安全检查培训的内容包括火灾安全制度、火灾安全管理措施以及火灾安全操作规程的执行和落实情况；个人防护用品的配备、使用和有效与否情况；灭火设施、器材配置是否完好，各类灭火用材料、药剂等是否准备充足；消防车通道是否畅通；消防水源情况；压力容器、管道、工艺装置以及紧急事故处理设施是否有效，防火、防爆、防雷、防静电措施的落实情况；是否与居住场所在同一建筑物内，与居住场所是否保持有安全距离；工艺装置和管道的色标、安全警示标志是否完好、醒目，各种设备、管道、阀门以及连接处有无跑、冒、滴、漏现象；电气线路、设备是否满足防火防爆要求，是否有违章使用情况等；是否存在违章动火情况；消防控制室、消防安全重点部位员工在岗以及巡检记录情况；库房储存物的下垫、堆垛和养护管理是否符合安全管理要求；灭火救援和应急疏散预案的演练情况。

安全巡查培训内容包括动火、用电是否有违章现象；温度、压力、流量、液位等各种工艺指标是否正常；灭火设施及器材、消防安全标志是否完好；重点部位人员的在岗情况；设备、管道、阀门有无跑、冒、滴、漏现象；库房储存产品外包装及形态是否完整、正常。

班前、班后岗位防火安全检查培训内容包括动火、用电是否有违章现象；压力、温度、流量、液位等各项工艺指标是否正常；灭火设施及器材、消防安全标志是否完好；设备、管道、阀门有无跑、冒、滴、漏现象；是否存在其他异常情况。

动用明火培训内容包括是否持有动火许可证，动火操作人员是否具有动火资格，动火监护人是否在岗；动火地点与周围建筑物、设施等的防火间距是否符合安全要求，动火地点附近是否有影响消防安全的物品；动火检修的容器设备是否经过清洗，是否检验合格；焊具等设备是否合格，燃气瓶、氧气瓶是否符合安全要求，放置地点是否符合安全规定；电焊电源、接地点是否满足防火安全要求；动火期间的灭火救援与应急疏散是否落实到位。

消防控制室发现及对初期火灾进行处置的培训内容包括内部发生火灾后，单位内部应立即启动应急预案，消防控制室启动消防设施并远程组织展开施救，各救援小组履行应急处置工作职责等。

组织人员疏散教育培训内容包括熟悉本单位场所疏散逃生路线以及引导人员疏散程序，掌握避难逃生设施的使用方法，具备火灾现场逃生自救的基本技能。

8.4.3　日常防火演练

1. 目的

开展日常防火演练有利于贯彻落实"预防为主、防消结合"的方针精神，可以检验各级消防安全责任人、各职能组织和有关人员对灭火和应急疏散预案内容以及职责的熟悉程度；检验人员安全疏散、初期火灾扑救以及消防设施的使用等情况，以便总结经验，发现不足，完善单位火警应急程序；检验单位在紧急情况下组织、指挥、通信以及救护等方面的能力；检验灭火应急疏散预案的实用性和可操作性。同时，可以提高人们的防火意识和灭火救援的作战能力，从而保障一旦发生火灾时，能最大限度控制火势、减少人员伤亡和财产损失。防火演练要做到组织有序、分工明确、行动有速，从而达到演练的目的。

2. 防火演练的步骤

日常防火演练一般包括六个步骤：

1）防火演练宣讲。日常防火演练是一个系统过程，涉及单位的每个人，所以首先要对演练的流程、逃生方法以及灭火方法进行宣讲。另外进行人员分组，设立总指挥、组长等，做到服从组织、服从指挥。

2）实地演练开始。首先由指挥人员在工作场所投放烟雾弹，然后拉响火灾逃生警报。

3）听到警报响起，所有人员要紧急进行"逃生"，不要贪恋财物，逃生时要毛巾捂口鼻，匍匐前进，确定逃生路线后用最快的速度逃离至安全区域。

4）撤离到安全区域之后，组织人员进行清点人数，若发现有缺少人员，应紧急派抢救人员现场营救。

5）人员全部撤离后，开始进行灭火操作实际演练。准备一个油盆，放入木柴、汽油等燃料进行点火。"消防人员"手持灭火器，向火苗的根部喷射，将火熄灭。使用灭火器时，拔掉保险销、压下压把，对准火焰根部，由远及近水平扫射，火焰未熄灭不能轻易放松压把，切忌颠倒使用。灭火器一经使用，须重新充装。

6）必要时还需进行受伤人员抢救演示。演练结束后，由总指挥总结演练的整体情况，总结经验、提出不足，最后分散人员。

3. 组织

旅馆、商店、公共娱乐场所应至少每半年组织一次防火演练，其他场所应至少每年组织一次。最好选择人员集中、火灾危险性较大、场所结构复杂和重点部位作为防火演练的目标，依据实际情况，确定火灾的模拟形式。防火演练方案可以报告当地公安消防机构，争取其业务及技术指导。防火演练前，应通知场所内的从业人员、顾客或使用人员积极参与演练。防火演练过程中，应在建筑物入口等显著位置设置"正在进行防火演练"的标志牌，进行公告。防火演练应按照灭火救援和应急疏散预案进行。模拟火灾演练过程中应落实火源及烟气的控制措施，防止造成人员伤害。地铁及高度超过100m的多功能建筑物，应适时与当地公安消防机构组织联合防火演练。防火演练结束后，应将消防设施恢复到正常运行状态，做好记录，并及时进行总结。

4. 注意事项

在日常防火演练中，应注意以下几点：

1）确认火警后，所有人员不得乘坐电梯上下，更不能使用电梯进行人员疏散，必须由消防通道疏散撤离到集合点。

2）保持冷静，遵循指挥员命令有序地实施疏散，不可慌乱。

3）注意安全，严禁拥挤起哄，嬉戏打闹；参与防火演练人员必须认真配合，无条件地服从现场指挥员的命令。

4）所有灭火器材和设备动用后，必须清点总数，演练结束检查无误之后放回原处。

复 习 题

1. 简述火灾风险管理的目的和意义。
2. 请详细描述火灾风险管理框架体系。
3. 消防安全教育与培训的原则和方针是什么？
4. 易燃易爆场所安全教育与培训的内容包括哪些？

参 考 文 献

[1] 孙金华, 褚冠全, 刘小勇. 火灾风险与保险 [M]. 北京: 科学出版社, 2008.

[2] 霍然, 胡源, 李元洲. 建筑火灾安全工程导论 [M]. 2版. 合肥: 中国科学技术出版社, 2009.

[3] 张凤娥, 乐巍. 消防应用技术 [M]. 2版. 北京: 中国石化出版社, 2016.

[4] 郭树林, 石敬炜. 火灾报警、灭火系统设计与审核细节 [M]. 北京: 化学工业出版社, 2009.

[5] 范维澄, 刘乃安. 火灾安全科学: 一个新兴交叉的工程科学领域 [J]. 中国工程科学, 2001, 3 (1): 6-14.

[6] 范维澄, 孙金华, 陆守香, 等. 火灾风险评估方法学 [M]. 北京: 科学出版社, 2004.

[7] 党力, 吕智慧. 无机阻燃剂的研究进展 [J]. 中国塑料, 2018, 32 (9): 1-8.

[8] 林高华. 基于动态纹理和卷积神经网络的视频烟雾探测方法研究 [D]. 合肥: 中国科学技术大学, 2018.

[9] 谢哲, 苑世宁. 气体灭火技术现状及其发展前景 [J]. 水上消防, 2017 (3): 20-22.

[10] 韩郁翀, 秦俊. 泡沫灭火剂的发展与应用现状 [J]. 火灾科学, 2011, 20 (4): 235-240.

[11] 余鹏飞, 朱挺. 冷热气溶胶灭火剂的性能研究与比较 [J]. 化学工程与装备, 2016 (10): 201-203.

[12] DRYSDALE D. An Introduction to Fire Dynamics [M]. 3rd ed. New Jersey: John Wiley & Sons Inc., 2011.

[13] 隆武强, 郭晓平, 田江平. 燃烧学 [M]. 北京: 科学出版社, 2015.

[14] 张松寿, 童正明, 周文铸. 工程燃烧学 [M]. 北京: 中国计量出版社, 2008.

[15] 刘联胜. 燃烧理论与技术 [M]. 北京: 化学工业出版社, 2008.

[16] 孙金华, 丁辉. 化学物质热危险性评价 [M]. 北京: 科学出版社, 2005.

[17] 范维澄, 王清安, 姜冯辉, 等. 火灾学简明教程 [M]. 合肥: 中国科学技术大学出版社, 1995.

[18] 姜林. 典型聚合物材料的热解动力学与火蔓延特性研究 [D]. 合肥: 中国科学技术大学, 2017.

[19] 程远平, 李增华. 消防工程学 [M]. 徐州: 中国矿业大学出版社, 2002.

[20] INCROPERA F P, DEWITT D P, BERGMAN T L, et al. Fundamentals of Heat and Mass Transfer [M]. 7th ed. New Jersey: John Wiley & Sons Inc., 2011.

[21] 隋鹏程, 陈宝智, 隋旭. 安全原理 [M]. 北京: 化学工业出版社, 2005.

[22] 吴宗之. 论重大危险源监控与重大事故隐患治理 [J]. 中国安全科学学报, 2003 (13): 20-23.

[23] 白勤虎, 白芳, 何金梅. 生产系统的状态与危险源结构 [J]. 中国安全科学学报, 2000 (10): 71-75.

[24] 赵冬野, 蒋宏业. 油气管道第三方损坏危险源辨识方法研究 [J]. 石油矿场机械, 2013 (42): 27-31.

[25] 余明高, 郑立刚. 火灾风险评估 [M]. 北京: 机械工业出版社, 2013.

[26] 霍然，袁宏永. 性能化建筑防火分析与设计 [M]. 合肥：安徽科学技术出版社，2003.

[27] 杜兰萍. 火灾风险评估方法与应用案例 [M]. 北京：中国人民公安大学出版社，2011.

[28] 舒中俊，徐晓楠. 工业火灾预防与控制 [M]. 北京：化学工业出版社，2010.

[29] 公安部消防局. 中国火灾统计年鉴：2003 [M]. 北京：中国人事出版社，2003.

[30] 卢国建. 高层建筑及大型地下空间火灾防控技术 [M]. 北京：国防工业出版社，2014.

[31] 傅智敏. 工业企业防火 [M]. 北京：中国人民公安大学出版社，2014.

[32] 张圣坤，白勇，唐文勇. 船舶与海洋工程风险评估 [M]. 北京：国防工业出版社，2003.

[33] 罗云，裴晶晶，许铭. 安全经济学 [M]. 3 版. 北京：化学工业出版社，2017.

[34] 吴传生，彭斯俊，陈盛双. 经济数学：概率论与数理统计 [M]. 2 版. 北京：高等教育出版社，2009.

[35] 张景林. 安全系统工程 [M]. 2 版. 北京：煤炭工业出版社，2014.

[36] KARLSSON, QUINTIERE. Enclosure Fire Dynamics [M]. New York：CRC Press LLC.，2000.

[37] 蒋永琨. 高层建筑防火设计手册 [M]. 北京：中国建筑工业出版社，2000.

[38] 褚冠全，孙金华. 性能化防火设计中的火灾危险源分析及设定火灾 [J]. 火灾科学，2004，13（2）：111-115.

[39] 付丽碧. 考虑人员行为特征的行人与疏散动力学研究 [D]. 合肥：中国科学技术大学，2017.

[40] 褚冠全，汪金辉. 建筑火灾人员疏散风险评估 [M]. 北京：科学出版社，2017.

[41] 杨立中. 建筑内人员运动规律与疏散动力学 [M]. 北京：科学出版社，2012.

[42] 方伟峰. 火灾中人员疏散的元胞自动机模型研究 [D]. 合肥：中国科学技术大学，2003.

[43] 欧育湘，李建军. 阻燃剂：性能、制造及应用 [M]. 北京：化学工业出版社，2006.

[44] 张玉龙，夏裕彬. 阻燃高分子材料配方设计与加工 [M]. 北京：中国石化出版社，2010.

[45] 彭治汉. 聚合物阻燃新技术 [M]. 北京：化学工业出版社，2015.

[46] 吴龙标，袁宏永. 火灾探测与控制工程 [M]. 合肥：中国科学技术大学出版社，1999.

[47] 孙建华，邵芝梅. 瓦斯监测系统的可靠性分析 [J]. 煤炭技术，2003（s1）：58-60.

[48] 魏东，余威，李念慈. 灭火技术及工程 [M]. 北京：机械工业出版社，2013.

[49] 李悦. 水灭火系统详解 [M]. 北京：中国建筑工业出版社，2014.

[50] 张树平. 建筑防火设计 [M]. 北京：中国建筑工业出版社，2001.

[51] 毕明树，任婧杰，高伟. 火灾安全工程学 [M]. 北京：化学工业出版社，2015.

[52] 龚延风，陈卫. 建筑消防技术 [M]. 北京：科学出版社，2002.

[53] 邢志祥. 消防科学与工程设计 [M]. 北京：清华大学出版社，2014.

[54] 龙卫洋，唐志刚，米双红. 保险学 [M]. 上海：复旦大学出版社，2005.

[55] 郝演苏. 财产保险 [M]. 北京：中国金融出版社，2002.

[56] 吴小平. 保险原理与实务 [M]. 北京：中国金融出版社，2002.

[57] 谢志刚，韩天雄. 风险理论与非寿险精算 [M]. 天津：南开大学出版社，2000.

[58] 王静虹. 非常规突发情况下大规模人群疏散的不确定性研究 [D]. 合肥：中国科学技术大学，2013.

[59] 褚冠全. 基于火灾动力学与统计理论耦合的风险评估方法研究 [D]. 合肥：中国科学技术大学，2007.

[60] 骆焱. 基于火灾风险评估的公众聚集场所火灾公众责任险核保模式研究 [D]. 合肥：中国科学技术大学，2016.

[61] 谢曙. 合肥市公共娱乐场所火灾风险和保险 [D]. 合肥：中国科学技术大学，2009.

[62] 陈平生. 基于商场火灾危险性分析的火险费率厘定 [D]. 合肥：中国科学技术大学，2006.

[63] 李涛. 消防与保险互动中的若干问题研究 [D]. 合肥：中国科学技术大学，2007.

［64］田玉敏. 基于风险评估的火灾保险与消防管理互动模式的探讨［J］. 灾害学，2013，28（3）：176-180.

［65］张仁兵. 基于火灾风险评价的火灾保险模型研究［D］. 长沙：中南大学，2011.

［66］马军. 基于模糊风险评价的高层建筑火灾保险模型研究［D］. 北京：北京建筑大学，2018.

［67］THOMAS F，BARRY P E. Risk-Informed Performance Based Industrial Fire Protection［M］. Tennessee：Tennessee Valley Publishing，2002.

［68］姜青舫，陈方正. 风险度量原理［M］. 上海：同济大学出版社，2000.

［69］郭仲伟. 风险分析与决策［M］. 北京：机械工业出版社，1987.

［70］许谨良. 风险管理［M］. 北京：中国金融出版社，2006.

［71］周荣义，李石林，黎忠文. 风险管理决策方法探讨［J］. 中国安全科学学报，2008，11（18）：133-137.

［72］贺俊杰，吴军，吴美文. 城市火灾风险管理框架的研究［J］. 消防管理研究，2009，28（6）：461-464.

［73］何文炯. 风险管理［M］. 大连：东北财经大学出版社，1999.

［74］姚杰，王雪飞. 钢结构工业厂房火灾风险管理探讨［J］. 中国安全生产科学技术，2007，10（5）：138-142.

［75］卢唐. 森林火灾扑救技术与风险管理探讨［J］. 绿色科技，2018，2（3）：199-200.

［76］《社会消防安全教育培训系列教材》编委会. 消防安全管理［M］. 北京：中国环境出版社，2014.